中 国 国 家 标 准 汇 编

2015 年修订-39

中国标准出版社 编

中国标准出版社
北 京

图书在版编目(CIP)数据

中国国家标准汇编:2015年修订.39/中国标准出版社编.—北京:中国标准出版社,2016.10
ISBN 978-7-5066-8385-2

Ⅰ.①中… Ⅱ.①中… Ⅲ.①国家标准-汇编-中国-2015 Ⅳ.①T-652.1

中国版本图书馆CIP数据核字(2016)第211634号

中国标准出版社出版发行
北京市朝阳区和平里西街甲2号(100029)
北京市西城区三里河北街16号(100045)

网址 www.spc.net.cn
总编室:(010)68533533 发行中心:(010)51780238
读者服务部:(010)68523946

中国标准出版社秦皇岛印刷厂印刷
各地新华书店经销

*

开本 880×1230 1/16 印张 36.25 字数 1 097 千字
2016年10月第一版 2016年10月第一次印刷

*

定价 220.00 元

出 版 说 明

1.《中国国家标准汇编》是一部大型综合性国家标准全集。自1983年起，按国家标准顺序号以精装本、平装本两种装帧形式陆续分册汇编出版。它在一定程度上反映了我国建国以来标准化事业发展的基本情况和主要成就，是各级标准化管理机构，工矿企事业单位，农林牧副渔系统，科研、设计、教学等部门必不可少的工具书。

2.《中国国家标准汇编》收入我国每年正式发布的全部国家标准，分为“制定”卷和“修订”卷两种编辑版本。

“制定”卷收入上一年度我国发布的、新制定的国家标准，顺延前年度标准编号分成若干分册，封面和书脊上注明“20××年制定”字样及分册号，分册号一直连续。各分册中的标准是按照标准编号顺序连续排列的，如有标准顺序号缺号的，除特殊情况注明外，暂为空号。

“修订”卷收入上一年度我国发布的、被修订的国家标准，视篇幅分设若干分册，但与“制定”卷分册号无关联，仅在封面和书脊上注明“20××年修订-1,-2,-3,……”字样。“修订”卷各分册中的标准，仍按标准编号顺序排列(但不连续)；如有遗漏的，均在当年最后一分册中补齐。需提请读者注意的是，个别非顺延前年度标准编号的新制定的国家标准没有收入在“制定”卷中，而是收入在“修订”卷中。

读者配套购买《中国国家标准汇编》“制定”卷和“修订”卷则可收齐由我社出版的上一年度我国制定和修订的全部国家标准。

3.由于读者需求的变化，自1996年起，《中国国家标准汇编》仅出版精装本。

4.2015年我国制修订国家标准共2 113项。本分册为“2015年修订-39”，收入新制修订的国家标准44项。

中国标准出版社

2016年8月

目　　录

ICS 91.120.30
Q 17

中华人民共和国国家标准

GB/T 31543—2015

单层卷材屋面系统抗风揭试验方法

Test methods for wind uplift resistance of single-ply roof assemblies

2015-05-15 发布　　　　2016-04-01 实施

中华人民共和国国家质量监督检验检疫总局
中国国家标准化管理委员会　发布

前　言

本标准按照 GB/T 1.1—2009 给出的规则起草。

本标准由中国建筑材料联合会提出。

本标准由全国轻质装饰与装修建筑材料标准化技术委员会(SAC/TC 195)归口。

本标准负责起草单位:中国建材检验认证集团苏州有限公司、中国建筑防水协会、潍坊市宏源防水材料有限公司、中国建筑材料科学研究总院苏州防水研究院。

本标准参加起草单位:西卡渗耐防水系统(上海)有限公司、江苏凯伦建材股份有限公司、山东思达建筑系统工程有限公司、上海岛海实业有限公司、常熟市三恒建材有限责任公司、天津滨海澳泰防水材料有限公司、唐山德生防水股份有限公司、深圳市卓宝科技股份有限公司、璞耐特(大连)科技有限公司、山东鑫达鲁鑫防水材料有限公司。

本标准主要起草人:朱志远、朱冬青、孟凡城、高敏杰、葛兆、陈文洁、朱斌、余奕帆、尚华胜、姚双华。

单层卷材屋面系统抗风揭试验方法

1 范围

本标准规定了模拟抗风揭拉拔测试方法、静态正压或负压抗风揭测试方法和动态负压抗风揭测试方法三种测试单层卷材屋面系统抗风揭性能的试验方法。

本标准适用于采用机械固定或满粘施工的单层卷材屋面系统。

2 规范性引用文件

下列文件对于本文件的应用是必不可少的。凡是注日期的引用文件,仅注日期的版本适用于本文件。凡是不注日期的引用文件,其最新版本(包括所有的修改单)适用于本文件。

GB 50009 建筑结构荷载规范

3 术语和定义

下列术语和定义适用于本文件。

3.1

单层卷材屋面系统 single-ply roof system

由屋面基层、保温材料、防水卷材为主构成,采用卷材单层外露使用,卷材和保温材料采用机械固定或粘结在基层上的屋面形式。

3.2

固定件 fixation components

将防水卷材、相关材料机械固定于屋面基层的部件,包括固定钉、垫片、套管和压条等。

3.3

隔气材料 air barrier

阻挡空气透过的材料。当采用机械固定法安装卷材时,隔气材料应安装在基层上,并包住整个屋面和所有屋面穿出部分。

3.4

隔汽材料 vapor retarder

一种能阻止湿气进入屋面系统的材料。

3.5

风揭 wind uplift

由于风压所引起的作用在屋面系统或屋面系统各部件上,使屋面系统脱离基层的力。风绕转和通过建筑表面,引起屋面表面气压下降(负压力);建筑中的空气在屋面基层下方流动(正压力),此两种压力形成了使屋面系统向上的合压力,风揭也可能是由屋檐下方的风所引起的。

3.6

屋面基层 roof substrate;roof decking

屋面系统中防水和保温等构造下面的起固定作用的构造层。

4 基本规定

4.1 样品安装、制备以及测试用的实验室各种仪器设备应能正常运转，试验温度(20±15)℃，相对湿度(50±25)%。

4.2 屋面系统通常包括屋面基层、保温材料和防水卷材。首先，在屋面基层上采用保温材料专用螺钉、垫片或粘结剂固定保温板。然后，在保温板上安装防水卷材。一些屋面安装构造有隔气材料或隔汽材料，此类材料允许直接安装在屋面基层上，并采用固定件通过保温板固定至屋面基层上，形成一种复合结构；隔气材料或隔汽材料也可安装在两层保温材料之间，采用胶粘剂粘结至已通过机械固定或胶粘剂固定至屋面基层的保温板上；或与底层卷材一起机械固定至基层上。整个系统安装应满足标准的要求。

4.3 本标准测评以下几种类型的屋面抗风揭性能：

a) 在屋面构造中采用机械固定件、胶粘剂、热沥青、热风焊或这些方式的组合，将保温材料、防水卷材和其他部件固定至单层或多层构造的屋面基层上。

b) 在屋面构造中采用结构混凝土和轻质绝热混凝土作为屋面基层。

c) 在屋面构造中采用纤维增强水泥作为屋面基层。

d) 在屋面构造中采用压型金属板和木板作为屋面基层。

4.4 屋面构造各组成部分的要求：

a) 采用推荐的设备安装固定件，使保温材料、卷材和其他部件与基层相连接，并且不能对任何部件造成破坏。

b) 固定件应具有合适的长度，以确保施工时能刺入基层，或达到最小埋入深度。

c) 当屋面基层采用压型金属板时，固定件应能够刺穿翼缘。

d) 试验样品允许在实验室条件下养护不超过 28 d。

e) 所有胶粘剂应按制造商的说明书来施工，并按其推荐的比例使用。

f) 采取适当的安全预防措施，必要的通风设施，并准备胶粘剂、热沥青、热焊接、热熔等施工时需要的设施。

4.5 标准采用实验室模拟风压条件，测试屋面系统的抗风揭性能。实际环境中外界自然条件变化十分复杂，上述模拟条件下的实验结果，不能完全用于描述和评价现实环境。

4.6 屋面系统的性能部分取决于所有部件本身的性能，部分取决于构件与构件的装配。标准把屋面系统当作整体来测试其抗风揭等级。

4.7 根据屋面系统的类别，按标准选用合适的检测方法，得到屋面系统不破坏所能达到的最大抗风揭强度为该系统的模拟抗风揭等级。

4.8 适用的屋面系统的抗风揭等级应不小于按 GB 50009 要求的设计风荷载乘以规定系数的积，对于屋面的边角等部位应按 GB 50009 的要求进行局部增强。

5 方法选择

5.1 本标准包括了下列三种试验方法：

——方法 A：0.6 m×0.6 m 模拟抗风揭拉拔测试方法；

——方法 B：3.7 m×7.3 m 静态正压或负压抗风揭测试方法；

——方法 C：2.7 m×4.0 m 动态负压抗风揭测试方法。

5.2 方法 A 用来测试各部件互相粘结的屋面系统，屋面系统与结构基层或轻质混凝土基层用粘结剂、热沥青或热焊接等方式粘结。

方法 A 不适用于测试使用机械固定件的屋面系统。若屋面系统的防水卷材或保温材料用热沥青与屋面基层粘结，或是保温层用粘结剂或沥青，采用点粘或条粘施工，间隔超过 305 mm，也不适用此方法。

5.3 方法 B 分为：正压法用于装配式屋面，正负压叠加法用于结构混凝土或轻质保温混凝土屋面，方法 B 用来测试下列类型屋面系统的模拟抗风揭性能。

a) 在屋面构造中采用机械固定件、胶粘剂、热沥青、热风焊或这些方式的组合，将保温材料、防水卷材和其他部件固定至单层或多层构造的基层上。

b) 屋面构造采用或无机板材作为屋面基层。

c) 屋面构造采用纤维增强水泥屋面基层的屋面系统。

d) 屋面构造采用金属板、木板或纤维增强塑料板作为屋面基层。

e) 屋面构造采用压条或固定件每排中心间隔小于等于 3.7 m。

5.4 方法 C 适用于现浇混凝土屋面或装配式机械固定单层卷材屋面系统的动态法抗风揭试验。

6 试验材料

6.1 保温隔热材料

保温隔热材料可采用岩棉板、硬质泡沫聚氨酯保温板和硬质泡沫聚苯乙烯保温板等板材。

6.2 固定件

机械固定件包括固定钉、垫片、套筒和压条。固定岩棉等纤维状保温隔热材料时，宜采用带套筒的固定件。

7 试验

7.1 试验准备

试验前将试样放置于温度在(20±15)℃、相对湿度(50±25)%的环境条件下至少 24 h。

由制造商或施工方负责安装，或按照制造商的说明书和指导书安装，以确保产品采用合适的安装步骤和技术。

7.2 方法 A

7.2.1 试验设备

拉拔仪：最大力不小于 5 000 N，精度不小于 1 N，并应有调零功能。

7.2.2 试件安装

7.2.2.1 测试样品的各个部件按照制造商要求装配，包括施工方法、胶粘剂比例、热沥青或底涂、保温层的类型及厚度和所用卷材，并在实验室条件下养护不超过 28 d。成型的测试样品尺寸为 600 mm×600 mm。样品安装完成后，测试样品的各个部分不能施加外力来增加其粘结性，除非制造商另行规定。

7.2.2.2 上述测试样品需要粘结到试板上，此样板用来代表实际工程中的屋面基层。对于结构混凝土基层，试板最小规格应为 1.2 m×1.2 m×0.15 m。对于轻质混凝土基层，试板作为屋面基层材料，不小于 1.2 m×1.2 m。混凝土块固定在合适的基础上，以防止其在测试过程中向上运动。

7.2.2.3 600 mm×600 mm×20 mm 的胶合板采用合适的胶粘剂粘结在测试卷材上方。将尺寸为 600 mm×600 mm 中间和四周带有螺孔的金属板置于胶合板上，自钻钉穿过螺孔钻入胶合板，并且至少穿透胶合板的一半。自钻钉应有足够的长度和数量，从而能够承受预计的荷载。在将试件固定到胶合板前，金属板、测试夹具和其他测压元件下方的部件的重量应考虑在内，进行称量。

7.2.3 试验步骤

7.2.3.1 在开始测试前，先将螺丝一端与拉拔仪相连调节，另一端与金属板上的螺栓连接（见图 1）。调节系统使螺丝没有任何松动。调节施力装置，使其向上的力等于胶合板和 7.2.2.3 所测量的所有其他部件的重力，使测试样品上表面所受合力为 0，然后拉拔仪调零。

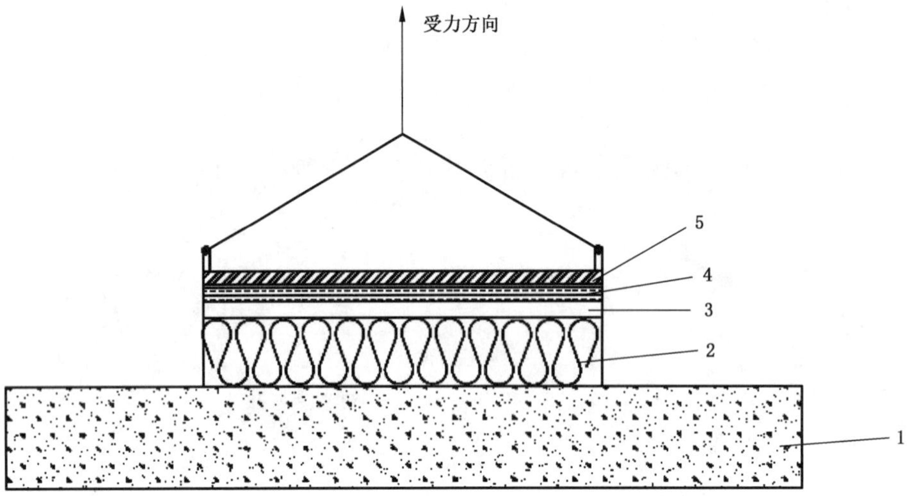

说明：

1——混凝土；

2——保温材料；

3——防水卷材；

4——胶合板；

5——金属板。

图 1 A 法试件安装示意图

表 1 给出了需要施加的预计的抗风揭压力示例。此示例中测试样品规格为 0.6 m×0.6 m，总面积为 0.36 m^2。

表 1 抗风揭拉力

测试风揭强度/kPa	向上的拉力/N
0	0
0.7	252
1.4	504
2.1	756
2.8	1 008
…	…

7.2.3.2 表 1 所示数据仅为示例。如果符合条件，测试步骤将不断加压，直至试验结束。

7.2.3.3 测试样品从 0 开始加压到 0.7 kPa，允许误差为 $^{+0.1}_{0}$ kPa。压力上升速率为 0.07 kPa/s±0.05 kPa/s。压力达到 0.7 kPa 后，在此压力保持 60 s。当委托双方达成协议后，测试初始压力等级可以从 1.4 kPa 开始，允许误差为 $^{+0.1}_{0}$ kPa。此后压力按 7.2.3.4 增加。

7.2.3.4 维持初始压力 60 s 后，压力等级按 0.7 kPa 为间隔，以上述速率增加。当达到下一个 0.7 kPa

等级时，在此压力保持 60 s。为了保持稳定的读数，如果有需要，允许调节向上的压力。当样品稳定在某个压力级别时，要注意观察样品，确保其满足继续测试的条件。

7.2.3.5 重复上述 7.2.3.4 步骤，直到不能满足标准所要求的符合性判定（按第 8 章规定）或是试件不能保持在某一压力等级，视作试验终止。

7.2.3.6 试验完成后，取下试件仔细观察并记录所有与第 8 章规定的不符现象、达到的压力等级。

7.3 方法 B

7.3.1 试验设备

7.3.1.1 3.7 m×7.3 m 模拟风压测试压力容器

7.3.1.1.1 3.7 m×7.3 m 模拟风压测试压力容器是一个钢制的压力容器，它能够在屋面系统（被测试件）的底部施加气压并维持在预先设定的气压等级。屋面系统固定在压力容器上方，两者形成密封。

7.3.1.1.2 压力容器尺寸最小为 7.3 m×3.7 m×50 mm。它由 203 mm 高的槽钢构成四周结构，152 mm 高的工字钢以 0.6 m±25 mm 的间距平行于 3.7 m 一边排列。其他结构形状、尺寸、材质制造的压力容器，只要能为试验试件框架提供牢固的支撑，也允许使用。压力容器底部应有最小厚度为 4.8 mm 的钢板，并与工字钢条和四周的槽钢连续焊在一起。

7.3.1.1.3 压力容器的气源依靠带有直径 100 mm 的 PVC 管的进气支管构造提供。在压力容器底部，穿过底部钢板，分布 4 个等间距的进气口。容器底部有 6.4 mm±3.2 mm 的开孔用于连接压力计。当试件用夹具固定后，试件框架和容器上部相连接部位，用橡胶垫密封，减少气体泄漏。

7.3.1.1.4 压力容器周边间隔 0.6 m 装有夹具，用于固定试验框架。

7.3.1.2 3.7 m×7.3 m 真空负压箱

真空负压箱是 3.7 m×7.3 m×1.2 m 的装置。它的大小与试件装置的上部一致，并能承受预设的压力。排气口位于真空箱的一边，箱体另一边具有 6.4 mm±3.2 mm 开孔用于连接压力计。

7.3.1.3 3.7 m×7.3 m 试验框架

典型的试件框架包含平行于 7.3 m 边间隔 600 mm 的 4 根 100 mm 宽方钢和平行于 3.7 m 边间隔 1.8 m 的 3 根 100 mm 宽方钢组成。

7.3.1.4 涡轮增压装置

可以产生 17 m^3/min 气体的装置，或是能达到所需升高压力的气源装置。

7.3.1.5 液体压力计

精度不小于 0.05 kPa。

7.3.2 试件安装

7.3.2.1 试件的各个部件按照制造商或设计要求装配（包括厚度、外形、基层强度、固定件和胶粘剂的施工方法和速度、保温板的厚度和尺寸、卷材的类型），按制造商要求进行养护，胶粘剂施工时养护时间不超过 28 d。

7.3.2.2 当基层采用金属板时，框架应能够承受预计的荷载。典型的试件框架包含结构钢架加强筋，位于中间，平行于 7.3 m 边。此外有 3 个中间的结构钢架檩条，平行于 3.7 m 边，中心间距 1.8 m。金属板平行于 7.3 m 边安装，金属板用固定件以中心间距 305 mm 连接到四周及全部的檩条上（间隔 1.8 m）。所有的金属板长边的搭接用固定件固定（缝合钉位置），最大间隔 763 mm。可使用委托方要求的其他方式的屋面基层板形状及装配,这些安装应与制造商的说明和要求一致。

7.3.2.3 试验准备完成后,将试件框架置于压力容器的上方,并在四周用夹具固定框架。夹具环绕在容器四周,间隔 0.6 m。如果测试过程中出现较多的空气泄漏,允许额外添加夹具。在气源和压力计之间,采用合适的软管连接(见图 2)。

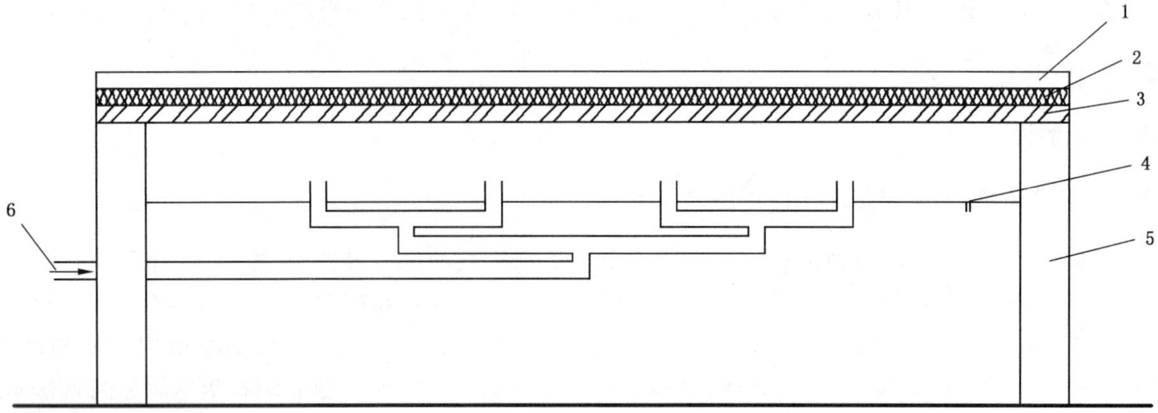

说明:

1——防水卷材;

2——保温材料;

3——基层;

4——压力计连接孔;

5——压力容器;

6——进气口。

图 2 方法 B 试件安装示意图

7.3.3 正压法试验步骤

7.3.3.1 不断向压力容器注入空气,直至达到 0.7 kPa 压力等级,允许误差为 $^{+0.1}_{0}$ kPa。气压上升速率为 0.07 kPa/s±0.05 kPa/s。当压力达到 0.7 kPa 等级时,在此压力保持 60 s。

7.3.3.2 当委托双方达成协议时,试验初始压力等级可以从加压到 1.4 kPa 开始,允许误差为 $^{+0.1}_{0}$ kPa。此后压力按 7.3.3.4 规定增加。

7.3.3.3 不同试验的屋面构件的类型,尽可能按 0.07 kPa/s±0.05 kPa/s 的速率升到下一个压力等级,对于机械固定单层卷材屋面,卷材常在机械固定点处变形,此时两个等级间的升压速率应尽可能的均匀。

7.3.3.4 保持 60 s 后,通过注入气体使压力等级增加 0.7 kPa,增加速率和允许误差按上述要求进行。当达到下个 0.7 kPa 等级,需在此压力等级保持 60 s。为了保持稳定的读数,如果有需要,允许调节压力和夹具。当样品稳定在某个压力级别时,要注意观察样品,确保其满足继续测试的条件。

7.3.3.5 重复上述 7.3.3.4 步骤,直到不能满足标准所要求的符合性判定(按第 8 章规定)或是试件不能保持在某一压力等级,视作试验终止。

7.3.3.6 试验完成后,取下试件仔细观察并记录所有与第 8 章规定不符的现象、达到的压力等级。

7.3.4 正负压叠加试验步骤

7.3.4.1 该方法通常用于不透气的屋面基层,包含两种采用不同模拟风揭压力的试验形式。一种形式主要用于轻质保温混凝土屋面基层,其 15%所需压力来自于试验构件的下部正压,同时 85%的压力来自于试验构件的上表面负压。另一种形式主要用于结构混凝土屋面基层,其 100%的所需压力来自于试验构件的上表面负压。

7.3.4.2 不断从真空箱中抽出空气或向压力容器注入空气，尽可能使抽出/注入空气形成的正负压均匀的作用在试验构件上，直至达到 0.7 kPa 压力等级，空气抽出/注入的速率为 0.07 kPa/s±0.05 kPa/s。当压力达到 0.7 kPa 等级时，在此压力保持 60 s。

7.3.4.3 当委托双方达成协议时，试验初始压力等级可以从 1.4 kPa 开始，允许误差为 $^{+0.1}_{0}$ kPa。此后压力按 7.3.4.5 规定和表 2 的要求增加。

表 2 加压等级

全部向上力(100%来自上部)/kPa	85%来自上部/kPa	15%来自下部/kPa
0.7	0.6	0.1
1.4	1.2	0.2
2.1	1.8	0.3
2.8	2.4	0.4
3.5	3.0	0.5
4.2	3.6	0.6
4.9	4.2	0.7
5.6	4.7	0.8
6.3	5.4	0.9
7.0	6.0	1.0
7.7	6.6	1.1
8.4	7.2	1.2
…	…	…

7.3.4.4 不同试验屋面构件的类型，尽可能按 0.07 kPa/s±0.05 kPa/s 的速率升到下一个压力等级。作用在试验构件上面和下面的压力的详细指标见表 2。若压力指标超过表 2 所示的 8.4 kPa，更多的空气需要从真空箱或压力容器中抽出或注入，在试验装置的上面和下面以适当的比例(85/15 或 100)尽可能保持。

7.3.4.5 保持 60 s 后，通过抽出或注入空气使压力等级增加 0.7 kPa，增加速率和偏差按上述要求进行。当达到下个 0.7 kPa 等级，需在此压力等级保持 60 s。为了保持稳定的读数，如果有需要，允许调节压力和夹具。当样品稳定在某个压力级别时，要注意观察样品，确保其满足继续测试的条件。

7.3.4.6 重复上述 7.3.4.5 步骤，直到不能满足标准所要求的符合性判定(按第 8 章规定)或是试件不能保持在某一压力等级，视作试验终止。

7.3.4.7 试验完成后，取下试件仔细观察并记录所有与第 8 章规定不符的现象、达到的压力等级。

7.4 方法 C

7.4.1 试验设备

2.7 m×4.0 m 模拟风压测试压力容器：

主压力箱体的尺寸最小为 2.7 m×4.0 m×1.0 m。主压力箱体和预压力箱体要求能够承受不小于 10 kPa 的压强。屋面系统(被测试件)安装在底座上方的支撑上。该支撑由厚度为 3 mm 的方钢构成，用于固定屋面系统的基层(类似屋面檩条的功能)。

风机与预压力箱体通过直径不小于 140 mm 的耐压软管连接，预压力箱体通过 2 根直径不小于 180 mm 的金属硬管与主箱体上部对称位置的 2 个开口连接。主压力箱体另有 3 个开孔用于连接压力传感器、温度传感器以及压力表。

风机装置可以抽取 42 m^3/min 的气体，或是能达到所需负压的动力。通过控制系统使主压力箱体内的压强动态实时地达到标准要求。主压力箱体内的压强可以通过压力传感器或压力表盘进行查看。

7.4.2 试件安装

7.4.2.1 按实际工程的安装方式将屋面系统安装在试验机底座支撑上，并保证试验机底座长度方向至少有均匀分布的 3 道卷材搭接缝，否则应采用更大的试验箱。

7.4.2.2 试件的各个部分按照说明书要求装配，包括厚度、外形、底板强度、固定件和粘结剂的施工方法和速度、保温板的厚度和尺寸、卷材的类型。

7.4.2.3 当采用金属底板时，其固定在支撑上能够承受预计的荷载。典型的试件支撑包含结构钢架，两个结构钢架平行于 2.7 m 边，间距 1.2 m。基层金属板平行于 4.0 m 边安装，金属板两端卡在试验机底座的夹缝内。其他结构的屋面基层板的装配和构造按委托方的要求，并与制造商的说明和要求一致。

注：若有委托方要求，特定试验规定时，固定金属底板到试验框架的方法允许改变。

7.4.2.4 试验准备完成后，试件置于模拟风压的主压力箱体下方，主压力箱体压紧屋面系统（测试试件）并在四周用夹具固定。夹具环绕在试验机底座四周，夹具最大间距 1.2 m。

7.4.3 试验步骤

7.4.3.1 按照标准要求，将主压力箱体内的压力抽至所需压力，误差不超过±10%。对于每个最小单位循环，负压需要在 1 s～2 s 内达到峰值，并保持该压力 2 s，之后释放负压，单个完整循环时间为 8 s（见图 3）。

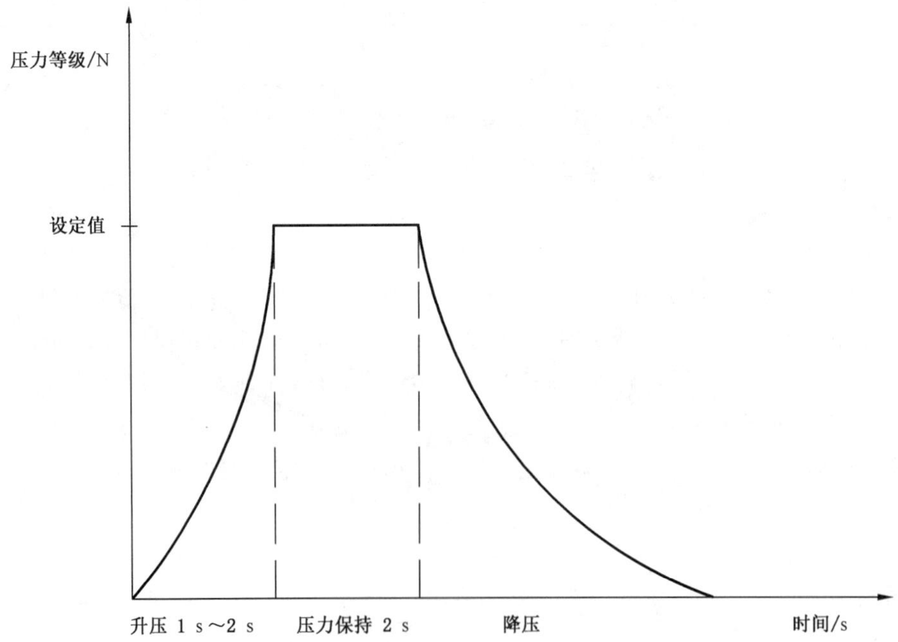

图 3 升压降压示意图

7.4.3.2 试验从 300 N 开始，允许误差±10%，此后压力按照 7.4.3.3 增加。

7.4.3.3 从起点等级 300 N 开始，之后每个等级峰值增加 100 N，而每个压力等级又可以划分成更小的周期，具体见表 3。

表3　每个压力等级循环周期

压力峰值		循环次数
等级峰值	40%	500次
	60%	200次
	80%	5次
	90%	2次
	100%	1次
	90%	2次
	80%	5次
	60%	200次
	40%	500次

7.4.3.4　重复上述7.4.3.3步骤，直到不能满足标准所要求的符合性判定(按第8章规定)或是试件不能保持在某一压力等级，视作试验终止。

7.4.3.5　试验完成后，取下试件仔细观察并记录所有与第8章规定不符的现象、达到的压力等级。

8　合格判定

8.1　用于屋面系统的材料与部件应满足8.2～8.7条件，并得到相应的模拟抗风揭等级。系统的模拟抗风揭等级，是其按照上述方法所能达到的最大抗风揭压力。

8.2　所有固定件、垫片、压条应满足：

a)　确保能够埋入或穿透屋面基层和其他结构基层，并将其连接起来。

b)　固定件与垫片、压条或基层之间的连接，不应出现拔出、脱离和松脱。

c)　不应出现破裂、分离、断裂。

8.3　所有保温层应满足：

a)　保温层不应出现破裂、断裂或拔出固定件帽、垫片和压条。

b)　不应与面层或相邻部件的粘结出现分层或脱开。

c)　允许保温板在机械固定点间产生挠曲，但保温板应无破裂、断裂和开裂。

8.4　所有卷材应满足：

a)　卷材不应有撕裂、穿孔、破裂和出现任何开口。

b)　卷材不应与相邻部件分层或脱开(例外：机械固定卷材在无固定处允许与相邻部件出现分离或挠曲)。

8.5　胶粘剂在施工中，应该与所有需要粘合的部件表面满粘。胶粘剂和粘结部位不应有任何分离、分层、破裂或剥离产生。

8.6　所有屋面基层应满足：

a)　在整个分级评价过程中，维持其结构的完整。

b)　模拟的建筑结构的试验框架，在任何固定部位不应出现脱落、分离和松动。

c)　不应出现破裂、裂纹、断裂以及固定件的脱落。

8.7　所有其他部件，包括接缝、隔气层、隔汽层、基层或卷材不应出现撕裂、穿孔、破裂、脱离、脱落、分层或任何贯穿开口。

9 试验报告

试验报告应包括下属内容：

a) 试验所采用的标准名称及试样编号；

b) 试验室名称和试验日期；

c) 受检单位、生产单位、材料名称；

d) 试验所用材料及安装方式的详细描述。包括钢板的厚度和屈服强度、保温板尺寸规格和抗压强度、固定件规格、固定方式、间距、卷材厚度和宽度、焊接温度、焊接速度等；

e) 试件安装形式的描述(需要时提供照片)；

f) 试验方法、试验样品和试验结果的相关信息；

g) 风压等级、合格判定等试验结果。

ICS 81.040.10
Q 30

中华人民共和国国家标准

GB/T 31544—2015

玻璃材料高温弹性性能试验方法 脉冲激振法

Test method for elastic properties of glass at high temperatures—Impulse excitation of vibration

2015-05-15 发布　　2016-04-01 实施

中华人民共和国国家质量监督检验检疫总局
中国国家标准化管理委员会　发布

前　言

本标准按照 GB/T 1.1—2009 给出的规则起草。

本标准由中国建筑材料联合会提出。

本标准由全国工业玻璃和特种玻璃标准化技术委员会(SAC/TC 447)归口。

本标准主要起草单位:中国建材检验认证集团股份有限公司、中国建筑材料科学研究总院。

本标准参与起草单位:北京国晶辉红外光学科技有限公司、中国建材检验认证集团江苏有限公司、北京厦荣工程检测有限责任公司、广东中科华大工程技术检测有限公司。

本标准主要起草人:包亦望、万德田、陈国秋、田远、黄万才、邱岩、张伟、刘小根、杨卫平、赵晋武、赵虎、王庆。

玻璃材料高温弹性性能试验方法
脉冲激振法

1 范围

本标准规定了利用脉冲激振法测定玻璃材料在高温环境下弹性模量、剪切模量和泊松比等弹性性能的术语和定义、方法概述、测试系统、试样、测试步骤、计算公式和试验报告。

本标准适用于连续均质的玻璃材料，既可测量某一给定温度点，也可连续测量不同温度点玻璃材料弹性性能。其他连续均质固体材料可参考使用。

2 规范性引用文件

下列文件对于本文件的应用是必不可少的。凡是注日期的引用文件，仅注日期的版本适用于本文件。凡是不注日期的引用文件，其最新版本(包括所有的修改单)适用于本文件。

GB/T 1216 外径千分尺

GB/T 16839.1 热电偶 第1部分：分度表

JC/T 2172 精细陶瓷弹性模量、剪切模量和泊松比试验方法 脉冲激励法

3 术语和定义

下列术语和定义适用于本文件。

3.1

弯曲振动 flexural vibration

试样在长度水平面法线方向上的振动。

3.2

扭转振动 torsion vibration

试样在横截面绕着长度方向发生的扭曲振动。

4 方法概述

采用脉冲激励器产生机械激励，作用于高温环境下矩形截面试样，引起试样的振动，测量试样的弯曲振动频率和扭转振动频率。通过快速傅立叶变换得到试样的基频，利用弯曲振动的基频计算出试样的弹性模量，利用扭转振动的频率计算出剪切模量。泊松比由弹性模量和剪切模量关系式计算得出。

注：由于试样振动的基频取决于试样尺寸、质量和弹性模量，在试样质量和尺寸已知的情况下，测到基频后可以计算出弹性模量。弹性模量取决于弯曲振动基频，剪切模量取决于扭转振动频率。泊松比由材料的弹性模量和剪切模量决定，三者只有两项是独立的。

5 测试系统

5.1 构成

测试系统包括：加热炉、温度测量和显示装置、激励器、信号采集器和处理器、试样支撑及数据分析

系统等。图1是测试系统的工作原理示意图。

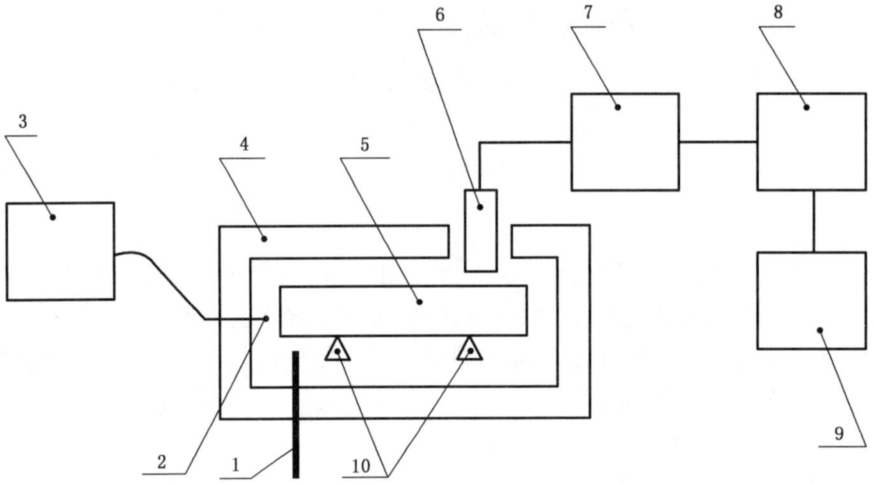

说明：

1——激励器；
2——温度测量装置；
3——温度显示器；
4——加热炉；
5——试样；
6——信号采集器；
7——信号处理器；
8——频率分析系统；
9——试验结果输出系统；
10——支撑节点。

图1 测试系统的工作原理示意图

5.2 加热炉

加热炉应具有升温和保温控制功能。加热炉内气氛可以是空气、惰性气体或真空。加热炉应自动控制并调节升温速度，到达试验温度点后的惯性升温应不超过5 ℃。保持恒温状态时炉内测量温度变化应小于±2 ℃。试样在加热炉内应均匀受热，当达到试验温度后应恒温15 min后开始测试，试样表面温度差别应不大于±10 ℃。

5.3 温度测量和显示装置

热电偶应符合GB/T 16839.1规定。热电偶要有足够长度，插入加热炉使其端头尽量接近试样。热电偶测温系统应每年至少定期校验一次，或一年内多次校验。若使用光学高温计测温，应选用分辨率高于5 ℃和2%准确度的测温仪。

5.4 脉冲激励器

符合JC/T 2172规定。激励杆宜采用直径小于5 mm的陶瓷或者金属杆。

5.5 信号采集器

符合JC/T 2172规定，宜采用声传感器和激光位移传感器等非接触型传感器。

5.6 试样支撑

试样支撑应采用能使试样受激振后自由振动的方法。通常有两种方式，可采用弹性耐高温金属细线悬挂，也可用接触式的支撑。试样放置在两根平行的铂丝上，铂丝直径宜为0.3 mm～0.5 mm，铂丝固定在耐高温夹具的支撑架上，支撑架宜采用氧化铝、氮化硅等耐高温材料。图2为铂丝悬挂试样的示意图。

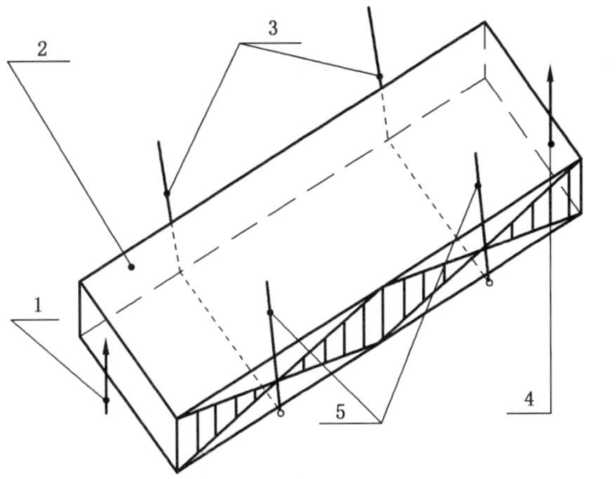

说明：

1——激励点；

2——试样；

3——铂丝；

4——信号采集点；

5——支撑节点。

图2　铂丝悬挂试样的示意图

6　试样

试样要求如下：

a）试样为长方体，长度应不小于60 mm。长度(L)、宽度(b)、厚度(t)的比例约为20∶5∶1；

b）试样长度、宽度和厚度的平行度误差应分别小于0.5%、0.1%和0.1%；

c）试样表面应光滑平整，边缘不需倒角；

d）试样质量应不小于5 g。

7　测试步骤

7.1　试样质量和尺寸的测量

符合精度为1 mg的天平称量试样质量，符合GB/T 1216规定的游标卡尺测量试样长度、宽度和厚度。在试样宽度和厚度测试时应分别测量试样两端和中间，取平均值。

7.2　试样放置方式

测量弯曲振动基频时，试样长度已知为L，将试样放置在两根水平拉紧的铂丝上，两根线的相对距离为$(0.552\pm0.005)L$。试样两端伸出的长度相等。激励点在试样表面中央。

测量扭转振动频率时，将试样放置在两根水平拉紧的铂丝上，两根线的相对距离为$(0.552\pm0.005)L$。试样两端伸出的长度相等。激励点和信号采集点对应在试样的两个对角的对应点上，脉冲激励器和信号采集器互为对角位置，如图2所示。激励的力值应保证试样扭转振动。

7.3 信号采集器定位

加热装置内气氛为空气或惰性气体，信号采集器宜采用声传感器。连接声传感器的陶瓷导管前端，置于试样上方 10 mm 左右。

加热装置内气氛为真空高温环境，信号采集器应采用激光位移传感器，通常放置在试样上方，且距离试样约 0.5 m 的真空环境外。

7.4 试样加热

启动加热装置，按照设定的程序对试样进行加热，达到设定温度后，恒温 15 min。

7.5 测量

启动检测装置，输入 7.1 测得的试样尺寸和质量，设置仪器的基本参数，启动激励装置，利用信号采集器和信号处理器获得一个阻尼自由振动曲线，通过数据分析处理系统算出试样振动的固有频率，并得到弹性模量、剪切模量和泊松比等性能。

测量不同温度点的玻璃弹性性能时，在完成较低的温度点测量后，重复步骤 7.4 继续升温到高的温度点，然后重复步骤 7.5。

8 计算公式

8.1 弹性模量按式(1)计算：

$$E=0.946\ 5\frac{mf_b^2}{b}\left(\frac{L}{t}\right)^3\left[1+6.585\left(\frac{t}{L}\right)^2\right] \quad\cdots\cdots(1)$$

式中：

E ——弹性模量，单位为帕(Pa)；

m ——试样质量，单位为克(g)；

f_b——弯曲振动的基频，单位为赫兹(Hz)；

b ——试样宽度，单位为毫米(mm)；

L ——试样长度，单位为毫米(mm)；

t ——试样厚度，单位为毫米(mm)。

8.2 剪切模量按式(2)计算：

$$G=\frac{4Lmf_t^2}{bt}\left(\frac{B}{1+A}\right) \quad\cdots\cdots(2)$$

式中：

G ——剪切模量，单位为帕(Pa)；

f_t——扭转振动的频率，单位为赫兹(Hz)；

B ——形状参数，按式(3)计算；

A ——经验修正参数，按式(4)计算或由图 3 获得。

$$B=[(b/t)+(t/b)]/[4(t/b)-2.52\,(t/b)^2+0.21\,(t/b)^6] \quad\cdots\cdots(3)$$

$$A=[0.506\ 2-0.877\ 6(b/t)+0.350\ 4\,(b/t)^2-0.007\ 8\,(b/t)^3]/[12.03(b/t)+9.892\,(b/t)^2] \quad\cdots\cdots(4)$$

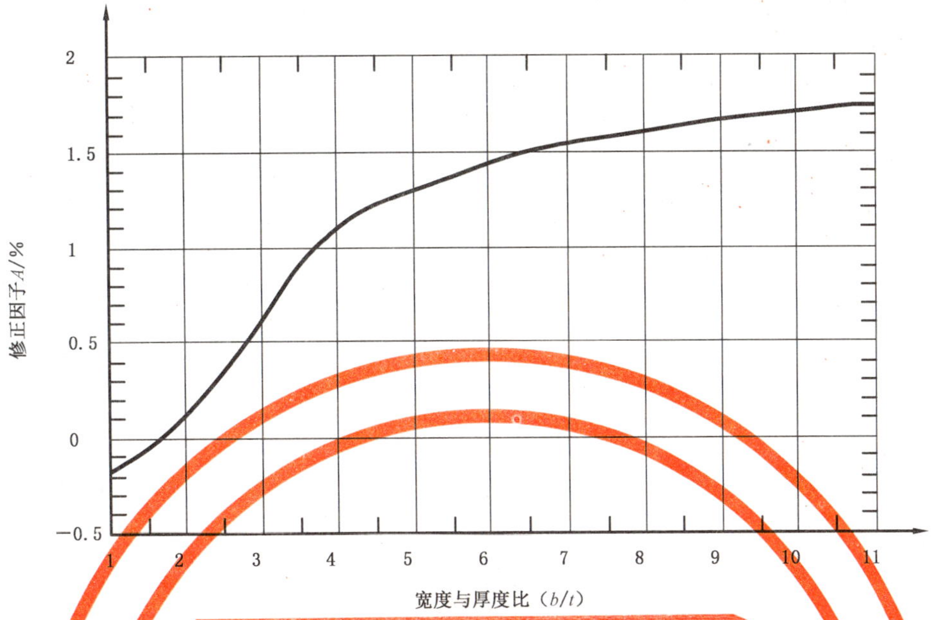

图 3 计算剪切模量所用的经验修正因子 A

8.3 泊松比按式(5)计算：

$$\nu = \frac{E}{2G} - 1 \qquad \cdots\cdots\cdots\cdots (5)$$

式中：

ν——泊松比。

9 试验报告

试验报告应包含下列信息：

a) 试验部门；

b) 试验设备；

c) 试验日期；

d) 试样数量；

e) 试样的质量和尺寸；

f) 试验人员；

g) 试验温度，基频；

h) 弹性模量、剪切模量和泊松比；

i) 试样描述：

  1) 试样名称、组成和来源；

  2) 加工条件，表面处理和边角情况；

  3) 其他必要信息(试样背景，处理记录等)。

j) 其他有关信息。

ICS 91.100.10
Q 11

中华人民共和国国家标准

GB/T 31545—2015

核电工程用硅酸盐水泥

Portland cement for nuclear power engineering

2015-05-15 发布　　2016-02-01 实施

中华人民共和国国家质量监督检验检疫总局
中国国家标准化管理委员会　发布

前言

本标准按照 GB/T 1.1—2009 给出的规则起草。

本标准由中国建筑材料联合会提出。

本标准由全国水泥标准化技术委员会(SAC/TC 184)归口。

本标准负责起草单位:中国建筑材料科学研究总院、安徽海螺水泥股份有限公司、中广核工程有限公司。

本标准参加起草单位:四川嘉华企业(集团)股份有限公司、大连水泥集团有限公司、新疆天盾特种水泥有限公司、中国核工业华兴建设有限公司、国核电力规划设计研究院、中国水利水电第三工程局有限公司、淮海中联水泥有限公司、山东山水水泥集团有限公司、抚顺水泥股份有限公司、曲阜中联水泥有限公司、山东华银特种水泥有限公司、安丘山水水泥有限公司、华润水泥股份有限公司、广西鱼峰水泥股份有限公司、华新水泥股份有限公司、中国葛洲坝集团股份有限公司、河南省同力水泥有限公司、山东山水水泥集团有限公司青岛分公司、葛洲坝石门特种水泥有限公司、酒钢(集团)宏达建材有限责任公司、淄博鲁中水泥有限公司、安徽盛运环保(集团)股份有限公司、中国建材检验认证集团股份有限公司、北京新奥混凝土集团有限公司、拉法基瑞安水泥有限公司、国家水泥质量监督检验中心。

本标准主要起草人:姚燕、王辉诚、王晶、徐文祥、王敏、高显束、王旭方、刘海波、文寨军、赵喜泉、裴新意、许毅刚、阳运霞、王英军、王丽娜、刘圣忠、董继明、陈宝智、沈益军、黄士奎、谢凯军、黄建国、姜志华、张顺、朱应新、鞠庆、池金果、赵思源、谢任芝、杨义、刘洪超、李瑞林、张广峰、徐合林、张剑平、房信昌、开晓胜、刘生超、张士忠、丛远达、王国庆、邓玉莲、武学龙、覃爱平、张坤悦、马忠诚、刘云、王田堂、李建勇、张永贵、霍慢慢。

核电工程用硅酸盐水泥

1 范围

本标准规定了核电工程用硅酸盐水泥的定义、材料要求、强度等级、技术要求、试验方法、检验规则、包装、标志、运输和贮存等。

本标准适用于核电工程用硅酸盐水泥。

2 规范性引用文件

下列文件对于本文件的应用是必不可少的。凡是注日期的引用文件，仅注日期的版本适用于本文件。凡是不注日期的引用文件，其最新版本(包括所有的修改单)适用于本文件。

GB/T 176 水泥化学分析方法

GB/T 1346 水泥标准稠度用水量、凝结时间、安定性检验方法

GB/T 5483 天然石膏

GB/T 8074 水泥比表面积测定方法 勃氏法

GB 9774 水泥包装袋

GB/T 12573 水泥取样方法

GB/T 12959 水泥水化热测定方法

GB/T 17671 水泥胶砂强度检验方法(ISO 法)

GB/T 26748 水泥助磨剂

JC/T 603 水泥胶砂干缩试验方法

3 术语和定义

下列术语和定义适用于本文件。

3.1

核电工程用硅酸盐水泥 portland cement for nuclear power engineering;P·N

由适当成分的硅酸盐水泥熟料，加入适量天然二水石膏，磨细制成的适用于核电工程的水硬性胶凝材料。

4 材料要求

4.1 核电水泥熟料

硅酸三钙(C_3S)的含量按质量分数计不超过 57%，铝酸三钙(C_3A)的含量按质量分数计不超过 7%，游离氧化钙(f-CaO)的含量按质量分数计不超过 1.0%。

根据化学成分计算各种矿物组成的含量，仅是理论上可能生成的矿物组成含量。

当 $m(Al_2O_3)/m(Fe_2O_3)>0.64$ 时，矿物组成按式(1)、式(2)计算：

$$w(C_3A)=2.65\times w(Al_2O_3)-1.69\times w(Fe_2O_3) \qquad \cdots\cdots(1)$$

$$w(C_3S)=4.07\times w(CaO)-7.60\times w(SiO_2)-6.72\times w(Al_2O_3)-1.43\times w(Fe_2O_3)-2.85\times w(SO_3) \quad \cdots\cdots(2)$$

当 $m(Al_2O_3)/m(Fe_2O_3)\leqslant 0.64$ 时，C_3A 含量为零，C_3S 含量按式(3)计算：

$$w(C_3S)=4.07\times w(CaO)-7.60\times w(SiO_2)-4.48\times w(Al_2O_3)-2.86\times w(Fe_2O_3)-2.85\times w(SO_3) \quad \cdots\cdots(3)$$

4.2 天然石膏

符合 GB/T 5483 中规定的 G 类二级(含)以上的天然二水石膏。

4.3 助磨剂

水泥粉磨时允许加入助磨剂，其加入量应不超过水泥质量的 0.5%，助磨剂应符合 GB/T 26748 的规定。

5 强度等级

核电水泥强度等级为 42.5。

6 技术要求

6.1 氧化镁(MgO)

氧化镁含量(质量分数)不大于 5.0%。

6.2 不溶物(IR)

不溶物含量(质量分数)不大于 0.75%。

6.3 三氧化硫(SO_3)

三氧化硫含量(质量分数)不大于 3.0%。

6.4 烧失量(Loss)

烧失量(质量分数)不大于 3.0%。

6.5 氯离子(Cl^-)

氯离子含量(质量分数)不大于 0.06%。

6.6 碱含量(R_2O)

碱含量(质量分数)不大于 0.60%。碱含量按 $0.658w(K_2O)+w(Na_2O)$ 计算值表示。

6.7 比表面积

比表面积不小于 280 m^2/kg 且不大于 400 m^2/kg。

6.8 凝结时间

初凝时间不小于 45 min，终凝时间不大于 390 min。

6.9 安定性

沸煮法合格。

6.10 强度

核电水泥各龄期的抗压强度和抗折强度不低于表1数值。

表1 核电水泥的等级与龄期强度

单位为兆帕

强度等级	抗折强度		抗压强度	
	3 d	28 d	3 d	28 d
P·N42.5	3.5	6.5	17.0	42.5

6.11 水化热

各龄期的水化热不大于表2数值。

表2 核电水泥的等级与龄期水化热

单位为千焦每千克

强度等级	水化热	
	3 d	7 d
P·N42.5	251	293

6.12 干缩率

28 d 干缩率不大于0.10%。

7 试验方法

7.1 烧失量、二氧化硅、三氧化二铁、三氧化二铝、氧化钙、氧化镁、三氧化硫、不溶物、游离氧化钙、氯离子、氧化钾和氧化钠

按 GB/T 176 进行。

7.2 比表面积

按 GB/T 8074 进行。

7.3 凝结时间和安定性

按 GB/T 1346 进行。

7.4 强度

按 GB/T 17671 进行。

7.5 水化热

按 GB/T 12959 进行。

7.6 干缩率

按 JC/T 603 进行。

8 检验规则

8.1 编号及取样

核电水泥按不超过 500 t 为一编号，袋装水泥和散装水泥应分别编号和取样；每一编号为一取样单位。

取样方法按 GB/T 12573 进行。

取样应有代表性。可连续取，亦可从 20 个以上不同部位取等量样品，总量至少 20 kg。

8.2 水泥出厂

经确认水泥各项技术指标及包装质量符合标准规定时方可出厂。

8.3 检验分类

8.3.1 出厂检验

出厂检验项目为第 6 章规定的除干缩率外的全部技术要求。

8.3.2 型式检验

8.3.2.1 型式检验项目为第 6 章规定的全部技术要求。

8.3.2.2 有下列情况之一应进行型式检验：

——正常生产时每 6 个月检验一次；

——原料、工艺有较大改变，可能影响产品性能时；

——产品长期停产后，恢复生产时；

——出厂检验结果与上次型式检验有较大差异时。

8.4 合格品与不合格品

8.4.1 合格品

凡检验结果符合第 6 章的规定为合格品。

8.4.2 不合格品

凡检验结果不符合第 6 章中的任何一项要求为不合格品。

8.5 检验报告

检验报告内容应包括出厂检验项目、天然二水石膏和助磨剂的品种和掺加量及合同约定的其他技术要求。水泥厂应在水泥发出日起 7 d 内寄发除 7 d 水化热、28 d 强度以外的各项检验结果；7 d 水化热、28 d 强度，应在水泥发出日起 32 d 内补报。

8.6 交货与验收

8.6.1 交货

交货时水泥的质量验收可抽取实物试样以其检验结果为依据，也可以水泥厂同编号水泥的检验报告为依据。采取何种方法验收由买卖双方商定,并在合同或协议中注明。

8.6.2 验收

8.6.2.1 以抽取实物试样的检验结果为验收依据时,买卖双方应在发货前或交货地共同取样和签封。取样方法按 GB/T 12573 进行,取样数量为 20 kg,缩分为两等份,一份由卖方保存 40 d,一份由买方按本标准规定的项目和方法进行检验。

在 40 d 以内,买方检验认为产品质量不符合本标准要求,而卖方又有争议时,则双方应将卖方保存的另一份试样送省级或省级以上国家认可的水泥质量监督检验机构进行仲裁检验。

8.6.2.2 以水泥厂同编号水泥的检验报告为验收依据时,在发货前或交货时买方在同编号水泥中抽取试样,双方共同签封后保存三个月;或委托卖方在同编号水泥中抽取试样,签封后保存三个月。

在 90 d 内,买方对水泥质量有疑问时,则买卖双方应将共同签封的试样送省级或省级以上国家认可的水泥质量监督检验机构进行仲裁检验。

9 包装、标志、运输与贮存

9.1 包装

水泥可以袋装或散装,袋装水泥每袋净含量为 50 kg,且应不少于标志质量的 99%;随机抽取 20 袋总质量应不少于 1 000 kg。其他包装形式由供需双方协商确定,但有关袋装质量要求,应符合上述规定。

水泥包装袋应符合 GB 9774 的规定。

9.2 标志

水泥包装袋上应清楚标明:产品名称、代号、强度等级、净含量、生产许可证标识及编号、生产者名称和地址、出厂编号、执行标准号、包装日期。包装袋两侧应印有水泥名称和等级,用红色印刷。

散装时应提交与包装袋标志相同内容的卡片。

9.3 运输与贮存

水泥在运输与贮存时,不得受潮和混入杂物;水泥应单独贮存,不得混杂。

ICS 83.160.10
G 41

中华人民共和国国家标准

GB/T 31546—2015

电动自行车轮胎

Electric bicycle tyres

2015-05-15 发布

2016-02-01 实施

中华人民共和国国家质量监督检验检疫总局
中国国家标准化管理委员会 发布

前　言

本标准按照GB/T 1.1—2009给出的规则起草。

本标准由中国石油和化学工业联合会提出。

本标准由全国轮胎轮辋标准化技术委员会(SAC/TC 19)归口。

本标准起草单位:杭州中策橡胶有限公司、广州广橡企业集团有限公司钻石车胎厂、山东新东岳集团有限公司、天津万达轮胎集团有限公司。

本标准主要起草人:沈同祝、王继荣、陈秋发、李伊华、轩召民、王传敏、王改峰。

电动自行车轮胎

1 范围

本标准规定了电动自行车轮胎的术语和定义、分类、要求、试验方法、标志、运输和贮存。

本标准适用于电动自行车的充气轮胎。

本标准不适用于非充气轮胎。

2 规范性引用文件

下列文件对于本文件的应用是必不可少的。凡是注日期的引用文件，仅注日期的版本适用于本文件。凡是不注日期的引用文件，其最新版本(包括所有的修改单)适用于本文件。

GB/T 6326 轮胎术语及其定义

GB/T 23657—2009 力车轮辋系列

GB/T 31548 电动自行车轮胎系列

GB/T 31549 电动自行车轮胎性能试验方法

3 术语和定义

GB/T 6326 界定的以及下列术语和定义适用于本文件。

3.1

钩直边(CT)轮胎 croctchet type tyre

轮胎的胎圈芯采用钢丝或其他高强度材料、胎圈轮廓形状与钩直边(CT)轮辋相配合的轮胎。

4 分类

电动自行车轮胎根据胎圈与结构形式分为三类：钩直边(CT)轮胎见图 1；直边(SS)轮胎见图 2；钩边(HB)轮胎见图 3。

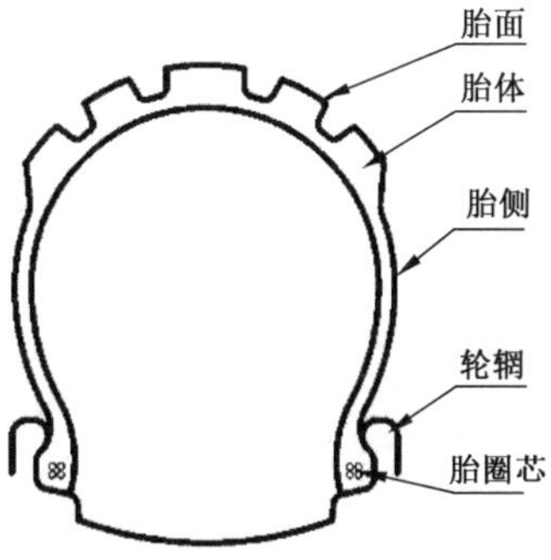

图 1 钩直边(CT)轮胎断面

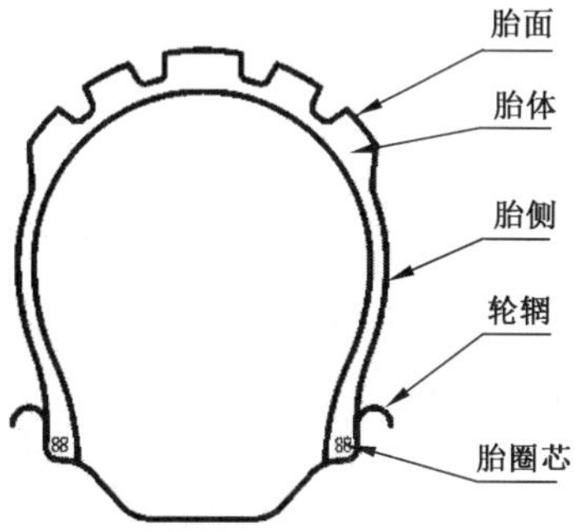

图 2 直边(SS)轮胎断面

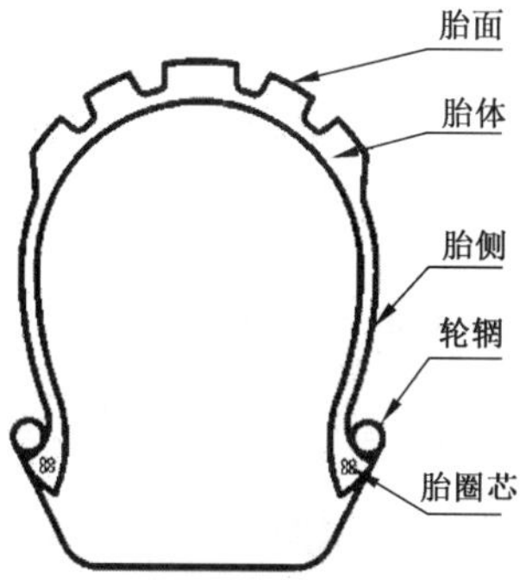

图 3 钩边(HB)轮胎断面

5 要求

5.1 轮胎规格、基本参数和主要尺寸

轮胎的规格、基本参数和主要尺寸应符合 GB/T 31548 的规定。

5.2 外观

轮胎安装在符合 GB/T 23657—2009 第 4 章～第 6 章中规定的或供需双方商定的轮辋上，目测时不得有明显的摆动，轮胎的外观质量要求见附录 A。

5.3 性能

轮胎性能应符合表 1 的规定。

表 1 轮胎性能

<table>
<tr><th>序号</th><th>项 目</th><th>试 验</th><th colspan="3">性 能 指 标</th><th>试验条款</th></tr>
<tr><td rowspan="3">1</td><td rowspan="3">破坏能/J</td><td rowspan="3">强度试验</td><td colspan="2">2PR</td><td>12</td><td rowspan="3">6.1</td></tr>
<tr><td colspan="2">4PR</td><td>18</td></tr>
<tr><td colspan="2">6PR</td><td>22</td></tr>
<tr><td>2</td><td>轮胎抗脱圈强度/kPa</td><td>脱圈水压试验</td><td colspan="3">＞550</td><td>6.2</td></tr>
<tr><td rowspan="2">3</td><td rowspan="2">机床试验里程/km</td><td rowspan="2">耐久试验</td><td rowspan="2">轮胎名义外直径</td><td>20 及其以下</td><td>3 000</td><td rowspan="2">6.3</td></tr>
<tr><td>20 以上</td><td>5 000</td></tr>
</table>

5.4 胎面磨耗

5.4.1 每条轮胎应沿周向等距离地设置不少于 3 个能清楚观察到的胎面磨耗标志，其胎面磨耗标志的高度应不小于 0.5 mm。

5.4.2 轮胎两侧胎肩处应模刻出指明胎面磨耗标志位置的标记。

5.4.3 轮胎使用至胎面磨耗标志时，不应继续使用。

6 试验方法

6.1 强度试验

轮胎的胎体强度试验按 GB/T 31549 的规定进行。

6.2 脱圈水压试验

轮胎的脱圈水压试验按 GB/T 31549 的规定进行。

6.3 耐久试验

轮胎的耐久性能试验按 GB/T 31549 的规定进行。

7 标志、运输和贮存

7.1 标志

7.1.1 轮胎应有下列标志，其中 a)～c)为永久性标志，d)、e)为水洗不掉的标志。标志如下：

a) 规格(层级为 2 者可以省略 2PR)；

b) 商标、制造厂名或产地；

c) 标准气压，最小气压和最大负荷；

d) 生产编号；

e) 检验标记。

上述各项标志的文字不应小于 3 mm×3 mm。

7.1.2 无内胎轮胎应标志"TUBELESS"或无内胎。

7.1.3 轮胎花纹有行驶方向的应标志行驶方向标记。

7.1.4 7.1.2 及 7.1.3 均应为永久性标志。

7.2 运输

7.2.1 运输轮胎时应避免日晒雨淋。

7.2.2 不应将轮胎与油类、易燃及化学腐蚀等物品放在一起运输。

7.2.3 运输途中应防止轮胎遭受机械损伤。

7.3 贮存

7.3.1 不应露天存放轮胎，避免阳光照射。库房室温在－15 ℃～35 ℃，相对湿度不大于 80％。

7.3.2 轮胎堆放，可以平放或垂直堆放，但堆放的高度不应有损产品的质量。每垛轮胎上不应堆放其他物品，每 4 个月至少倒垛一次。

7.3.3 不应将轮胎与油类、易燃及化学腐蚀性等物品存放在一起，并远离热源。

7.3.4 轮胎应存放在离地面 200 mm 以上的垫板上，并不应靠墙。

7.3.5 轮胎的发货应按进货日期顺序进行。在遵守本贮存条件下，贮存期自出厂日起不超过 1 年。

附 录 A
（规范性附录）
外观质量要求

轮胎外观质量见表 A.1。

表 A.1 轮胎外观质量

序 号	缺陷名称	指 标	不合格分类
1	帘布少层或顺层	无	A
2	钢丝断裂	无	A
3	海绵状	无	A
4	冠部脱层	无	A
5	胎面接头开裂	不露帘线线痕	B
6	帘线打褶	宽度≤10 mm	B
7	胎圈变形	轮胎钢丝位移≤10 mm	B
8	重皮裂痕	长度≤50 mm	B
9	机械损伤	深度≤1/2 胎侧胶厚度	B
10	胎冠胶边	厚度≤1.5 mm，花纹基部不得显线痕	C
11	花纹缺胶	深度≤1.5 mm，累计长度≤1/4 周长	C
12	胎侧缺胶	深度不得显帘线，累计长度≤1/5 周长	C
13	胎面杂质	深度不得见帘线	C
14	气泡（泡痕；同一物质层内）	直径≤10 mm，数量≤4 个	C

表 A.1(续)

序　号	缺陷名称	指　　标	不合格分类
15	胎侧层间小气泡	直径≤5 mm,数量≤4 个	C
16	胎耳不满(或软边)	深度≤2 mm,累计长度≤1/4 周长	C
17	帘线稀缝	缝宽度≤3 mm,数量≤5 处	C
注:不合格分类中,A 类为极严重缺陷,B 类为严重缺陷,C 类为轻缺陷。			

ICS 83.160.10
G 41

中华人民共和国国家标准

GB/T 31547—2015

电动自行车内胎

Electric bicycle inner tubes

2015-05-15 发布　　2016-02-01 实施

中华人民共和国国家质量监督检验检疫总局
中国国家标准化管理委员会　发布

前　言

本标准按照 GB/T 1.1—2009 给出的规则起草。

本标准由中国石油和化学工业联合会提出。

本标准由全国轮胎轮辋标准化技术委员会(SAC/TC 19)归口。

本标准起草单位:建泰橡胶(深圳)有限公司、徐州汉邦轮胎有限公司、广州广橡企业集团有限公司钻石车胎厂。

本标准主要起草人:陈青松、刘岩、李伊华、黄国穗、林永吉。

电动自行车内胎

1 范围

本标准规定了电动自行车内胎的种类、要求、试验方法和标志。

本标准适用于装配电动自行车轮胎的模型硫化内胎。

2 规范性引用文件

下列文件对于本文件的应用是必不可少的。凡是注日期的引用文件，仅注日期的版本适用于本文件。凡是不注日期的引用文件，其最新版本(包括所有的修改单)适用于本文件。

GB/T 528 硫化橡胶或热塑性橡胶 拉伸应力应变性能的测定

GB 1796.1 轮胎气门嘴 第1部分：压紧式内胎气门嘴

GB 1796.2 轮胎气门嘴 第2部分：胶座气门嘴

GB/T 31546 电动自行车轮胎

GB/T 31548 电动自行车轮胎系列

GB/T 31549 电动自行车轮胎性能试验方法

3 种类

按内胎制造所用材料的不同分为两类：

——天然橡胶及以天然橡胶为主的内胎为A类；

——丁基橡胶及以丁基橡胶为主的内胎为B类。

4 要求

4.1 规格尺寸

内胎规格尺寸应符合GB/T 31546、GB/T 31548规定的相应外胎的配套要求。

4.2 气门嘴

气门嘴的性能、尺寸、要求应符合GB 1796.1和GB 1796.2的规定。

4.3 外观质量

内胎外观应厚度、形状均匀，无伤痕、裂口、气泡、海绵状、杂质等影响使用性能的缺陷。

4.4 性能

4.4.1 气密性能

内胎气密性能应通过5.1的试验。

4.4.2 其他主要性能

内胎的其他主要性能应符合表1的规定：

表1 内胎的其他主要性能

序号	项目	试验	性能指标			试验条款
			A类	B类		
1	扯断伸长率/%	拉伸试验	≥500	≥450		5.2
2	接头拉伸强度/MPa	接头拉伸强度试验	≥7.5	≥3.4		5.3
3	胶座气门嘴底座与胎身的粘合强力/N	胶座气门嘴底座与胎身粘合强力试验[a]	>150			5.4
4	机床试验里程/km	耐久性能试验	内胎的规格	外径20及其以下	3 000	5.5
				外径20以上	5 000	

[a] 胶座气门嘴底座与胎身粘合强力试验不适用于压紧式气门嘴。

5 试验方法

5.1 气密性试验

5.1.1 将内胎充气到原设计模型断面直径最大值不超过120%，在室温下放置12 h。

5.1.2 检查是否有泄漏气现象，无明显泄漏气现象的为合格品。

5.1.3 如有明显泄漏气现象，应按上述相同条件重新充气，并浸入水中1 min，如有1个以上气泡冒出，即为不合格品。但气门嘴部位允许修理后再次按上述方法进行试验。

5.2 拉伸试验

拉伸试验按GB/T 528规定进行。采用1型裁刀，测定伸长率时，在内胎非接头处同一段的冠部中心、基部中心、上模中心、下模中心处，沿胎体圆周方向各取1个试样(如图1所示)。试验结果采取去掉最大值和最小值的方法，按式(1)计算：

$$TE=\frac{x_2+x_3}{2} \qquad \cdots\cdots(1)$$

式中：

TE ——扯断伸长率，%；

x_1、x_2、x_3、x_4——试样的测定值($x_1>x_2>x_3>x_4$)，%。

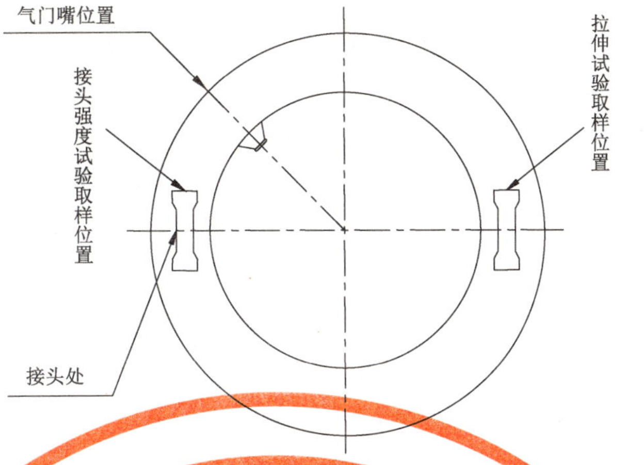

图 1　试样的选择

5.3　接头拉伸强度试验

试样：在内胎接头处的冠部中心、基部中心、上模中心、下模中心，用1型裁刀沿胎体圆周方向各取试样1个(如图1所示)，试验方法按GB/T 528的要求，试验结果采取去掉最大值和最小值的方法，按式(2)计算：

$$TB=\frac{S_2+S_3}{2} \qquad \cdots\cdots(2)$$

式中：

TB ——接头拉伸强度，单位为兆帕(MPa)；

S_1、S_2、S_3、S_4 ——试样的测定值($S_1>S_2>S_3>S_4$)，单位为兆帕(MPa)。

5.4　胶座气门嘴底座与胎身粘合强力试验

在内胎气门嘴两侧，从胎身圆周方向一端距气门嘴胶座10 mm，另一端距胶座100 mm处裁取试样。用拉力试验机一夹具夹住试样的气门嘴主体，另一夹具夹住试样的胎身长端，以500 mm/min±25 mm/min的拉伸速度进行粘合强力试验。允许气门嘴主体和橡胶胶座间拉开或胎体扯断，在胶座底座上的胎身胶粘合面积达50%以上者视作胎体扯断，均视为合格。

5.5　耐久性能试验

按GB/T 31549的规定执行，试验后按5.1的试验方法作气密性试验。

6　标志

每条内胎应具有下列标志，其中a)和b)项为永久性标志，c)和d)项为水洗不掉的印痕。标志如下：

a)　规格；

b)　商标；

c)　制造日期或代号；

d)　检验标记。

ICS 83.160.10
G 41

中华人民共和国国家标准

GB/T 31548—2015

电动自行车轮胎系列

Series of electric bicycle tyres

2015-05-15 发布　　　　2016-02-01 实施

中华人民共和国国家质量监督检验检疫总局
中国国家标准化管理委员会　发布

前　言

本标准按照 GB/T 1.1—2009 给出的规则起草。

本标准由中国石油和化学工业联合会提出。

本标准由全国轮胎轮辋标准化技术委员会(SAC/TC 19)归口。

本标准起草单位:江苏通用科技股份有限公司、广州广橡企业集团有限公司钻石车胎厂。

本标准主要起草人:张厚义、陆文江、陈秋发、黄国穗。

电动自行车轮胎系列

1 范围

本标准规定了电动自行车轮胎的术语和定义、分类、规格标志、基本参数、主要尺寸和测量方法。

本标准适用于电动自行车充气轮胎。

本标准不适用于非充气轮胎。

2 规范性引用文件

下列文件对于本文件的应用是必不可少的。凡是注日期的引用文件，仅注日期的版本适用于本文件。凡是不注日期的引用文件，其最新版本(包括所有的修改单)适用于本文件。

GB/T 6326 轮胎术语及其定义

GB/T 8170 数值修约规则与极限数值的表示和判定

GB/T 31580 电动自行车轮辋系列

HG/T 2906 力车轮胎静负荷性能试验方法

3 术语和定义

GB/T 6326 界定的以及下列术语和定义适用于本文件。

3.1

钩直边(CT)轮胎　croctchet type tyre

轮胎的胎圈芯采用钢丝或其他高强度材料、胎圈轮廓形状与钩直边(CT)轮辋相配合的轮胎。

4 分类

电动自行车轮胎根据胎圈与轮辋配合的结构形式分为三类：钩直边(CT)轮胎(见图1)、直边(SS)轮胎(见图2)、钩边(HB)轮胎(见图3)。

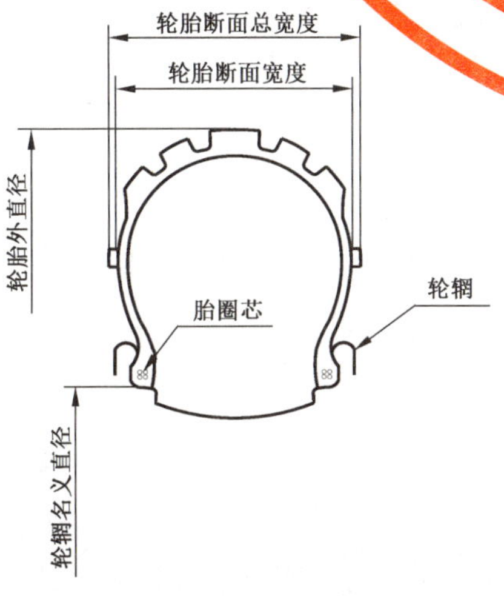

图1　钩直边(CT)轮胎断面

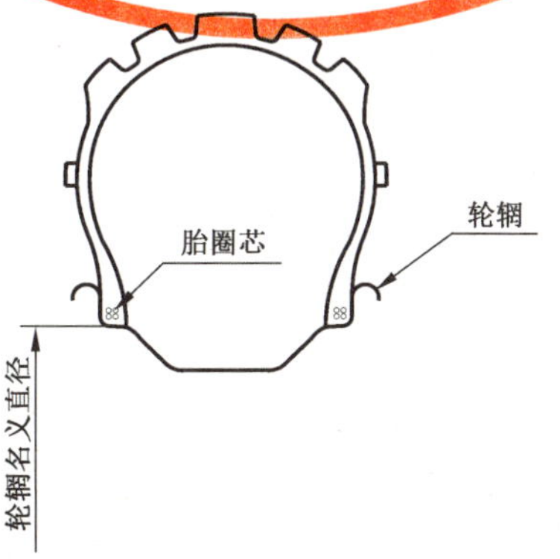

图2　直边(SS)轮胎断面

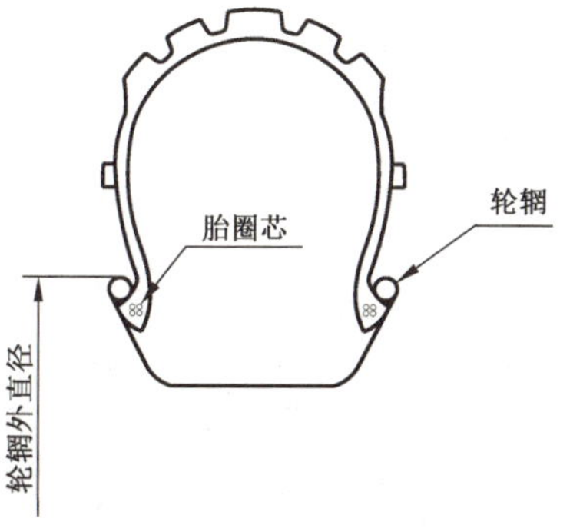

图3　钩边(HB)轮胎断面

5 规格标志、基本参数和主要尺寸

5.1 通则

钩直边轮胎、直边轮胎、钩边轮胎主要尺寸的计算见附录 A。

新轮胎断面宽度(S)超过 54 mm 的规格轮胎应咨询配套厂商,其基本参数和主要尺寸参见附录 B。本标准所列规格以外的轮胎,可按照附录 A 的计算原则,由供需双方商定。

5.2 钩直边(CT)轮胎和直边(SS)轮胎

5.2.1 钩直边轮胎和直边轮胎规格的标志

钩直边轮胎和直边轮胎规格的标志应包括下列内容:

a) 轮胎名义断面宽度(S_N)——用毫米(mm)表示;

b) 轮胎结构标记——用“-”符号表示;

c) 轮辋名义直径(D_r)——用毫米(mm)表示。

钩直边轮胎应安装在该轮胎对应的钩直边轮辋上,见 GB/T 31580。为确保轮辋的正确使用,并为兼顾使用习惯,轮胎规格标志相对应的旧式标志用括号括上,加在该轮胎标志之后。

示例:名义断面宽度 47 mm、配合于轮辋名义直径 406 mm 的钩直边轮胎,其旧式标志为 20×1.75,应标志为:47-406(20×1.75)。

5.2.2 钩直边轮胎和直边轮胎基本参数和主要尺寸

钩直边轮胎和直边轮胎的规格、基本参数和主要尺寸应符合表 1 的规定。

表 1 钩直边轮胎和直边轮胎

<table>
<tr><th rowspan="4">规格</th><th colspan="5">基本参数</th><th colspan="4">主要尺寸
mm</th></tr>
<tr><th colspan="3">轮辋尺寸
mm</th><th rowspan="3">充气压力[a]
kPa</th><th rowspan="3">负荷能力
kg</th><th colspan="2">新轮胎尺寸</th><th colspan="2">轮胎最大使用尺寸</th></tr>
<tr><th colspan="2">测量轮辋</th><th rowspan="2">允许轮辋名义内宽</th><th rowspan="2">断面宽度[b]
(S)</th><th rowspan="2">外直径
(D_0)</th><th rowspan="2">断面宽度
(W_{max})</th><th rowspan="2">外直径
($D_{0\ max}$)</th></tr>
<tr><th>名义内宽</th><th>名义直径</th></tr>
<tr><td>47-305
(16×1.75)</td><td rowspan="6">25C</td><td>305</td><td rowspan="6">21C、23C
20、22、
24、27</td><td>300</td><td>55</td><td rowspan="6">44</td><td>399</td><td rowspan="6">47</td><td>405</td></tr>
<tr><td>47-355
(18×1.75)</td><td>355</td><td rowspan="3">350</td><td>65</td><td>449</td><td>455</td></tr>
<tr><td>47-406
(20×1.75)</td><td>406</td><td>70</td><td>500</td><td>506</td></tr>
<tr><td>47-457
(22×1.75)</td><td>457</td><td>75</td><td>551</td><td>557</td></tr>
<tr><td>47-507
(24×1.75)</td><td>507</td><td rowspan="2">400</td><td>85</td><td>602</td><td>608</td></tr>
<tr><td>47-559
(26×1.75)</td><td>559</td><td>90</td><td>653</td><td>659</td></tr>
</table>

表 1 （续）

规格	基本参数					主要尺寸 mm			
	轮辋尺寸 mm			充气压力[a] kPa	负荷能力 kg	新轮胎尺寸		轮胎最大使用尺寸	
	测量轮辋		允许轮辋名义内宽			断面宽度[b] (S)	外直径 (D_0)	断面宽度 (W_{max})	外直径 ($D_{0\ max}$)
	名义内宽	名义直径							
52-355 (18×1.95)	25C	355	21C、23C、27C 20、22、24、27	300	75	49	458	52	464
52-406 (20×1.95)		406			80		508		514
52-457 (22×1.95)		457		400	85		559		565
52-507 (24×1.95)		507			90		610		616
57-254 (14×2.125)	27C	254	23C、25C 27、30.5	300	60	54	366	57	372
57-305 (16×2.125)		305			70		417		423
57-355 (18×2.125)		355			80		467		473
57-406 (20×2.125)		406			85		518		524
57-457 (22×2.125)		457		350	90		569		575
57-507 (24×2.125)		507			100		620		626

注 1：表中轮胎均为轻型，层级皆为 2PR。

注 2：表中规格含括号(内为旧标志)时，特指钩直边轮胎。

[a] 最小充气压力不应少于 200 kPa，以保证轮胎使用下的下沉率不超过轮胎断面高度的 30%(本注亦适用于表 2)。

[b] 胎侧部位的文字或花纹的高度不得超过 1.0 mm(本注亦适用于表 2)。

5.3 钩边(HB)轮胎

5.3.1 钩边轮胎规格的标志

钩边轮胎规格的标志应包括下列内容：

a) 轮胎外直径代号——用整偶数表示；

b) 轮胎结构标记——用“×”符号表示；

c) 轮胎断面宽度代号——用带两位或三位小数的数字表示，并且该数字必须是 5 的倍数。

示例：外直径代号 20、断面宽度代号 1.75 的钩边轮胎应标志为：20×1.75。

5.3.2 钩边轮胎基本参数和主要尺寸

钩边轮胎的规格、基本参数和主要尺寸应符合表 2 的规定。

表 2 钩边轮胎

规格	基本参数					主要尺寸 mm			
	轮辋尺寸 mm			充气 压力 kPa	负荷 能力 kg	新轮胎尺寸		轮胎最大使用尺寸	
	测量轮辋		允许轮辋 名义内宽			断面宽度 (S)	外直径 (D_0)	断面宽度 (W_{max})	外直径 ($D_{0\ max}$)
	名义内宽	外直径							
16×1.75	25	321	20	300	55	44	399	47	405
18×1.75		371		350	65		449		455
20×1.75		422			70		500		506
22×1.75		473			75		551		557
24×1.75		524		400	85		602		608
26×1.75		575			90		653		659
18×1.95	25	371	27	300	75	49	458	52	464
20×1.95		422			80		508		514
22×1.95		473		400	85		559		565
24×1.95		524			90		610		616
14×2.125	27	270	25	300	60	54	366	57	372
16×2.125		321			70		417		423
16×2.125 4PR				350	85				
16×2.125 6PR				450	100				
18×2.125		371		300	80		467		473
20×2.125		422			85		518		524
22×2.125		473		350	90		569		575
24×2.125		524			100		620		626
注：表中规格无标注时，层级皆为 2PR。									

5.4 新轮胎最大、最小尺寸

5.4.1 新轮胎最大断面宽度(S_{max})、最小断面宽度(S_{min})

$$S_{max}=S(1+a) \qquad \cdots\cdots(1)$$

$$S_{min}=S(1-a) \qquad \cdots\cdots(2)$$

式(1)和式(2)中：

S_{max}——新轮胎最大断面宽度，单位为毫米(mm)；

S ——新轮胎断面宽度，单位为毫米(mm)；

a ——0.05；

S_{min}——新轮胎最小断面宽度，单位为毫米(mm)。

5.4.2 新轮胎最大外直径(D_{max})、最小外直径(D_{min})

$$D_{max}=2H(1+b)+D_r \quad\cdots\cdots(3)$$

$$D_{min}=2H(1-b)+D_r \quad\cdots\cdots(4)$$

式(3)和式(4)中：

D_{max}——新轮胎最大外直径，单位为毫米(mm)；

H——新轮胎断面高度，单位为毫米(mm)；

b——0.05；

D_r——轮辋名义直径，单位为毫米(mm)；

D_{min}——新轮胎最小外直径，单位为毫米(mm)。

5.5 安装在允许轮辋上的新轮胎断面宽度的修正值

安装在允许轮辋上的新轮胎断面宽度的修正值为测量轮辋与允许轮辋名义内宽之差的0.4倍。

6 测量方法

轮胎尺寸的测量按HG/T 2906的规定进行。

附　录　A
（规范性附录）
轮胎尺寸的计算

A.1　钩直边轮胎和直边轮胎尺寸的计算

A.1.1　新轮胎尺寸计算

A.1.1.1　新轮胎断面宽度(S)

$$S = S_N - 3 \quad\cdots\cdots(A.1)$$

式中：

S ——新轮胎断面宽度，单位为毫米(mm)；

S_N——轮胎名义断面宽度，单位为毫米(mm)。

A.1.1.2　新轮胎断面高度(H)

$$H = S + K \quad\cdots\cdots(A.2)$$

式中：

H——新轮胎断面高度，单位为毫米(mm)；

K——增加高度，取值 2 mm～3.5 mm(S 为 54 mm 及以下)。

A.1.1.3　新轮胎外直径(D_0)

$$D_0 = D_r + 2H \quad\cdots\cdots(A.3)$$

式中：

D_0——新轮胎外直径，单位为毫米(mm)；

D_r——轮辋名义直径，单位为毫米(mm)。

A.1.2　轮胎最大使用尺寸的计算

A.1.2.1　轮胎最大使用断面宽度(W_{max})

$$W_{max} = S + 3 \quad\cdots\cdots(A.4)$$

式中：

W_{max}——轮胎最大使用断面宽度，单位为毫米(mm)，包括了防擦线、标志、装饰图案、制造公差和使用胀大。

A.1.2.2　轮胎最大使用外直径($D_{0\,max}$)

$$D_{0\,max} = D_r + 2H + 6 \quad\cdots\cdots(A.5)$$

式中：

$D_{0\,max}$——轮胎最大使用外直径，单位为毫米(mm)，包括了制造公差和使用胀大。

A.2 钩边轮胎尺寸的计算

A.2.1 新轮胎断面宽度(*S*)

$$S = S_N / 0.0395 \quad \text{(A.6)}$$

式中:

S ——新轮胎断面宽度,单位为毫米(mm);

S_N——轮胎断面宽度代号。

计算结果按 GB/T 8170 取整数值。

A.2.2 新轮胎断面高度(*H*)

$$H = 0.88S \quad \text{(A.7)}$$

式中:

H——新轮胎断面高度,单位为毫米(mm)。

计算结果按 GB/T 8170 取整数值。

A.2.3 新轮胎外直径(D_0)

$$D_0 = D_2 + 2H \quad \text{(A.8)}$$

式中:

D_0——新轮胎外直径,单位为毫米(mm);

D_2——轮辋外直径,单位为毫米(mm)。

A.2.4 轮胎最大使用尺寸

A.2.4.1 轮胎最大使用断面宽度(W_{max})

$$W_{max} = S + 3 \quad \text{(A.9)}$$

式中:

W_{max}——包括了防擦线、标志、装饰图案、制造偏差和使用胀大。

A.2.4.2 轮胎最大使用外直径($D_{0\ max}$)

$$D_{0\ max} = D_0 + 6 \quad \text{(A.10)}$$

式中:

$D_{0\ max}$——包括制造偏差和使用胀大。

附 录 B
（资料性附录）
新轮胎断面宽度（*S*）超过 54 mm 的轮胎——基本参数和主要尺寸

新轮胎断面宽度（S）超过 54 mm 的钩直边轮胎和直边轮胎的基本参数和主要尺寸如表 B.1 所示。

表 B.1 新轮胎断面宽度（S）超过 54 mm 的钩直边轮胎和直边轮胎

规 格	基本参数					主要尺寸 mm			
	轮辋尺寸 mm			充气压力[a] kPa	负荷能力 kg	新轮胎尺寸		轮胎最大使用尺寸	
	测量轮辋		允许轮辋名义内宽			断面宽度 （S）	外直径 （D_0）	断面宽度 （W_{max}）	外直径 （$D_{0\ max}$）
	名义内宽	名义直径							
66-203 (12 1/2×2.50)	34C	203	—	250	60	63	330	66	338
66-305 (16×2.50)		305		250	75		432		438
66-355 (18×2.50)		355		280	90		482		488
70-203 (12 1/2×2.70)	38.5C	203	—	250	65	70	341	73	347
73-355 (18×2.75)	38.5C	355	34C	280	110	70	493	73	499
79-305 (16×3.00)	43C	305	34C、38.5C	250	100	76	455	79	461
79-355 (18×3.00)		355		280	120		505		511
79-406 (20×3.00)		406		280	140		556		562

注：表中轮胎均为轻型，层级皆为 2PR（本注亦适用于表 B.2）。

[a] 最小充气压力不应少于 200 kPa，以保证轮胎使用下的下沉率不超过轮胎断面高度的 30%（本注亦适用于表 B.2）。

新轮胎断面宽度(S)超过 54 mm 的钩边轮胎的基本参数和主要尺寸如表 B.2 所示。

表 B.2　新轮胎断面宽度(*S*)超过 54 mm 的钩边轮胎

规格	基本参数					主要尺寸 mm			
	轮辋尺寸 mm			充气压力 kPa	负荷能力 kg	新轮胎尺寸		轮胎最大使用尺寸	
	测量轮辋		允许轮辋名义内宽			断面宽度 (S)	外直径 (D_0)	断面宽度 (W_{max})	外直径 ($D_{0\ max}$)
	名义内宽	外直径							
12 1/2×2.50		219		250	60		330		336
16×2.50	34	321	—	250	75	63	432	66	438
18×2.50		371		280	90		482		488
12 1/2×2.70	38.5	219	—	250	65	70	341	73	347
18×2.75	38.5	371	34	280	110	70	493	73	499
16×3.00		321		250	100		455		461
18×3.00	43	371	34,38.5	280	120	76	505	79	511
20×3.00		422		280	140		556		562

ICS 83.160.10
G 41

中华人民共和国国家标准

GB/T 31549—2015

电动自行车轮胎性能试验方法

Performance testing method for electric bicycle tyres

2015-05-15 发布　　2016-02-01 实施

中华人民共和国国家质量监督检验检疫总局
中国国家标准化管理委员会　发布

前 言

本标准按照GB/T 1.1—2009给出的规则起草。

本标准由中国石油和化学工业联合会提出。

本标准由全国轮胎轮辋标准化技术委员会(SAC/TC 19)归口。

本标准起草单位:厦门正新橡胶工业有限公司、上海天马万虹胶制品有限公司、广州橡胶工业制品研究所有限公司。

本标准主要起草人:罗乃良、杨雪云、杨金城、蔡英裕、佘肖丹。

电动自行车轮胎性能试验方法

1 范围

本标准规定了检验电动自行车轮胎性能试验用术语和定义、试验设备与精度、试验方法、判定规则和试验报告。本标准包括电动自行车轮胎的强度性能试验方法、耐久性能试验方法(转鼓法)和脱圈水压性能试验方法。

本标准适用于电动自行车充气轮胎及其内胎。

本标准不适用于非充气轮胎。

2 规范性引用文件

下列文件对于本文件的应用是必不可少的。凡是注日期的引用文件,仅注日期的版本适用于本文件。凡是不注日期的引用文件,其最新版本(包括所有的修改单)适用于本文件。

GB/T 6326 轮胎术语及其定义

GB/T 31546 电动自行车轮胎

GB/T 31547 电动自行车内胎

GB/T 31548 电动自行车轮胎系列

3 术语和定义

GB/T 6326 界定的术语和定义适用于本文件。

4 试验设备与精度

4.1 试验转鼓

4.1.1 试验转鼓直径为 790 mm±10 mm;宽度应大于试验轮胎的充气断面总宽度。

4.1.2 试验转鼓应为光滑的钢质面,其表面粗糙度 Ra 值不大于 6.3 μm。

4.1.3 加载装置的加载能力应满足试验的要求,其精度为满量程的±2%。

4.1.4 试验转鼓的速度能力应满足试验的要求,其精度为±2 km/h。

4.1.5 障碍物:表面粗糙度 Ra 值不大于 6.3 μm、宽度 10 mm±0.1 mm、高度 5 mm±0.1 mm 的长方形铁块,角曲率半径为 1.0 mm±0.05 mm,数量 2 个。

4.1.6 障碍物以等距、对称安装在转鼓的外周上,并与转鼓轴方向平行,长度与转鼓宽度相等。

4.2 强度试验机

4.2.1 试验机应具备有足够长度的圆柱形钢质棒,其一端为直径 8.0 mm±0.1 mm 的半球形压头。

4.2.2 试验机加载装置的加载能力应不大于 2 000 kg。

4.2.3 压头位移和压力的显示精度为满量程的±1%。压头移动的速度精度为±2.5 mm/min。

4.3 压力表

压力表显示精度为满量程的±2%。

4.4 导管和水压源

4.4.1 导管为内径 3 mm 以上,长度 4 m 以下的耐压管。

4.4.2 系统水压应保持稳定。

4.5 测试轮辋

4.5.1 测试轮辋采用 GB/T 31548 规定的测量轮辋。

4.5.2 水压测试轮辋也可根据供求双方的协议采用指定的轮辋。

5 试验方法

5.1 强度试验

5.1.1 试验条件和步骤

5.1.1.1 试验轮胎的外观质量应符合 GB/T 31546 和 GB/T 31547 的规定。

5.1.1.2 将试验轮胎安装在 GB/T 31548 规定的测量轮辋上,并充入 GB/T 31548 规定的气压。

5.1.1.3 将试验轮胎与轮辋的组合体在 25 ℃±10 ℃的实验室温度下至少停放 3 h。

5.1.1.4 将停放后的轮胎气压调整到 350 kPa±10 kPa。

5.1.1.5 将试验轮胎与轮辋组合体安装在试验机的固定架上。

5.1.1.6 沿轮胎周向取大致等距离的 4 个试验点。

5.1.1.7 将压棒的半球形压头尽量靠近胎冠中心线,避开花纹沟,以 50 mm/min±2.5 mm/min 的速度将半球形压头垂直压入胎面。

5.1.1.8 记录轮胎每个试验点破坏前瞬间的压力和压入深度(行程)。

5.1.1.9 使用可自动计算破坏能的装置时,当测试点达到规定的最小破坏能后,可停止压头继续压入轮胎。

5.1.1.10 试验过程中,如果无内胎轮胎无法保持充气压力,可装入内胎进行试验,但应在试验报告中注明。

5.1.2 试验结果表示

5.1.2.1 每个实验点的破坏能按式(1)计算:

$$W=\frac{F\times P}{2\ 000} \qquad \cdots\cdots(1)$$

式中:

W —— 破坏能,单位为焦耳(J);

F —— 压力,单位为牛顿(N);

P —— 压入深度(行程),单位为毫米(mm)。

5.1.2.2 如果压头触及轮辋,轮胎未压穿,且未达到最小破坏能值,则此点应视为达到最小破坏能。

5.1.2.3 轮胎破坏能取所测各试验点破坏能的算术平均值。

5.2 耐久试验

5.2.1 试验条件

5.2.1.1 试验轮胎的外观质量应符合 GB/T 31546 和 GB/T 31547 的规定。

5.2.1.2 将试验轮胎安装在 GB/T 31548 规定的测量轮辋上,并充入 GB/T 31548 规定的气压。

5.2.1.3 将试验轮胎与轮辋的组合体在25 ℃±10 ℃的实验室温度下至少停放3 h。

5.2.1.4 试验全过程应保持试验负荷的稳定。

5.2.1.5 试验全过程中，试验温度应保持25 ℃±10 ℃，温度的测量在离试验轮胎约1 m的位置进行。

5.2.2 试验步骤

5.2.2.1 将停放后的轮胎气压调整到GB/T 31548规定的气压。

5.2.2.2 将按上述条件准备好的试验轮胎与轮辋组合体安装在试验轴上，使其垂直于试验转鼓外表面并施加GB/T 31548规定的负荷。

5.2.2.3 启动转鼓，使其带动轮胎转动，并在5 min内达到40 km/h±2 km/h的试验速度。

5.2.2.4 试验结束后应立即测量轮胎气压，并检查轮胎外观。

5.3 脱圈水压试验

5.3.1 试验条件

5.3.1.1 试验轮胎的外观质量应符合GB/T 31546和GB/T 31547的规定。

5.3.1.2 将试验轮胎安装在4.5规定的测试轮辋上，充入GB/T 31548规定的气压，在25 ℃±10 ℃的实验室温度下至少停放3 h。

5.3.2 试验步骤

5.3.2.1 将充气停放后的试验轮胎与轮辋组合体装上水压试验用的进水嘴。

5.3.2.2 用导管将进水嘴与水泵相连接，开动水泵，向内胎充入100 kPa的水压后，再停机泄压，排除内胎中的空气，并校正试验装置。

5.3.2.3 启动水泵，缓慢向内胎充水，将胎圈部位调正，并使水压达到GB/T 31548规定的气压值。之后，按不超过100 kPa/min的升压速度加压。

5.3.2.4 水压达到规定标准值后，应至少静置2 min。

5.3.2.5 胎圈某一部位脱出或轮胎爆破时的内压，即为轮胎脱圈（或爆破）内压。

6 判定规则

6.1 强度试验

试验轮胎破坏能大于或等于GB/T 31546规定的最小破坏能值时，判定“通过试验”；试验轮胎破坏能低于GB/T 31546规定的最小破坏值时，判定“未通过试验”。

6.2 耐久试验

试验达到GB/T 31546或GB/T 31547规定的里程数后，试验轮胎不出现脱圈、爆破、离层、帘线断裂等现象时，判定“通过试验”，否则判定“未通过试验”。

6.3 脱圈水压试验

试验结束后，试验轮胎测试值达到GB/T 31546规定值后，判定“通过试验”，否则判定“未通过试验”。

7 试验报告

7.1 强度试验

试验报告至少应包括以下内容：

a) 试验轮胎制造厂名称、商标、规格、生产编号；

b) 试验轮辋型式及规格；

c) 试验温度；

d) 试验气压、轮胎各测试点的压头作用力、行程和破坏能；

e) 无内胎轮胎是否装用内胎；

f) 试验结束时，轮胎各测试点的情况："压穿"或"未压穿"；

g) 试验日期；

h) 结论："通过试验"或"未通过试验"。

7.2 耐久试验

试验报告至少应有以下内容：

a) 试验轮胎制造厂名称、商标、规格、生产编号；

b) 试验轮辋型式及规格；

c) 试验温度；

d) 试验气压、试验负荷和试验速度的变化情况；

e) 试验结束时试验轮胎充气压力；

f) 试验结束时轮胎情况；

g) 试验日期；

h) 结论："通过试验"或"未通过试验"。

7.3 脱圈水压试验

试验报告至少应有以下内容：

a) 试验轮胎制造厂名称、商标、规格、生产编号；

b) 试验轮辋型式及规格；

c) 试验温度；

d) 试验结束时水压最高测试值；

e) 试验结束时轮胎情况；

f) 试验日期；

g) 结论："通过试验"或"未通过试验"。

ICS 55.160
A 82

中华人民共和国国家标准

GB/T 31550—2015

冷链运输包装用低温瓦楞纸箱

Corrugated boxes for packaging in transportation under low temperature

2015-05-15 发布　　2016-01-01 实施

中华人民共和国国家质量监督检验检疫总局
中国国家标准化管理委员会　发布

前　言

本标准按照 GB/T 1.1—2009 给出的规则起草。

本标准由全国包装标准化技术委员会(SAC/TC 49)提出并归口。

本标准起草单位:河南省产品质量监督检验院、河南银鸽实业投资股份有限公司、杭州轻通博科自动化技术有限公司。

本标准主要起草人:李红、冯波、徐艳秋、齐云洹、潘勇、陈岳、殷柯柯、庄传盛、王如峰。

冷链运输包装用低温瓦楞纸箱

1 范围

本标准规定了冷链运输包装用低温瓦楞纸箱(以下简称为纸箱)产品的分类、要求、试验方法、检验规则、标志、包装、运输和贮存。

本标准适用于冷链运输与贮存商品包装用低温单瓦楞纸箱、双瓦楞纸箱的设计、生产及检验。

2 规范性引用文件

下列文件对于本文件的应用是必不可少的。凡是注日期的引用文件,仅注日期的版本适用于本文件。凡是不注日期的引用文件,其最新版本(包括所有的修改单)适用于本文件。

GB/T 191 包装储运图示标志

GB/T 462 纸、纸板和纸浆 分析试样水分的测定

GB/T 2828.1 计数抽样检验程序 第1部分:按接收质量限(AQL)检索的逐批检验抽样计划

GB/T 4857.2 包装 运输包装件基本试验 第2部分:温湿度调节处理

GB/T 4857.4 包装 运输包装件基本试验 第4部分:采用压力试验机进行抗压和的堆码试验方法

GB/T 6543 运输包装用单瓦楞纸箱和双瓦楞纸箱

GB/T 6544 瓦楞纸板

GB/T 6545 瓦楞纸板耐破强度的测定

GB/T 6546 瓦楞纸板边压强度的测定

GB/T 10739 纸、纸板和纸浆试样处理和试验的标准大气条件

GB/T 22811 瓦楞纸板分离后组成原纸定量的测定

3 术语和定义

GB/T 6544界定的以及下列术语和定义适用于本文件。

3.1

低温瓦楞纸箱 low temperature corrugated boxes

贮存和运输条件在−15℃以下的瓦楞纸箱。

4 分类

纸箱按照瓦楞纸的层数分为单瓦楞纸箱、双瓦楞纸箱。

5 要求

5.1 纸箱的瓦楞纸板、钉线和粘合剂应符合GB/T 6543的规定。

5.2 纸箱按照内装物最大质量、最大综合尺寸和所使用的瓦楞纸板最小综合定量条件,其瓦楞纸板耐破强度、边压强度应符合表1的规定。

表 1　瓦楞纸板耐破强度、边压强度

种类	纸箱内装物最大质量/kg	纸箱最大综合尺寸/mm	瓦楞纸板最小综合定量/(g/m²)	耐破强度/kPa ≥	边压强度/(kN/m) ≥
单瓦楞纸箱	5	700	250	600	2.50
	10	1 000	320	720	3.00
	20	1 400	360	880	4.00
	30	1 750	420	1 100	4.50
	40	2 000	500	1 200	5.50
双瓦楞纸箱	15	1 000	375	700	3.50
	20	1 400	450	900	4.00
	30	1 750	560	1 180	5.00
	40	2 000	640	1 450	6.50
	55	2 500	700	1 700	7.50

注 1：综合尺寸是指纸箱内尺寸的长、宽、高之和。

注 2：当纸箱内装物最大质量与最大综合尺寸、瓦楞纸板最小综合定量不在同一档次时，以较大者为准。

注 3：耐破强度在 6.5 规定低温条件预处理后，再进行检测。

注 4：成箱后取样进行检测的瓦楞纸板耐破强度、边压强度允许比表 1 的规定值低 10%。

5.3　纸箱的外观、钉合、粘合、摇盖质量应符合 GB/T 6543 的规定。

5.4　当用户要求开气孔、手孔或绳孔时，孔应开在纸箱的左右两个端面。

5.5　纸箱的尺寸与偏差应符合 GB/T 6543 的规定。纸箱内尺寸长、宽、高单项极限偏差应不大于 ±3 mm。摇盖对接的纸箱，对接间隙应不大于 5 mm。

5.6　纸箱空箱抗压能力应在表 2 规定的试验条件下，未变形、压溃；或在 GB/T 6543 中抗压强度值计算方法所得的计算值规定的试验条件下，未变形、压溃。

表 2　纸箱抗压强度设定值

尺寸			单瓦楞纸箱	双瓦楞纸箱
抗压强度/N (3 min)	周长<1 100 mm	高度<250 mm	2 300	2 800
		高度≥250 mm	2 100	2 600
	周长≥1 100 mm	高度<250 mm	2 600	3 200
		高度≥250 mm	2 300	3 000

注：周长是指低温瓦楞纸箱的底面外周长。

5.7　纸箱的表面抗水性，面纸应不大于 5.0%，里纸应不大于 7.0%。

5.8　纸箱的交货水分应不大于 14.0%。

5.9　和食品直接接触的低温瓦楞纸箱其卫生指标应符合相关法律法规的要求。

6 试验方法

6.1 外观质量、钉合、粘合采用目测和用分度值 0.5 mm 的量具测定。

6.2 尺寸用分度值 0.5 mm 的量具测定。

6.3 纸箱摇盖经先合后开 180°往复 5 次,检验其面层和里层纸是否有裂缝,用分度值 0.5 mm 的量具测定裂缝长度。

6.4 瓦楞纸板最小综合定量按 GB/T 22811 的规定进行测定。

6.5 耐破强度在温度(−18±2)℃条件下,对试验样品预处理 48 h,5 min 内开始按 GB/T 6545 的规定进行测定。

6.6 边压强度按 GB/T 6546 的规定进行测定。

6.7 抗压强度测定:

a) 样品按 GB/T 4857.2 的要求在温度(−18±2)℃条件下,对试验样品进行预处理 48 h,然后在 GB/T 10739 规定的温度(23±1)℃、相对湿度(50±2)%的条件下处理 24 h,并在此条件下进行空箱抗压强度试验。

b) 抗压强度试验机应符合 GB/T 4857.4 的要求。其抗压强度保持时间和保持强度值按表 2 设定,或按 GB/T 6543 中规定的抗压强度值计算方法所得的计算值设定。将试验样品按预定状态放置于 GB/T 4857.4 所规定试验机的下压板中心。启动仪器以 10 mm/min 速度对试验样品进行施加载荷,直至达到预定值,进行保持强度试验。

c) 达到预定时间,检查试验样品,样品完好,则判该样品抗压强度合格;如试验样品损坏、样品坍塌压溃,则判该样品抗压强度不合格;如抗压强度未达预定值之前试验样品出现损坏、或试验过程抗压强度值降低则判该样品抗压强度不合格。

6.8 表面抗水性的测定:

a) 按 GB/T 462 的规定测定水分 X_1,在纸箱的四个侧面中部各取 250 mm×250 mm 试片一个(如果纸箱的长和宽不能满足取样要求,应取长和宽的最大值,并在报告中注明),其中任意两个试片相对重合在一起(里纸和里纸相对一组,面纸和面纸相对一组),用塑料基压敏胶粘带将其四周密封固定在一起,将其悬挂在按 GB/T 4857.2 的要求温度(40±2)℃、相对湿度(90±5)%的恒温恒湿箱内 48 h,然后取出试片,迅速用滤纸将试片表面水汽吸去,在 GB/T 10739规定的环境中放置 10 min 后,将两试片分开,按 GB/T 462 的规定分别测定水分,计算平均值 X_2。

b) 按式(1)计算纸箱的抗水性 X,以 3 个纸箱试验结果最相近两个值的平均值表示,结果修约至小数点后一位。

$$X = X_2 - X_1 \quad \cdots\cdots (1)$$

式中:

X ——纸箱的抗水性,%;

X_2——纸箱试片处理后的水分,%;

X_1——纸箱试片处理前的水分,%。

6.9 交货水分按 GB/T 462 的规定进行测定。

7 检验规则

7.1 检验分类

纸箱的检验分为出厂检验和型式检验。

7.1.1 出厂检验

出厂检验项目为:边压强度及5.3、5.4、5.5规定的全部项目。

7.1.2 型式检验

型式检验项目为第5章要求中规定的全部项目。有下列情况之一时,需进行型式检验:

a) 新产品或老产品转厂生产的检验定型;
b) 正式生产后如材料、工艺等有较大改变影响产品性能时;
c) 停产6个月以上,恢复生产时;
d) 出现较大质量问题时;
e) 用户提出进行型式检验要求时;
f) 国家质量监督机构提出进行型式检验要求时。

7.2 组批

以相同材料、相同工艺、相同规格、同时交付为一批。

7.3 抽样方案与判定规则

7.3.1 除耐破强度、抗压性能试验外,其余项目按计数抽样检验程序GB/T 2828.1规定进行抽样和判定,样本单位为批。接收质量限AQL=6.5,抽样方案采用正常检验二次抽样方案,检验水平为一般检验水平Ⅰ。

7.3.2 耐破强度试验从一批中任意抽取5个样品均匀取样试验,耐破强度不合格时,则判该批产品不合格。

7.3.3 抗压强度试验从一批中任意抽取5个样品进行试验。若有一个样品不合格,则判该批产品不合格。

8 标志、包装、运输和贮存

8.1 标志

纸箱包装标志应符合GB/T 191的规定。

8.2 包装

纸箱的包装方式和要求由供需双方商定。

8.3 运输

纸箱在运输过程中,应防止重压和撞击,并防止日晒、雨淋及受潮和污染。

8.4 贮存

纸箱应贮存在通风、阴凉、干燥并具有消防措施的场所,短期露天存放时应有必要的防雨、防晒、防火等措施。保质期为一年。

ICS 25.120.30
J 61

中华人民共和国国家标准

GB/T 31551—2015

水玻璃砂再生成套设备 技术条件

Sodium silicate-bonded sand reclamation equipment—Technical requirements

2015-05-15 发布 2016-01-01 实施

中华人民共和国国家质量监督检验检疫总局
中国国家标准化管理委员会 发布

前　　言

本标准按照GB/T 1.1—2009给出的规则起草。

本标准由中国机械工业联合会提出。

本标准由全国铸造机械标准化技术委员会(SAC/TC 186)归口。

本标准起草单位:济南二机床集团有限公司、无锡锡南铸造机械有限公司、保定维尔铸造机械股份有限公司、济南铸造锻压机械研究所有限公司。

本标准主要起草人:王明刚、王立建、阎东兴、朱以松、侯若先、卢军、何洪江。

水玻璃砂再生成套设备　技术条件

1　范围

本标准规定了水玻璃砂再生成套设备的术语和定义、技术要求、试验方法、检验规则、包装、标志、储运。

本标准适用于采用机械再生、湿法再生和机械-热法联合再生的水玻璃砂再生成套设备(以下简称成套设备)。

2　规范性引用文件

下列文件对于本文件的应用是必不可少的。凡是注日期的引用文件,仅注日期的版本适用于本文件。凡是不注日期的引用文件,其最新版本(包括所有的修改单)适用于本文件。

GB 150.1　压力容器　第1部分:通用要求
GB 150.2　压力容器　第2部分:材料
GB 150.3　压力容器　第3部分:设计
GB 150.4　压力容器　第4部分:制造、检验和验收
GB/T 1184—1996　形状和位置公差　未注公差值
GB/T 1804—2000　一般公差　未注公差的线性和角度尺寸的公差
GB/T 3098.1—2010　紧固件机械性能　螺栓、螺钉和螺柱
GB/T 3098.4—2000　紧固件机械性能　螺母　细牙螺纹
GB 4053.1　固定式钢梯及平台安全要求　第1部分:钢直梯
GB 4053.2　固定式钢梯及平台安全要求　第2部分:钢斜梯
GB 4053.3　固定式钢梯及平台安全要求　第3部分:工业防护栏杆及钢平台
GB 5226.1　机械电气安全　机械电气设备　第1部分:通用技术条件
GB/T 7932　气动系统通用技术条件
GB/T 9442　铸造用硅砂
GB/T 9969　工业产品使用说明书　总则
GB/T 10595　带式输送机
GB/T 13306　标牌
GB/T 16157　固定污染源排气中颗粒物测定与气态污染物采样方法
GB 18452　破碎设备　安全要求
GB/T 20115.1　燃料加热装置基本技术条件　第1部分:通用部分
GB 20426　煤炭工业污染物排放标准
GB 20905　铸造机械　安全要求
GB/T 23570　金属切削机床焊接件　通用技术条件
GB/T 25370　铸造机械　术语
GB/T 25371　铸造机械　噪声声压级测量方法
GB 25492　落砂机　安全要求
GB/T 25711—2010　铸造机械　通用技术条件

GB 50270　输送设备安装工程施工及验收规范
GB 50277　铸造设备安装工程施工及验收规范
JB/T 3926　垂直斗式提升机
JB/T 5548.2　电动激振器　第2部分:技术条件
JB/T 6100　电磁皮带轮　技术条件
JB/T 6575　落砂机
JB/T 7689　悬挂式电磁除铁器
JB/T 7895　永磁筒式磁选机
JB/T 8711　悬挂式永磁除铁器
JB/T 10788　铸造用除尘器　通用技术条件

3　术语和定义

GB/T 25370 界定的以及下列术语和定义适用于本文件。

3.1

水玻璃旧砂再生　sodium silicate used sand reclamation

去除水玻璃旧砂砂粒表面的部分或全部的残留粘结物,使其达到或接近新砂性能的工艺方法。

3.2

机械再生　mechanical reclamation

利用机械的或气流撞击的方式去除砂粒表面残留粘结物的方法。

3.3

湿法再生　wet reclamation

利用水溶解、擦洗的方式将砂粒表面的残留粘结物去除,再将砂粒脱水、烘干的方法。

3.4

机械-热法再生　mechanical-thermal reclamation

利用机械和加热焙烧联合的方式去除砂粒表面残留粘结物的方法,属于综合法再生的一种。

3.5

再生成套设备　reclamation equipments

为达到水玻璃旧砂再生的目的所配备的工艺设备的总称。

4　技术要求

4.1　一般要求

4.1.1　成套设备应符合本标准的规定,并按经规定程序批准的图样及技术文件制造。

4.1.2　成套设备的配置型式应与水玻璃砂工艺相适应,其所适用的水玻璃砂工艺及其使用条件应在技术文件中明确规定。

4.1.3　成套设备的安全防护应符合 GB 20905 的有关规定。

4.1.4　成套设备在正常使用过程中产生的污染排放应符合国家或地方的相关规定。

4.1.5　成套设备的机械加工零件的未注公差尺寸极限偏差不应低于 GB/T 1804—2000 规定的 m 级公差要求。形状和位置的未注公差值不应低于 GB/T 1184—1996 规定的 K 级公差要求。

4.1.6　电气系统和气动系统应分别符合 GB 5226.1 和 GB/T 7932 的规定。

4.1.7　各单机设备的标牌应符合 GB/T 13306 的规定。

4.1.8　金属结构件的焊接应符合 GB/T 23570 的规定。

4.1.9 成套设备的安装应符合 GB 50270 和 GB 50277 的规定。

4.1.10 各单机的轴承及润滑部位应润滑防尘良好，设备使用说明书中对各部位的润滑应有具体规定并有图示说明。

4.1.11 在过共振区工作的振动设备应有可靠的制动或限幅措施，并保证停机过程快速平稳；电动激振器应符合 JB/T 5548.2 的规定。

4.1.12 设备说明书中应附有易损件的图纸及型号，并应注明易损件的寿命。

4.1.13 随机技术文件应包括产品说明书、产品合格证和装箱单，随机文件的编制应符合 GB/T 9969 的规定。

4.1.14 随机文件、备件应齐全。

4.2 落砂机

4.2.1 落砂机应符合 GB 25492 和 JB/T 6575 的规定。

4.2.2 落砂机工作时应保证激振器散热良好。

4.2.3 落砂机落砂栅格的尺寸除满足下道工序的要求外，还应满足生产率的要求。

4.3 破碎机

4.3.1 破碎机应符合 GB 18452 的规定。

4.3.2 应根据水玻璃砂的破碎难易程度选择破碎机的种类。

4.3.3 破碎机应能满足水玻璃砂再生工艺流程的要求。

4.4 振动破碎再生机

4.4.1 振动破碎再生机体组焊后应进行去应力处理。

4.4.2 振动破碎再生机安装激振器的底脚螺栓孔及激振器安装面的表面粗糙度和形位公差应符合 JB/T 5548.2 的规定，侧振式破碎再生机激振器底座安装面间平行度和对称度应符合 GB/T 1184—1996 中表 B3 、表 B4 规定的 9 级公差要求。

4.4.3 振动破碎再生机所有紧固件均应采用细牙螺纹，且其螺栓的强度级别不应低于 GB/T 3098.1—2010 中 8.8 级的规定，其螺母的强度级别不应低于 GB/T 3098.4—2000 中 8 级的规定；固定激振器的紧固件应采取防松措施，在正常使用条件下不应松动和产生断裂现象。

4.4.4 振动破碎再生机的空载振幅不应小于 3 mm，并可根据工艺要求进行调整。

4.4.5 振动破碎再生机在空运转条件下噪声声压级不应大于 90 dB(A)。

4.5 焙烧炉

4.5.1 焙烧炉应符合 GB/T 20115.1 的规定。

4.5.2 砂子的焙烧温度按技术文件规定，砂温应均匀。

4.5.3 焙烧炉应保温良好，正常工作时，炉体表面温度不应高于环境温度 15 ℃。

4.6 再生机

4.6.1 再生机工作时应具有脱膜良好、砂子不易破碎的特点。

4.6.2 空运转条件下，再生机噪声声压级不应大于 90 dB(A)。

4.6.3 再生机的轴承、密封件、过流部件应与再生的砂温相适应。

4.7 微粉分离器

4.7.1 在除尘系统正常工作的条件下，砂粒经微粉分离器分离后的微粉含量不应大于0.5%。

4.7.2 微粉分离器的除尘接口应配风量调节阀。

4.8 砂温调节器

4.8.1 砂温调节器应能对旧砂进行冷却或加热。

4.8.2 砂温调节器工作时，热交换效率不应小于70%。

4.8.3 经调节后的砂子温度应均匀并达到工艺规定的温度。

4.8.4 工作时砂温调节器的内部不应出现冷凝水，正常工作条件下不应引起砂子堵塞。

4.8.5 砂温调节器应设检修门，方便清理内部积砂。

4.8.6 以水为冷却介质的砂温调节器应进行耐压试验，耐压试验应在0.4 MPa下保压30 min无渗漏。

4.8.7 砂温调节器的循环水系统可采用开式冷却系统或闭式冷却系统。

4.8.8 管道系统的低点应设置泄水阀，高点应设置通气装置。

4.8.9 开式冷却系统的给水管宜设置管道过滤器。

4.8.10 配制冷机组的砂温调节器的冷冻水管路及其水箱应进行保温。

4.9 湿法再生装置

4.9.1 湿法再生装置应能保证砂粒表面的残留粘结物在水中能够溶解或脱落。

4.9.2 湿法再生装置过流零件的材料应耐磨、耐腐蚀。

4.9.3 湿法再生装置排出的污水应进行净化处理，并达到循环使用的要求。

4.10 湿砂烘干炉

4.10.1 烘干炉应满足湿砂烘干的工艺要求。

4.10.2 砂子烘干后砂温应均匀，含水量不应大于0.5%。

4.11 磁选机

4.11.1 磁选机应符合JB/T 7895、JB/T 6100、JB/T 8711、JB/T 7689的规定。

4.11.2 磁选机的磁场强度、配置型式和位置应能满足工艺条件。

4.11.3 磁选机的选用应符合使用环境的要求。

4.12 气力输送装置

4.12.1 气力输送装置应采用密相输送方式。

4.12.2 气力输送装置的罐体应符合GB 150.1～150.4的规定。

4.12.3 气力输送管道应采用无缝钢管制作，管子切口表面应平整，切口端面倾斜偏差不应大于管子外径的1%，且不应大于2 mm。

4.12.4 法兰连接应与管道同心，螺栓应能自由穿入，法兰间应保持平行，其偏差不应大于法兰外径的0.15%，且不应大于1 mm。法兰接头的歪斜不应用强行紧螺栓的方法消除。

4.12.5 气力输送装置送砂管道应采用法兰连接，管道安装后水平度偏差不应大于长度的0.05%，最大不应超过30 mm；垂直度偏差不应大于高度的0.1%，最大不应超过15 mm。

4.12.6 管道安装时应设管道支架，管道支架安装应平整牢固，与管道接触应紧密。

4.12.7 气力输送装置的加砂阀、进排气阀开关应灵活，密封应可靠，工作过程中不应有漏气和漏砂现象。

4.12.8 气力输送装置在空载条件下的噪声声压级不应大于85 dB(A)。

4.13 垂直斗式提升机

4.13.1 垂直斗式提升机应符合JB/T 3926的规定。

4.13.2 垂直斗式提升机的型式应满足工艺要求。

4.14 带式输送机

4.14.1 带式输送机应符合 GB/T 10595 的规定。
4.14.2 带式输送机的输送带应满足砂温的要求。
4.14.3 带式输送机的输送带的长度小于 6 m 时宜采用整条无接缝皮带。
4.14.4 带式输送机机架应稳固。

4.15 振动输送机

4.15.1 输送能力应满足生产工艺的要求。
4.15.2 机体应有足够的刚性，不应出现变形、裂纹或断裂现象。
4.15.3 空载时机体的侧向偏摆量不应大于 1 mm，进、出料口两端振幅差值不应大于 10%。
4.15.4 空载时机体两侧板对称点振动的振幅差值不应大于在此两点所测振幅的平均值的 20%。
4.15.5 振动输送机在空载条件下的噪声声压级不应大于 85 dB(A)。

4.16 除尘系统

4.16.1 成套设备的除尘系统应能满足成套设备的工艺要求和生产现场的环境要求。
4.16.2 除尘系统应设计合理，防止管道堵塞，便于维护、清理。
4.16.3 除尘系统应按 GB/T 16157 的规定设置采样孔。
4.16.4 除尘器应符合 JB/T 10788 的规定。
4.16.5 除尘器应采用拒水防腐耐油的滤料。
4.16.6 除尘器的粉尘排放浓度应符合 GB 20426 和当地环保部门的规定。
4.16.7 除尘管道直径小于或等于 300 mm 时，壁厚不应小于 2 mm；管道直径大于 300 mm 小于 900 mm 时，壁厚不应小于 3 mm，管道直径大于活等于 900 mm 时，壁厚不应小于 4 mm。
4.16.8 除尘管道安装时，应设置支架进行固定。
4.16.9 管路系统吸尘口应安装风量调节阀，除尘管道的弯头、三通连接处应采用法兰连接，直管部分的法兰间距不应大于 7.5 m。
4.16.10 除尘管道与工作时有振动的设备接口应采用软连接接头。
4.16.11 除尘罩的形式应能满足生产工艺要求，不应影响设备的操作和设备的维修。
4.16.12 除尘器和管道密封应良好，不应有漏风和渗水现象。

4.17 砂仓及平台

4.17.1 砂仓的容量应能满足工艺要求。
4.17.2 砂仓壁板的厚度不应小于 5 mm。
4.17.3 砂仓壁板间的焊接应采用连续焊缝。
4.17.4 各种平台顶面应采用花纹钢板焊接，钢板厚度不应小于 4 mm。
4.17.5 砂仓的防护栏杆、梯子及平台应符合 GB 4053.1、GB 4053.2、GB 4053.3 的规定。

4.18 空运转、负荷运转要求

4.18.1 各单机设备的空运转应在制造厂进行，空运转时间不应少于 4 h；负荷运转可在用户进行，负荷运转时间不应少于 2 h。
4.18.2 成套设备整机空运转可在用户进行，连续空运转时间不应少于 4 h；在空运转之后按额定生产率进行负荷运转，负荷运转时间不应少于 2 h。

4.18.3 各运动机构运转应正常，相邻零部件之间不应有不正常的摩擦、相碰等干涉现象。

4.18.4 电气控制系统应灵敏、可靠。

4.18.5 气动系统的动作应灵活、准确，不应漏气。

4.18.6 各管路不应有渗漏现象，各阀门开关应灵活可靠。

4.18.7 空运转时滚动轴承温升不应超过 35 ℃，最高温度不应超过 70 ℃。

4.18.8 各单机应能在技术文件规定的额定生产率状态下正常工作，无异常现象。

4.18.9 成套设备的生产率应符合技术文件的规定，各单机生产率应匹配。

4.18.10 各单机及连接部位均不应有漏砂及粉尘溢出现象。

4.18.11 机械再生的脱模率不应小于 20%，机械-热法联合再生脱模率不应小于 30%，湿法再生的脱膜率不应小于 60%。

4.18.12 机械再生和机械-热法联合再生砂中残余 Na_2O 含量不应大于 0.5%，湿法再生砂中残余 Na_2O 含量不应大于 0.2%。

4.18.13 再生砂中微粉含量不应大于 0.5%。

4.18.14 再生前后的砂子粒度分布相差不应大于一个筛号。

4.18.15 经成套设备再生冷却后的砂温不应大于 35 ℃；加热后的砂温不应小于 15 ℃。

4.18.16 经机械再生成套设备再生后的水玻璃砂回用率不应小于 60%，机械-热法再生水玻璃砂回用率不应小于 70%，湿法再生水玻璃砂回用率不应小于 85%。

5 试验方法

5.1 成套设备噪声的测定

成套设备的噪声按 GB/T 25371 的规定测定。

5.2 粉尘排放浓度的测定

粉尘排放浓度按 GB/T 16157 的规定测定。

5.3 成套设备生产率的测定

成套设备在正常生产条件下，每隔 1 h 分别测量各单机设备的生产率，依次进行 3 次，取 3 次称量值的平均值，即为单机设备的生产率，从计算结果中取单机设备生产率的最小值，即为成套设备的生产率。

5.4 再生砂温度测定

在成套设备正常工作过程中，用分辨率为 0.2 ℃的温度计在再生砂储砂斗入口处每隔 30 min 测量一次再生砂温度，测 3 次，取算术平均值，即为再生砂温度。

5.5 微粉含量的测定

在技术文件规定的工艺条件下，再生砂循环 10 次后，从再生砂储砂斗内，取处于同一次再生循环内的再生砂 1 000 g，均匀地摊分在纸上，用匙子从不同处分别随机取再生砂 3 份，每份 100 g，精确至 0.01 g，分别用 140 目筛(200 目筛)进行筛分，称量筛下物质量，取算术平均值，并与砂样平均质量进行重量百分比计算，计算结果即为微粉含量。

注：微粉，30/50、40/70 为 140 目筛以下；50/100、70/140 为 200 目筛以下。

5.6 砂调温器热交换效率的测定

在砂调温器正常工作状态下,测定砂子入口温度 t_1 和出口温度 t_2,测量冷却介质的进口温度 T_1 和出口温度 T_2,按式(1)计算,计算结果即为砂调温器的热交换效率。

$$\eta=\frac{cm(t_1-t_2)}{CM(T_2-T_1)}\times 100\% \qquad \cdots\cdots(1)$$

式中:

η ——热交换效率;

t_1 ——砂子入口温度,单位为摄氏度(℃);

t_2 ——砂子出口温度,单位为摄氏度(℃);

T_1——冷却介质的进口温度,单位为摄氏度(℃);

T_2——冷却介质的出口温度,单位为摄氏度(℃);

c ——砂子的比热,单位为千焦每千克摄氏度[kJ/(kg℃)];

m ——砂调温器的生产率,单位为千克每小时(kg/h);

C ——冷却介质的比热,单位为千焦每千克摄氏度[kJ/(kg℃)];

M ——冷却介质单位时间的流量,单位为千克每小时(kg/h)。

5.7 砂中 Na_2O 含量的测定

5.7.1 试剂:

a) 蒸馏水;

b) 硫酸标准滴定溶液:$c(\frac{1}{2}H_2SO_4)=0.5$ mol/L;

c) 氢氧化钠标准滴定溶液:$c(NaOH)=0.5$ mol/L;

d) 溴甲酚绿-甲基红指示剂(3∶1):3 份 0.1%溴甲酚绿乙醇溶液与 1 份 0.2%甲基红乙醇溶液混合,摇匀。

5.7.2 0.5 mol/L 氢氧化钠标准滴定溶液的配制与标定:

a) 配制:称取 20 g(精确到 0.01 g)NaOH 固体,放入盛有 500 mL 蒸馏水的大烧杯中,待固体全部溶解,转移到 1 000 mL 的容量瓶内,洗干净大烧杯并把洗液也转移到容量瓶内,加蒸馏水到刻线,摇匀。

b) 标定:称取于 105 ℃～110 ℃电烘箱中烘至恒重的基准邻苯二甲酸氢钾 3 g(精确 0.000 2 g),溶于 80 mL 不含 CO_2 的水中,加 2 滴～3 滴 1%酚酞指示剂,用 0.5 mol/L NaOH 溶液滴定到溶液呈现粉红色,并保持 30 s,同时作空白试验。

c) 标准 NaOH 溶液的浓度按式(2)计算:

$$c(NaOH)=\frac{m\times 1\,000}{(V_1-V_2)\times M} \qquad \cdots\cdots(2)$$

式中:

m ——邻苯二甲酸氢钾的质量,单位为克(g);

V_1——消耗的 NaOH 溶液的体积,单位为毫升(mL);

V_2——空白试验消耗的 NaOH 溶液的体积,单位为毫升(mL);

M——邻苯二甲酸氢钾摩尔质量的数值,单位为克每摩尔(g/mol);[$M(KHC_8H_4O_4)=204.22$]。

5.7.3 0.5 mol/L($\frac{1}{2}H_2SO_4$) 硫酸标准滴定溶液的配制与标定:

a) 配制:量取 15 mL 浓 H_2SO_4,缓缓的注入盛有 1 000 mL 蒸馏水的玻璃瓶中,冷却,摇匀。

b) 标定：称取于 270 ℃～300 ℃灼烧到恒重的基准无水碳酸钠 0.95 g(精确到 0.000 2 g)，溶于 50 mL 水中，加 10 滴溴甲酚绿-甲基红指示剂，用 0.5 mol/L（$\frac{1}{2}H_2SO_4$）硫酸标准滴定溶液滴定到溶液由绿色为暗红色，加热 2 min，冷却后继续滴定到溶液呈现暗红色，同时作空白试验。

c) 硫酸标准滴定溶液的浓度按式(3)计算：

$$c\left(\frac{1}{2}H_2SO_4\right)=\frac{m\times 1\ 000}{(V_3-V_4)\times M} \qquad (3)$$

式中：

m ——无水碳酸钠的质量，单位为克(g)；

V_3 ——消耗的 H_2SO_4 溶液的体积，单位为毫升(mL)；

V_4 ——空白试验消耗的 H_2SO_4 溶液的体积，单位为毫升(mL)；

M ——无水碳酸钠的摩尔质量的数值，单位为克每摩尔(g/mol)；[$M(\frac{1}{2}Na_2CO_3)=52.994$]。

5.7.4 砂中 Na_2O 含量的测定

a) 称取水玻璃砂 10 g(精确到 0.01 g)放入 200 mL 干净烧杯中；

b) 用量筒量取 100 mL 蒸馏水倒入烧杯内，再用移液管准确移取 0.5 mol/L($\frac{1}{2}H_2SO_4$)硫酸标准滴定溶液 10 mL，也倒入烧杯中；

c) 把烧杯放在磁力搅拌器上，打开电源，加热并开始搅拌，同时将温度计插入烧杯中(此时注意调整搅拌棒的位置，使砂子全部搅动起来)；

d) 当温度升高到 80 ℃开始计时，在 80 ℃～86 ℃下持续加热搅拌 30 min，然后停止加热搅拌，用蒸馏水冲洗温度计 2 遍～3 遍，再用蒸馏水把烧杯内壁冲洗干净；

e) 把烧杯放入冷水中，使温度降至室温，加入 10 滴溴甲酚绿-甲基红指示剂，然后用 0.5 mol/L NaOH 溶液滴定，当溶液由暗红色变为浅绿色即为滴定终点，记下耗碱量 V。

5.7.5 砂中 Na_2O 含量按式(4)计算：

$$c(Na_2O)=\frac{\left(10-\frac{c_2V}{c_1}\right)\times c_1\times M}{m\times 1\ 000}\times 100\% \qquad (4)$$

式中：

c_1——硫酸标准滴定溶液的浓度，单位为摩尔每升(mol/L)；

c_2——氢氧化钠标准滴定溶液的浓度，单位为摩尔每升(mol/L)；

V——消耗 NaOH 溶液的体积，单位为毫升(mL)；

m——称取砂样的质量，单位为克(g)；

M——Na_2O 的摩尔质量的数值，单位为克每摩尔(g/mol)；[$M(\frac{1}{2}Na_2O)=30.99$]。

5.8 成套设备旧砂脱膜率的测定

在技术文件规定的工艺条件下，再生砂循环 10 次后，从破碎机出口部位与再生砂储砂斗内，分别取处于同一次再生循环内的旧砂和再生砂各 100 g，分别均匀地摊分在纸上，用匙子从不同处分别随机地取旧砂和再生砂各五份，每份 10 g，精确至 0.01 g，分别测出旧砂和再生砂各自的 Na_2O 含量，并取其算术平均值。按式(5)计算，计算结果即为成套设备脱膜率。

$$R_r=\frac{L_1-L_2}{L_1}\times 100\% \qquad (5)$$

式中：

R_r ——脱膜率，用质量分数(%)表示；

L_1 ——旧砂中 Na_2O 的含量，用质量分数(%)表示；

L_2 ——再生砂中 Na_2O 的含量，用质量分数(%)表示。

5.9 磁选机磁感应强度的测定

5.9.1 磁选滚筒磁感应强度的测定

永磁筒式磁选机按 JB/T 7895 的规定测定；电磁筒式磁选机按 JB/T 6100 的规定测定。

5.9.2 带式磁选机磁感应强度的测定

永磁带式磁选机按 JB/T 8711 的规定测定；电磁带式磁选机按 JB/T 7689 的规定测定。

5.10 砂子的粒度的测定

砂子的粒度按 GB/T 9442 的规定测定。

6 检验规则

6.1 出厂检验

6.1.1 成套设备应经供方检验合格后方可出厂。

6.1.2 如无特别协议，出厂前应按 4.1.3、4.1.6～4.1.8、4.1.10～4.1.14、4.2.1、4.3.1、4.4.3～4.4.5、4.5.1、4.6.2、4.7.2、4.8.1、4.8.6、4.11.1、4.12.2、4.12.7、4.12.8、4.13.1、4.14.1、4.15.3～4.15.5、4.16.3、4.16.4、4.17.2～4.17.4、4.18.3～4.18.7 的规定进行检验，所检项目应全部合格。

6.2 型式检验

6.2.1 有下列情况之一时，应进行型式检验：

a) 新产品或老产品转厂生产的试验定型鉴定时；

b) 正式生产后如结构、工艺、材料有较大改变可能影响产品性能时；

c) 正常生产时，每 3 年进行一次；

d) 停产 2 年以上，恢复正常生产时；

e) 国家质量监督机构提出型式试验要求时。

6.2.2 型式检验时抽验样品的数量：当每批产量小于或等于 10 台时抽检样品一台；当每批产量大于 10 台时抽检样品 2 台。

6.2.3 型式检验应对本标准中所有项目进行检验，所检验项目应全部合格。

6.2.4 当制造厂不具备型式检验条件时，允许在用户现场做试验。

7 包装、标志、储运

成套设备的包装、标志、储运应符合 GB/T 25711—2010 中第 8 章的规定。

ICS 25.120.30
J 61

中华人民共和国国家标准

GB/T 31552—2015

铸造机械　型号编制方法

Foundry machinery—Model formulating means

2015-05-15 发布　　2016-01-01 实施

中华人民共和国国家质量监督检验检疫总局
中国国家标准化管理委员会　发布

前言

本标准按照 GB/T 1.1—2009 给出的规则起草。

本标准由中国机械工业联合会提出。

本标准由全国铸造机械标准化技术委员会(SAC/TC 186)归口。

本标准起草单位:济南铸造锻压机械研究所有限公司、青岛铸造机械有限公司、深圳领威科技有限公司、青岛双星铸造机械有限公司、青岛中智达环保熔炼设备有限公司、青岛三锐机械制造有限公司、山东大学、东莞市机械工业质量管理协会。

本标准主要起草人:卢军、崔丽霞、吴正涛、徐年生、丁仁相、段金挺、闫作修、刘如伟、梁小华。

铸造机械　型号编制方法

1　范围

本标准规定了铸造机械型号表示方法和统一名称及类、组、型(系列)的划分。

本标准适用于作为商品出售的各类铸造机械。

2　规范性引用文件

下列文件对于本文件的应用是必不可少的。凡是注日期的引用文件,仅注日期的版本适用于本文件。凡是不注日期的引用文件,其最新版本(包括所有的修改单)适用于本文件。

GB/T 25370　铸造机械　术语

3　铸造机械型号编制原则和方法

3.1　基本原则

3.1.1　铸造机械型号的组成应力求简明。在不同产品能够被明确区分的前提下,应尽量减少型号的字母个数。

3.1.2　同一大类产品型号不应重复,相同的产品不应出现不同的型号。

3.1.3　铸造机械型号的字母和字数,其字体大小应一致,不应使用角注和脚注。

3.1.4　铸造机械名称应符合 GB/T 25370 的规定。

3.2　铸造机械型号表示方法

3.2.1　型号构成及含义

铸造机械型号由大写汉语拼音字母(以下简称字母)和阿拉伯数字(以下简称数字)组成,型号的构成及含义见示意图。

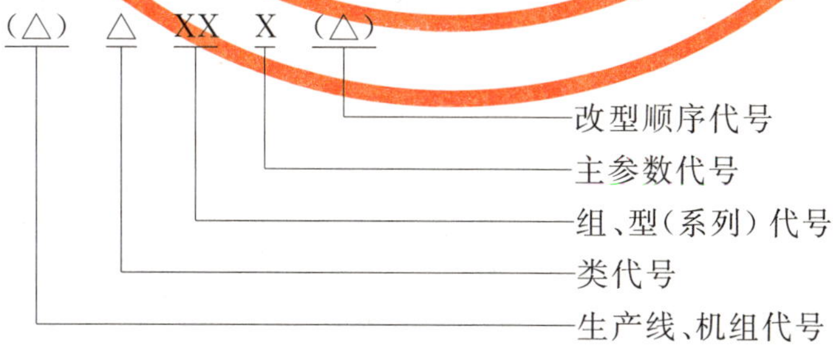

注 1:△——用字母表示;X——用数字表示。

注 2:如果企业为了识别其他企业生产的同类产品,而需在型号上表示时,允许在型号前加特定代号。

3.2.2　铸造机械生产线、铸造机组代号的表示方法

3.2.2.1　铸造机械生产线在主机(通用或专用)型号前加字母 X。

3.2.2.2　铸造机组在主机(通用或专用)型号前加字母 Z。

3.2.3 铸造机械分类及字母代号

铸造机械分为10类，用字母表示，分类及字母代号见表1。

表1 铸造机械分类及字母代号

类别	砂处理	造型制芯	落砂	清理	金属型	熔模	熔炼浇注	运输定量	检测控制	其他
字母代号	S	Z	L	Q	J	M	R	Y	C	T

3.2.4 铸造机械的组、型(系列)代号及主参数

3.2.4.1 每类铸造机械分为若干组、型(系列)，分别用数字组成，位于分类字母代号之后。

3.2.4.2 型号中的主参数用折算值表示，位于组、型(系列)代号之后。当主参数折算值小于1时，则应在折算值前加数字“0”组成主参数代号。当折算值大于1时，则取整数。

3.2.4.3 有两个或两个以上主参数的，中间以“×”或“/”分开。

3.2.4.4 组、型(系列)的划分及型号中主参数的表示方法，见表2～表11。

3.2.5 铸造机械改型顺序号的表示方法

铸造机械改型顺序号，对有些铸造机械的工作参数、传动方式和结构等方面的改进，应在原设备型号之后按A、B、C、……等字母的顺序加改型顺序号(但“I”及“O”两个字母不应选用)。

3.3 铸造机械型号示例

示例1： 盘径为1 800 mm的辗轮混砂机，其型号为S1118；经第一次改型的1 800 mm辗轮混砂机，其型号为S1118A。

示例2： 砂箱内尺寸为1 200 mm×1 000 mm的多触头高压造型机，其型号为Z3112。

示例3： 以Z3112型多触头高压造型机为主机组成的生产线，其型号为XZ3112。

3.4 铸造机械名称的命名

3.4.1 铸造机械名称应按“移动特征”＋“结构调整”＋“功能特征”＋“时限特征”＋“主体机名”的规定顺序命名，当设备中没有某种特征时，其设备名称也无此内容。

3.4.2 名称示例：

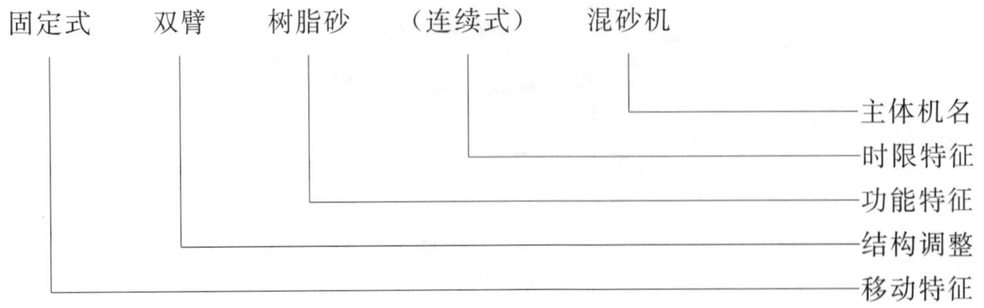

表 2　砂处理设备(代号 S)

组别	型别	铸造机械名称	主参数名称	计量单位	折算系数
	00				
	01				
	02				
	03				
	04				
	05				
	06				
	07				
	08				
	09				
粘土砂混砂设备	10				
	11	辗轮混砂机	盘径	mm	1/100
	12	摆轮混砂机	盘径	mm	1/100
	13	辗轮转子混砂机	盘径	mm	1/100
	14	转子混砂机	盘径	mm	1/100
	15	逆流转子混砂机	盘径	mm	1/100
	16	星形转子混砂机	盘径	mm	1/100
	17	双辗盘混砂机	盘径	mm	1/100
	18	底盘旋转混砂机	盘径	mm	1/100
	19	逆流混砂机	盘径	mm	1/100
自硬砂混砂设备	20	碗形树脂砂混砂机	每次混砂量	kg	1
	21	热法树脂砂混砂机	生产率	t/h	10
	22				
	23	单臂树脂砂混砂机	生产率	t/h	1
	24				
	25	固定式双臂树脂砂混砂机	生产率	t/h	1
	26	固定升降式双臂树脂砂混砂机	生产率	t/h	1
	27				
	28	移动式双臂树脂砂混砂机	生产率	t/h	1
	29	移动升降式双臂树脂砂混砂机	生产率	t/h	1
松砂、破碎设备	30				
	31	带式松砂机	生产率	m^3/h	1
	32	叶片松砂机	生产率	m^3/h	1
	33				

表 2（续）

组别	型别	铸造机械名称	主参数名称	计量单位	折算系数
松砂、破碎设备	34	梳式松砂机	相配带宽	mm	1/100
	35	双轮松砂破碎机	相配带宽	mm	1/100
	36	锤式破碎机	生产率	m^3/h	1
	37	片击式破碎机	生产率	m^3/h	1
	38	反击式破碎机	生产率	m^3/h	1
	39	振动式破碎机	生产率	m^3/h	1
筛砂设备	40				
	41	滚筒筛砂机	生产率	m^3/h	1
	42	滚筒破碎筛砂机	生产率	m^3/h	1
	43	复合破碎筛砂机	直径	mm	1/100
	44				
	45	惯性直线振动筛砂机	筛宽	mm	1/100
	46	惯性圆振动筛砂机	筛宽	mm	1/100
	47				
	48	摆动筛砂机	生产率	m^3/h	1
	49	旋振筛砂机	直径	mm	1/100
砂再生设备	50				
	51	球磨式砂再生装置	生产率	m^3/h	1
	52	离心式砂再生装置	生产率	m^3/h	1
	53				
	54				
	55				
	56	振动式砂再生装置	生产率	m^3/h	1
	57				
	58				
	59	气流式砂再生装置	生产率	m^3/h	1
原材料处理设备	60				
	61				
	62	三回程滚筒烘砂装置	生产率	m^3/h	1
	63				
	64	卧式振动沸腾烘砂装置	生产率	m^3/h	1
	65	立式振动沸腾烘砂装置	生产率	m^3/h	1
	66				
	67				

表 2（续）

组别	型别	铸造机械名称	主参数名称	计量单位	折算系数
原材料处理设备	68	轮辗机	辗轮直径	mm	1/100
	69				
砂再生成套设备	70				
	71	树脂砂再生成套设备	生产率	m^3/h	1
	72	水玻璃砂热法再生成套设备	生产率	m^3/h	1
	73	水玻璃砂湿法再生成套设备	生产率	m^3/h	1
	74	水玻璃砂机械式再生成套设备	生产率	m^3/h	1
	75				
	76	粘土砂热法再生成套设备	生产率	m^3/h	1
	77				
	78				
	79				
旧砂冷却设备	80				
	81	固定式沸腾冷却装置	生产率	m^3/h	1
	82				
	83	双盘搅拌冷却机	生产率	m^3/h	1
	84				
	85				
	86	振动沸腾冷却装置	生产率	m^3/h	1
	87	冷却提升机	生产率	m^3/h	1
	88				
	89	水冷式冷却装置	生产率	m^3/h	1
磁分离设备	90				
	91	电磁分离滚筒	工作宽度	mm	1/100
	92	电磁带轮	相配宽度	mm	1/100
	93	带式电磁分离机	宽度	mm	1/100
	94	滚筒磁选机	滚筒有效长度	mm	1/100
	95	永磁分离滚筒	工作宽度	mm	1/100
	96				
	97	永磁带轮	相配宽度	mm	1/100
	98				
	99	带式永磁分离机	宽度	mm	1/100

表 3　造型制芯设备(代号 Z)

组别	型别	铸造机械名称	主参数名称	计量单位	折算系数
消失模造型设备	00	预发泡机	料筒直径	mm	1/100
	01	成型机	台面尺寸	mm	1/100
	02	涂料搅拌机	搅拌速度	r/min	1/100
	03	振实台	振动频率	Hz	1/100
	04	真空泵	抽气量	m^3/min	1/100
	05				
	06				
	07				
	08				
	09				
振压造型机	10				
	11				
	12	脱箱微振压实造型机	砂箱内尺寸(长度)	mm	1/100
	13				
	14	顶箱微振压实造型机	砂箱内尺寸(长度)	mm	1/100
	15				
	16				
	17				
	18				
	19				
振实造型机	20	气动振实台	有效负荷	kN	1/10
	21				
	22				
	23	翻台振实造型机	砂箱内尺寸(长度)	mm	1/100
	24	顶箱振实造型机	砂箱内尺寸(长度)	mm	1/100
	25	转台振实造型机	砂箱内尺寸(长度)	mm	1/100
	26				
	27				
	28	三维振实台	有效负荷/台面长宽	kN/mm	1/10 (1/100)
	29	惯性振实台	有效负荷/台面长宽	kN/mm	1/10 (1/100)
压实造型机	30				
	31	多触头高压造型机	砂箱内尺寸(长度)	mm	1/100
	32	水平分型脱箱压实造型机	分型面尺寸(长度)	mm	1/100
	33	差动压实造型机	砂箱内尺寸(长度)	mm	1/100

表 3（续）

组别	型别	铸造机械名称	主参数名称	计量单位	折算系数
压实造型机	34	悬臂顶箱压实造型机	砂箱内尺寸(长度)	mm	1/100
	35	悬臂翻转压实造型机	砂箱内尺寸(长度)	mm	1/100
	36				
	37				
	38				
	39				
气力紧实、射压造型机	40				
	41	垂直分型无箱射压造型机	砂型尺寸(长度)	mm	1/100
	42	水平分型脱箱射压造型机	砂型尺寸(长度)	mm	1/100
	43	垂直分型脱箱射压造型机	砂型尺寸(长度)	mm	1/100
	44	静压造型机	砂箱内尺寸(长度)	mm	1/100
	45	气流冲击造型机	砂箱内尺寸(长度)	mm	1/100
	46				
	47				
	48				
	49				
V 法造型设备	50	带抽气室模型	模型尺寸	mm	1/100
	51	振实台	振动频率	Hz	1/100
	52	真空泵	负压值	MPa	1/100
	53	涂料搅拌机	搅拌速度	r/min	1/100
	54	涂料喷涂机	喷涂压力	MPa	1/100
	55	涂料烘干机	烘干面积	m^2	1/100
	56	烤膜架	烘烤面积	m^2	1/100
	57				
	58				
	59				
造型配套设备	60				
	61				
	62				
	63				
	64				
	65				
	66	下芯机	砂箱内尺寸(长度)	mm	1/100
	67				
	68				
	69				

表 3（续）

组别	型别	铸造机械名称	主参数名称	计量单位	折算系数
起模（芯）机	70				
	71	滚筒起模机	砂箱内尺寸(长度)	mm	1/100
	72				
	73	翻台起模机	砂箱内尺寸(长度)	mm	1/100
	74	顶箱起模机	砂箱内尺寸(长度)	mm	1/100
	75	转台起模机	砂箱内尺寸(长度)	mm	1/100
	76				
	77				
	78				
	79				
制芯机	80	多用射芯机	最大芯重	kg	1
	81				
	82				
	83				
	84	冷芯盒射芯机	射芯头有效容积	L	1
	85	射芯机	最大芯重	kg	1
	86	热芯盒射芯机	最大芯重	kg	1
	87	翻台振实制芯机	芯盒内尺寸(长度)	mm	1/100
	88				
	89				
壳型（芯）机	90				
	91				
	92				
	93	翻斗壳型机	壳型尺寸(长度)	mm	1/100
	94				
	95	旋转壳芯机	加热板宽度	mm	1/100
	96	底吹壳芯机	加热板宽度	mm	1/100
	97				
	98				
	99				

表 4 落砂设备(代号 L)

组别	型别	铸造机械名称	主参数名称	计量单位	折算系数
	00				
	01				
	02				
	03				
	04				
	05				
	06				
	07				
	08				
	09				
固定式振动落砂机	10				
	11	偏心振动落砂机	有效负荷	kN	1/10
	12	固定式惯性振动落砂机	有效负荷/台面长宽	kN/dm	1
	13	冲击式惯性振动落砂机	有效负荷	kN	1/10
	14				
	15				
	16				
	17				
	18				
	19				
输送式振动落砂机	20				
	21				
	22				
	23				
	24				
	25	输送式惯性振动落砂机	有效负荷/槽体宽长	kN/dm	1
	26				
	27				
	28				
	29				
滚筒落砂机	30				
	31	滚筒冷却落砂机	滚筒内径	mm	1/100
	32				
	33				

表 4（续）

组别	型别	铸造机械名称	主参数名称	计量单位	折算系数
滚筒落砂机	34				
	35				
	36				
	37				
	38				
	39				
振动除芯机	40				
	41				
	42	双工位过渡车式振动除芯机	处理工件最大长度	mm	1/100
	43	双工位转台式振动除芯机	处理工件最大长度	mm	1/100
	44				
	45	辊道通过式振动除芯机	处理工件最大长度	mm	1/100
	46				
	47				
	48				
	49				
特种 清砂装置	50				
	51	水力清砂室	载重	kg	1/1 000
	52				
	53				
	54				
	55				
	56				
	57				
	58	间歇电液压清砂室	水槽内尺寸(长度)	mm	1/100
	59				
	60				
	61				
	62				
	63				
	64				
	65				
	66				
	67				

表 4（续）

组别	型别	铸造机械名称	主参数名称	计量单位	折算系数
	68				
	69				
	70				
	71				
	72				
	73				
	74				
	75				
	76				
	77				
	78				
	79				
	80				
	81				
	82				
	83				
	84				
	85				
	86				
	87				
	88				
	89				
	90				
	91				
	92				
	93				
	94				
	95				
	96				
	97				
	98				
	99				

表 5 清理设备(代号 Q)

组别	型别	铸造机械名称	主参数名称	计量单位	折算系数
抛、喷丸器	00				
	01				
	02	喷丸器	容量	m^3	100
	03	双圆盘抛丸器	叶片回转直径	mm	1/10
	04				
	05				
	06	单圆盘抛丸器	叶片直径	mm	1/10
	07				
	08				
	09				
普通清理设备	10				
	11	圆形滚筒清理机	滚筒内腔直径	mm	1/100
	12				
	13				
	14	四方滚筒清理机	内切圆直径	mm	1/100
	15				
	16	六角滚筒清理机	内切圆直径	mm	1/100
	17				
	18				
	19				
喷丸清理设备	20				
	21				
	22				
	23				
	24				
	25	转台喷丸清理机	转台直径	mm	1/100
	26	台车式喷丸清理室	台车载重	kg	1/1 000
	27	吊钩喷丸清理机	负荷	kg	1/100
	28				
	29				
抛丸清理设备(一)	30				
	31	滚筒抛丸清理机	滚筒直径	mm	1/100
	32	履带抛丸清理机	端盘直径	mm	1/100
	33	倾斜滚筒抛丸清理机	滚筒直径	mm	1/100

表 5（续）

组别	型别	铸造机械名称	主参数名称	计量单位	折算系数
抛丸清理设备(一)	34	吊钩转盘抛丸清理机	负荷	kg	1/100
	35	转台抛丸清理机	转台直径	mm	1/100
	36	台车抛丸清理室	台车载重	kg	1/1 000
	37	吊钩抛丸清理机	负荷	kg	1/100
	38	吊链抛丸清理机	负荷	kg	1/100
	39				
抛丸清理设备(二)	40				
	41				
	42				
	43	网带抛丸清理机	有效清理宽度	mm	1/100
	44	机械手抛丸清理机	负荷	kg	1/100
	45	多工位转台抛丸机	小转台直径	mm	1/10
	46	台车吊钩抛丸清理机	台车载重	kg	1/1 000
	47	滚筒连续抛丸清理机	滚筒直径	mm	1/100
	48	吊链步进抛丸清理机	负荷	kg	1/100
	49				
抛丸清理设备(三)	50				
	51				
	52	钢带抛丸清理机	有效清理宽度	mm	1/100
	53	钢管内壁抛丸清理机	钢管直径	mm	1/100
	54	钢管外壁抛丸清理机	钢管直径	mm	1/100
	55	线材抛丸清理机	线材直径	mm	1
	56				
	57				
	58	吊链积放抛丸清理机	单钩负荷	kg	1/100
	59				
抛丸清理设备(四)	60				
	61				
	62	万向节传动连续抛丸清理机	杆(管)外径(max)	mm	1/100
	63	V 型辊道连续抛丸清理机	杆(管)外径(max)	mm	1/10
	64	振动槽连续抛丸清理机	槽宽度	mm	1/100
	65	板链抛丸清理机	有效清理宽度	mm	1/100
	66	螺旋弹簧抛丸强化机	弹簧外径(max)	mm	1/100
	67				

表 5（续）

组别	型别	铸造机械名称	主参数名称	计量单位	折算系数
抛丸清理设备(四)	68				
	69	辊道连续抛丸清理机	有效清理宽度	mm	1/100
抛喷丸联合清理设备	70				
	71				
	72				
	73				
	74	转台抛喷丸清理机	大转台直径	mm	1/100
	75	吊钩抛喷丸清理机	负荷	kg	1/100
	76	台车抛喷丸清理机	台车载重	kg	1/1 000
	77				
	78				
	79				
切割打磨设备	80	高速砂轮冒口切割机	砂轮直径	mm	1/10
	81	减振高效悬挂砂轮机	砂轮直径	mm	1/10
	82	双工位回转上料四面磨削机	工件最大长度	mm	1/100
	83				
	84				
	85				
	86				
	87				
	88				
	89				
其他	90				
	91				
	92				
	93				
	94				
	95				
	96				
	97				
	98				
	99				

表 6　金属型设备(代号 J)

组别	型别	铸造机械名称	主参数名称	计量单位	折算系数
	01				
	02				
	03				
	04				
	05				
	06				
	07				
	08				
	09				
冷室压铸机	10				
	11	卧式冷室压铸机	合型力	kN	1/100
	12				
	13				
	14				
	15	立式冷室压铸机	合型力	kN	1/100
	16				
	17				
	18				
	19				
热室压铸机	20				
	21	热室压铸机	合型力	kN	1/100
	22				
	23				
	24				
	25				
	26				
	27				
	28				
	29				
金属型铸造机	30	固定式金属型铸造机	最大型尺寸(长度)	mm	1/100
	31	垂直分型金属型铸造机	最大型尺寸(长度)	mm	1/100
	32				
	33	可倾式金属型铸造机	最大型尺寸(长度)	mm	1/100
	34	水平分型金属型铸造机	最大型尺寸(长度)	mm	1/100

表 6（续）

组别	型别	铸造机械名称	主参数名称	计量单位	折算系数
金属型铸造机	35	垂直分型可倾式金属型铸造机	最大型尺寸(长度)	mm	1/100
	36				
	37				
	38				
	39				
低压铸造机	40	多用气压低压铸造机	保温炉容量(铝液)	kg	1/100
	41	卧式气压低压铸造机	保温炉容量(铝液)	kg	1/100
	42				
	43				
	44				
	45	立式气压低压铸造机	保温炉容量(铝液)	kg	1/100
	46				
	47				
	48	立式电磁低压铸造机	保温炉容量(铝液)	kg	1/100
	49				
离心铸造机	50				
	51	卧式离心铸造机	最大铸件外径	mm	1/100
	52				
	53				
	54				
	55	立式离心铸造机	最大铸件外径	mm	1/100
	56				
	57				
	58				
	59				
转子压铸机	60				
	61				
	62				
	63				
	64				
	65	立式电机转子压铸机	合型力	kN	1/100
	66				
	67				

表 6（续）

组别	型别	铸造机械名称	主参数名称	计量单位	折算系数
转子压铸机	68				
	69				
差压铸造机	70				
	71	差压铸造机	密封罩直径	mm	1/10
	72				
	73				
	74				
	75				
	76				
	77				
	78				
	79				
挤压铸造机	80				
	81	立式挤压铸造机	合型力	kN	1/100
	82	卧式挤压铸造机	合型力	kN	1/100
	83				
	84				
	85	半固态镁合金注射成形机	合型力	kN	1/100
	86				
	87				
	88				
	89				
金属型辅机	90				
	91	机械浇注机	容量	kg	1
	92				
	93				
	94	取件机械手	夹持重量	kg	1
	95				
	96	喷涂装置	喷嘴行程	mm	1/100
	97				
	98				
	99				

表7 熔模设备(代号M)

组别	型别	铸造机械名称	主参数名称	计量单位	折算系数
	00				
	01				
	02				
	03				
	04				
	05				
	06				
	07				
	08				
	09				
	10				
	11				
	12				
	13				
	14				
	15				
	16				
	17				
	18				
	19				
模料制备设备	20				
	21	熔蜡炉	容积	L	1/10
	22	搅蜡机	容积	L	1/10
	23	液态蜡注射成形机	合型力	kN	1/100
	24				
	25	蜡料制备装置	压蜡罐容量	L	1/10
	26				
	27	机械压蜡机	合型力	kN	1/10
	28				
	29	手动压蜡机	容积	L	1/10
制壳设备	30				
	31	机械手制壳机	最大模组重量	kg	1/10
	32				
	33				

表 7（续）

组别	型别	铸造机械名称	主参数名称	计量单位	折算系数
制壳设备	34				
	35	悬链连续制壳装置	最大模组外形直径	mm	1/100
	36				
	37	模壳干燥机	箱内尺寸(长度)	mm	1/100
	38	悬挂制壳装置	最大模组外形直径	mm	1/100
	39	雨淋撒砂机	最大模组外形直径	mm	1/100
脱料设备	40				
	41	高压脱料装置	滚筒直径	mm	1/100
	42				
	43				
	44				
	45				
	46				
	47	脱蜡槽	吊篮内尺寸(长度)	mm	1/100
	48				
	49				
熔模浇注设备	50				
	51	模壳焙烧炉	宽度	mm	1/100
	52				
	53				
	54				
	55				
	56				
	57				
	58				
	59				
脱壳设备	60				
	61	振动脱壳机	夹头最大间距	mm	1/100
	62				
	63				
	64				
	65				
	66				
	67				

表 7（续）

组别	型别	铸造机械名称	主参数名称	计量单位	折算系数
脱壳设备	68				
	69				
	70				
	71				
	72				
	73				
	74				
	75				
	76				
	77				
	78				
	79				
	80				
	81				
	82				
	83				
	84				
	85				
	86				
	87				
	88				
	89				
	90				
	91				
	92				
	93				
	94				
	95				
	96				
	97				
	98				
	99				

表 8 熔炼浇注设备(代号 R)

组别	型别	铸造机械名称	主参数名称	计量单位	折算系数
	00				
	01				
	02				
	03				
	04				
	05				
	06				
	07				
	08				
	09				
冲天炉	10	卡腰式冲天炉	熔化率	t/h	1
	11	二排大间距风口冲天炉	熔化率	t/h	1
	12	外热风冲天炉	熔化率	t/h	1
	13	水冷长炉龄冲天炉	熔化率	t/h	1
	14	薄炉衬冲天炉	熔化率	t/h	1
	15				
	16				
	17				
	18				
	19				
冲天炉加料装置	20				
	21	固定式爬式加料机	料筒载铁料重量	kg	1/100
	22	回转式爬式加料机	料筒载铁料重量	kg	1/100
	23				
	24	回转式单轨加料机	料筒载铁料重量	kg	1/100
	25	固定式单轨加料机	料筒载铁料重量	kg	1/100
	26				
	27	翻斗加料机	料筒载铁料重量	kg	1/100
	28				
	29	井式加料机	料筒容积	kg	1/100
前炉	30				
	31				
	32				
	33				

表 8（续）

组别	型别	铸造机械名称	主参数名称	计量单位	折算系数
前炉	34				
	35	固定式回转前炉	容量	t	1
	36	移动式回转前炉	容量	t	1
	37	分渣器	容量	t	1
	38				
	39				
冲天炉风机	40				
	41	罗茨式冲天炉风机	风量	m^3/min	1/10
	42	离心式冲天炉风机	风量	m^3/min	1/10
	43	叶氏冲天炉风机	风量	m^3/min	1/10
	44				
	45				
	46				
	47				
	48				
	49				
铁液浇包	50				
	51	倾转式浇包	浇包容量	t	1
	52	球化浇包	浇包容量	t	1
	53	脱硫浇包	浇包容量	t	1
	54	茶壶式浇包	浇包容量	t	1
	55	提升式浇包	浇包容量	t	1
	56	鼓形浇包	浇包容量	t	1
	57	保温浇包	浇包容量	t	1
	58				
	59				
冲天炉辅助设备	60				
	61	气锤断锭机	生产率	t/h	1
	62				
	63				
	64				
	65				
	66				
	67				

表 8（续）

组别	型别	铸造机械名称	主参数名称	计量单位	折算系数
冲天炉辅助设备	68				
	69				
焦炭处理设备	70				
	71	摆动焦炭筛	生产率	t/h	1
	72	振动焦炭筛	生产率	t/h	1
	73				
	74				
	75				
	76				
	77				
	78				
	79				
钢液浇包	80				
	81	倾转式浇包	浇包容量	t	1
	82	塞杆式浇包	浇包容量	t	1
	83	滑插式浇包	浇包容量	t	1
	84				
	85				
	86				
	87				
	88				
	89				
浇注设备	90				
	91	倾转浇注机	容量	kg	1/100
	92				
	93	气压浇注机	容量	kg	1/100
	94				
	95	底注浇注机	容量	kg	1/100
	96				
	97				
	98	电磁泵浇注机	容量	kg	1/100
	99				

表 9　运输定量设备(代号 Y)

组别	型别	铸造机械名称	主参数名称	计量单位	折算系数
通用部件	00				
	01				
	02				
	03				
	04				
	05				
	06				
	07				
	08				
	09				
气动设备	10				
	11	气吊	气缸直径	mm	1/10
	12				
	13	气动推杆	气缸直径	mm	1/10
	14				
	15	气动平衡吊	气缸直径	mm	1/10
	16				
	17				
	18				
	19				
铸型输送机	20				
	21	连续铸型输送机	台面长度	mm	1/100
	22	脉动铸型输送机	台面长度	mm	1/100
	23				
	24				
	25				
	26				
	27				
	28				
	29				
连续输送设备	30				
	31	鳞板输送机	板宽	mm	1/100
	32	平鳞板输送机	板宽	mm	1/100
	33	带式输送机	带宽	mm	1/100

表 9（续）

组别	型别	铸造机械名称	主参数名称	计量单位	折算系数
连续输送设备	34	惯性振动输送机	槽宽长	mm	1/100
	35	双质体惯性振动输送机	槽宽长	mm	1/100
	36	连杆式振动输送机	槽宽长	mm	1/100
	37				
	38				
	39	惯性振动提升机	槽宽	mm	1/100
给料设备	40				
	41	带式给料机	带宽	mm	1/100
	42	螺旋给料机	直径	mm	1/100
	43				
	44	圆盘给料机	直径	mm	1/100
	45	星形给料机	生产率	m^3/h	10
	46	调速式电机振动给料机	槽宽	mm	1/10
	47	惯性振动给料机	槽宽	mm	1/100
	48	振动料斗给料机	上口直径	mm	1/100
	49	调速式振动活化给料机	直径	mm	1/100
定量装置	50				
	51	栅格定量器	容积	m^3	10
	52				
	53				
	54				
	55	杠杆称量斗	容积	m^3	1
	56				
	57	电磁配铁装置	称量范围	kg	1/100
	58	电子称量斗	名义量程	kg	1/100
	59				
	60				
	61				
	62				
	63				
	64				
	65				
	66				
	67				

表 9（续）

组别	型别	铸造机械名称	主参数名称	计量单位	折算系数
	68				
	69				
	70				
	71				
	72				
	73				
	74				
	75				
	76				
	77				
	78				
	79				
铸造用机械手	80				
	81	主从控制关节式机械手	负荷	kg	1/100
	82				
	83	清理机械手	夹持最大直径	mm	1/10
	84				
	85				
	86				
	87				
	88				
	89				
气力输送装置	90				
	91	涡流式高压压送装置	发送器容积	m^3	10
	92				
	93	密相气力输送装置	发送器容积	m^3	10
	94				
	95	沸腾式低压压送装置	发送器容积	m^3	10
	96				
	97				
	98	真空吸送装置	生产率	m^3/h	1
	99				

表 10　检测控制设备(代号 C)

组别	型别	铸造机械名称	主参数名称	计量单位	折算系数
	00				
	01				
	02				
	03				
	04				
	05				
	06				
	07				
	08				
	09				
砂处理检测控制装置	10				
	11	电容法水分控制装置			
	12	型砂成型性控制装置			
	13				
	14				
	15				
	16				
	17				
	18				
	19				
造型检测装置	20				
	21				
	22				
	23				
	24				
	25				
	26				
	27				
	28				
	29				
冲天炉熔炼过程检测控制装置	30				
	31	炉气压差料位计			
	32				
	33	冲天炉测温仪			

表 10（续）

组别	型别	铸造机械名称	主参数名称	计量单位	折算系数
冲天炉熔炼过程检测控制装置	34				
	35				
	36	冲天炉风量风压检测仪			
	37				
	38	冲天炉微机控制装置			
	39	冲天炉熔炼过程控制仪			
	40				
	41				
	42				
	43				
	44				
	45				
	46				
	47				
	48				
	49				
	50				
	51				
	52				
	53				
	54				
	55				
	56				
	57				
	58				
	59				
	60				
	61				
	62				
	63				
	64				
	65				
	66				
	67				

表 10（续）

组别	型别	铸造机械名称	主参数名称	计量单位	折算系数
	68				
	69				
特种铸造检测装置	70				
	71				
	72				
	73				
	74				
	75				
	76				
	77				
	78				
	79				
	80				
	81				
	82				
	83				
	84				
	85				
	86				
	87				
	88				
	89				
	90				
	91				
	92				
	93				
	94				
	95				
	96				
	97				
	98				
	99				

表 11 其他(代号 T)

组别	型别	铸造机械名称	主参数名称	计量单位	折算系数
激振器	00				
	01	电动激振器	激振力	kN	1/10
	02	气动振动器	缸径	mm	1/10
	03				
	04				
	05	立式电动激振器	激振力	kN	1/10
	06				
	07				
	08	箱式激振器	激振力	kN	1/10
	09				
涂料制料设备	10				
	11	涂料搅拌机	容量	L	1/10
	12				
	13				
	14				
	15				
	16				
	17				
	18				
	19				
烘干设备	20				
	21	电热远红外型芯烘干炉	容量	m^3	1
	22				
	23				
	24				
	25				
	26				
	27				
	28				
	29	通过式烘干室	有效通过宽度	mm	1/100
翻转设备	30				
	31	电动悬挂翻转机	负荷	t	1/100
	32				

表 11（续）

组别	型别	铸造机械名称	主参数名称	计量单位	折算系数
翻转设备	33				
	34				
	35				
	36				
	37				
	38				
	39				
振动时效装置	40				
	41	机械式振动时效装置	额定转数	r/min	1/100
	42				
	43				
	44				
	45				
	46				
	47				
	48				
	49				
	50				
	51				
	52				
	53				
	54				
	55				
	56				
	57				
	58				
	59				
	60				
	61				
	62				
	63				
	64				
	65				

表 11（续）

组别	型别	铸造机械名称	主参数名称	计量单位	折算系数
	66				
	67				
	68				
	69				
抛(喷)丸用金属磨料	70	钢丝切丸			
	71	高碳铸钢砂			
	72	高碳铸钢丸			
	73	低碳铸钢丸			
	74	不锈钢丸			
	75	不锈钢砂			
	76	铝丸			
	77	锌丸			
	78	铸铁砂			
	79	铸铁丸			
	80				
	81				
	82				
	83				
	84				
	85				
	86				
	87				
	88				
	89				
	90				
	91				
	92				
	93				
	94				
	95				
	96				
	97				

表 11（续）

组别	型别	铸造机械名称	主参数名称	计量单位	折算系数
	98				
	99				

ICS 25.120.30
J 61

中华人民共和国国家标准

GB/T 31553—2015

外热风冲天炉

External combustion hot blast cupola

2015-05-15 发布　　2016-01-01 实施

中华人民共和国国家质量监督检验检疫总局
中国国家标准化管理委员会　发布

前　　言

本标准按照GB/T 1.1—2009给出的规则起草。

本标准由中国机械工业联合会提出。

本标准由全国铸造机械标准化技术委员会(SAC/TC 186)归口。

本标准起草单位:青岛青力环保设备有限公司、青岛中智达环保熔炼设备有限公司、青岛汉唐机械有限公司、青岛金马利重工机械有限公司。

本标准主要起草人:于仁先、段金挺、于国华、王强辉。

外热风冲天炉

1 范围

本标准规定了外热风冲天炉的型式和基本参数、技术要求、试验方法、检验规则、包装标志等。

本标准适用于铸铁熔炼用外热风冲天炉(以下简称冲天炉)。

2 规范性引用文件

下列文件对于本文件的应用是必不可少的。凡是注日期的引用文件,仅注日期的版本适用于本文件。凡是不注日期的引用文件,其最新版本(包括所有的修改单)适用于本文件。

GB/T 191 包装储运图示标志

GB/T 985.1 气焊、焊条电弧焊、气体保护焊和高能束焊的推荐坡口

GB/T 985.2 埋弧焊的推荐坡口

GB/T 1184—1996 形状和位置公差 未注公差值

GB/T 1804—2000 一般公差 未注公差的线性和角度尺寸的公差

GB/T 3098.1—2010 紧固件机械性能 螺栓、螺钉和螺柱

GB 5226.1 机械电气安全 机械电气设备 第1部分:通用技术条件

GB/T 8729 铸造焦炭

GB/T 11345 焊缝无损检测 超声检测 技术检测等级和评定

GB/T 13306 标牌

GB/T 16938 紧固件 螺栓、螺钉、螺柱和螺母 通用技术条件

GB 20905—2007 铸造机械 安全要求

GB 21501 冲天炉与冲天炉加料机 安全要求

GB/T 23570 金属切削机床焊接件 通用技术条件

GB/T 23571 金属切削机床 随机技术文件的编制

GB/T 25370 铸造机械 术语

GB/T 25371 铸造机械 噪声声压级测量方法

GB/T 25711—2010 铸造机械 通用技术条件

GB/T 31552 铸造机械 型号编制方法

JB/T 5000.12 重型机械通用技术条件 第12部分:涂装

3 术语和定义

GB/T 25370 界定的以及下列术语和定义适用于本文件。

3.1

长炉龄冲天炉 ong campaign cupola

用水冷却炉壁和风口,能连续熔炼七天以上的冲天炉。

3.2

单班制冲天炉 ingle shifting cupola

用耐火材料砌筑炉衬,能连续生产8 h的冲天炉。

3.3

两班制冲天炉　ouble shifting cupola

通常为薄炉衬，通过水冷却炉壁可连续熔炼 16 h 以上的冲天炉。

3.4

薄衬冲天炉　thin-lining copula

通过砌筑一薄层耐火材料和水冷炉壁相结合来保护炉壁的冲天炉，熔化带处炉衬的初始厚度接近水冷条件下的炉衬平衡厚度。

3.5

无炉衬冲天炉　liningless cupola

熔化带处不砌筑炉衬，用水来冷却炉壁，生成凝渣以保护炉壳的冲天炉。

3.6

外热风冲天炉　external-combustion hot-blast cupola

利用排出烟气中一氧化碳或其他燃料在炉身外设置的燃烧室内燃烧热量加热送风的冲天炉。

3.7

顶置外热风冲天炉　overhead type external-combustion hot-blast copula

把燃烧室设置在加料口上部的一种外热风冲天炉。

3.8

旁置外热风冲天炉　side-lay type external-combustion hot-blast copula

把燃烧室置于炉体外部，通过管道引入炉气的一种外热风冲天炉。

3.9

总风口比　total tuyere ratio

风口总面积和风口处炉膛横截面积的比值。

3.10

有效高度　effective hight

第一排风口中心线至加料口下沿的距离。

3.11

低质炉料　low-quality feeding

炉料中非金属杂质含量 15%以上的炉料。通常指钢铁冶炼产生的含铁废弃物，如高炉脱硫渣，氧化铁粉尘，严重氧化的废钢等。

4　冲天炉的型式

4.1　冲天炉按燃烧室安装位置可分为顶置式和旁置式。

4.2　冲天炉按炉衬可分为常炉衬、薄炉衬和无炉衬。

4.3　冲天炉按工作制可分为单班、两班和长龄。

4.4　冲天炉按热风的热量来源可分为烟气余热和外加燃料。

4.5　冲天炉按换热器换热方式可分为管壁换热和蓄热介质换热。

5　基本参数

5.1　冲天炉主参数为熔化率。

5.2　冲天炉的基本参数见表 1。

表 1 冲天炉基本参数

熔化率/(t/h)	热风温度不低于/℃	熔化带炉径/mm	风口区炉径/mm	有效高度/mm	风口排数	风口数量/个	总风口比	风口倾角	熔化带供风强度/[$Nm^3/(m^2 \cdot min)$]	熔化强度/[$t/(m^2 \cdot h)$]
5	400	900	700	6 000	1	5	3%～5%	5°～15°	80～120	7.5～10.5
7	400	1 000	840	7 200	1	6				
10	400	1 200	1 000	7 800	1	7				
15	420	1 500	1 220	8 500	1	8				
20	420	1 700	1 420	10 500	1	9				
25	420	1 900	1 600	11 500	1	10				
30	450	2 100	1 720	12 500	1	12				
35	450	2 250	1 860	13 200	1	12				
40	500	2 400	2 000	13 700	1	12				
45	500	2 600	2 100	14 200	1	15				
50	500	2 700	2 200	14 800	1	16				

5.3 冲天炉的型号应按 GB/T 31552 的规定编制。

6 技术要求

6.1 一般要求

6.1.1 冲天炉应符合 GB/T 25711—2010 的规定,并应按照按规定程序批准的图样及技术文件制造。

6.1.2 冲天炉的参数应优先选用表 1 规定的参数;特殊型式和参数应按技术协议确定。

6.1.3 配置的电气系统应符合 GB 5226.1 的规定。

6.1.4 冲天炉的标牌应符合 GB/T 13306 的规定。标牌的内容至少应包括:

a) 产品名称;

b) 产品型号;

c) 冲天炉熔化率;

d) 制造厂名;

e) 制造日期。

6.1.5 随机技术文件应包含产品使用说明书、产品合格证和装箱单。随机技术文件的编制应符合 GB/T 23571 的规定。

6.2 外观要求

6.2.1 冲天炉金属外表面应涂有防腐蚀层,涂层应均匀完整、无漏漆、腐蚀现象,炉体内表面应用防锈底漆涂刷。

6.2.2 设备外表面应平整、光洁,不应有凹凸、裂缝等缺陷。

6.2.3 冲天炉的外观应符合 GB/T 25711—2010 第 5 章的规定。

6.3 制造要求

6.3.1 冲天炉的炉底板不应有裂纹。

6.3.2 冲天炉应装有可靠的堵出铁口机构。

6.3.3 冲天炉空气预热器及热风管外表面应用耐火、热绝缘材料包覆。

6.3.4 应保证过桥和前炉接口处对接良好。

6.3.5 冲天炉的炉身应选用锅炉钢制造，其余部位应选用力学性能不低于 Q235A 钢材制造。换热器主要部件应用耐热不锈钢或耐热碳钢制造。关键部位选用钢板的最小厚度不应小于表 2 的规定。

表 2 选用钢板的最小厚度

单位为毫米

熔化率/(t/h)	5	7	10	15	20	25	30	35	40	50
连接法兰	12	16	16	16	18	18	18	18	18	20
法兰筋板	10	12	12	12	14	14	14	16	16	18
炉壳	8	10	10	10	12	12	12	14	14	16
风箱	5	6	6	6	6	6	8	8	8	10
底板	30	30	30	40	40	40	40	50	50	50

6.3.6 冲天炉应有炉底板框架。底板允许采用铸钢件或型钢框架，联结法兰允许采用铸钢件或型钢。

6.3.7 炉壳连接法兰所用螺栓规格和数量不应低于表 3 的规定，其性能应符合 GB/T 3098.1—2010 中规定的 4.8 级要求。

表 3 炉壳连接法兰所用螺栓规格和数量

熔化率/(t/h)	5	7	10	15	20	25	30	35	40	50
螺栓规格	M20	M20	M20	M24	M24	M24	M24	M24	M24	M24
螺栓数量 个	12	16	16	16	18	18	18	24	24	24

6.3.8 连接法兰的直径尺寸偏差应符合 GB/T 1804—2000 中 m 级的规定，每段炉壳母线与法兰端面的垂直度不应大于每段炉壳高度值的 0.2%。

6.3.9 炉壳内径公差及圆度公差见表 4。

表 4 炉壳内径公差及圆度公差

单位为毫米

熔化率/(t/h)	5	7	10	15	20	25	30	35	40	50
内径公差	±8	±8	±8	±11	±11	±11	±11	±11	±11	±11
圆度公差	≤9	≤9	≤9	≤11	≤11	≤11	≤11	≤11	≤11	≤11

6.3.10 采用密封冷却水套和水冷风口时，应进行耐压试验，冷却水套的试验压力为 0.4 MPa，保压时间为 10 min，水冷风口的试验压力为 1.2 MPa，保压时间为 30 min。

6.3.11 采用密封冷却水套和水冷风口时应在相应位置设置水温监测口。

6.3.12 冲天炉应在其相应位置设置热风温度监测口。

6.3.13 风口冷却水系统应顺畅无阻碍、无泄漏，阀门及检控元件动作应正确可靠。

6.3.14 水冷风口在炉体上安装、拆卸应方便。

6.3.15 冷却水在风口水冷腔内流动应顺畅，无涡流，冷却均匀，水冷风口应无局部过热现象。

6.3.16 无炉衬冲天炉炉身、换热器、烟气和热风管道、水冷风口的焊缝应采用连续焊缝，焊缝坡口的基本型式及尺寸应符合 GB/T 985.1 和 GB/T 985.2 的规定。对接焊缝应均匀、平整，高出被焊零件表面不应大于 2 mm。焊缝中不应有夹渣、裂纹等缺陷。焊接质量应符合 GB/T 23570 的要求。

6.3.17 所有连接螺栓、螺钉应符合 GB/T 16938 的规定。

6.3.18 机械加工零件的未注公差尺寸的极限偏差应符合 GB/T 1804—2000 中规定的 m 级要求，形状和位置公差应符合 GB/T 1184—1996 中规定的 12 级公差要求。

6.3.19 冲天炉尺寸允许偏差应符合 GB/T 1804—2000 中规定的 V 级公差要求。

6.3.20 换热器应设置热应力补偿装置。

6.3.21 换热器使用的高温漆应符合 JB/T 5000.12 的规定。

6.3.22 换热器外部应包敷保温材料，保温材料的安装应稳固、整洁。

6.3.23 应设置对于热风温度、烟气温度、风量、风压、冷却水压力、温度等参数的监控装置。换热器的温控装置应能及时反映和控制烟气和空气的进入温度和排出温度。

6.3.24 5 管式换热器应设置自动清灰装置。单班制生产的换热器可设置人工清灰装置，人工清灰装置应保证清灰操作安全、方便。清灰装置不应对换热器性能产生不良影响。

6.4 安装要求

6.4.1 冲天炉安装时，所有炉壳法兰、风管法兰、阀之间应添加密封材料。

6.4.2 冲天炉炉腿与炉底板、炉底板与炉体以及炉体各节、炉腿与安装地基的联结应牢固、可靠。

6.4.3 采用钢质炉腿时，应在炉腿下部加设隔热保护套。

6.4.4 冲天炉上端应留有配备辅助固定的连接位置。

6.4.5 冲天炉整体结构应稳定、牢固，安装后加料口以下的炉身中心偏差不应大于炉身高度的 0.2%。

6.4.6 水冷风口在炉体上应安装牢固，安装接合面不应有炉气泄漏。

6.4.7 送风和水冷系统应严密无泄漏。

6.5 使用性能要求

6.5.1 冲天炉连续熔炼的时间：常炉衬冲天炉不应少于 8 h；薄炉衬冲天炉不应少于 16 h；无炉衬冲天炉不应少于 720 h。

6.5.2 冲天炉的熔化率应在额定熔化率±15%的范围内可控，并应能正常熔炼。

6.5.3 在使用符合 GB/T 8729 二级焦炭和清洁炉料时，铁液出炉温度和总耗碳率应符合表 5 的要求。

表 5 铁液出炉温度和总耗碳率

冲天炉熔化率/(t/h)	铁液出炉温度/℃		
	≥1 400	≥1 450	≥1 500
	碳耗率/%		
5	7.5	9	11
7	7.5	9	10
10	7	8.5	9.5
15	6.5	8	9
≥20	6	7.5	8.5

6.5.4 正常熔炼时，热风温度不应低于表1的规定。

6.5.5 换热器送风温度达到400 ℃的平均热风升温时间：单班制冲天炉不应超过60 min；两班制冲天炉不应超过90 min；长炉龄冲天炉不应超过120 min。

6.5.6 冲天炉正常工作时，在设定热风温度条件下，热风温度波动幅度应在±25 ℃之间。

6.5.7 换热器应具有良好的保温性能，换热器保温包敷后，保温包敷层外表面温度不应高出环境温度8 ℃。

6.5.8 换热器应有较高的换热效率，在入口烟气温度800 ℃、额定热风温度的条件下，换热器排烟温度不应高于500 ℃。

6.5.9 炉渣中FeO的质量分数不应大于4%。

6.5.10 水冷炉壁冷却水升温不应大于10 ℃，回水温度不应大于60 ℃。

6.5.11 水冷风口的冷却水升温不应大于6 ℃，回水温度不应大于50 ℃。

6.5.12 各观察窗、工作门、管路阀门应开启灵活、闭锁牢靠。

6.5.13 水冷炉壁和水冷风口应冷却均匀，无堵塞现象，冷却水应无飞溅现象。

6.5.14 冲天炉的加料口内应能保持负压操作，冲天炉正常熔炼时，不应有烟尘从加料口溢出。

6.6 安全环保要求

6.6.1 冲天炉的安全应符合GB 21501和GB 20905—2007的要求。

6.6.2 设有高空作业平台的冲天炉，应设置防护围栏和阶梯。作业平台和阶梯应符合GB 20905—2007中第11章的规定。

6.6.3 冲天炉的风机应安置在隔音房内，以隔音房为噪声源，其等压连续声压级不应超过85 dB(A)。

6.6.4 冲天炉应配备除尘设备，经除尘后的冲天炉烟尘排放浓度不应超过国家和冲天炉用户当地环保部门的规定。

6.6.5 换热器应设防爆燃装置，防爆燃装置应安全可靠，能有效防止爆燃对设备或人员造成的损害。

6.6.6 换热器保温包覆严密，不应有高于50 ℃的金属结构露出保温层。

6.6.7 可能需要人员进入的换热器空间结构，应符合人机工程学的原则，应保证人员方便、安全地进出和操作。

6.6.8 设备表面应光洁平整，不应有可能对人员造成伤害的裂纹、尖棱、毛刺等缺陷。

6.6.9 水冷风口表面在使用中粘附的铁、渣不应损坏风口结构并应易于清除。

7 试验方法

7.1 试炉条件

7.1.1 应按有关冲天炉熔炼工艺规程进行操作。

7.1.2 冲天炉熔炼所需风量、风压应符合产品设计的要求。

7.1.3 焦炭、熔剂、生铁、铁合金等材料的成分、性能及其他质量指标，应符合现行标准的规定。

7.1.4 所有金属炉料，料块最大直线尺寸应小于加料口处炉膛最小直径的三分之一。单块金属炉料最大质量见表6。

表 6 金属炉料单块质量

<table>
<tr><th>熔化率/(t/h)</th><th>回炉铁/kg</th><th>生铁/kg</th><th>废钢/kg</th></tr>
<tr><td>5</td><td>15</td><td rowspan="10">6～8</td><td>10</td></tr>
<tr><td>7</td><td rowspan="2">25</td><td rowspan="2">15</td></tr>
<tr><td>10</td></tr>
<tr><td>15</td><td rowspan="2">35</td><td rowspan="2">25</td></tr>
<tr><td>20</td></tr>
<tr><td>25</td><td rowspan="2">50</td><td rowspan="2">35</td></tr>
<tr><td>30</td></tr>
<tr><td>35</td><td rowspan="2">65</td><td rowspan="2">45</td></tr>
<tr><td>40</td></tr>
<tr><td>50</td><td>80</td><td>65</td></tr>
</table>

7.1.5 废钢的厚度应为 3 mm～30 mm。

7.1.6 铁合金的块度应为 20 mm～50 mm。

7.1.7 应清除炉料中的锈蚀和泥沙等杂质。

7.2 焊接质量的检验

焊接质量检验应按 GB/T 11345 进行测定。

7.3 噪声检验

以隔音房为噪声源,按 GB/T 25371 进行测定。

7.4 烟气温度检验

用热电偶在换热器排烟管检测,检测点应在距换热器外表面 300 mm、与排烟管内壁的距离不小于三分之一管径处。

7.5 热风升温时间

用热电偶在风箱内检测,测点距风箱内壁不应小于风箱截面最小尺寸的三分之一处。记录从开炉送风开始到热风温度达到$(400 \pm t_0)$℃经过的时间(t_0 为检测现场的环境温度,"+"号用于 $t_0 > 0$ ℃;"−"号用于 $t_0 < 0$ ℃),即为热风升温时间。

7.6 热风温度

用热电偶在风箱内检测,测点距风箱内壁应不小于风箱截面最小尺寸的三分之一处,在达到 6.5.5 中规定的热风升温时间后,开始测温,测温时间不应少于热电偶测温仪的响应时间。

7.7 热风温度波动

正常熔炼 2 h 后,保持熔炼工艺参数稳定,按表 1 调定热风温度,连续记录风温的变化,记录不应少于 3 次,每次不应少于 1 h。按式(1)计算平均热风温度波动 Δt:

$$\Delta t = \sum_{i=1}^{n} (\mid t_i - t_0 \mid)/n \qquad \cdots\cdots(1)$$

式中：

t_i ——各次测得的温度，单位为摄氏度(℃)；

t_0 ——调定的热风温度，单位为摄氏度(℃)；

n ——检测次数。

7.8 平均熔化率检验

记录开炉送风开始至停风打炉期间内的熔炼时间 t 和熔炼的铁液总量 M_T。按式(2)计算一个熔炼炉次的平均熔化率 q_t。允许测试熔炼期间一段时间内的平均熔化率，测试时间应不少于 4 h，期间不应间断送风。

$$q_t = M_T/(t - t_0) \qquad \cdots\cdots (2)$$

式中：

M_T ——熔炼的铁液总量，单位为吨(t)；

t ——熔炼时间，单位为小时(h)；

t_0 ——检验期间内的送风间断时间，单位为小时(h)。

7.9 铁液温度检验

冲天炉熔炼正常时，将前炉内铁液放净，在距出铁口 300 mm 处出铁槽中用快速热电偶检测后续流出铁液的温度。以后每间隔 30 min 测温一次，测温次数不应少于 6 次，取各次测得温度的算术平均值为铁液的平均温度。

7.10 总耗碳率检验

在一个熔炼班次内，休风时间不超过 1 h，记录消耗的总焦炭量和熔化的总铁液量，使用低质炉料记录熔化的炉料量。按式(3)计算总耗碳率；休风时间超过 1 h，记录检验期间实际消耗的焦炭量和熔化的铁液量或炉料量，按式(4)计算总耗碳率。记录期间应满料操作。

$$k = \frac{(K - K_C) \cdot w(C)}{L - L_C} \times 100\% \quad 或 \ k = \frac{(K - K_C) \cdot w(C)}{M} \times 100\% \qquad \cdots\cdots (3)$$

$$k = \frac{K_J \cdot w(C)}{M_J} \times 100\% \quad 或 \ k = \frac{K_J \cdot w(C)}{L_J} \qquad \cdots\cdots (4)$$

式中：

k ——总耗碳率，%；

K ——1 个熔炼周期内入炉总焦炭质量，单位为千克(kg)；

K_C ——打炉残焦质量，单位为千克(kg)；

$w(C)$——焦炭中固定碳质量分数，%；

M ——总铁液量，单位为千克(kg)；

L ——1 个熔炼周期内入炉铁料总质量，单位为千克(kg)；

L_C ——打炉残铁质量，单位为千克(kg)；

L_J ——记录期间熔化炉料质量，单位为千克(kg)；

K_J ——记录期间入炉焦炭质量，单位为千克(kg)；

M_J ——记录期间熔化铁液质量，单位为千克(kg)。

7.11 渣中 FeO 检验

炉渣中 FeO 含量的检验应在开炉后热风达到额定温度后开始取样，每次取样间隔时间不应少于 0.5 h，取样次数不应少于 3 次，按常规化学分析法对试样进行化验，取各次化验结果的算术平均值为炉渣中 FeO 含量。

8 检验规则

8.1 出厂检验

8.1.1 每台冲天炉应经制造厂质检部门检验合格，并附有产品质量合格证明书方可出厂。

8.1.2 出厂检验的项目：

a) 制作材料；
b) 结构型式及几何尺寸；
c) 焊接质量；
d) 部件安装质量；
e) 防护材料涂挂质量；
f) 外购配套件质量；
g) 外观质量。

8.2 型式检验

8.2.1 有下列情况之一时，应进行型式检验：

a) 新产品或老产品转产的试制定型鉴定时；
b) 正式生产后如结构、材料、制造工艺有较大改变时；
c) 正常生产时应每两年进行一次；
d) 停产1年以上恢复生产时；
e) 国家质量监督机构提出型式检验要求时。

8.2.2 型式检验时每次检验样品的数量为当月产量的10%，但不应少于1台。

8.2.3 型式检验项目为本标准规定的全部项目，所检项目应全部合格。

8.2.4 当制造厂不具备型式检验条件时，允许在用户现场进行检验。

9 包装与储运

9.1 冲天炉的包装储运图示标志应符合GB/T 191的规定。

9.2 冲天炉炉体可按结构拆成部件运输，部件的尺寸应符合装卸和运输工具的要求。

9.3 细长构件允许捆扎运输，但应捆扎牢固，并在每捆明显处标注名称、数量、代号。

9.4 运输的每件物品应稳定地固定在运输工具上，并作必要的支撑和衬垫，避免在运输中受到挤压、碰撞。

9.5 产品存放时，应作防锈处理；避免杂物进入产品不易清理的内腔。

ICS 25.220.40
A 29

中华人民共和国国家标准

GB/T 31554—2015/ISO 21968:2005

金属和非金属基体上非磁性金属覆盖层 覆盖层厚度测量 相敏涡流法

Non-magnetic metallic coatings on metallic and non-metallic basismaterials—Measurement of coating thickness—Phase-sensitive eddy-current method

(ISO 21968:2005,IDT)

2015-05-15 发布

2016-01-01 实施

中华人民共和国国家质量监督检验检疫总局
中国国家标准化管理委员会 发布

前　言

本标准按照GB/T 1.1—2009给出的规则起草。

本标准使用翻译法等同采用ISO 21968:2005《金属和非金属基体上非磁性金属覆盖层　覆盖层厚度测量　相敏涡流法》(英文版)。

为便于使用,本标准做了下列编辑性修改:

——删除了国际标准的前言;

——增加了我国的标准前言;

——标准正文和参考文献中的出现的国际标准替换为等同的我国标准。

本标准由中国机械工业联合会提出。

本标准由全国金属与非金属覆盖层标准化技术委员会(SAC/TC 57)归口。

本标准起草单位:广东出入境检验检疫局、重庆市计量质量检测研究院、武汉材料保护研究所、武汉康捷科技有限公司、佛山市南海区标准化研究与发展中心、东莞宜安科技股份有限公司。

本标准主要起草人:张震坤、周崎、贾建新、李小敏、司念朋、于翔、高正源、喻晖、洪泽芳、李卫荣。

金属和非金属基体上非磁性金属覆盖层 覆盖层厚度测量 相敏涡流法

1 范围

本标准规定了使用相敏涡流测厚仪无损测量金属和非金属基体上非磁性金属覆盖层厚度的方法,如:

a) 钢铁基体上镀锌、镉、铜、锡或铬;

b) 复合材料基体上镀铜或银。

与GB/T 4957幅敏涡流法相比,相敏涡流法对较小表面和较大曲率表面的镀层无厚度测量误差,同时,受基体的磁性影响更小,但相敏涡流法受覆盖层材料电性能的影响更大。

测量金属基体上的金属覆盖层,制品的一种材料(如基体材料)电导率和渗透率(σ、μ)至少应该是另一种材料(如覆盖层材料)电导率和渗透率的1.5倍。非铁磁材料的相对渗透率为1。

2 原理

涡流探头(或集成探头/仪表)放置(或靠近)在被测覆盖层表面,然后从设备读数器读出厚度值。

每一台仪器都有最大可测量覆盖层厚度限量。

由于厚度范围既取决于探测器系统的使用频率,又取决于与覆盖层的电性能,最大可测厚度应该由实验来确定,除非制造商已有规定。

附录A给出了涡流产生的原理和最大可测量覆盖层厚度 d_{max} 的计算方法。

如果缺少其他资料,最大可测量覆盖层厚度 d_{max} 也可用式(1)估算:

$$d_{max}=0.8\delta_0 \qquad \cdots\cdots(1)$$

式中:

δ_0——覆盖层材料的标准渗透深度,见式(A.1)。

3 设备

探测器:包括一个涡流发生器,一个连接测量系统和显示幅值、相位变化能力的检测器,通常应能直接读出覆盖层厚度。

注1:探测器和测量/显示系统可以集成为一个单一仪器。

注2:测量精度的影响因素在第5章中讨论。

4 取样

根据特定的用途和镀层取样,试样区域、部位和数量应由相关方同意并记录在报告中(见第9章)。

5 影响测量准确度的因素

5.1 覆盖层厚度

测量不确定度是本方法固有的。对于薄覆盖层,测量不确定度(确切地说)是恒定值,与覆盖层厚度无关。该值既取决于探测器系统的使用频率,也取决于样品材料的导电率和渗透率。在探测器测量范围内,随着厚度的增加,测量不确定度是厚度的函数,也即是近似于恒定分数与这个厚度的乘积。

厚度要取几个测量值的平均值,以降低不确定度,特别是在探测器的测量范围下限处。

5.2 基体材料的电性能

基体材料的导电性和渗透性对测量有影响,但比 GB/T 4957 幅敏涡流法的影响小。

5.3 覆盖层材料的电性能

覆盖层材料的电导率影响镀层厚度的测量,覆盖层材料电导率依次取决于材料的成分、涂覆工艺(添加剂、杂质等)和镀后处理,如热处理或机械加工。

5.4 基体金属的厚度

每一台仪器都有一个基体金属的临界厚度,大于这个厚度,测量将不受基体金属厚度增加的影响。

由于临界厚度取决于探测器的测量频率和基体金属的电磁性能,因此,临界厚度值应通过实验确定,除非制造商对此有规定。

附录 A 给出了涡流产生和最小基体材料厚度 $d_{\min}$ 的解释。

如果缺乏其他资料,最小基体材料厚度 $d_{\min}$ 也可用式(2)计算:

$$d_{\min} = 2.5\delta_0 \qquad (2)$$

式中:

δ_0——基体材料的标准渗透深度,见式(A.1)。

5.5 边缘效应

涡流探测仪对试样表面的轮廓突变敏感,因此,太靠近边缘或内转角处的测量是不可靠的,除非仪器专门为这类测量进行了校准(见 6.2.4 和附录 B)。

注:与 GB/T 4957 幅敏涡流法相比,相敏涡流法受试样的边缘效应影响小得多。

5.6 表面曲率

试样的曲率影响测量。曲率的影响因仪器制造和类型的不同而有很大的差异,但总是随曲率半径的减少而更为显著。因此,在弯曲的试样上进行测量是不可靠的,除非针对这类测量作了专门的校准。

注:与 GB/T 4957 幅敏涡流法相比,相敏涡流法受试样表面曲率的影响小得多。

5.7 表面粗糙度

基体材料和覆盖层的表面形貌对测量有影响。粗糙表面既能造成系统误差也能造成偶然误差,在不同的位置上作多次测量能降低偶然误差。

如果基体材料粗糙,还需要在未涂覆的粗糙基体样品的若干位置校验仪器的零点。如果没有合适的未涂覆的代表性基体材料,可采用不侵蚀基体的化学溶液除去试样覆盖层后测量。

注:与 GB/T 4957 幅敏涡流法相比,相敏涡流法受基体材料和覆盖层粗糙度的影响小得多。

5.8 提离效应

如果探头没有直接放置在覆盖层上,探头和覆盖层之间的提离效应将会影响到金属镀层厚度测量。使用设计合适的电路和(或)数学运算,测试仪可允许提离效应补偿最大可达 1 mm。

用已知厚度的非导体薄垫片插入探头和覆盖层之间,按照制造商操作手册进行提离效应补偿校验。

当要透过油漆层来测量金属覆盖层,或必须进行非接触测量,或在探头和覆盖层之间意外出现外来物质等情形,可以特意制造提离效应来实现测量。

应经常检查探头前端的清洁度。

5.9 探头压力

使探头紧贴到试样所施加的压力会影响仪器的读数,因此压力应保持恒定。

注:与 GB/T 4957 幅敏涡流法相比,相敏涡流法的探头压力造成的影响小得多。可进行非接触样品测量(见 5.8)。

5.10 探头倾斜

除非厂家另有说明,探头应该与覆盖层表面保持垂直;探头倾斜会改变仪器的响应,造成测量误差。

可以借助于探头设计,或者使用合适夹具来达到减少无意识的探头倾斜的可能性。

5.11 温度影响

由于温度的变化会影响探头的特性,因此,应该在与校准温度大致相同的条件下使用探头测量。除非建立探头的温度补偿。

大多数金属的电导率随温度而变化,而覆盖层和基体金属电导率的变化会影响覆盖层厚度的测量,因此,应避免大的温度变化。

5.12 中间覆盖层

如果中间覆盖层的电性能与覆盖层和基体材料不同,也会影响覆盖层厚度的测量。当中间覆盖层的厚度小于 d_{min}时,这种测量差异的确存在;当厚度大于 d_{min}时,则中间覆盖层可以视为基体材料。

一些多频率的仪器可以同时测量表层和中间覆盖层。

6 测量程序

6.1 仪器的校准

6.1.1 概述

每台仪器在使用前,都应按制造商的说明,用一些合适的校准标准片进行校准,并对第 5 章列出的因素给予适当的关注。

在校准时,仪器和校准标准片的温度应尽量接近于测量时的温度,目的是尽量减小由于温度的不同引起的电导率的变化。

测量过程中,为避免仪器零点漂移,必要时,仪器应进行校准。

6.1.2 校准标准片

至少用两种不同已知厚度的标准片校准仪器,这些标准片中的一种有时可以是未经涂覆的基体材料(已知厚度的校准标准片可以是箔也可以是有覆盖层的标准片)。

标准校准片的厚度应有可靠的溯源。

测量覆盖层和基体材料两者的电导率和磁导率部分特性。

因校准标准片随时间和使用会出现磨损和变差,应定期或咨询制造商后,进行重新校准和(或)更换。

6.1.3 校准

校准标准片的基体金属应具有与试样的基体金属相似的电学性能。

建议对从无覆盖层校准标准片的基体金属上得到的读数与从试样基体金属上得到的读数进行比较，以确认校准标准片的适用性。

如果基体金属厚度超过5.4中定义的临界厚度，则覆盖层厚度测量不受基体金属厚度的影响。

如果没有超过临界厚度，则测量和校准的基体金属厚度应该尽可能相同。如果不能这样，则应用一片足够厚的、电学性能相同的金属垫在标准片或试样下面，以使读数不受基体金属厚度的影响。如果使用这种方法，应该做一些测试来证实方法的适用性并确定其额外存在的误差。

如果覆盖层表面弯曲使之不能按平面方式校准时，则用于校准的覆盖层的标准片的曲率（或放置校准箔的基体的曲率）应与待测试样的曲率相同，除非使用带有曲率补偿的特殊探头。

6.2 测量程序

6.2.1 概述

按制造商的说明操作每一台仪器，并对第5章中列出的因素给予适当的关注。

在每次将仪器投入使用时、以及在使用中每隔一定时间，都应在测量现场对仪器的校准进行核对，以保证仪器的性能正常（见6.1）。

应遵守6.2.2～6.2.6列出的预防事项。

6.2.2 表面清洁度

测量前，应除去校准标准片和试样表面上的任何外来物质，如灰尘、油脂和腐蚀产物等；但不能除去任何覆盖层材料。

6.2.3 基体金属厚度

检查基体金属厚度是否超过临界厚度（见5.4）。如没有超过，应采用6.1.3中叙述的衬垫方法，或者保证已经采用与试样相同厚度和相同电性能的标准片进行过仪器校准。

6.2.4 边缘效应

不要在靠近试样的边缘、孔洞、内转角等地方进行测量，除非这类测量所做的有效校准得到证实（见附录B）。

6.2.5 曲率

不要在试样的弯曲表面上进行测量，除非为这类测量所作的校准的有效性已经得到了证实。

6.2.6 读数的次数

在同一个点的多次测量（必要时可使用探头夹固定）可给出仪器、探头和测量厚度的重现性（标准偏差）信息（见注释）。

注：变异系数V能从上述标准偏差计算。V等于相关的标准偏差（用百分数表示），允许不同厚度的标准偏差的直接对比。

在覆盖层表面规定区域内移动探头的多次测量可给出仪器、规定区域内厚度变化的重现性信息。

如果覆盖层表面粗糙或者试样表面存在大的厚度梯度（例如，由尺寸和/或外形引起），测量零点的调整应有多次测量来确立。

7 结果表述

关于结果的表述应由各相关方协调一致，通常应包括：

——所有读数列表；
——平均值、最大值和最小值；
——标准偏差或变异系数。

8 准确度要求

仪器选取、校准和操作，应能使覆盖层厚度测量值准确到真实厚度值的10%以内。

9 检测报告

检测报告应包括以下内容：

a) 试样各种特征表述；
b) 所依照的国家标准，包括发布日期，即本标准编号GB/T 31554—2015；
c) 测量区域尺寸大小，以 mm^2 为单位；
注：其他单位也可以使用，但需由需方和供应商达成一致。
d) 每一试样被检测的部位；
e) 检测试样的数目；
f) 仪器、探头和测试使用的标准物规格和名称，包括涉及所有设备的有效证明；
g) 厚度检测结果保留到 μm，包括每一读数和平均值；
h) 检测员姓名和检测实验室名称；
i) 任何不正常情况和任何可能影响到结果或结果有效性的环境或条件；
j) 测量操作中的任何偏差；
k) 检测中观察到的任何反常情况；
l) 检测日期。

附 录 A
(资料性附录)
金属导体中涡流产生的原理

涡流仪的工作原理是:仪器的探头装置中产生的高频电磁场,将在置于探头下面的导体中产生涡流,涡流是由于探头线圈阻抗的振幅和相位的变化引起的。通过涡流来测量金属覆盖层的厚度。金属导体中涡流产生的原理图见图 A.1。

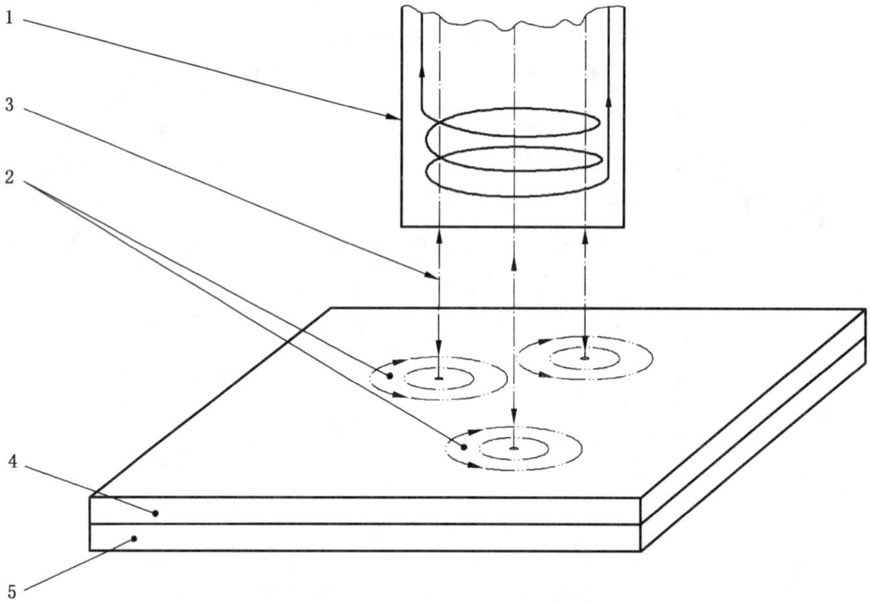

说明:

1——探头(连接涡流发生器);

2——由磁场在金属导体中产生的涡流;

3——由探头产生的振荡电磁场;

4——覆盖层(被测量层);

5——基体金属。

图 A.1 涡流在金属导体中产生原理图

涡流电流,$J(\delta)$,其大小随与金属导体之间的距离变化而变化。在标准渗透深度 δ_0 时,高频电磁场和表面所产生的涡流 $J(\delta_0)$会降到 37%,例如:$J(\delta_0)/J(0)=1/e$。

标准渗透深度 δ_0,是一个重要的大致判断参数。可以通过式(A.1)来计算,单位为毫米(mm)。

$$\delta_0=\frac{503}{\sqrt{f\sigma\mu_r}} \qquad \cdots\cdots(A.1)$$

式中:

f ——探头的工作频率,单位为赫兹(Hz);

σ ——导体的电导率,单位为兆西每米(MS/m);

μ_r——导体相对渗透率(非磁性材料 $\mu_r=1$)。

最大可测导体覆盖层厚度由标准渗透深度 δ_0 所决定。例如:测量范围由探头的频率和覆盖层的电导率所决定。最大可测厚度 d_{max} 可以通过式(A.2)大致计算得出,单位为毫米(mm)。

$$d_{max} = 0.8\delta_0 \qquad \text{(A.2)}$$

如果覆盖层厚度继续增加,涡流电流可能不再增加。

如果金属覆盖层是镀在基体金属材料上,应该确认测量结果不会由于基体金属厚度的变化而改变。

最小测量厚度 d_{min} 可以通过式(A.3)来推算,单位为毫米(mm)。

$$d_{min} = 2.5\delta_0 \qquad \text{(A.3)}$$

因此,最小基体金属厚度也是由标准渗透深度 δ_0 决定的,即 d_{min} 由探头的频率和基体金属的电导率和渗透率所决定。

幅敏涡流法最适用于测量非磁性基体金属上非导电覆盖层厚度的测量,也适用于非导电基体材料上的非磁性金属覆盖层测量,见 GB/T 4957。本标准中采用的相敏涡流法最适用于测量金属或非金属基体材料上非磁性金属覆盖层的测量,特别是在有油漆和非直接接触的情况下的测量。

附 录 B
(规范性附录)
边缘效应的测试

一种简单的边缘效应测试方法用于评估接近边缘的效应,即用一个干净的用基体金属制备的无覆盖层的试样按以下步骤操作。边缘效应测试方法图示见B.1。

步骤1

将探头放置在试样充分远离边缘处;

步骤2

将仪器调至零点;

步骤3

将探头逐渐朝边缘移动,注意仪器读数发生变化时探头的位置;

步骤4

测量探头到边缘的距离 d(见图B.1)。

假如探头到边缘的距离较上述测得的距离远,则可能不用校准而直接使用仪器。如果探头靠近边缘使用,则仪器须作专门的校准。如有必要,参考制造商的说明书。

如果测试样品不平整,可用一个尺寸形状相近的无覆盖层样品替代。

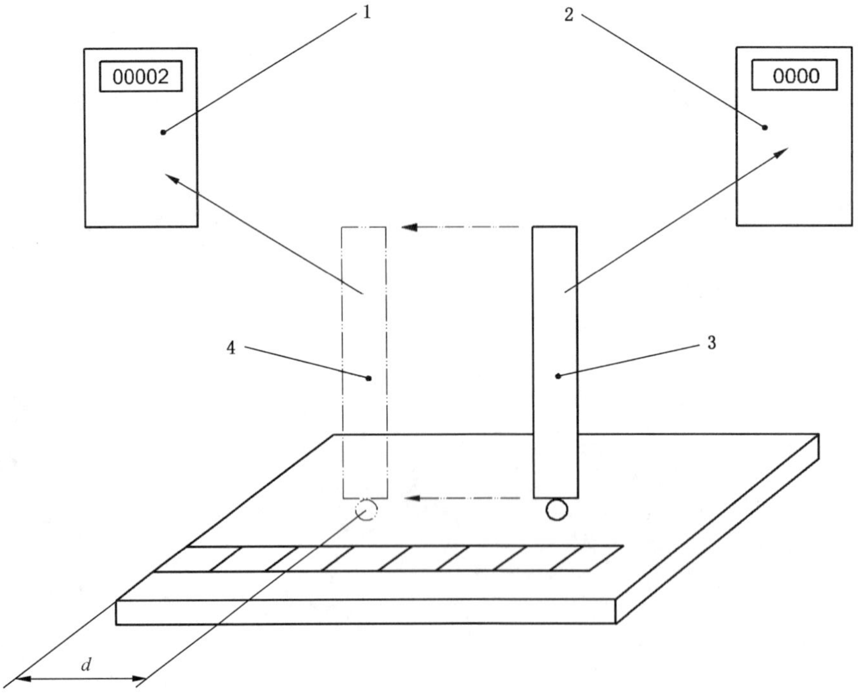

说明:

1——检测器末次读数;

2——检测器起始位置;

3——探头起始位置;

4——探头终止位置;

d——探头到边缘的距离。

图B.1 边缘效应测试方法图示

参考文献

[1] GB/T 4957—2003 非磁性基体金属上非导电覆盖层 覆盖层厚度测量 涡流法(ISO 2360:1982,IDT)

ICS 25.120.30
J 61

中华人民共和国国家标准

GB/T 31555—2015

铸造用机械手

Manipulator for foundry

2015-05-15 发布　　2016-01-01 实施

中华人民共和国国家质量监督检验检疫总局
中国国家标准化管理委员会　发布

前　言

本标准按照GB/T 1.1—2009给出的规则起草。

本标准由中国机械工业联合会提出。

本标准由全国铸造机械标准化技术委员会(SAC/TC 186)归口。

本标准起草单位:济南铸造锻压机械研究所有限公司、浙江万丰科技开发有限公司、潍柴动力扬州柴油机有限责任公司。

本标准主要起草人:石代增、李来升、吴军、陆定富、武明怀。

铸造用机械手

1 范围

本标准规定了铸造用机械手的基本参数、技术要求、试验方法、检验规则、标志、包装及运输。

本标准适用于铸造用主-从控制关节式机械手(以下简称机械手)。

2 规范性引用文件

下列文件对于本文件的应用是必不可少的。凡是注日期的引用文件,仅注日期的版本适用于本文件。凡是不注日期的引用文件,其最新版本(包括所有的修改单)适用于本文件。

GB/T 1804—2000 一般公差 未注公差的线性和角度尺寸的公差

GB/T 3766 液压系统通用技术条件

GB 5226.1 机械电气安全 机械电气设备 第1部分:通用技术条件

GB/T 9969 工业产品使用说明书 总则

GB/T 13306 标牌

GB/T 14039—2002 液压传动 油液 固体颗粒污染等级代号

GB 20905 铸造机械 安全要求

GB/T 23570 金属切削机床焊接件 通用技术条件

GB/T 25371 铸造机械 噪声声压级测量方法

GB/T 25711—2010 铸造机械 通用技术条件

GB/T 31552 铸造机械 型号编制方法

GB/T 32562 铸造机械清洁度测定方法

JB/T 8356.1 机床包装 技术条件

JB/T 8356.2 机床包装箱

JB/T 10301 土方机械 司机座椅尺寸和要求

3 基本参数

3.1 机械手的主参数为最大抓取负荷。

3.2 机械手的基本参数见表1。

表1 机械手的基本参数

最大抓取负荷/kg	500	1 000
自由度/个	≥5	≥5
工作半径/mm	1 800～5 200	2 000～5 500
立柱转角范围/(°)	±165	±165
手爪张开尺寸/mm	0～700	0～1 200

4 技术要求

4.1 一般要求

4.1.1 机械手应符合本标准和 GB/T 25711—2010 的规定，并按经规定程序批准的图样及技术文件制造。

4.1.2 机械手的型号应符合 GB/T 31552 的规定。

4.1.3 机械加工零件的未注公差尺寸的极限偏差应符合 GB/T 1804—2000 中规定的 m 级(中等级)公差要求。

4.1.4 焊接件的焊接质量应符合 GB/T 23570 的有关规定。

4.1.5 机械手电气系统应符合 GB 5226.1 的有关规定。

4.1.6 机械手液压系统应符合 GB/T 3766 的有关规定，液压系统固体颗粒污染等级应符合 GB/T 14039—2002中规定等级代号 -/18/15 的要求。

4.1.7 机械手的标牌应符合 GB/T 13306 的规定。

4.1.8 机械手的外观质量应符合 GB/T 25711—2010 中第 5 章的规定。

4.1.9 机械手的零件在装配时应保持清洁，所有进入机械手的油质应过滤。

4.1.10 各运动副应具有良好的润滑，重要的外漏运动部位均应有可靠的防尘措施。

4.1.11 随机技术文件的编制应符合 GB/T 9969 的规定。

4.1.12 机械手的安全防护应符合 GB 20905 的有关规定。

4.1.13 机械手的回转极限位置应有联锁保护。

4.1.14 液压管路应固定牢靠，避免因振动而发生损坏和漏油现象。活动的管路应装有防止磨损的防护装置。

4.1.15 控制室应保证操作者安全、方便和舒适，并保证操作者在座位上具有良好的视野，使操作者能完成各项操作。操作装置舒适区域与可及范围应符合相关标准的规定。

4.1.16 控制室内各操纵机构应合理、操作方便。

4.1.17 控制室内座椅应符合 JB/T 10301 的规定。

4.1.18 控制室应采取隔声、隔热、防尘措施及空气调节装置。

4.2 空运转要求

4.2.1 机械手的各项动作，应分别进行同次数的全行程空运转试验，连续运转不应少于 20 次。

4.2.2 各机构应紧固、连接处不应松动。

4.2.3 各操纵机构、调整机构和控制机构的动作应正确、灵活、可靠、平稳。

4.2.4 各显示装置应准确可靠。

4.2.5 液压系统、冷却系统的管路、接头、法兰及其他连接处，应密封良好，不应有油、水的外渗和相互混杂现象。

4.2.6 机械手的运动部件在各种速度和行程内，不应有爬行、振动和异常声响。

4.2.7 在空运转后，测量油箱内油温(液压泵入口处)不应大于 55 ℃。

4.2.8 机械手的噪声不应大于 85 dB(A)。

4.3 负荷运转要求

4.3.1 负荷运转前应进行空运转试验。

4.3.2 负荷运转试验时抓取负荷允差为 5 kg。

4.3.3 负荷运转试验次数不应少于 10 次。

4.3.4 各机构的动作应平稳可靠。

4.3.5 应能将铸件平稳的放于指定范围内。

5 试验方法

5.1 机器的噪声按 GB/T 25371 的规定进行检验。

5.2 机器的清洁度应按 GB/T 31562 的规定进行检验。

6 检验规则

6.1 出厂检验

6.1.1 每台机器应经制造厂质量检验部门检验合格后方可出厂，并附有产品质量合格证。

6.1.2 如无特别协议规定，出厂前应按 4.1.4～4.1.5、4.1.7～4.1.18、4.2 的规定进行检验，所检验项目应全部合格。

6.2 型式试验

6.2.1 有下列情况之一时，应进行型式试验：

a) 新产品或老产品转厂生产的试制定型鉴定时；

b) 正式生产后如结构、材料、工艺有较大改变可能影响产品性能时；

c) 产品停产两年以上恢复生产时；

d) 国家质量监督机构提出型式试验要求时。

6.2.2 型式试验项目为本标准规定的所有项目，所检项目应全部合格。

6.2.3 型式试验时抽检样品的数量：

——当每批产量小于或等于 10 台时抽检样品 1 台；

——当每批产量大于 10 台时抽检样品 2 台。

6.2.4 当制造厂不具备型式试验条件时，允许在用户现场做试验。

7 标志、包装及运输

7.1 机器交付时，出厂前应进行防锈和利于搬运、储存的防护处理。非合同条件下机器包装应符合 JB/T 8356.1 和 JB/T 8356.2 的规定，合同条件下按需双方约定进行。

7.2 机器的标志、运输应符合 GB/T 25711—2010 第 8 章的规定。

ICS 55.080
A 82

中华人民共和国国家标准

GB/T 31556.1—2015

包装袋 尺寸描述和测量方法
第1部分:纸袋

Packaging sacks—Description and method of measurement for dimension—Part 1: Paper sacks

(ISO 6591-1:1984, Packaging—Sacks—Description and method of measurement—Part 1: Empty paper sacks, MOD)

2015-05-15 发布　　　　2016-01-01 实施

中华人民共和国国家质量监督检验检疫总局
中国国家标准化管理委员会　发布

前言

GB/T 31556《包装袋　尺寸描述和测量方法》分为两个部分：

——第1部分：纸袋；

——第2部分：热塑性软质薄膜袋。

本部分为GB/T 31556的第1部分。

本部分按照GB/T 1.1—2009给出的规则起草。

本部分使用重新起草法修改采用ISO 6591-1：1984《包装　袋　描述和测量方法　第1部分：空纸袋》。

本部分与ISO 6591-1：1984的技术性差异及其原因如下：

——本部分将ISO 6591-1：1984中阀口宽 g、阀套宽 v 统一由阀口宽 v 表示；

——本部分的测量方法删除了抽样的要求，并规定了试验条件。

本部分由全国包装标准化技术委员会(SAC/TC 49)提出并归口。

本部分起草单位：建筑材料工业技术监督研究中心、广东省潮州市质量计量监督检测所。

本部分主要起草人：赵婷婷、陈斌、李丽卿、车咚咚、余静端、甘向晨。

包装袋　尺寸描述和测量方法
第1部分:纸袋

1　范围

GB/T ×××××的本部分规定了纸袋尺寸的术语和定义、尺寸描述、测量方法以及测试报告。

本部分适用于GB/T 17858.1中规定的纸袋,即由纸或纸与其他韧性材料复合加工制成的单层或多层包装袋,本部分不适用于零售商品包装袋。

2　规范性引用文件

下列文件对于本文件的应用是必不可少的。凡是注日期的引用文件,仅注日期的版本适用于本文件。凡是不注日期的引用文件,其最新版本(包括所有的修改单)适用于本文件。

GB/T 17858.1　包装袋　术语和类型　第1部分:纸袋(GB/T 17858.1—2008,ISO 6590-1:1983,MOD)

3　术语和定义

GB/T 17858.1界定的以及下列术语和定义适用于本文件。

3.1

袋长　length of sack

a

袋横向边缘之间的距离,垂直于袋底方向从袋中间测量。

3.2

袋宽　width of sack

b

袋纵向边缘之间的距离,平行于袋底方向从袋中间测量。

3.3

褶边宽　width of gusset

e

褶边展开后外侧两条折边之间的距离。

3.4

袋底宽　width of end

c

袋底两条折边之间的距离,平行于袋长方向从袋底中间测量。

3.5

阀口宽　width of valve

v

阀口或阀套内部两条折边之间的距离;对于缝合袋则是阀口折边和相近缝合线之间的距离。

3.6 **阀口长 length of valve**

3.6.1

缝合袋阀口长 length of valve for sewn sacks

f

袋外部边缘与阀口或阀套内部边缘之间的距离,平行于袋底方向从袋中间测量。

3.6.2

六角形端部糊合袋阀口长 length of valve for pasted hexagonal bottom sack

f

袋外部边缘与阀口或阀套内部边缘之间的距离减去 1/2 袋底宽,平行于袋底方向从袋中间测量。

3.7

阀套长 length of valve sleeve

i

内套式或外套式阀套平行于袋底方向的纵向尺寸。

3.8

缝合线边距 sewing line distance

n

缝合线与袋底边的距离,垂直于缝合线测量。

3.9

翻转糊合长度 length of closure turn over

p

翻转底糊合开口袋开口瓣的长度,垂直于糊合线从袋中间测量。

4 尺寸描述

4.1 开口袋

4.1.1 平边缝合开口袋

平边缝合开口袋尺寸见图 1。

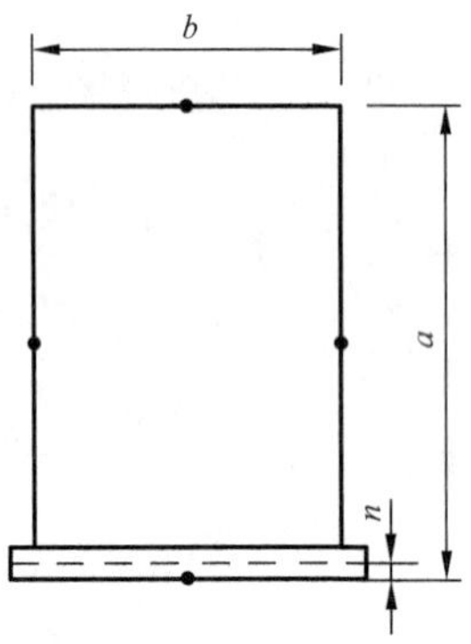

说明:

a ——袋长;

b ——袋宽;

n ——缝合线边距。

图 1 平边缝合开口袋尺寸示意图

4.1.2 褶边缝合开口袋

褶边缝合开口袋尺寸见图 2。

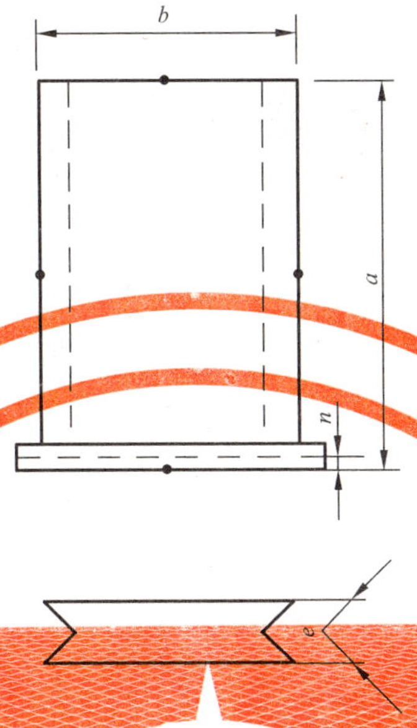

说明：

a ——袋长；

b ——袋宽；

e ——褶边宽；

n ——缝合线边距。

图 2 褶边缝合开口袋尺寸示意图

4.1.3 六角形底平边糊合开口袋

六角形底平边糊合开口袋尺寸见图 3。

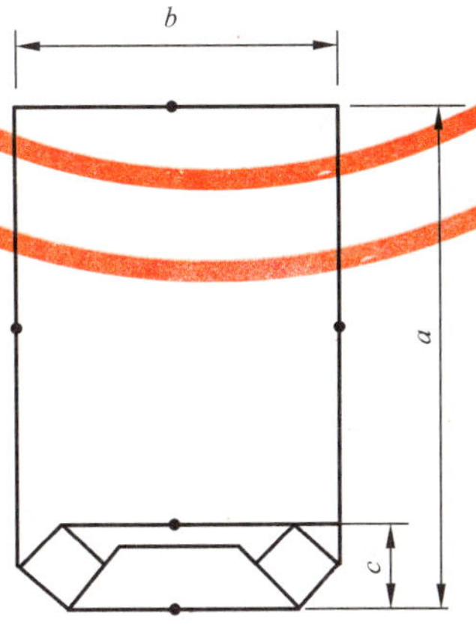

说明：

a ——袋长；

b ——袋宽；

c ——袋底宽。

图 3 六角形底平边缝合开口袋尺寸示意图

4.1.4 翻转底平边糊合开口袋

翻转底平边糊合开口袋尺寸见图 4。

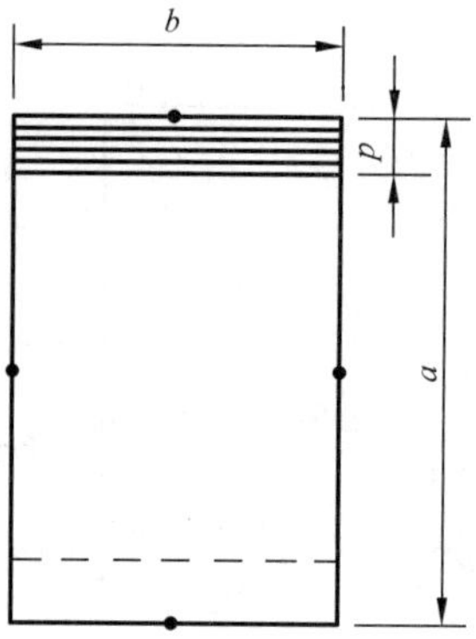

说明：

a ——袋长；

b ——袋宽；

p ——翻转糊合长度。

图 4 翻转底平边糊合开口袋尺寸示意图

4.1.5 矩形底褶边糊合开口袋

矩形底褶边糊合开口袋尺寸见图 5。

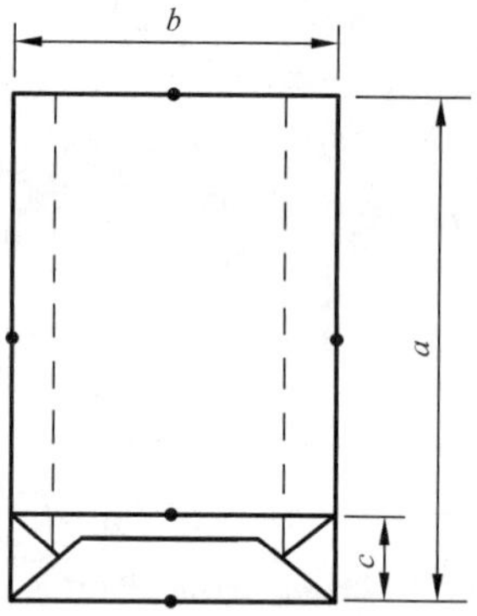

说明：

a ——袋长；

b ——袋宽；

c ——袋底宽。

注： 褶边宽 *e* 见图 2。

图 5 矩形底褶边糊合开口袋尺寸示意图

4.1.6 翻转底褶边糊合开口袋

翻转底褶边糊合开口袋尺寸见图 6。

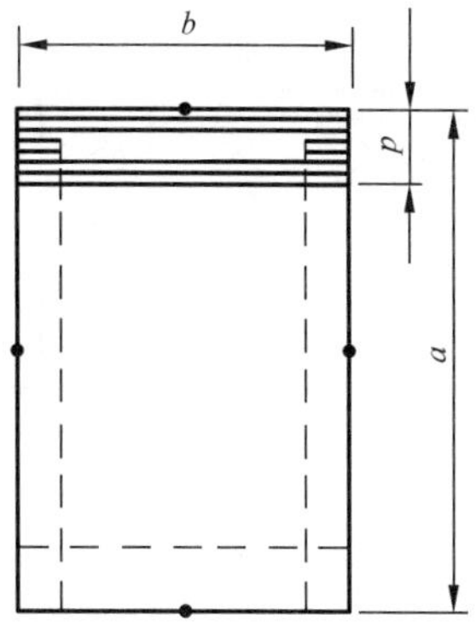

说明：

a ——袋长；

b ——袋宽；

p ——翻转糊合长度。

注：褶边宽 *e* 见图 2。

图 6　翻转底褶边糊合开口袋尺寸示意图

4.2　阀口袋

4.2.1　平边缝合阀口袋

平边缝合阀口袋尺寸见图 7。

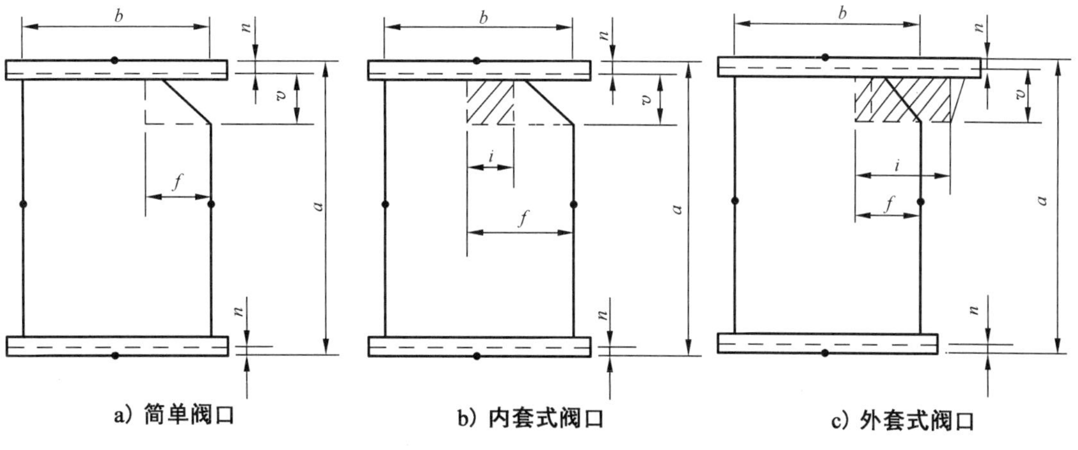

说明：

a ——袋长；

b ——袋宽；

f ——阀口长；

i ——阀套长；

n ——缝合线边距；

v ——阀口宽。

图 7　平边缝合阀口袋尺寸示意图

4.2.2　褶边缝合阀口袋

褶边缝合阀口袋尺寸见图 8。

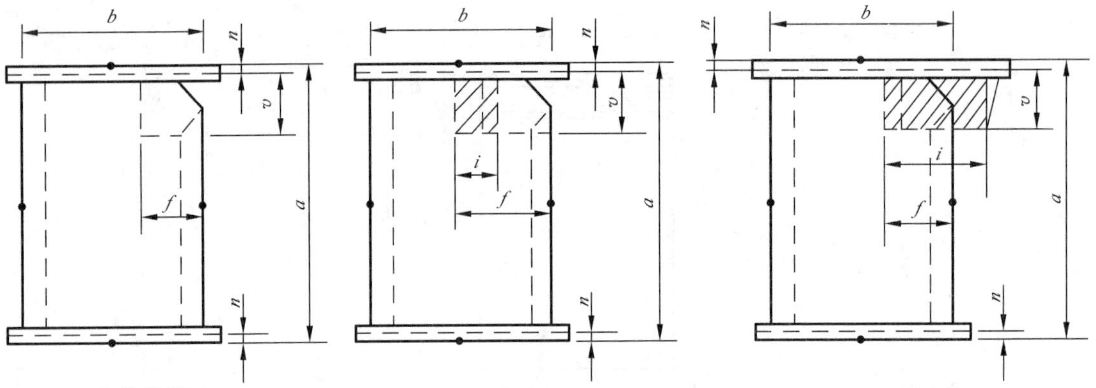

说明：

a ——袋长；

b ——袋宽；

f ——阀口长；

i ——阀套长；

n ——缝合线边距；

v ——阀口宽。

注：褶边宽 *e* 见图 2。

图 8 褶边缝合阀口袋尺寸示意图

4.2.3 六角形端部平边糊合阀口袋

六角形端部平边糊合阀口袋尺寸见图 9。

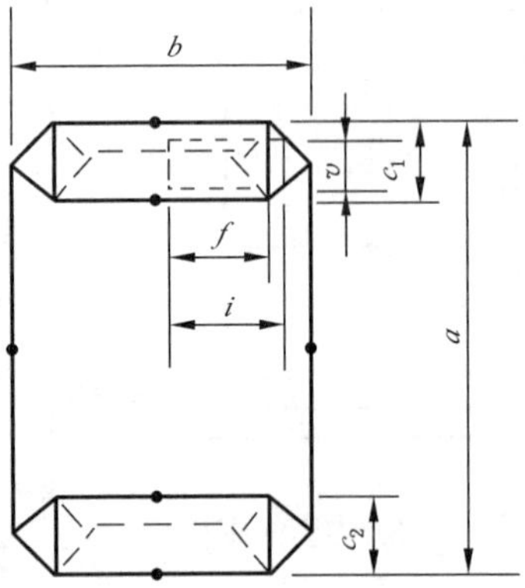

说明：

a ——袋长；

b ——袋宽；

c_1 ——袋底宽(1)；

c_2 ——袋底宽(2)；

f ——阀口长；

i ——阀套长；

v ——阀口宽。

注 1：本图仅显示了一种阀口形式，该类袋还有多种阀口形式设计。

注 2：本类阀口袋的两端宽度可能不同，应首先描述有阀口一端的袋底宽。

图 9 六角形端部平边糊合阀口袋尺寸示意图

4.3 常见纸袋的类型和尺寸代号

常见纸袋的类型和尺寸代号一览表见表1。

表1 常见纸袋的类型和尺寸代号一览表

条款	类型	尺寸代号
4.1.1	平边缝合开口袋	*b*/*a*
4.1.2	褶边缝合开口袋	*b*/*e*/*a*
4.1.3	六角形底平边糊合开口袋	*b*/*a*/*c*
4.1.4	翻转底平边糊合开口袋	*b*/*a*/*p*
4.1.5	矩形底褶边糊合开口袋	*b*/*e*/*a*/*c*
4.1.6	翻转底褶边糊合开口袋	*b*/*e*/*a*/*p*
4.2.1	平边缝合阀口袋	*b*/*a*/*v*/*f*/(*i*)
4.2.2	褶边缝合阀口袋	*b*/*e*/*a*/*v*/*f*/(*i*)
4.2.3	六角形端部平边糊合阀口袋	*b*/*a*/*c*/*v*/*f*/(*i*)
注：4.1和4.2所描述的尺寸为成品袋尺寸，除非特别说明，本章定义的所有尺寸均为外部尺寸。		

4.4 阀口位置

下列标记同时适用于糊合阀口袋和缝合阀口袋。

将纵向搭接置于袋下面并靠右侧水平放置，从上方观察，阀口位置如图10所示可描述为顶部或底部以及左侧或右侧。

注1：糊合阀口袋的两端可以向折向有纵向搭接一侧，也可以折向相反的方向。

注2：印刷位置不影响本命名方法。

注3：不是所有类型的阀口都适用于每个位置。

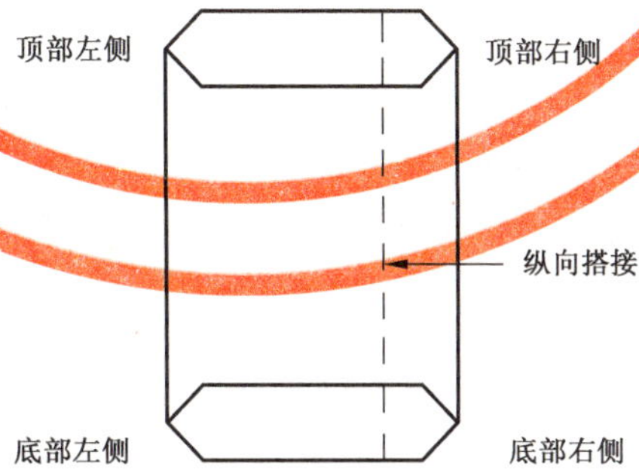

图10 阀口位置

5 测量方法

5.1 工具

量程不小于袋长的尺子或其他量具，分度值为1 mm。

5.2 试验步骤

将袋置于(23±1)℃,相对湿度(50±2)%的条件下进行状态调节,通常无防潮层的袋需要放置24 h,有防潮层的袋需要放置72 h。

把袋水平放置,使其平整没有褶皱。按第4章所述,在各种类型袋子的测量点测量袋尺寸,同一点至少测量两次,取算术平均值,精确至1 mm。

6 测试报告

测试报告应包括以下内容:

a) 描述样品必要的信息;

b) 测量所依据的标准;

c) 测试环境条件;

d) 测量结果,精确到1 mm;

e) 测量过程中的特殊情况;

f) 本部分中未涉及的附加信息或者可能影响测量结果的条件或因素。

ICS 55.080
A 82

中华人民共和国国家标准

GB/T 31556.2—2015

包装袋　尺寸描述和测量方法
第2部分:热塑性软质薄膜袋

Packaging sacks—Description and method of measurement for dimension—Part 2:Sacks made from thermoplastic flexible film

(ISO 6591-2:1985,Packaging—Sacks—Description and method of measurement—Part 2:Empty sacks made from thermoplastic flexible film,MOD)

2015-05-15 发布　　　　2016-01-01 实施

中华人民共和国国家质量监督检验检疫总局
中国国家标准化管理委员会　发布

前　言

GB/T 31556《包装袋　尺寸描述和测量方法》分为两个部分：

——第1部分：纸袋；

——第2部分：热塑性软质薄膜袋。

本部分为GB/T 31556的第2部分。

本部分按照GB/T 1.1—2009给出的规则起草。

本部分使用重新起草法修改采用ISO 6591-2：1985《包装　袋　描述和测量方法　第2部分：空热塑性软质薄膜袋》。

本部分与ISO 6591-2：1985的技术性差异及其原因如下：

——测量方法中删除了抽样的规定，并将"测量至少10个样袋"修改为"至少测量两次"。

本部分由全国包装标准化技术委员会(SAC/TC 49)提出并归口。

本部分起草单位：建筑材料工业技术监督研究中心、广东省潮州市质量计量监督检测所。

本部分主要起草人：陈斌、赵婷婷、杨芸、车咚咚、杨婷、甘向晨。

包装袋　尺寸描述和测量方法
第 2 部分:热塑性软质薄膜袋

1　范围

GB/T 31556 的本部分规定了热塑性软质薄膜袋尺寸的术语和定义、尺寸描述、测量方法以及测试报告。

本部分适用于 GB/T 17858.2 中规定的热塑性软质薄膜袋,即由热塑性软质薄膜加工制成的单层或多层包装袋,本部分不适用于零售商品包装用袋。

2　规范性引用文件

下列文件对于本文件的应用是必不可少的。凡是注日期的引用文件,仅注日期的版本适用于本文件。凡是不注日期的引用文件,其最新版本(包括所有的修改单)适用于本文件。

GB/T 17858.2　包装袋　术语和类型　第 2 部分:热塑性软质薄膜袋(GB/T 17858.2—2010,ISO 6590-2:1986,MOD)

3　术语和定义

GB/T 17858.2 界定的以及下列术语和定义适用于本文件。

3.1

袋长　length of sack

a

袋横向边缘之间的距离,垂直于袋底方向从袋中间测量。

3.2

袋宽　width of sack

b

袋纵向边缘之间的距离,平行于袋底方向从袋中间测量。

3.3

褶边宽　width of gusset

e

褶边展开后外侧两条折边之间的距离。

3.4

袋底宽　width of bottom

c

袋底两条折边之间的距离,平行于袋长方向从袋底中间测量。

3.5

阀口宽　width of valve

v

阀口或阀套内部两条折边之间的距离;对于热封合袋则是阀口折边和相近热封合线之间的距离。

3.6 **阀口长 length of valve**

3.6.1

热封合袋阀口长 length of valve for heat sealed sacks

f

袋外部边缘与阀口或阀套内部边缘之间的距离，平行于袋底方向从袋中间测量。

3.6.2

六角形端部粘合袋阀口长 length of valve for pasted hexagonal bottom sacks

f

袋外部边缘与阀口或阀套内部边缘之间的距离减去 1/2 袋底宽，平行于袋底方向从袋中间测量。

3.7

阀套长 length of valve sleeve

i

内套式或外套式阀套平行于袋底方向的纵向尺寸。

3.8

热封合边距 heat seal distance

n

热封合线距相近袋底边的距离，垂直于热封合线方向测量，测量应包含热封合宽度。袋有效长度 $a_{int}=a-n$。

4 尺寸描述

4.1 开口袋

4.1.1 平边热封合开口袋

平边热封合开口袋尺寸见图 1。

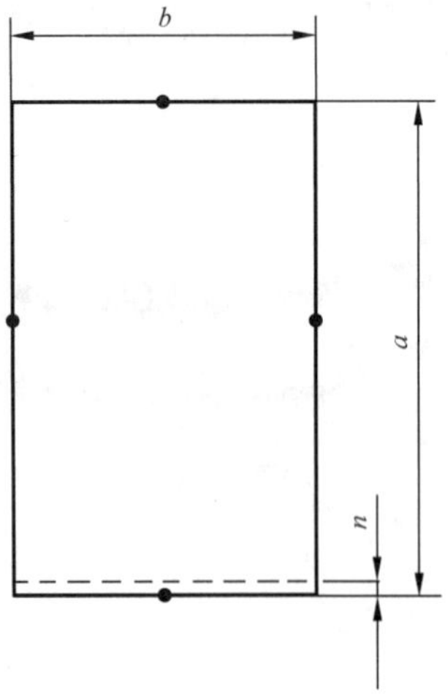

说明：

a ——袋长；

b ——袋宽；

n ——热封合边距。

图 1 平边热封合开口袋示意图

4.1.2 褶边热封合开口袋

褶边热封合开口袋尺寸见图 2。

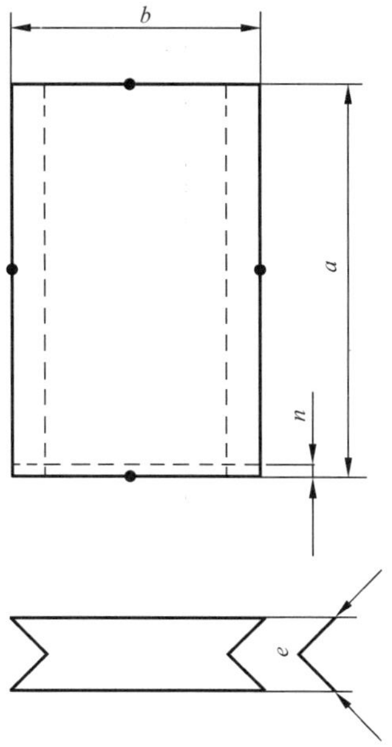

说明：
a ——袋长；
b ——袋宽；
e ——褶边宽；
n ——热封合边距。

图 2 褶边热封合开口袋示意图

4.1.3 六角形底平边粘合开口袋

六角形底平边粘合开口袋尺寸见图 3。

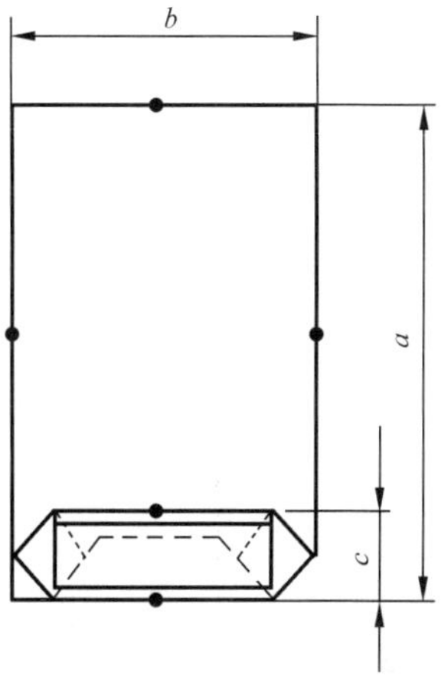

说明：
a ——袋长；
b ——袋宽；
c ——袋底宽。

图 3 六角形底平边粘合开口袋示意图

4.1.4 矩形底褶边粘合开口袋

矩形底褶边粘合开口袋尺寸见图4。

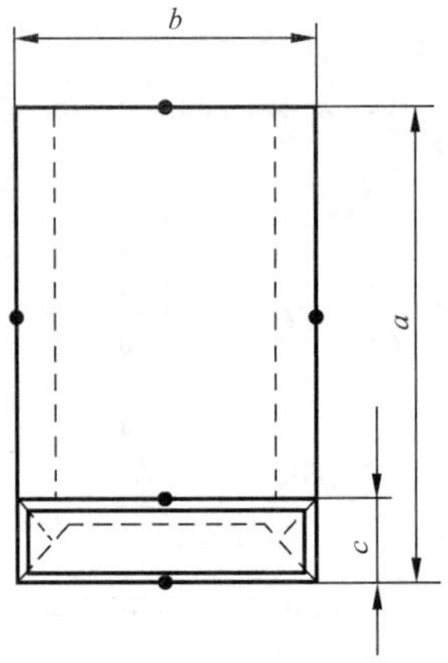

说明：
a ——袋长；
b ——袋宽；
c ——袋底宽。
注：褶边宽 e 见图2。

图4 矩形底褶边热封合开口袋尺寸示意图

4.2 阀口袋

4.2.1 平边热封合阀口袋

平边热封合阀口袋尺寸见图5。

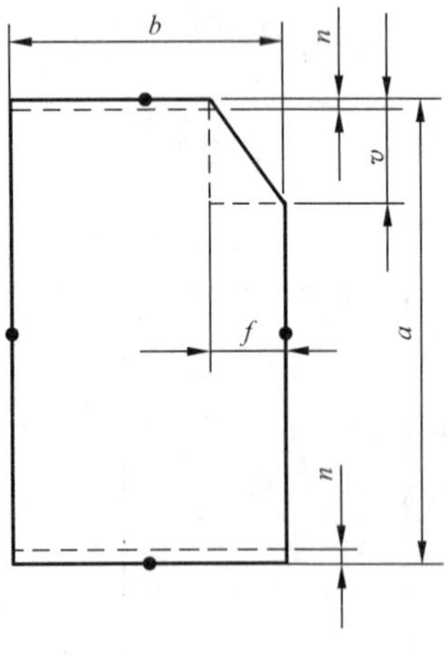

说明：
a ——袋长；
b ——袋宽；
f ——阀口长；
n ——热封合边距；
v ——阀口宽。
注：此类型袋也可以采用图6所示类型的阀口。

图5 平边热封合阀口袋示意图

4.2.2 褶边热封合阀口袋

褶边热封合阀口袋尺寸见图 6。

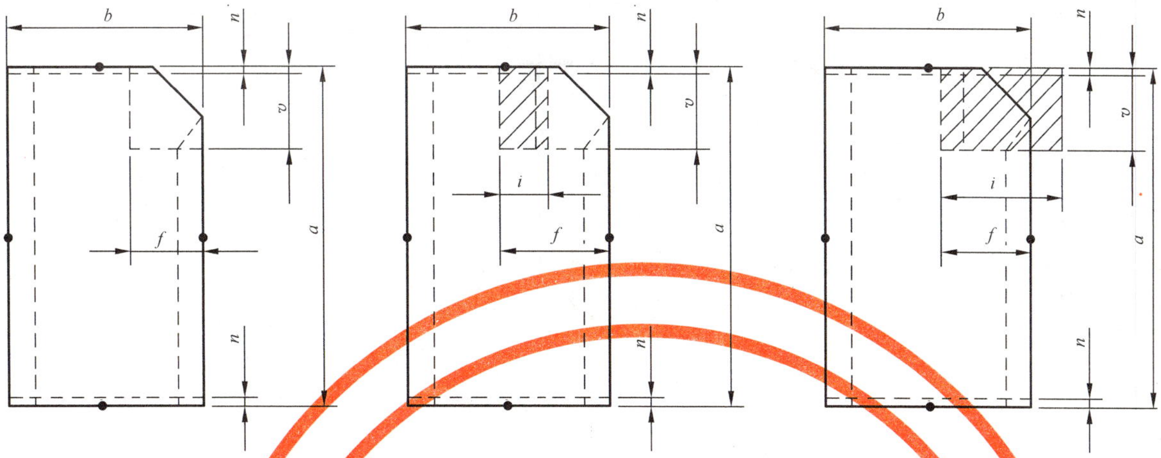

说明：

a ——袋长；

b ——袋宽；

f ——阀口长；

i ——阀套长；

n ——热封合边距；

v ——阀口宽。

注：褶边宽 e 见图 2。

图 6 褶边热封合阀口袋示意图

4.2.3 六角形端部平边粘合阀口袋

六角形端部平边粘合阀口袋尺寸见图 7。

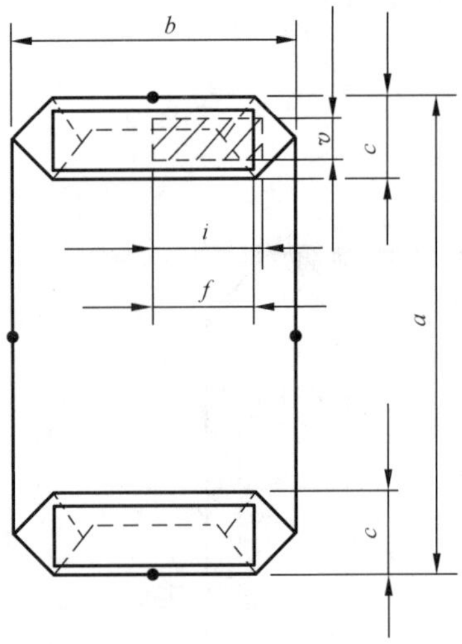

说明：
a ——袋长；
b ——袋宽；
c ——袋底宽；
f ——阀口长；
i ——阀套长；
v ——阀口宽。

图 7　六角形端部平边粘合阀口袋示意图

4.3　常见热塑性软质薄膜袋的类型和尺寸代号

常见热塑性软质薄膜袋的类型和尺寸代号一览表见表 1。

表 1　热塑性软质薄膜袋的类型和尺寸代号一览表

条款	袋类型	尺寸代号
4.1.1	平边热封合开口袋	b/a
4.1.2	褶边热封合开口袋	b/e/a
4.1.3	六角形底平边粘合开口袋	b/a/c
4.1.4	矩形底褶边粘合开口袋	b/e/a/c
4.2.1	平边热封合阀口袋	b/a/v
4.2.2	褶边热封合阀口袋	b/e/a/v/f/(i)
4.2.3	六角形端部平边粘合阀口袋	b/a/c/v/f/(i)
注：4.1 和 4.2 所描述的尺寸为成品袋尺寸，除非特别说明，本章定义的所有尺寸均为外部尺寸。		

4.4　阀口位置

下列标记同时适用于粘合阀口袋和热封合阀口袋。

将印刷面朝上平铺，从上方观察，阀口的位置如图 8 所示，可描述为顶部或底部以及左侧或右侧。

注 1：阀口袋的两端可以折向相同方向，也可以折向相反方向。

注 2：不是所有类型的阀口都适用于每个位置。

注 3：对于没有纵向搭接或没有任何印刷的阀口袋，阀口端折向的一面应该作为袋的正面。此时从袋的正面观察阀口位置即可描述为左侧或右侧。

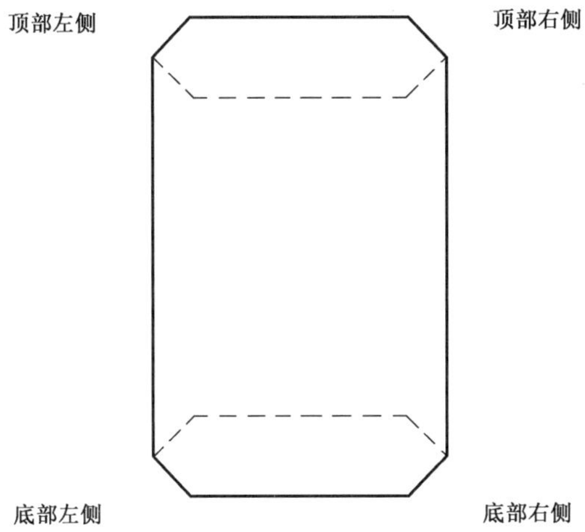

图 8 阀口位置

5 测量方法

5.1 工具

量程不小于袋长的尺子或其他量具，分度值为 1 mm。

5.2 试验步骤

把袋放在水平的面上，使其平整没有褶皱。按第 4 章选取样袋测量点测量样袋尺寸。至少测量两次，取测量值的算术平均值作为结果，精确到 1 mm。

6 测试报告

测试报告应包括以下内容：

a) 描述样品的必要的信息；
b) 测量所依据的标准；
c) 测量结果，精确到 1 mm；
d) 测量过程中的特殊情况；
e) 本部分中未规定的操作或者可能影响测量结果的条件或因素。

ICS 25.040.20
J 54

中华人民共和国国家标准

GB/T 31557—2015

高速数控定梁龙门雕铣机

High speed CNC gantry-type engraving and milling machine with fixed crossbeam

2015-05-15 发布　　2016-01-01 实施

中华人民共和国国家质量监督检验检疫总局
中国国家标准化管理委员会　发布

前　言

本标准按照 GB/T 1.1—2009 给出的规则起草。

本标准由中国机械工业联合会提出。

本标准由全国金属切削机床标准化技术委员会(SAC/TC 22)归口。

本标准起草单位:广东科杰机械自动化有限公司。

本标准主要起草人:陈完年、陈福更、李国森、冯卓杰、温振强。

高速数控定梁龙门雕铣机

1 范围

本标准规定了高速数控定梁龙门式雕铣机的技术要求、试验方法及检验规则。

本标准适用于数控定梁龙门式雕铣机床(以下简称雕铣机),其他形式的数控雕铣机、数控雕刻机也可参照使用。

2 规范性引用文件

下列文件对于本文件的应用是必不可少的。凡是注日期的引用文件,仅注日期的版本适用于本文件。凡是不注日期的引用文件,其最新版本(包括所有的修改单)适用于本文件。

GB 5226.1—2008 机械电气安全 机械电气设备 第1部分:通用技术条件

GB/T 6576—2002 机床润滑系统

GB/T 7932—2003 气动系统 通用技术条件

GB/T 9061—2006 金属切削机床 通用技术条件

GB 15760—2004 金属切削机床 安全防护通用技术条件

GB/T 16769—2008 金属切削机床 噪声声压级测量方法

GB/T 17421.1—1998 机床检验通则 第1部分:在无负荷或精加工条件下机床的几何精度

GB/T 17421.2—2000 机床检验通则 第2部分:数控轴线的定位精度和重复定位精度的确定

GB/T 25373—2010 金属切削机床 装配通用技术条件

GB/T 25376—2010 金属切削机床 机械加工件通用技术条件

GB/T 26220—2010 工业自动化系统与集成 机床数值控制 数控系统通用技术条件

3 术语和定义

下列术语和定义适用于本文件。

3.1

高速数控定梁龙门式雕铣机 high speed CNC gantry-type engraving and milling machine with fixed crossbeam

曲面加工进给速度大于6 m/min,主轴功率大于2 kW及最高转速大于18 000 r/min,工作台宽度至1 000 mm的定梁龙门式数控机床。

4 技术要求

4.1 一般要求

按本标准验收时,应同时对GB/T 9061—2006、GB/T 25376—2010、GB/T 25373—2010中未经本标准具体化的其余验收项目进行检验。

4.2 附件和工具

4.2.1 应随机供应表1所列附件和工具。

表 1 附件和工具

名称	用途	数量
调整垫铁	安装机床	1 套
专用扳手	安装调整和拆、装机床	1 套
弹性夹头	安装刀具	1 套
手轮	调试加工	1 套

4.2.2 增加使用性能的特殊附件，根据用户要求按协议供应。

4.3 电气系统

应符合 GB 5226.1—2008 的规定。

4.4 数控系统

应符合 GB/T 26220—2010 的规定。

4.5 气动系统

应符合 GB/T 7932—2003 的规定。

4.6 润滑系统

应符合 GB/T 6576—2002 的规定。

4.7 冷却系统

产品的冷却系统应保证冷却充分、可靠；各部位均不应渗漏。切削冷却液不应混入润滑系统。

4.8 安全卫生

产品上有可能对人身健康或对设备易造成损伤部分，应采取相应措施，安全防护装置和保险装置应符合 GB 15760 的规定。

4.9 噪声

空运转时，整机噪声声压级不应超过 78 dB(A)。

4.10 外观质量

外观质量应符合 GB/T 9061—2006 中 3.15 的要求。

4.11 随机技术文件

产品技术文件应包括使用说明书、合格证明书和随机清单。

4.12 最小设定单位相对误差

应不大于 20%，单位为毫米(mm)。

4.13 原点返回相对误差

根据机床的具体情况由设计规定，推荐不大于重复定位精度的 1/2。

4.14 结构和性能

4.14.1 基本要求

雕铣机的性能和结构应能同时满足“雕”和“铣”的功能。

4.14.2 雕刻加工

主轴最高可加工转速不应低于 12 000 r/min，主轴运转时应平稳、可靠、无异常噪声和振动，主轴温度不应超过 70 ℃，温升不应超过 40 ℃。

4.14.3 铣削加工

在铣削加工中等以上强度金属材料（如铸铁 HT250、45＃钢）时，雕铣机各运动机构应平稳、可靠、无异常噪声和振动，主轴温度不应超过 70 ℃，温升不应超过 40 ℃。

5 试验方法

5.1 一般要求

5.1.1 机床检验时，应注意防止气流、光线和热辐射的干扰。机床应防止受环境温度变化的影响，检具在使用前应与机床等温。

5.1.2 检验与验收前，应将机床安置在适当的基础上，并需调整机床水平。

5.1.3 检验过程中，不应调整影响机床精度和性能的结构和零件。

5.1.4 检验应在制造完毕的成品上进行，特殊情况可按制造厂的使用说明书拆卸某些零、部件。

5.1.5 机床由于结构上的限制或不具备规定的测试工具时，可采用与本标准有同等效果的方法代替。

5.2 成套性检验

应配齐保证产品基本性能要求所必需的附件、专用工具及随机技术文件。对扩大使用性能的特殊附件应根据供需双方协议供应。

5.3 电气系统

应按 GB 5226.1 的要求进行检验，检验是否符合 4.3 的规定。

5.4 数控系统

应按 GB/T 26220 的要求进行检验，检验是否符合 4.4 的规定。

5.5 气动系统

应按 GB/T 7932 的要求进行检验，检验是否符合 4.5 的规定。

5.6 润滑系统

应按 GB/T 6576 的要求进行检验，检验是否符合 4.6 的规定。

5.7 冷却系统

应按相应的标准进行检验，检验是否符合 4.7 的规定。

5.8 安全卫生

安全防护装置和保险装置应按 GB 15760—2004 的要求进行检验，检验是否符合 4.8 的规定。

5.9 噪声

噪声声压级的测量可按照 GB/T 16796—2008 规定的方法和仪器进行。所测机床空载的噪声是否符合 4.9 的规定。

5.10 外观质量

目测产品外观质量，检验是否应符合 4.10 的规定。

5.11 空运转试验

5.11.1 主轴温升试验

主轴应在无负荷状态下进行空运转。试验时，主轴应从最低转速起，以每级 1 000 r/min 的增速依次运转，每级速度的运转时间不应少于 2 min。在最高转速下运转时间不少于 1 h，使主轴轴承达到稳定温度。在靠近主轴轴承处检验其温度和温升，温度不应超过 60 ℃，温升不应超过 30 ℃。

5.11.2 主轴运转试验

主轴应在无负荷状态下进行空运转。试验时，主轴应从最低转速起，以每级 1 000 r/min 的增速依次运转至最高转速，逐级检验主轴的转速，主轴运转应平稳、可靠，主轴转速的实际偏差不应超过测试值的±10%。

5.11.3 进给机构运动试验

进给机构运动试验应满足下列要求：

a) 空运转时，做低、中、高进给速度试验，进给机构应平稳、可靠；

b) 进给速度的实际偏差不应超过测试值的±10%。

5.11.4 整机连续空运转试验

产品可在全部功能下模拟工作状态做不切削的连续空运转试验。其连续空运转时间应不少于 48 h。连续运转过程中不应发生故障，如出现异常或故障，在查明原因进行调整或排除后，应重新进行试验。试验时，自动循环应包括所有功能和全部工作范围，各次自动循环之间的休止时间不应超过 1 min。

5.12 动作试验

5.12.1 用中等速度检验主轴的起动、停止，观察反应是否灵敏可靠，连续反复操作应不少于 10 次；对有反转功能的主轴还应做正、反转检验。

5.12.2 用中等速度检验进给机构的正转、反转、点动，观察反应是否灵敏可靠，连续反复操作应不少于 10 次。

5.12.3 反复变换主轴转速，检查变速是否平稳、可靠和指示的准确性。

5.12.4 反复变换进给机构的速度，检查变速是否平稳、可靠和指示的准确性。

5.12.5 对装有松拉刀的主轴，应进行连续不少于5次的锁刀、松刀和吹气的动作试验，动作应灵活、可靠、准确。

5.12.6 对刀库以任选的方式进行每把刀具不少于2次的自动换刀试验，刀库上刀具配置应包括设计规定的最大质量、最大长度和最大直径的刀具，要求换刀动作应灵活、可靠、准确，换刀装置的承载质量和换刀时间应符合设计规定。

5.12.7 检验装卸工件、刀具和附件等装置是否灵活、可靠。

5.12.8 对装有对刀仪、旋转坐标轴、五轴联动套件等装置的产品，应进行连接试运转，并检查是否灵活、可靠。

5.12.9 对数控系统的各项功能进行动作试验，检验是否灵活、准确、可靠。

5.13 负荷试验

5.13.1 负荷试验应包括下列内容：

a) 承载工件最大重量的运转试验(抽查)；

b) 最大切削抗力的试验。

5.13.2 承载工件最大重量的运转试验应满足下列要求：

a) 用设计规定的承载工件最大重量的重物置于工作台面上，使其载荷均匀。

b) 分别以最低、最高进给速度使工作台运行。用最低的进给速度运行时，一般在行程的两端和中间三处进行，工作台在每处移动距离不应少于20 mm；用最高进给速度运行时，应在工作台的全行程上进行。最低、最高进给速度分别往复一次和五次，运行应平稳、可靠，以低进给速度运行时，工作台应无爬行现象。

5.13.3 最大切削抗力试验应满足下列要求：

a) 主轴可加工的转速范围内，选用适当的主轴转速，采用铣削方式进行试验，通过改变进给量或切削深度，使产品达到最大切削抗力，检验产品主轴系统是否灵活、可靠，过载保险装置是否灵活、可靠。产品最大切削抗力的试验及近似算法参见附录A。

b) 试验用切削刀具应使用直径不小于10 mm的平底端铣刀。

c) 试件材料应采用HT250。

5.14 直线坐标最小设定单位试验

5.14.1 试验方法

先以快速使直线坐标上的运动部件向正(或负)向移动一定距离，停止后，向同方向给出数个最小设定单位的指令，再停止，以此位置作为基准位置，每次给出1个，共给出20个最小设定单位的指令，向同方向移动(要注意实际移动方向)，测量各指令的停止位置。从上述的最终位置，连续向同方向给出数个最小设定单位的指令，停止后，向负(或正)向给出数个最小设定单位的指令，约返回到上述的最终测量位置，这些正向和负向的数个最小设定单位指令的停止位置不作测量。然后从上述最终位置开始，每次给出1个，共给出20个最小设定单位的指令，继续向负(或正)向移动，测量各指令停止位置，见图1。

各直线坐标均需至少在行程的中间及两端的3个位置分别进行试验。按5.14.2的规定计算误差，以3个位置上的最大误差值作为该项的误差。

具备螺距误差、间隙补偿装置的机床，应在使用这些装置的情况下进行试验。

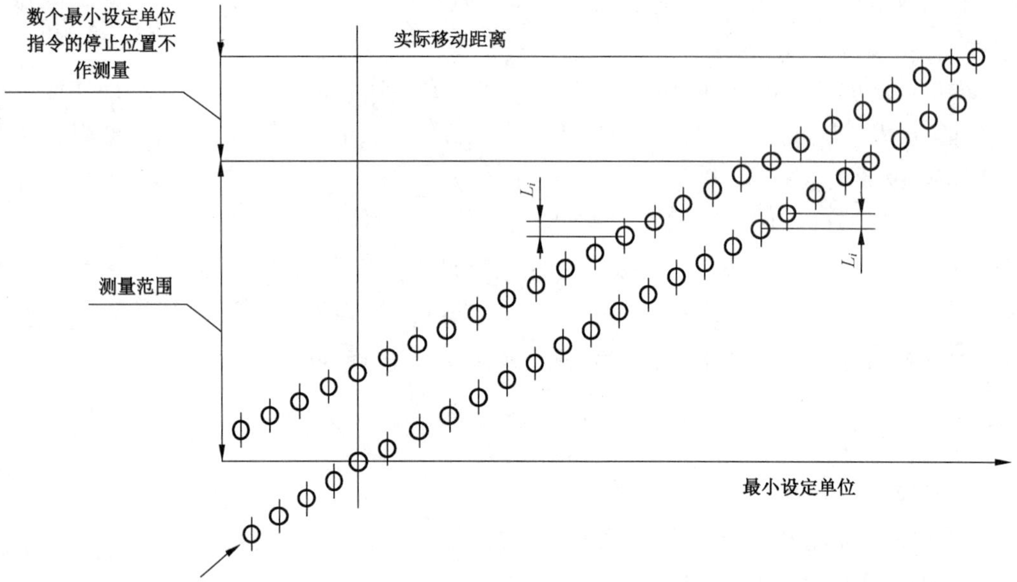

图 1

5.14.2 误差计算方法

5.14.2.1 最小设定单位误差 S_a 按式(1)计算：

$$S_a = |L_i - m|_{max} \qquad \cdots\cdots(1)$$

式中：

L_i ——1 个最小设定单位指令的实际位移，单位为毫米(mm)；

注：实际位移的方向若与给出的方向相反，其位移为负值。

m ——1 个最小设定单位指令的理论位移，单位为毫米(mm)。

5.14.2.2 最小设定单位相对误差 S_b 按式(2)计算：

$$S_b = \frac{\left|\sum_{i=1}^{20} L_i - 20m\right|_{max}}{20m} \times 100\% \qquad \cdots\cdots(2)$$

式中：

$\sum_{i=1}^{20} L_i$ ——20 个最小设定单位指令的实际位移的总和，单位为毫米(mm)。

5.14.3 允差

根据机床具体情况，由制造厂规定。

5.14.4 检验工具

激光干涉仪或读数显微镜和金属线纹尺。

5.15 直线坐标原点返回试验

5.15.1 试验方法

各直线运动轴线上的运动部件，从行程上的任意点按相同的移动方向，以快速进行 5 次返回原点 P_0 的试验。测量每次实际位置 P_{j0} 与原点理论位置 P_0 的偏差 $X_{j0}(j=1,2,\cdots,5)$，见图 2。

各直线坐标至少在行程的中间及靠近两端的任意3个位置进行试验，按5.15.2的规定计算误差，以3个位置上的最大误差值作为该项的误差。

设有向原定自动返回功能的机床，才进行本项试验。

具备螺距误差、间隙补偿装置的机床，应在使用这些装置的情况下进行试验。

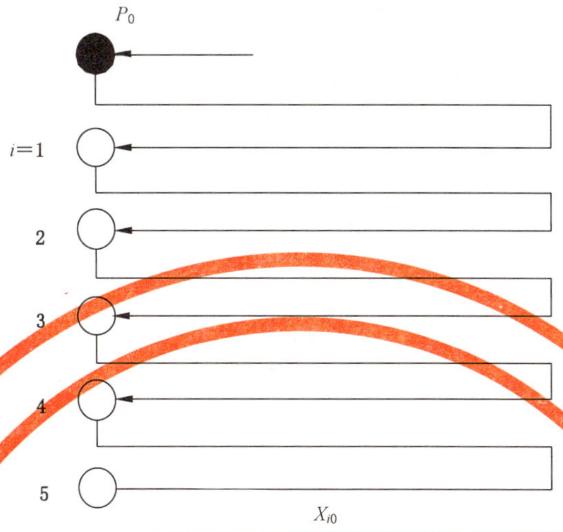

图2

5.15.2 误差计算

各直线坐标中，原点返回试验时的4倍标准偏差的最大值，即为原点返回误差。见式(3)：

$$R_0 = 4S_{0max} \quad \cdots\cdots(3)$$

式中：

R_0 ——原点返回误差，单位为毫米(mm)；

S_{0max} ——原点返回时的标准偏差，单位为毫米(mm)。

注：S_0 根据GB/T 17421.2—2000的有关公式进行计算。

5.15.3 允差

根据机床的具体情况由设计规定，推荐不大于重复定位精度的1/2。

5.15.4 检验工具

激光干涉仪或读数显微镜和金属线纹尺。

5.16 雕铣性能检验

5.16.1 雕刻加工检验

雕刻加工性能检验宜按下列要求进行：

a) 刀具：R1.5的2刃球型立铣刀；

b) 刀具材料：硬质合金；

c) 主轴转速：≥12 000 r/min；

d) 试件材料：45＃钢；

e) 试件加工表面粗糙度：加工圆弧曲面 Ra 值不应大于2.5 μm；

f) 连续加工时间不少于1 h，在靠近主轴轴承处检验其温度和温升，温度不应超过70 ℃，温升不应超过 40 ℃；主轴转速应稳定，不应用异常的尖叫声和冲击声。

5.16.2 铣削加工检验

铣削加工性能检验宜按下列要求进行：

a) 刀具：直径为 10 mm 的 2 刃平底端铣刀；
b) 刀具材料：硬质合金；
c) 主轴转速：≤5 000 r/min；
d) 切削深度：0.5 mm；
e) 切削刀间距：D(刀具直径)×80%；
f) 进给速度：300 mm/min；
g) 试件材料：HT250；
h) 试件加工表面粗糙度：铣平面 Ra 值不应大于 3.2 μm；
i) 连续加工时间不少于 1 h，在靠近主轴轴承处检验其温度和温升，温度不应超过 70 ℃，温升不应超过 40 ℃；机床的各运动机构应平稳、可靠、无异常噪声和振动。

5.16.3 最高可加工转速检验

最高可加工转速检验宜按下列要求进行：

a) 主轴转速：按产品所规定的最高转速进行加工，最高转速不应低于 12 000 r/min；
b) 试件材料：45＃钢；
c) 试件加工表面粗糙度：加工圆弧曲面 Ra 值不应大于 2.5 μm；
d) 连续加工时间不少于 1 h，在靠近主轴轴承处检验其温度和温升，温度不应超过 70 ℃，温升不应超过 40 ℃；主轴转速应稳定，不应用异常的尖叫声和冲击声。

5.16.4 最低可加工转速检验

最低可加工转速检验宜按下列要求进行：

a) 主轴转速：按产品所规定的最低转速进行加工，最低转速不得高于 5 000 r/min；
b) 刀具：直径为 10 mm 的 2 刃平底端铣刀；
c) 刀具材料：硬质合金；
d) 切削深度：0.5 mm；
e) 切削刀间距：D(刀具直径)×80%；
f) 进给速度：300 mm/min；
g) 试件材料：HT250；
h) 试件加工表面粗糙度：铣平面 Ra 值不应大于 3.2 μm；
i) 连续加工时间不少于 1 h，在靠近主轴轴承处检验其温度和温升，温度不应超过 70 ℃，温升不应超过 40 ℃；机床的各运动机构应平稳、可靠、无异常噪声和振动。

5.17 精度检验

5.17.1 一般要求

精度检验应满足下列要求：

a) 检验项目可根据需要，由用户和制造厂协商确定，但应在订货协议中明确。
b) 检验工具可使用相同指示器或具有至少相同精度的其他检验工具。指示器分辨率应不低 0.001 mm。

c) 当实测长度与本标准规定的长度不一致时,公差应根据 GB/T 17421.1—1998 中 2.3.1.1 的规定,按能够测量的长度折算,折算结果小于 0.001 mm 时,仍按 0.001 mm 计。
d) 工作精度检验应在精加工后进行。
e) 检验时,各部分运动应手动(或用低速机动)。负荷试验前后(不做负荷试验的机床在空转后)均应检验产品的几何精度。
f) 检验时,环境温度应保持在:
   1) 普通级 20 ℃±15 ℃内;
   2) 精密级 20 ℃±5 ℃内;
   3) 高精度级 20 ℃±2 ℃内。
g) 按照 GB/T 17421.1—1998 中的 3.1 调整机床安装水平,水平仪读数在纵向和横向的读数均不超过:
   1) 普通级 0.030/1 000;
   2) 精密级与高精度级为 0.020/1 000。
h) 凡与温度有关的精度检验项目,应在中速稳定温度时进行检验。

5.17.2 轴线的命名

机床坐标系轴线的命名有两种:见图 3 和图 4。本标准后续条文的表述按图 3。

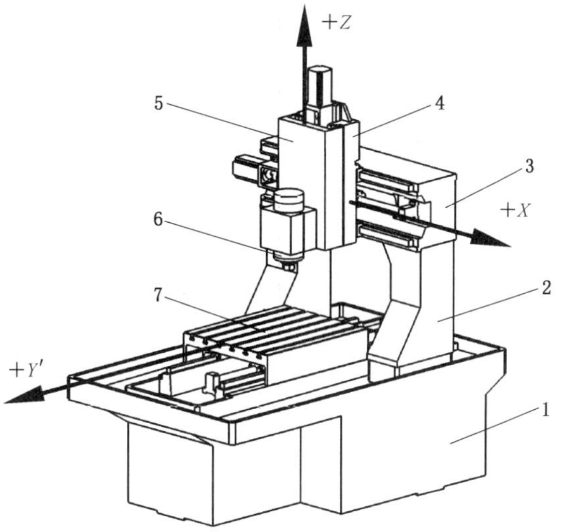

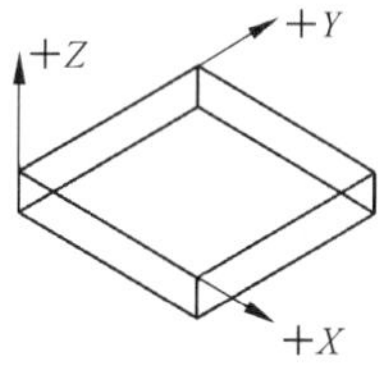

说明:

1——床身;
2——立柱;
3——横梁;
4——拖板;
5——滑枕;
6——主轴;
7——工作台。

图 3 轴线命名 1

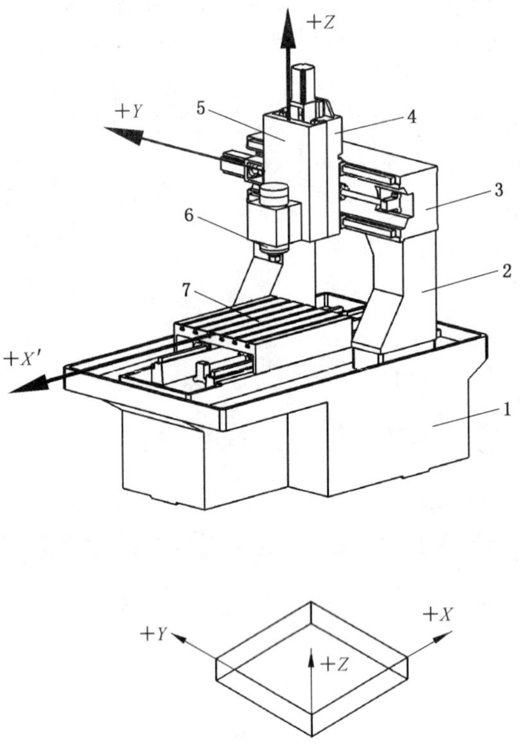

说明：
1——床身；
2——立柱；
3——横梁；
4——拖板；
5——滑枕；
6——主轴；
7——工作台。

图 4　轴线命名 2

5.17.3 几何精度检验

5.17.3.1 线性运动的直线度

检验项目　　　　　　　　　　　　　　　　　　　　　　　G1

X 轴轴线运动的直线度：

a) 在 Z-X 平面内；

b) 在 X-Y 平面内

简图

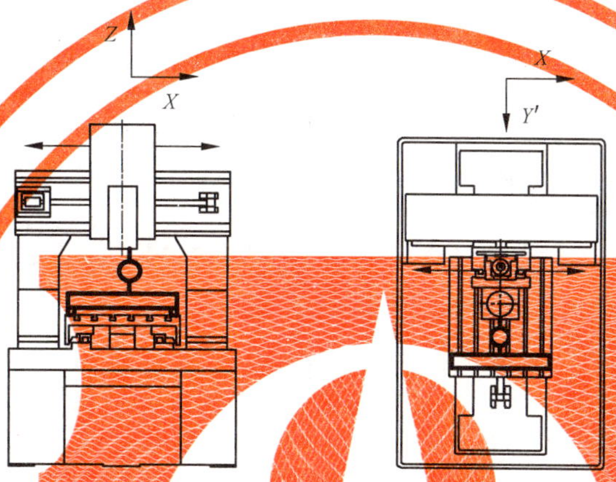

a)　　　　　　b)

允差(mm)

a)和 b)

1) 测量长度≤1 000 时：

普通级：≤0.030；

精密级：≤0.020；

高精度级：≤0.012。

2) 测量长度超过 1 000，长度每增加 1 000 时：

普通级：允差增加 0.010，最大允差为 0.050；

精密级：允差增加 0.005，最大允差为 0.030；

高精度级：允差增加 0.005，最大允差为 0.020。

3) 任意 300 测量长度内：

普通级：≤0.016；

精密级：≤0.010；

高精度级：≤0.006

检验工具

指示器、平尺、量块、或其他光学仪器

检验方法(按 GB/T 17421.1—1998 中 5.2.1.2.1.1 和 5.2.1.2.1.5 的规定)

在工作台面上平行于 X 轴运动方向放置平尺，调整平尺，使其在测量长度两端的读数相等。

在 Z 轴上固定指示器，使指示器测头触及平尺检验面，横向移动拖板(X 轴线)检验。

a)、b)误差分别计算，误差以指示器读数的最大差值计

检验项目 | G2

Y 轴轴线运动的直线度：

a） 在 Y－Z 平面内；

b） 在 X-Y 平面内

简图

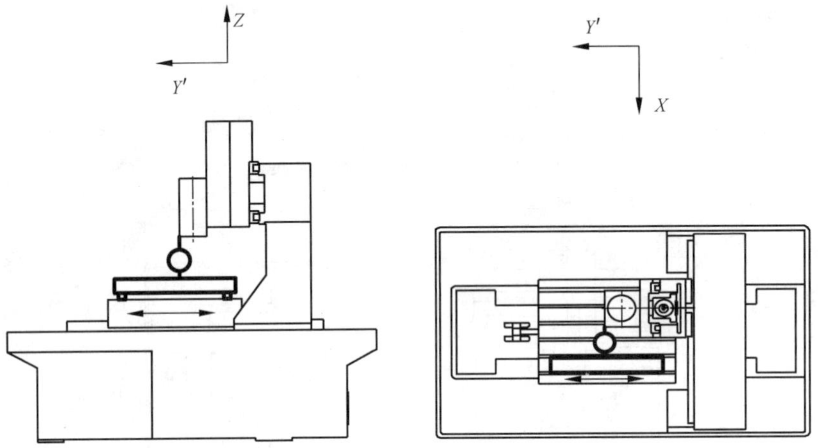

a） b）

允差(mm)

a)和 b)

1） 测量长度≤1 000 时：

普通级：≤0.030；

精密级：≤0.020；

高精度级：≤0.012。

2） 测量长度超过 1 000，长度每增加 1 000 时：

普通级：允差增加 0.010，最大允差为 0.050；

精密级：允差增加 0.005，最大允差为 0.030；

高精度级：允差增加 0.005，最大允差为 0.020。

3） 任意 300 测量长度内：

普通级：≤0.016；

精密级：≤0.010；

高精度级：≤0.006

检验工具

指示器、平尺、量块、或其他光学仪器

检验方法(按 GB/T 17421.1—1998 中 5.2.1.2.1.1 和 5.2.1.2.1.5 的规定)

在工作台面上平行于 Y 轴运动方向放置平尺，调整平尺，使其在测量长度两端的读数相等。

在 Z 轴上固定指示器，使指示器测头触及平尺检验面，移动工作台(Y 轴线)检验。

a)、b)误差分别计算，误差以指示器读数的最大差值计

检验项目	G3

Z 轴轴线运动的直线度：

a) 在 Z-X 平面内；

b) 在 Y－Z 平面内

简图

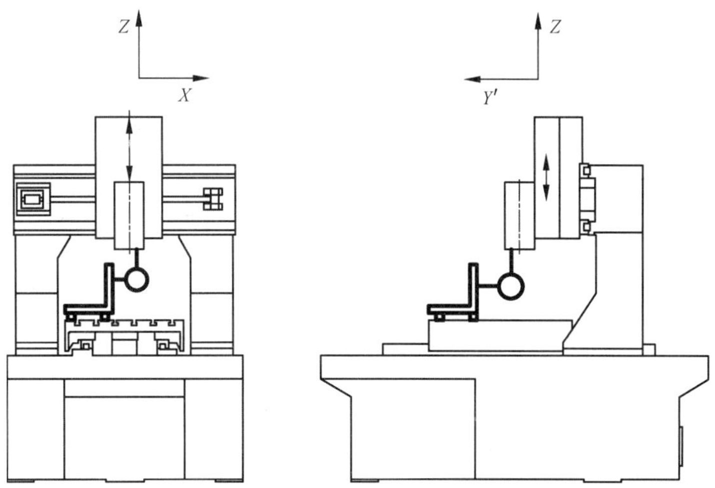

a)　　b)

允差(mm)

a)和 b)

1) 测量长度≤500 时：

普通级：≤0.020；

精密级：≤0.016；

高精度级：≤0.010。

2) 测量长度超过 500，长度每增加 500 时：

普通级：允差增加 0.010，最大允差为 0.040；

精密级：允差增加 0.010，最大允差为 0.030；

高精度级：允差增加 0.010，最大允差为 0.020。

3) 任意 300 测量长度内：

普通级：≤0.016；

精密级：≤0.010；

高精度级：≤0.006

检验工具

指示器、角尺、量块、或其他光学仪器

检验方法(按 GB/T 17421.1—1998 中 5.2.3.2.1 的规定)

将角尺放在工作台面上，调整角尺，使其在测量长度两端的读数相等。

在 Z 轴上固定指示器，使指示器测头触及角尺检验面，移动滑枕(Z 轴线)检验。

a)、b)误差分别计算，误差以指示器读数的最大差值计

5.17.3.2 线性运动的垂直度

检验项目	G4
X 轴轴线运动与 Y 轴轴线运动间的垂直度	

简图

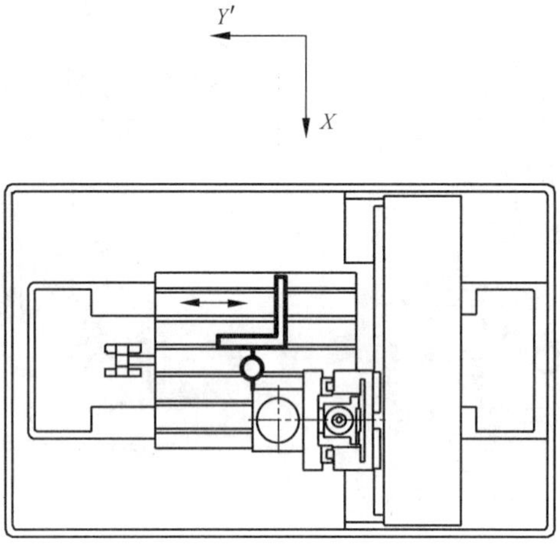

允差(mm)

1) 测量长度≤500 时：
普通级：≤0.020；
精密级：≤0.016；
高精度级：≤0.010。

2) 测量长度超过 500,长度每增加 500 时：
普通级：允差增加 0.010,最大允差为 0.040；
精密级：允差增加 0.010,最大允差为 0.030；
高精度级：允差增加 0.010,最大允差为 0.020。

3) 任意 300 测量长度内：
普通级：≤0.016；
精密级：≤0.010；
高精度级：≤0.006

检验工具

指示器、平尺、角尺

检验方法(按 GB/T 17421.1—1998 中 5.5.2.2.4 的规定)

在 Z 轴上固定指示器,平尺放置在工作台上,平行于 X 轴轴线(或 Y 轴轴线)。

将角尺的一边紧贴平尺放置,并使指示器的测头触及角尺的检验面,移动工作台(或拖板)检验。

误差以指示器读数的最大差值计。

也可以不用平尺。使角尺的一边与 X 轴轴线(或 Y 轴轴线)平行,检查 Y 轴轴线(或 X 轴轴线)与角尺另一边的平行度

检验项目	G5
a) *Z* 轴轴线运动与 *X* 轴轴线运动间的垂直度； b) *Z* 轴轴线运动与 *Y* 轴轴线运动间的垂直度	

简图

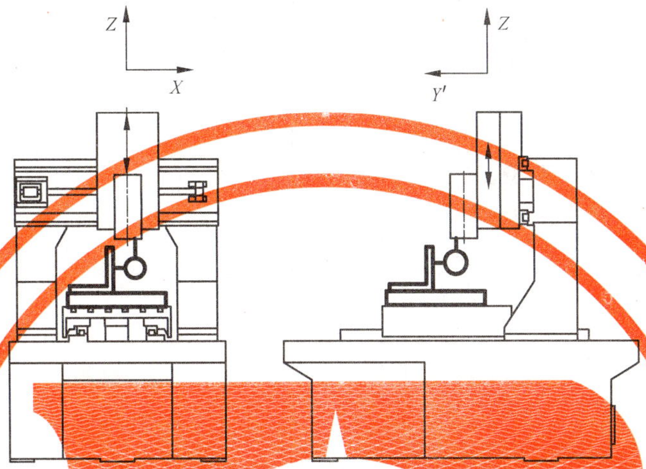

允差(mm)

a)和 b)

1) 测量长度≤500 时：
普通级：≤0.020；
精密级：≤0.016；
高精度级：≤0.010。

2) 测量长度超过 500，长度每增加 500 时：
普通级：允差增加 0.010，最大允差为 0.040；
精密级：允差增加 0.010，最大允差为 0.030；
高精度级：允差增加 0.010，最大允差为 0.020。

3) 任意 300 测量长度内：
普通级：≤0.016；
精密级：≤0.010；
高精度级：≤0.006

检验工具

指示器、平尺、角尺

检验方法(按 GB/T 17421.1—1998 中 5.5.2.2.4 的规定)

在 *Z* 轴上固定指示器，平尺放置在工作台上，平行于 *X* 轴(*Y* 轴)轴线。

将角尺的一边紧贴平尺放置，并使指示器的测头触及角尺的检验面，沿 *Z* 轴坐标方向移动滑枕在全行程上检验。

a)、b)误差分别计算，误差以指示器读数的最大差值计

5.17.3.3 工作台

<table>
<tr><td>检验项目
　　工作台面的平面度</td><td>G6</td></tr>
<tr><td colspan="2">简图
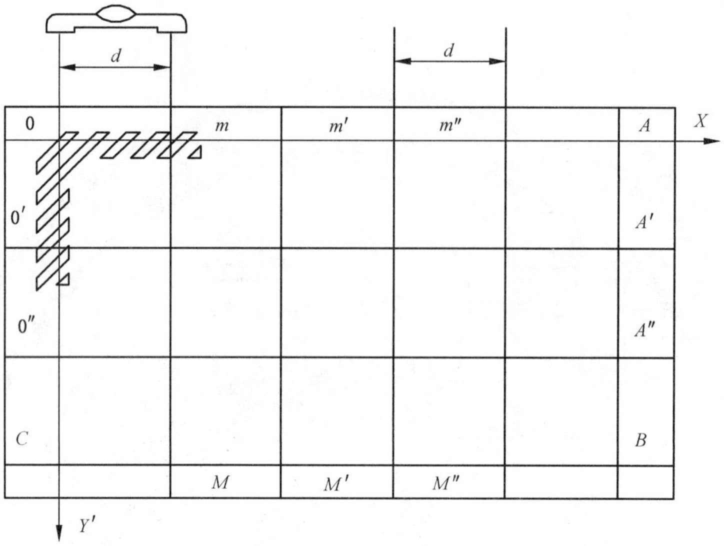
</td></tr>
<tr><td colspan="2">允差(mm)
1)　测量长度≤1 000 时:
普通级:≤0.032(仅允许凹);
精密级:≤0.025(仅允许凹);
高精度级:≤0.020(仅允许凹)。
2)　测量长度超过 1 000,长度每增加 1 000 时:
普通级:允差增加 0.010,最大允差为 0.100;
精密级:允差增加 0.005,最大允差为 0.050;
高精度级:允差增加 0.005,最大允差为 0.030。
3)　任意 300 测量长度内:
普通级:≤0.020;
精密级:≤0.012;
高精度级:≤0.008</td></tr>
<tr><td colspan="2">检验工具
　　精密水平仪、桥板</td></tr>
<tr><td colspan="2">检验方法(按 GB/T 17421.1—1998 中 5.3.2.2 和 5.3.2.3 的规定)
　　将工作台和拖板置于行程中间位置。水平仪固定在桥板上,按图示的布点和方向等距离移动测量,同时记录读数,并换算成线值。
　　用计算法(或图解法)按最小条件计算误差</td></tr>
</table>

检验项目 | G7

a) 工作台面和 X 轴轴线间的平行度；

b) 工作台面和 Y 轴轴线间的平行度

简图

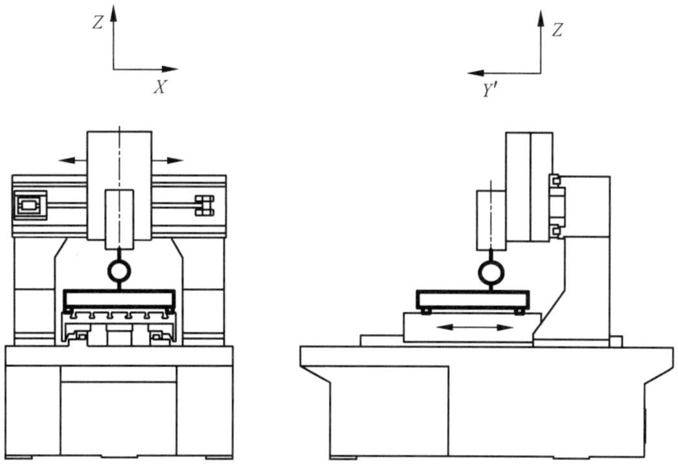

a)　　　　b)

允差(mm)

a)和 b)

1) 测量长度≤1 000 时：

普通级：≤0.030；

精密级：≤0.025；

高精度级：≤0.016。

2) 测量长度超过 1 000，长度每增加 1 000 时：

普通级：允差增加 0.010，最大允差为 0.060；

精密级：允差增加 0.005，最大允差为 0.030；

高精度级：允差增加 0.005，最大允差为 0.020。

3) 任意 300 测量长度内：

普通级：≤0.020；

精密级：≤0.016；

高精度级：≤0.010

检验工具

指示器、平尺、量块

检验方法(按 GB/T 17421.1—1998 中 5.4.2.2.2.1 和 5.4.2.2.2.2 的规定)

在 Z 轴上固定指示器，指示器测头应近似地放在刀具的切削位置上，使其测头触及工作台面或工作台面上放置的平尺检验面，a)移动横梁上的拖板检验；b)移动工作台检验。

a)、b)误差分别计算，误差以指示器读数的最大差值计

5.17.3.4 **主轴**

检验项目	G8
主轴锥孔轴线的径向跳动： a） 靠近主轴端部； b） 距主轴端部 70 mm 处(用于不带松拉刀主轴，如 ER 刀夹主轴等)； c） 距主轴端部 300 mm 处(用于带松拉刀主轴，如 HSK、BT 刀夹主轴等)	
简图 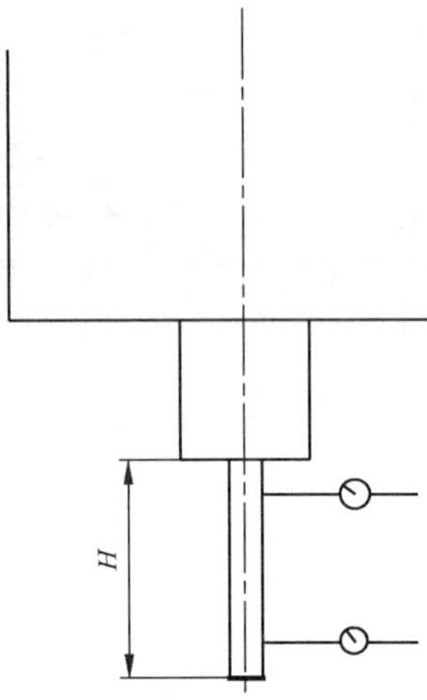 	
允差(mm) 1） 不带松拉刀主轴： 普通级： a)≤0.008，b)≤0.020； 精密级： a)≤0.005，b)≤0.012； 高精度级： a)≤0.003，b)≤0.008。 2） 带松拉刀主轴： 普通级： a)≤0.005，c)≤0.012； 精密级： a)≤0.003，c)≤0.008； 高精度级： a)≤0.002，c)≤0.005	
检验工具 检验棒、指示器	
检验方法(按 GB/T 17421.1—1998 中 5.6.1.2.3 的规定) 在主轴锥孔中插入检验棒，在工作台上固定指示器，使其测头触及检验棒表面。 旋转主轴检验。拔出检验棒旋转 90°，重新插入再依次检验三次。 a)、b)、c)误差分别计算，误差以四次测量结果的算术平均值计	

检验项目	G9

a) 主轴轴线与 X 轴轴线运动间的垂直度；

b) 主轴轴线与 Y 轴轴线运动间的垂直度

简图

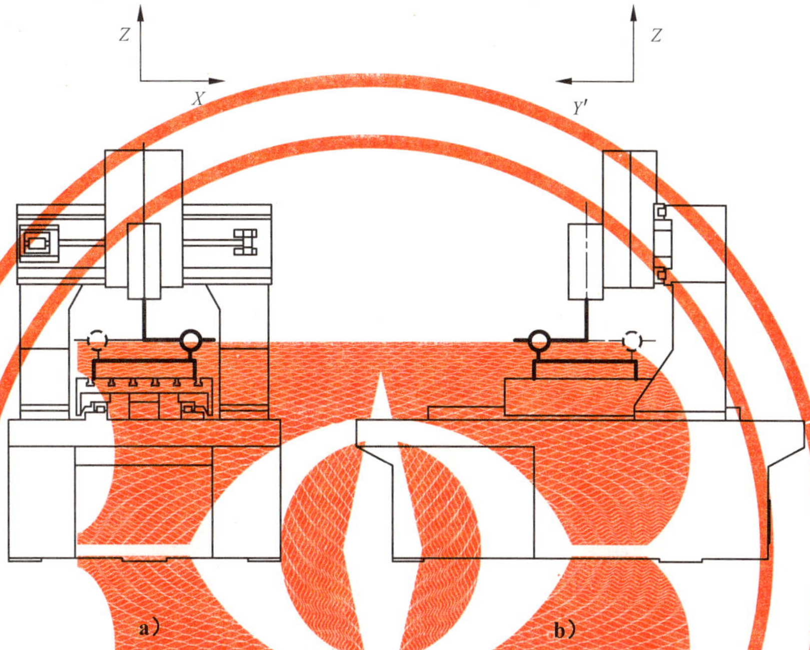

允差(mm)

a)和 b)

普通级：≤0.025/300；

精密级：≤0.016/300；

高精度级：≤0.010/300

检验工具

指示器/支架、检验棒、平尺或平板

检验方法(按 GB/T 17421.1—1998 中 5.5.1.2.1 的规定)

工作台和拖板置于行程中间。

在工作台中间位置且在垂直面内平行于 X 轴(Y 轴)轴线移动方向放置一平尺。在主轴锥孔中插入检验棒，固定指示器，使其测头触及平尺表面，测取读数。

然后将主轴回转 180°，再测取读数，偏差以两次读数的差值除以两测点间的距离计。

a)、b)误差分别计算

5.17.4 定位精度和重复定位精度检验

检验项目 P1

直线运动坐标的定位精度、重复定位精度、反向差值

简图

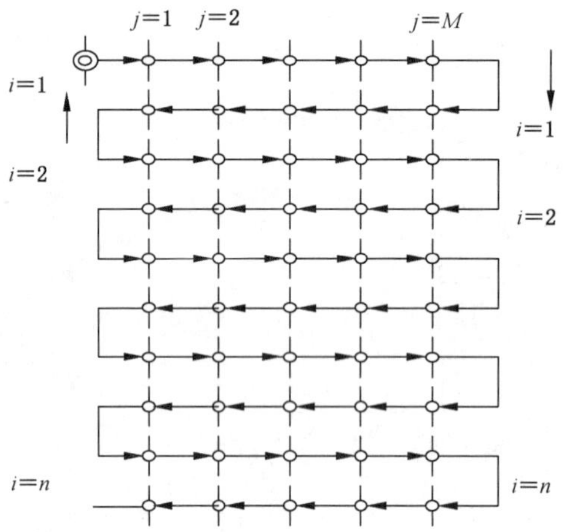

公差/mm	测量长度/mm								
	≤500			≤1 000			>1 000		
检验项目	普通级	精密级	高精度级	普通级	精密级	高精度级	普通级	精密级	高精度级
双向定位精度 A	0.020	0.012	0.008	0.030	0.020	0.012	0.040	0.025	0.015
双向重复定位精度 R	0.012	0.008	0.005	0.015	0.010	0.008	0.020	0.012	0.008
轴线的反向差值 B	0.010	0.006	0.004	0.012	0.008	0.005	0.015	0.010	0.006
轴线的双向平均位置偏差范围 M	0.010	0.006	0.004	0.015	0.010	0.006	0.020	0.012	0.008

检验工具

激光干涉仪

检验方法(按 GB/T 17421.2—2000 的规定)

非检测轴线上的运动部件位于行程的中间位置。

按 GB/T 17421.2—2000 中第 3 章、第 4 章和第 7 章确定检验条件、检验程序和结果的表达。

每个线性轴线均需检验

5.17.5 **动态精度检验**

检验项目	K1
两运动轴作圆周运动时的动态精度	

简图

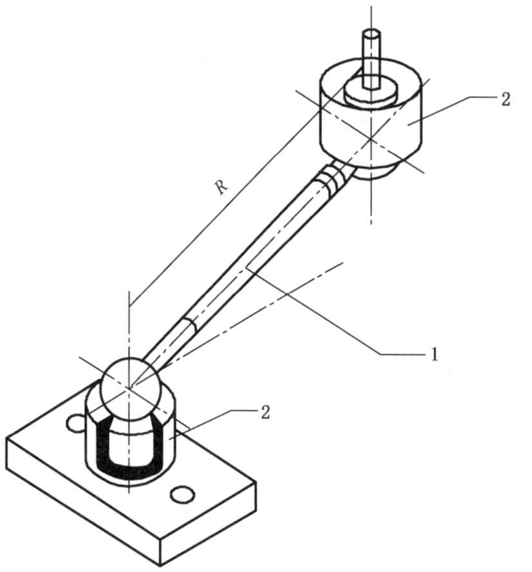

1——球杆仪；

2——球座

检验项目		允差/mm		
		普通级	精密级	高精度级
圆度	在 X-Y 平面内	0.025/300	0.015/300	0.0125/300
	在 Z-X 平面内	0.025/200	0.020/200	0.015/200
	在 $Y-Z$ 平面内	0.025/200	0.020/200	0.015/200

检验工具

球杆仪

检验方法

热机 15 min，按图示连接球杆仪系统，运行测试程序，顺时针和逆时针各 360°运转两次捕捉数据进行分析。

推荐进给速度 F 为 2 000 mm/min

5.17.6 工作精度检验

检验性质 | M1

精铣平面的加工精度

简图

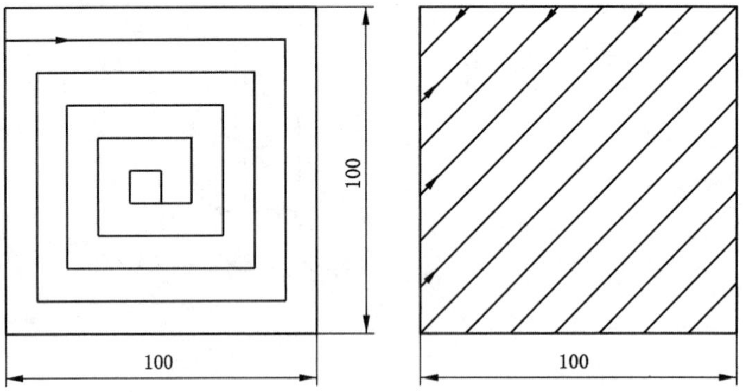

平底刀铣平面　　　　球刀铣平面

试件材料：H62

切削条件(推荐)

切削线速度：320 m/min～350 m/min；

每齿进给量：0.05 mm；

切削深度：≤0.2 mm。

步距：

1) 平底刀铣：刀具直径的50%；

2) 球刀铣：0.05 mm。

刀具：ϕ6 mm 硬质合金两刃平刀和两刃球刀

检验项目	允差/mm		
	普通级	精密级	高精度级
a) 平面度	0.020	0.010	0.006
b) 表面粗糙度 *Ra*	3.2 μm	1.6 μm	0.8 μm

检验工具

三坐标测量仪、粗糙度测量仪

说明

将工件安装在工作台上，按图示方向进行精铣

检验性质	M2
切削精度	

简图

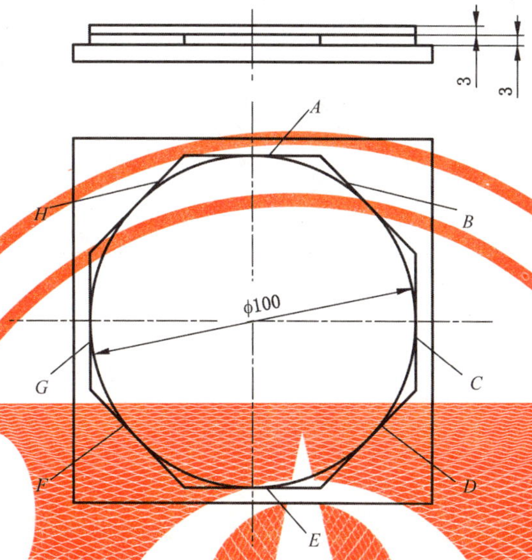

试件材料：H62

切削条件（推荐）

切削线速度：320 m/min～350 m/min；

每齿进给量：0.025 mm～0.040 mm；

精铣余量：0.10 mm；

刀具：ϕ6 mm 硬质合金两刃平底铣刀

检验项目	允差/mm		
	普通级	精密级	高精度级
a) *AE*、*BF*、*CG*、*DH* 面的平行度	0.020	0.010	0.006
b) ϕ100 圆的圆度	0.025	0.015	0.010
c) 侧面的表面粗糙度 *Ra*	3.2 μm	1.6 μm	0.8 μm

检验工具

三坐标测量仪、圆度仪、千分尺、粗糙度测量仪

说明

将工件置工作台中央，先进行粗加工，然后用同一把铣刀精铣侧面。

平行度误差以正八边形体四组对边尺寸误差值的最大值计

检验性质

M3

凹球面的面轮廓度及表面粗糙度

简图

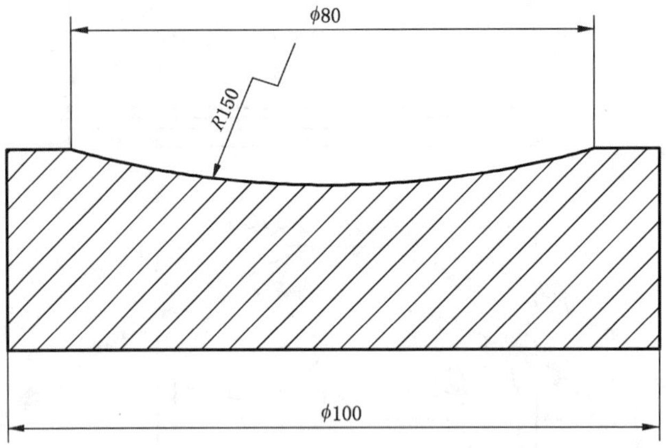

试件材料 H62

切削条件(推荐)

切削线速度 v:　320 m/min～350 m/min;

每齿进给量:　0.08 mm～0.10 mm;

切削深度:　0.08 mm～0.10 mm;

步距和行进方向:　0.08 mm,沿 X/Y 方向 45°方向进行切削;

刀具:　ϕ6 mm 硬质合金两刃球刀

检验项目	允差/mm		
	普通级	精密级	高精度级
a)　面轮廓度	0.025	0.015	0.010
b)　表面粗糙度 Ra	3.2 μm	1.6 μm	0.8 μm

检验工具

三坐标测量仪、粗糙度仪

说明

将工件置工作台中央,先用平刀进行粗加工,然后用球刀对球面进行曲面加工。曲面加工时间应少于 20 min。

面轮廓度检测方法如右图示,在球面俯视方向的 ϕ80 圆内均匀取点进行测量,其点间距 5 mm×5 mm。其取样点不少于 150 个

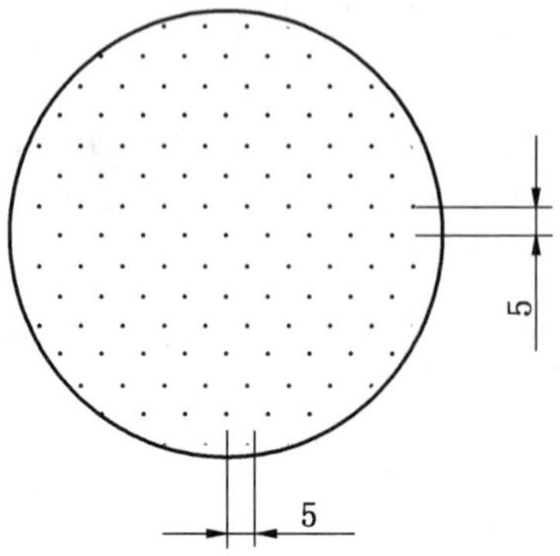

检验性质 | M4

雕刻圆的精度

简图

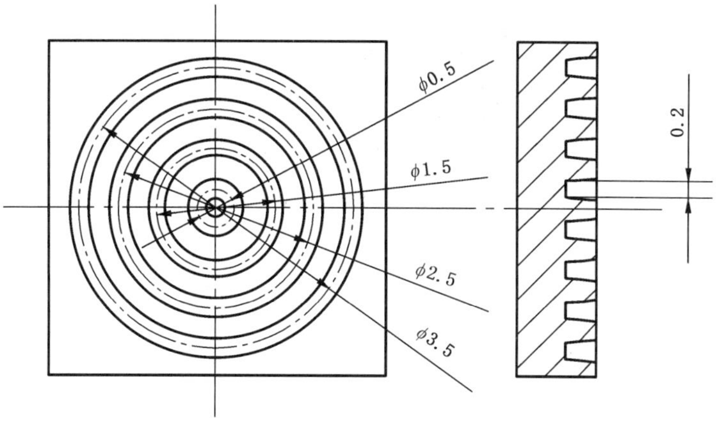

试件材料：H62

切削条件(推荐)

切削线速度 v： 10 m/min～12 m/min；

每齿进给量： 0.025 mm～0.030 mm；

切削总深度： 0.20 mm；

每层深度： 0.050 mm；

刀具： 刀尖 ϕ0.2 mm 雕刻刀

检验项目

圆度

允差/mm		
普通级	精密级	高精度级
0.025	0.015	0.010

检验工具

投影仪

说明

将工件置工作台中央，先用平刀进行平面加工，然后用雕刻刀进行雕刻。实际雕刻加工时间应少于 25 s

检验性质 | M5

雕刻方的精度

简图

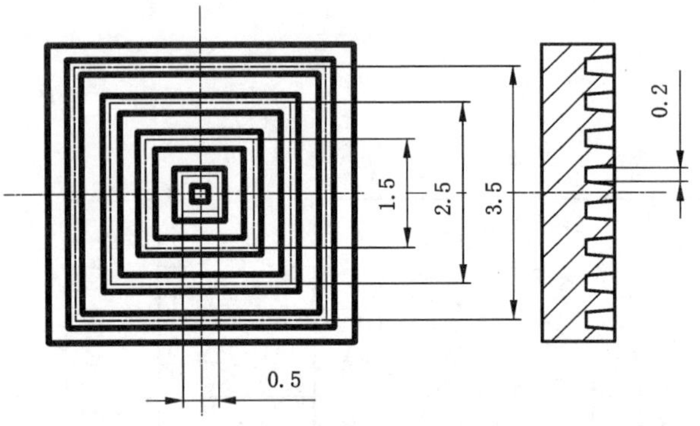

试件材料:H62

切削条件(推荐)

切削线速度 v: 10 m/min～12 m/min;
每齿进给量: 0.15 mm～0.20 mm;
切削总深度: 0.20 mm;
每层深度: 0.050 mm;
刀具: 刀尖 ϕ0.2 mm 雕刻刀

检验项目	允差/mm		
	普通级	精密级	高精度级
a) 试件的过切量 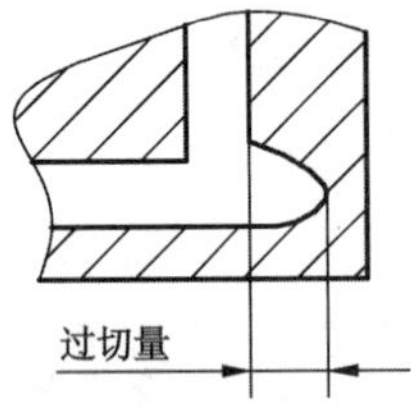	0.020	0.010	0.006
b) 最大过渡圆角 R 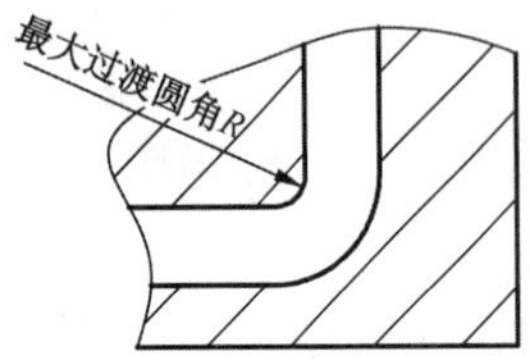	0.100	0.050	0.020

检验工具

投影仪

说明

将工件置工作台中央,先用平刀进行平面加工,然后用雕刻刀进行雕刻。实际雕刻加工时间应少于 25 s

6 检验规则

6.1 检验分类

6.1.1 概述

检验分为出厂检验和型式检验两种。

6.1.2 出厂检验

每个产品出厂应经过出厂检验，并附有合格证明书后方能出厂。

6.1.3 型式检验

当有下列情况之一时应进行型式检验：

a) 新产品或老产品转厂生产的试制、定型鉴定时；

b) 正式生产后，若结构、材料、工艺有较大改变，可能影响产品性能时；

c) 在正常生产的条件下，产品积累到一定产量(数量)时，应周期性进行检验一次；

d) 产品连续停产一年后，恢复生产时；

e) 出厂检验结果与上次型式检验有较大差异时；

f) 国家及省市质量监督机构提出型式检验要求时。

6.2 检验项目

本标准规定的检验项目见表2。

表2 检验项目

<table>
<tr><th rowspan="2">序号</th><th rowspan="2" colspan="2">检验项目名称</th><th colspan="2">检验类别</th><th rowspan="2">本标准所属条款</th><th rowspan="2">备注</th></tr>
<tr><th>型式检验</th><th>出厂检验</th></tr>
<tr><td>1</td><td colspan="2">成套性检验</td><td rowspan="14">√</td><td>√</td><td>5.2</td><td></td></tr>
<tr><td>2</td><td colspan="2">电气系统</td><td>√</td><td>5.3</td><td>主项</td></tr>
<tr><td>3</td><td colspan="2">数控系统</td><td>√</td><td>5.4</td><td></td></tr>
<tr><td>4</td><td colspan="2">气动系统</td><td>√</td><td>5.5</td><td></td></tr>
<tr><td>5</td><td colspan="2">润滑系统</td><td>√</td><td>5.6</td><td></td></tr>
<tr><td>6</td><td colspan="2">冷却系统</td><td>√</td><td>5.7</td><td></td></tr>
<tr><td>7</td><td colspan="2">安全卫生</td><td>√</td><td>5.8</td><td>主项</td></tr>
<tr><td>8</td><td colspan="2">噪声</td><td>—</td><td>5.9</td><td>主项</td></tr>
<tr><td>9</td><td colspan="2">外观质量</td><td>√</td><td>5.10</td><td></td></tr>
<tr><td rowspan="4">10</td><td rowspan="4">空运转试验</td><td>主轴温升试验</td><td>√</td><td>5.11.1</td><td></td></tr>
<tr><td>主轴运转试验</td><td>—</td><td>5.11.2</td><td></td></tr>
<tr><td>进给机构运动试验</td><td>—</td><td>5.11.3</td><td></td></tr>
<tr><td>整机连续空运转试验</td><td>√</td><td>5.11.4</td><td></td></tr>
<tr><td>11</td><td>动作试验</td><td></td><td>√</td><td>5.12</td><td></td></tr>
</table>

表 2（续）

<table>
<tr><th rowspan="2">序号</th><th rowspan="2" colspan="2">检验项目名称</th><th colspan="2">检验类别</th><th rowspan="2">本标准所属条款</th><th rowspan="2">备注</th></tr>
<tr><th>型式检验</th><th>出厂检验</th></tr>
<tr><td rowspan="2">12</td><td rowspan="2">负荷试验</td><td>承载工件最大重量的运转试验</td><td rowspan="13">√</td><td>—</td><td>5.13.2</td><td></td></tr>
<tr><td>最大切削抗力的试验</td><td>—</td><td>5.13.3</td><td></td></tr>
<tr><td>13</td><td colspan="2">最小设定单位试验</td><td>—</td><td>5.14</td><td></td></tr>
<tr><td>14</td><td colspan="2">原点返回试验</td><td>—</td><td>5.15</td><td>主项</td></tr>
<tr><td rowspan="4">15</td><td rowspan="4">雕铣性能检验</td><td>雕刻加工</td><td>√</td><td>5.16.1</td><td>主项</td></tr>
<tr><td>铣削加工</td><td>√</td><td>5.16.2</td><td>主项</td></tr>
<tr><td>最高可加工转速检验</td><td>√</td><td>5.16.3</td><td>主项</td></tr>
<tr><td>最低可加工转速检验</td><td>√</td><td>5.16.4</td><td>主项</td></tr>
<tr><td rowspan="4">16</td><td rowspan="4">精度检验</td><td>几何精度检验</td><td>√</td><td>5.17.3</td><td>主项</td></tr>
<tr><td>定位精度检验</td><td>—</td><td>5.17.4</td><td></td></tr>
<tr><td>动态精度检验</td><td>√</td><td>5.17.5</td><td>主项</td></tr>
<tr><td>工作精度检验</td><td>√</td><td>5.17.6</td><td>主项</td></tr>
</table>

6.3 抽样方法

出厂检验应逐台检验。型式检验在检验合格入库的产品批量中按10%抽样，但不应少于一台。

6.4 判定规则

产品判定规则如下：

a) 出厂检验：如有不合格项，允许进行修整、调试直到检验合格后方可出厂；经修整、调试仍不能合格的，判定该产品为不合格品；

b) 型式检验：全部项目合格即判断该产品型式检验合格，如有不合格项应重新抽检，仍不合格，则判定该产品型式检验不合格；如表2中有主项不合格时，应立即判定该产品型式检验不合格，不允许复查；

c) 供需双方如对产品质量产生异议，则应由供需双方共同指定的仲裁单位进行复检，以复检结果为准，费用由责任方负责。

附 录 A
（资料性附录）
机床最大切削抗力的试验及近似计算法

机床最大切削抗力的试验，可用功率表和转速表分别测量机床电动机的输入功率和机床主轴转速，宜按式(A.1)近似计算出机床切削抗力的主分力，该主分力和刀具角度确定机床的切削抗力，该抗力应等于机床的最大切削抗力。试验时，一般应选用机床重切削时最常用的刀具，在等于或小于机床计算转速范围内选一适当转速，通过逐级改变进给量或切削深度，使机床达到规定切削抗力。

$$F \approx 9\,550(P-P_0)/(r \cdot n) \qquad \cdots\cdots(\text{A.1})$$

式中：

F ——切削抗力的主分力，单位为牛(N)；

P ——切削时电动机的输入功率(指电网输给电动机的功率)，单位为千瓦(kW)；

P_0——机床装有工件时的空运转功率(指电网输给电动机的功率)，单位为千瓦(kW)；

r ——刀具的切削半径，单位为米(m)；

n ——机床主轴转速，单位为转每分(r/min)。

式(A.1)仅是一种近似计算法，必要时可采用其他更精确的公式。对于某些不适用该公式的机床，可按其他有关公式计算。

ICS 25.040.20
J 56

中华人民共和国国家标准

GB/T 31558—2015

五轴联动数控螺旋锥齿轮磨齿机　精度检验

5-axis simultaneous CNC spiral bevel gear grinding machines—Testing of the accuracy

2015-05-15 发布　　2016-01-01 实施

中华人民共和国国家质量监督检验检疫总局
中国国家标准化管理委员会　发布

前　言

本标准按照GB/T 1.1—2009给出的规则起草。

本标准由中国机械工业联合会提出。

本标准由全国金属切削机床标准化技术委员会(SAC/TC 22)归口。

本标准负责起草单位:湖南中大创远数控装备有限公司。

本标准参加起草单位:天津第一机床总厂、重庆机床(集团)有限责任公司、陕西秦川机械发展股份有限公司。

本标准主要起草人:李锡晗、丁志文、聂晔、柴宝连、喻可斌、胡万良、岳明强、杨洪成、阳益江、张春晖、佘娟、邹文毅、刘毅、唐涛。

五轴联动数控螺旋锥齿轮磨齿机 精度检验

1 范围

本标准规定了五轴联动数控螺旋锥齿轮磨齿机的几何精度、定位精度和工作精度的要求及检验方法。

本标准适用于最大工件直径至 2 500 mm 的五轴联动数控螺旋锥齿轮磨齿机(以下简称“机床”)。

五轴以下联动的也可参照使用。

2 规范性引用文件

下列文件对于本文件的应用是必不可少的。凡是注日期的引用文件,仅注日期的版本适用于本文件。凡是不注日期的引用文件,其最新版本(包括所有的修改单)适用于本文件。

GB/T 11365—1989 锥齿轮和准双曲面齿轮 精度

GB/T 17421.1—1998 机床检验通则 第1部分:在无负荷或精加工条件下机床的几何精度

GB/T 17421.2—2000 机床检验通则 第2部分:数控轴线的定位精度和重复定位精度的确定

3 机床主要结构

机床主要结构及运动轴线见图1。

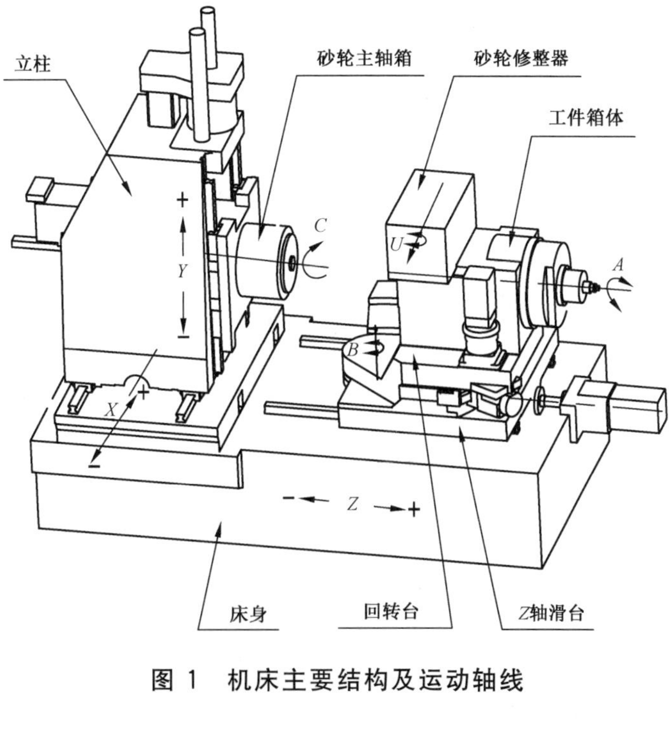

图1 机床主要结构及运动轴线

4 一般要求

4.1 本标准中所有线性尺寸及相应的公差均用毫米(mm)表示;角度偏差主要用比值表示,但在某些情况下为了清晰,也用微弧度(μrad)或角秒(″)表示。其换算关系见下式:

$$0.01/1\,000 = 10\ \mu rad \approx 2''$$

4.2 按 GB/T 17421.1—1998 中的 3.1 调整机床安装水平,在调整安装水平时,各移动部件置于行程的中间位置。用水平仪测量机床安装水平在纵向和横向的读数均不超过 0.02/1 000。

4.3 机床精度检验时,环境温度应保持在 20 ℃±2 ℃内。

4.4 一般可按装拆检验工具和检验方便的要求安排实际检验顺序。

4.5 在用户参与验收时,本标准规定的检验项目不总是需要全部进行检验。用户可根据需要,同制造商确定相应的检验项目,但应在订货协议中明确。

4.6 工作精度检验时,试件的检验应在精磨后进行。

4.7 当实测长度与本标准规定的长度不同时,允差应根据 GB/T 17421.1—1998 中 2.3.1.1 的规定按能够测量的长度折算,折算结果小于 0.001 时,仍按 0.001 计。

5 几何精度检验

检验项目	G1

砂轮主轴法兰定位锥面的径向跳动

简图

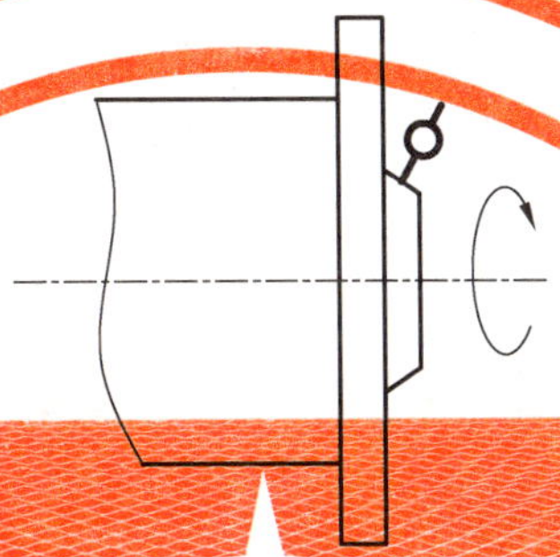

允差

最大工件直径	≤320	>320～500	>500～800	>800～1 250	>1 250～1 600	>1 600～2 500
允差	0.002	0.003	0.004	0.005	0.006	0.008

检验工具

指示器

检验方法(按 GB/T 17421.1—1998 中 5.6.1.2.2 的规定)

固定指示器,使其测头垂直地触及砂轮主轴锥面旋转主轴检验。误差以指示器读数的最大差值计

检验项目 | G2

砂轮主轴法兰的端面跳动

简图

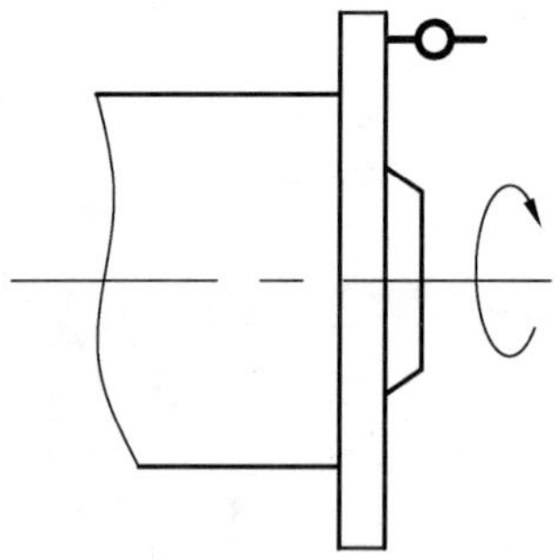

允差

最大工件直径	≤320	>320～500	>500～800	>800～1 250	>1 250～1 600	>1 600～2 500
允差	0.002	0.003	0.004	0.005	0.006	0.008

检验工具

指示器

检验方法(按 GB/T 17421.1—1998 中 5.6.3.2 的规定)

固定指示器,使其测头触及砂轮主轴法兰端面靠近最大直径处旋转主轴检验。误差以指示器读数的最大差值计

检验项目	G3
砂轮主轴轴向窜动	

简图

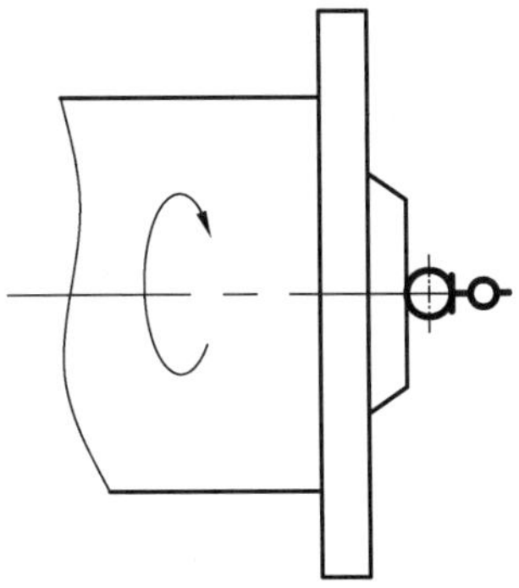

允差

最大工件直径	≤320	>320～500	>500～800	>800～1 250	>1 250～1 600	>1 600～2 500
允差	0.002	0.003	0.003	0.004	0.004	0.005

检验工具

指示器、球头检验棒

检验方法(按 GB/T 17421.1—1998 中 5.6.2.2 的规定)

在砂轮主轴的中心孔内装入球头检验棒,固定指示器,使其平测头触及芯棒的球面,旋转主轴检验。误差以指示器读数的最大差值计

检验项目	G4

工件主轴端面跳动

简图

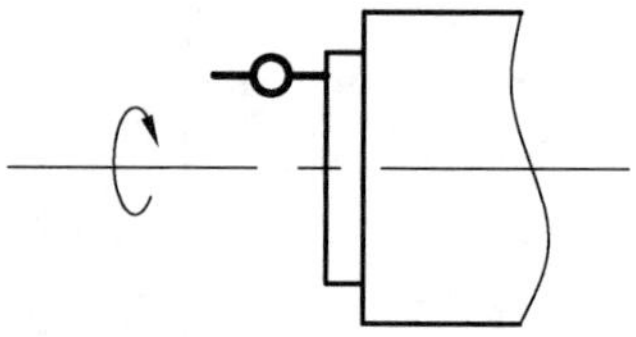

允差

最大工件直径	≤320	>320～500	>500～800	>800～1 250	>1 250～1 600	>1 600～2 500
允差	0.002	0.003	0.004	0.005	0.008	0.010

检验工具

指示器

检验方法(按 GB/T 17421.1—1998 中 5.6.3.2 的规定)

固定指示器,使其测头触及工件主轴端面靠近最大直径处,旋转主轴检验。误差以指示器读数的最大差值计

检验项目	G5

工件主轴锥孔轴线的径向跳动：

a） 靠近主轴端部；

b） 距主轴端部 L 处

简图

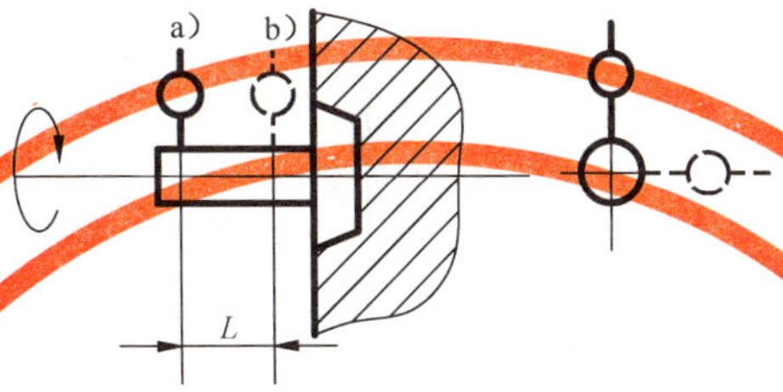

允差

最大工件直径	≤320	>320～500	>500～800	>800～1 250	>1 250～1 600	>1 600～2 500
L	150	150	150	150	300	300
允差	a） 0.003 b） 0.005	a） 0.004 b） 0.006	a） 0.005 b） 0.007	a） 0.006 b） 0.008	a） 0.007 b） 0.011	a） 0.008 b） 0.013

检验工具

检验棒、指示器

检验方法（按 GB/T 17421.1—1998 中 5.6.1.2.3 的规定）

在工件主轴孔内插入或安装检验棒，固定指示器，使其测头触及检验棒的圆柱面 a）、b）两处，旋转主轴检验。拔出检验棒，并相对主轴锥孔转 90°，重新插入检验，依次检验，共四次。

a）、b）值分别计算，误差以指示器四次读数的平均值计。

在相互垂直的两平面内均应检验

检验项目	G6

工件主轴轴线对 Z 轴纵向移动的平行度：

a) 芯棒的上母线；

b) 芯棒的侧母线

简图

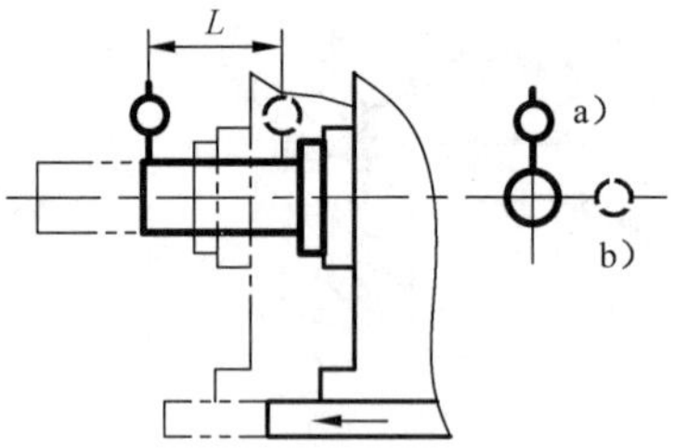

允差

最大工件直径	≤320	>320～500	>500～800	>800～1 250	>1 250～1 600	>1 600～2 500
L	150	200	250	300	350	350
允差	a)和 b)					
	0.010	0.015	0.020	0.025	0.030	0.035

检验工具

检验棒、指示器

检验方法(按 GB/T 17421.1—1998 中 5.4.1.2 的规定)

在工件主轴孔内插入或安装检验棒，调整回转台，使 B 轴归零。

固定指示器，使其测头触及检验棒的上母线，移动工件箱滑台检验垂直面的平行，使其测头触及检验棒的侧母线，移动工件箱滑台检验水平面的平行。

将工件主轴连同检验棒旋转 180°，再测量一次。

a)、b)值分别计算，误差以两次测量的代数和的一半计

检验项目	G7

砂轮主轴轴线对工件箱滑台纵向移动的平行度：

a） 芯棒的上母线；

b） 芯棒的侧母线

简图

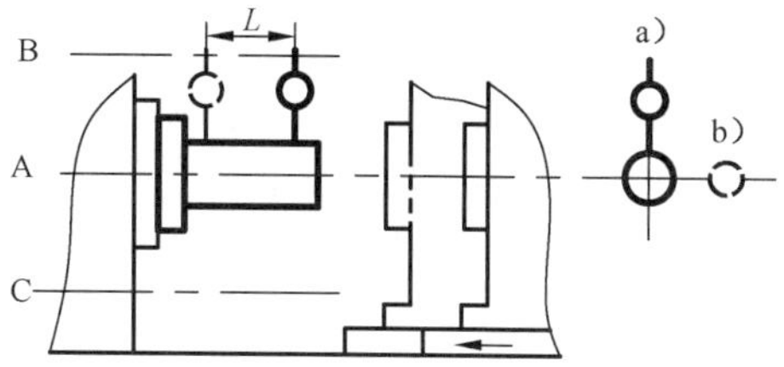

允差

最大工件直径	≤320	>320～500	>500～800	>800～1 250	>1 250～1 600	>1 600～2 500
L	150	200	300	300	350	350
允差	a）和 b）					
	A 0.012 B 及 C 0.016	A 0.020 B 及 C 0.025	A 0.025 B 及 C 0.030	A 0.030 B 及 C 0.035	A 0.035 B 及 C 0.040	A 0.040 B 及 C 0.045

检验工具

检验棒、指示器

检验方法（按 GB/T 17421.1—1998 中 5.4.2.3 的规定）

在砂轮主轴法兰端面上安装检验棒，使其轴线与砂轮主轴轴线重合。在工件箱滑台上固定指示器，使其测头触及检验棒的上母线，移动工件箱滑台检验垂直面的平行，使其测头触及检验棒的侧母线，移动工件箱滑台检验水平面的平行。

将砂轮主轴连同检验棒回转 180°，再测量一次。

a）、b）的误差分别计算，误差值以两次测量结果的代数和之半计。

A 点为砂轮主轴中心与工件主轴中心等高时的零点位置，B 点为砂轮主轴上移的极限工作位置，C 点为砂轮主轴下移的极限工作位置，三个位置分别进行检验

检验项目 | G8

砂轮主轴轴线与工件主轴轴线的重合度：

a) 靠近工件主轴处；

b) 距工件主轴 L 处

简图

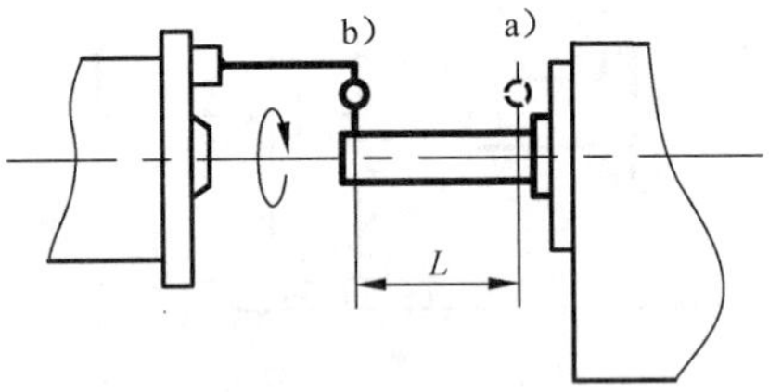

允差

最大工件直径	≤320	>320～500	>500～800	>800～1 250	>1 250～1 600	>1 600～2 500
L	150	150	150	150	300	300
允差	a) 0.025 b) 0.008	a) 0.030 b) 0.010	a) 0.040 b) 0.012	a) 0.050 b) 0.015	a) 0.070 b) 0.025	a) 0.080 b) 0.030

检验工具

检验棒、指示器

检验方法(按 GB/T 17421.1—1998 中 5.4.4.2 的规定)

调整回转台，使工件主轴轴线与工件箱滑台导轨平行。移动砂轮主轴箱，使砂轮主轴中心线与工件主轴中心线同轴。

将检验棒插入工件主轴孔中，在砂轮主轴端面固定指示器，使其测头触及检验棒圆柱面 b)点，旋转砂轮主轴、移动砂轮箱中心，校验使指示器跳动量为最小、能调出的最小跳动值即为 b)点测量值；测头触移至 a)点、旋转砂轮主轴，检出 a)点的跳动值即为 a)点测量值。

然后，将工件主轴连同检验棒旋转 180°，再以同样方法再测量一次。

a)、b)的误差分别计算，误差值以两次测量结果的代数和之半计

检验项目	G9

砂轮主轴箱水平移动对 Z 轴导轨的垂直度：

a） 靠近方箱的端部处；

b） 距方箱的端部 L 处

简图

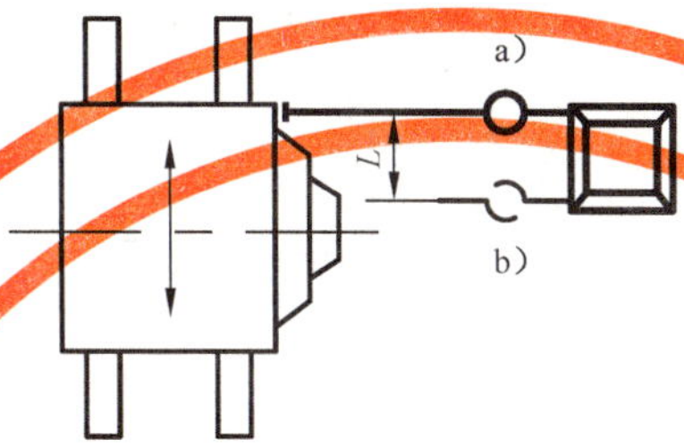

允差

最大工件直径	≤320	＞320～500	＞500～800	＞800～1 250	＞1 250～1 600	＞1 600～2 500
L	150	200	200	250	250	300
允差	a）和 b）					
	0.010	0.020	0.030	0.040	0.050	0.060

检验工具

检验方箱、指示器

检验方法（按 GB/T 17421.1—1998 中 5.5.2 的规定）

将检验方箱水平置于回转台底座的上工作面上，用指示器调整方箱的一边与工件箱导轨精确地平行，将指示器固定在砂轮主轴箱上，使测头触及方箱的另一边，水平移动砂轮主轴箱，在 a）、b）两点处检验。

误差以指示器读数的最大差值计

检验项目	G10

砂轮主轴箱垂直移动对工件箱滑台导轨的垂直度：

a） 靠近方箱的端部；

b） 距方箱的端部 L 处

简图

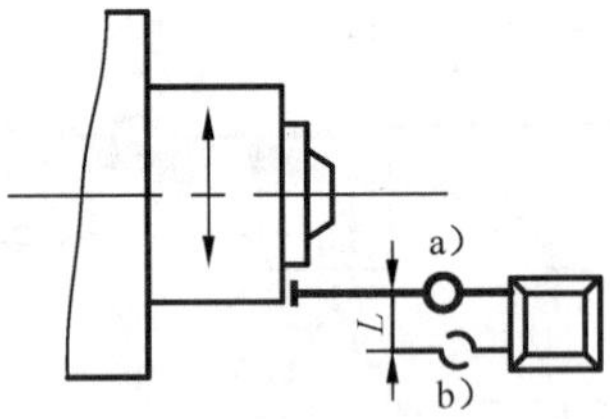

允差

最大工件直径	≤320	>320～500	>500～800	>800～1 250	>1 250～1 600	>1 600～2 500
L	150	200	200	250	250	300
允差	a)和 b)					
	0.010	0.020	0.030	0.040	0.050	0.060

检验工具

检验方箱、指示器

检验方法(按 GB/T 17421.1—1998 中 5.5.2 的规定)

将检验方箱垂直置于回转台底座的上工作面上，并使方箱的上侧面与工件箱滑台导轨平行。将指示器固定在砂轮主轴箱上，使其测头触及方箱的垂直面上，垂直移动砂轮主轴箱，在 a)、b)处检验。

误差以指示器读数的最大差值计

检验项目	G11

砂轮主轴轴线对砂轮主轴箱水平移动的等高度：

a） 靠近主轴端部；

b） 距主轴端部 L_1 处

简图

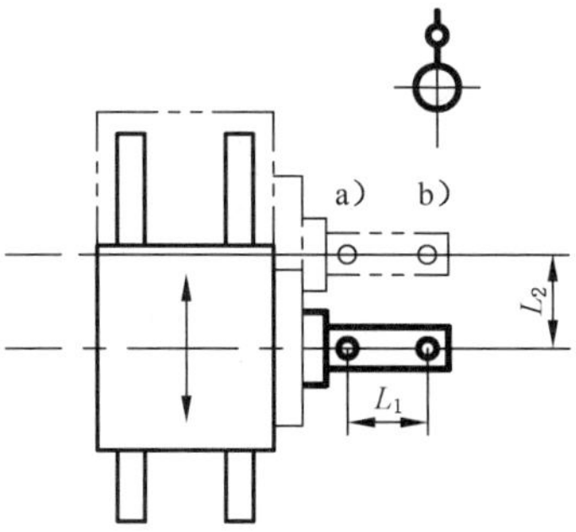

允差

最大工件直径	≤320	>320～500	>50	>800～1 250	>1 250～1 600	>1 600～2 500
L_1	150	200	300	300	350	350
L_2	150	200	200	250	250	300
允差	a） 0.008 b） 0.012	a） 0.010 b） 0.015	a） 0.015 b） 0.020	a） 0.020 b） 0.025	a） 0.025 b） 0.030	a） 0.030 b） 0.040

检验工具

检验棒、指示器、平尺

检验方法(按 GB/T 17421.1—1998 中 5.4.3 的规定)

将检验棒装在砂轮主轴的法兰端面上，在床身或工件箱滑台上置一平尺和指示器，使指示器的测头触及检验棒的上母线，水平移动砂轮主轴箱，再沿平尺移动指示器，在 a)、b)两处进行检验。将砂轮主轴连同检验棒旋转 180°，再同样测量一次。

a)、b)的误差分别计算，误差值以两次测量结果的代数和之半计。

应在 X 轴 L_2 的行程下进行检验

检验项目	G12

砂轮修整器主轴的径向跳动：

a) 靠近主轴端部；

b) 距主轴端部 L 处

简图

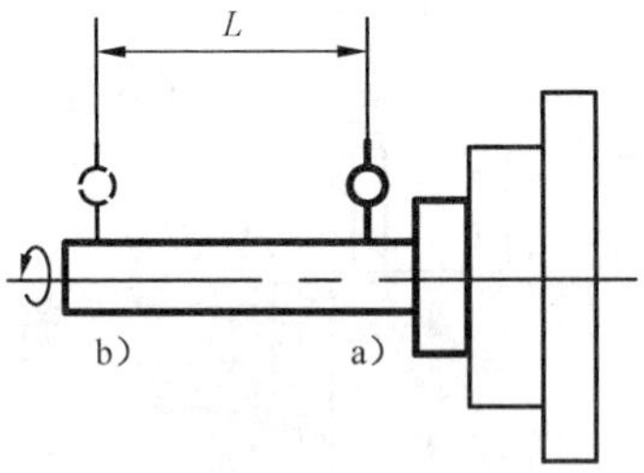

允差

最大工件直径	≤320	≤320～500	>500～800	>800～1 250	>1 250～1 600	>1 600～2 500
L	150	150	150	150	150	150
允差	a) 0.003 b) 0.005	a) 0.003 b) 0.005	a) 0.004 b) 0.006	a) 0.004 b) 0.006	a) 0.005 b) 0.007	a) 0.006 b) 0.008

检验工具

检验棒、指示器

检验方法(按 GB/T 17421.1—1998 中 5.6.1.2.3 的规定)

在砂轮修整器的转接盘上安装一根检验芯棒，使指示器的测头触及检验棒的圆柱表面 a)、b)两点，旋转主轴进行检验。

在 a)点和 b)点两处分别进行检测和计算。误差以指示器读数的最大差值计

检验项目	G13

砂轮修整器主轴轴线对工件箱滑台移动的平行度：

a) 芯棒的上母线；

b) 芯棒的侧母线

简图

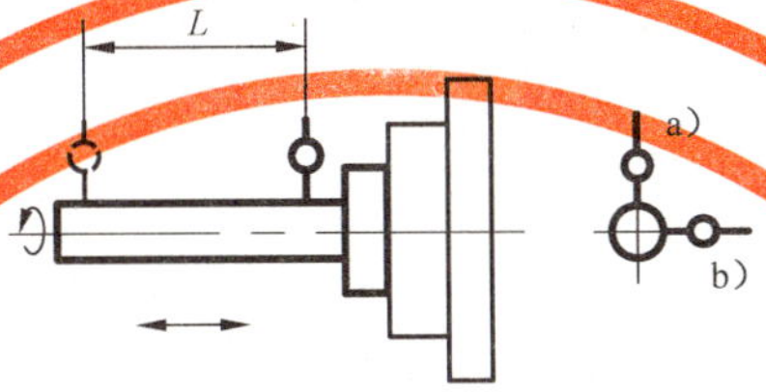

允差

最大工件直径	≤320	>320～500	>500～800	>800～1 250	>1 250～1 600	>1 600～2 500
L	150	150	150	150	150	150
允差	a)和 b)					
	0.005	0.006	0.008	0.010	0.012	0.016

检验工具

检验棒、指示器

检验方法(按 GB/T 17421.1—1998 中 5.4.1.2 的规定)

调整机床，使修整轮主轴和工件箱滑台移动方向平行。

在砂轮修整器的转接盘上安装一根检验棒，使指示器的测头触及检验棒的圆柱表面，移动工件箱滑台，在 L 行程长度范围内进行检验，上母线 a)和侧母线 b)分别进行检验和计算。误差以指示器读数的最大差值计

6 定位精度检验

检验项目	P1
线性轴线的： a) 单向定位精度 A↑或 A↓； b) 单向重复定位精度 R↑或 R↓； c) 反向差值 B	

简图

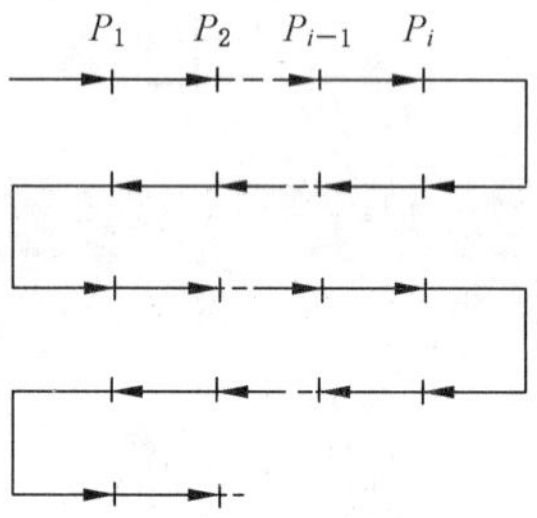

允差

轴线的测量行程	≤500	>500～800	>800～1 250	>1 250～2 000
单向定位精度 A↑或 A↓	0.008	0.010	0.012	0.015
单向重复定位精度 R↑或 R↓	0.006	0.008	0.010	0.013
反向差值 B	0.004	0.005	0.007	0.007

检验工具

激光干涉仪，或具有类似精度的其他测量系统

检验方法(按 GB/T 17421.2—2000 中 4.3.2 的规定)

在检验过程中，三个基本线性轴线中的非检验轴线的运动部件，应尽可能置于其工作行程的中间位置，否则应置于影响测量偏差最小的位置处。

当使用激光测量装置时，反射镜应置于能随测量轴运动的部件上，干涉镜应固定置于机床内，激光干涉仪应固定置于机床外。

检验程序和结果的表达应符合 GB/T 17421.2—2000 中第 4 章、第 5 章和第 7 章的有关规定

检验项目	P2

工件主轴及根锥角调整回转轴线的：

a） 单向定位精度 A↑或 A↓；

b） 单向重复定位精度 R↑或 R↓；

c） 反向差值 B

简图

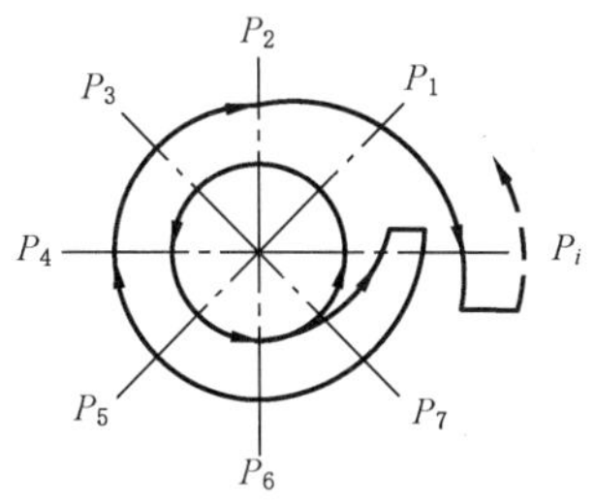

允差

单向定位精度 A↑或 A↓	10″
单向重复定位精度 R↑或 R↓	5″
反向差值 B	4″

检验工具

带分度工作台的激光角度干涉仪、带多角棱镜的自准直仪，或具有类似精度的其他测量系统

检验方法（按 GB/T 17421.2—2000 中 4.3.4 的规定）

在检验过程中，非检验坐标上的运动部件，应尽可能置于其工作行程的中间位置，否则应置于影响测量偏差最小的位置处。

当使用激光测量装置时，反射镜应置于能随测量轴转动的部件上，干涉镜应固定置于机床内，激光干涉仪应固定置于机床外。

检验程序和结果的表达应符合 GB/T 17421.2—2000 中第 4 章、第 5 章和第 7 章的有关规定

7 工作精度检验

检验项目	M1
精磨螺旋锥齿轮，检验： a） 齿距累积公差 F_p； b） 齿距极限偏差 $\pm f_{pt}$	
试件材料和尺寸 a） 试件材料：由制造厂确定； b） 试件直径：$d=(0.5\sim0.75)d_1$； c） 试件模数：$m=(0.6\sim0.75)m_1$。 d_1 为机床最大工件直径，m_1 为机床最大加工模数	
磨削条件 砂轮、磨削规范及其他条件由制造厂确定，试件齿坯按设计规定	
允差（μm） a） $F_p=2\sqrt{d}+4$； b） $f_{pt}=0.4m+0.25\times0.4\sqrt{d}+5$	
检验工具 齿距仪	
检验方法 在机床上精磨齿轮后，按 GB/T 11365—1989 的规定，在齿面中点用齿轮测量仪进行检验	

ICS 25.060.20
J 52

中华人民共和国国家标准

GB/T 31559—2015

工具柄用1：10锥柄的弹簧夹头 弹簧夹头、锥柄座、螺母

Collets for tool holders with taper ratio 1 ∶ 10— Collets, holders, nuts

(ISO 10897:1996,MOD)

2015-05-15 发布　　2016-01-01 实施

中华人民共和国国家质量监督检验检疫总局
中国国家标准化管理委员会　发布

前　言

本标准按照 GB/T 1.1—2009 给出的规则起草。

本标准使用重新起草法修改采用 ISO 10897:1996《工具柄用 1∶10 锥柄的弹簧夹头　弹簧夹头、锥柄座、螺母》。

本标准与 ISO 10897:1996 的主要差异如下：

——删除了 ISO 10897:1996 的前言；

——将 ISO 2768-1:1989 改为国家标准 GB/T 1804—2000；

——表面粗糙度 Rz 值改为 Ra 值，Rz2.5 改为 Ra0.8，Rz6.3 改为 Ra1.6（见图 1、图 2 和图 4）；

——表 A.1 和表 A.2 中“0.8…1.3”等改为“0.8～1.3”（见附录 A）。

本标准由中国机械工业联合会提出。

本标准由全国金属切削机床标准化技术委员会（SAC/TC 22）归口。

本标准负责起草单位：烟台机床附件研究所、上海金玉篮精密机床配件有限公司、国家机床质量监督检验中心。

本标准主要起草人：时述庆、钱志明、张维。

工具柄用1∶10锥柄的弹簧夹头 弹簧夹头、锥柄座、螺母

1 范围

本标准规定了用于夹持圆柱工具柄的弹簧夹头、锥柄座和螺母的尺寸、材料、技术要求和标记。对不符合本标准的弹簧夹头，例如图纸另行规定的夹头，由供需双方协商决定。

A型用于夹持偏差范围为h10的情况。

B型用于无横向切削载荷的情况。

2 规范性引用文件

下列文件对于本文件的应用是必不可少的。凡是注日期的引用文件，仅注日期的版本适用于本文件。凡是不注日期的引用文件，其最新版本(包括所有的修改单)适用于本文件。

GB/T 1804—2000 一般公差 未注公差的线性和角度尺寸的公差(eqv ISO 2768-1:1989)

3 尺寸

弹簧夹头、锥柄座和螺母不必与图1～图4相符；仅图中给定的尺寸应一致。

一般公差应符合GB/T 1804—2000中的m级。

3.1 弹簧夹头

见图1、图2和表1。

公差为毫米

表面粗糙度为微米

其余 2.5

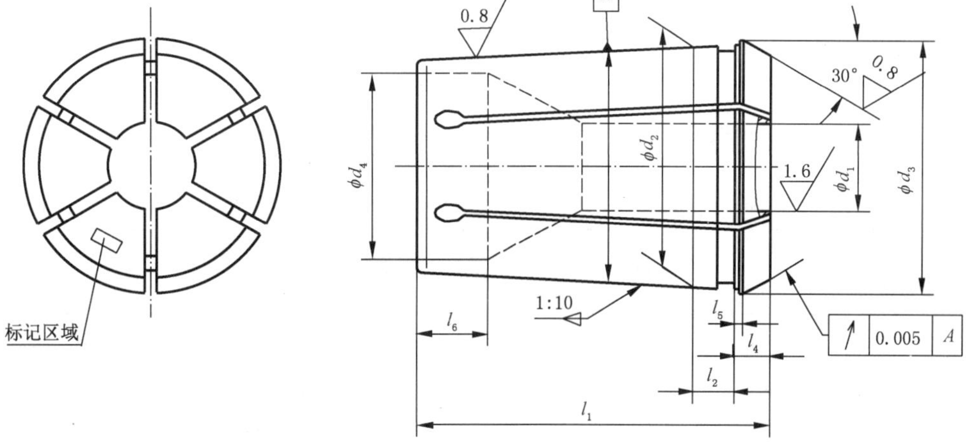

图1 A型弹簧夹头 单侧开槽，短夹持内孔

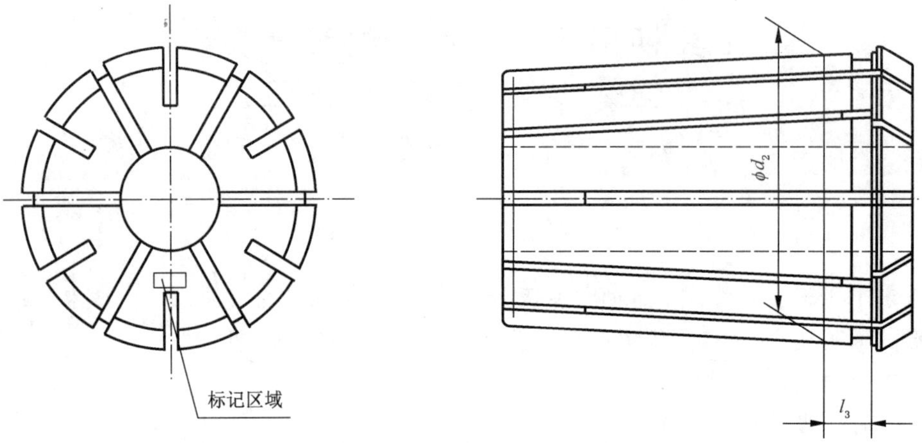

注：其他尺寸及公差同 A 型。

图 2　B 型弹簧夹头　双侧开槽，直通式夹持内孔

表 1　弹簧夹头尺寸

单位为毫米

公称尺寸	d_1 H7				d_2	$d_{3\ -0.05}^{\ \ 0}$	$d_{4\ \ 0}^{+0.1}$	l_1	l_2	l_3	$l_{4\ -0.1}^{\ \ 0}$	l_5	$l_6 \pm 0.2$
	A 型[a]		B 型[b]										
	公称直径												
	从（含）	至（含）	从（含）	至（含）									
6	1	6	—	—	10.0	11.5	7	21	4	—	3.5	0.5	6
8	1	8	—	—	12.65	14.5	8.8	26	4.5	—	4	0.8	7
10	1	10	—	—	15.15	17.2	10.2	30	4.5	—	4.5	0.8	6.5
12	1	12	—	—	17.75	19.8	12.3	34	4.5	—	5	1.1	8
16	2	16	5	16	22.65	25.5	16.1	40	5.5	9.5	5.5	1.2	10
20	2	20	6	20	27.4	29.8	20.3	45	6	10	6	1.35	10
25	2	25	6	25	32.9	35.05	25.1	52	6	10	6	1.4	11
32	4	32	10	32	41.3	43.7	32.1	60	7	11	6	1.45	12
40	6	29.5	30	40	49.7	52.2	39.5	68	8	12	6	1.45	13.5
50	8	29.5	30	50	61.1	63.8	49.5	80	9	13	7	1.55	17

[a] 夹持偏差范围 h10。

[b] 夹持偏差范围 $_{-0.5}^{\ \ 0}$。

3.2　锥柄座

见图 3 和表 2。

公差为毫米

表面粗糙度为微米

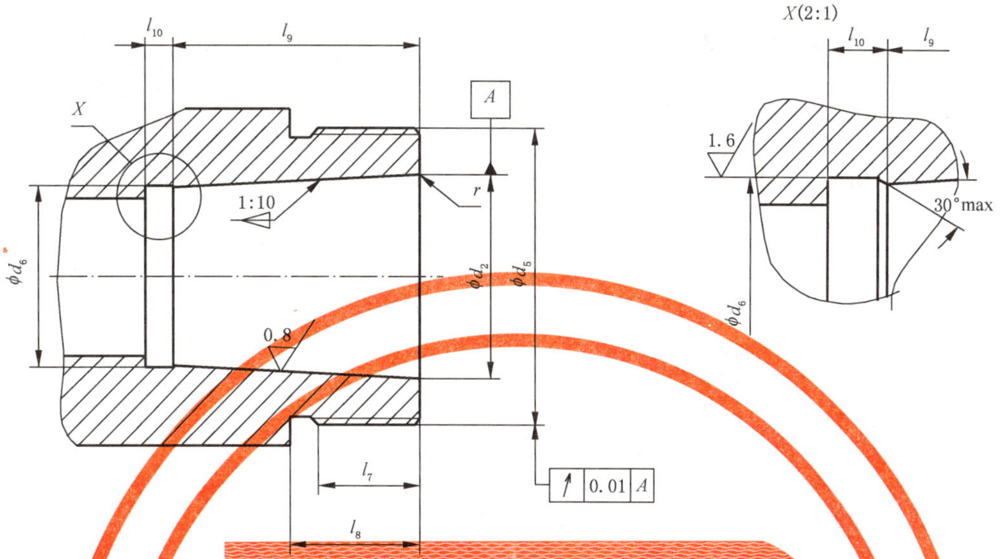

图 3 C-锥柄座

表 2 锥柄座尺寸

单位为毫米

公称尺寸	6	8	10	12	16	20	25	32	40	50
d_2 H7	10	12.65	15.15	17.75	22.65	27.4	32.9	41.3	49.7	61.1
d_5 6g	M14×1	M20×1.5	M22×1.5	M27×1.5	M33×1.5	M42×2	M48×2	M60×2.5	M68×2.5	M80×2.5
d_6 $^{+0.5}_{0}$	8.5	10.8	12.9	15.1	19.6	23.9	28.7	36.4	44.1	54.5
l_7	8	10	10	11	15	16	18	21	24	27
l_8	11	15	15	16	18	22	24	27	30	33
l_9	16	20	24	28	32	36	43	51	59	69
l_{10}	3	3	4	4	5	5	5	6	6	6
r	0.5	0.5	0.6	0.6	1	1	1	1.6	1.6	1.6

3.3 螺母

见图 4 和表 3。

公差为毫米

表面粗糙度为微米

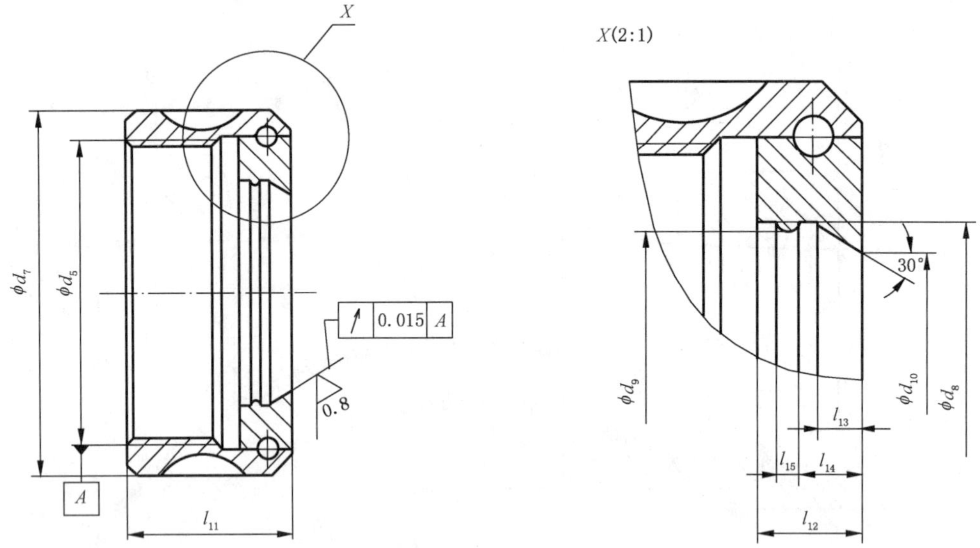

图 4　D-螺母

表 3　螺母尺寸

单位为毫米

公称尺寸	6	8	10	12	16	20	25	32	40	50
d_5　6H	M14×1	M20×1.5	M22×1.5	M27×1.5	M33×1.5	M42×2	M48×2	M60×2.5	M68×2.5	M80×2.5
d_7	18	26	30	35	43	50	60	72	85	100
d_8　${}^{+0.1}_{0}$	11.6	15.1	18	20.3	25.8	30.2	35.6	44.3	53.1	64.7
d_9　${}^{+0.1}_{0}$	10.9	13.85	16.4	19.0	24.6	28.7	33.8	42.5	51.0	62.6
d_{10}	7.7	10.7	12.8	15.2	20.2	24.1	29.7	38.5	46.6	57
l_{11}	14	19	19	20	24	28	30	33.5	37	43
l_{12}	5.2	5.75	6.05	6.75	9	10	10.5	10.5	11	13
l_{13}	2.5	2.5	2.8	3	4	4.5	4.5	4.5	4.5	5
l_{14}　${}^{+0.1}_{0}$	4	4.25	4.55	5.25	5.65	6.35	6.3	6.3	7	8.25
l_{15}　${}^{+0.05}_{0}$	1.2	1.5	1.5	1.5	1.5	1.5	2	2	2	2.5

3.4　弹簧夹头径向跳动公差

表 4 规定了弹簧夹头的跳动公差。在弹簧夹头孔内插入检验棒检测，见图 5。

检验棒直径为弹簧夹头的公称直径。

检验棒要求：

a）　直径公差：6 h；

b）　圆柱度：0.002 mm；

c）　直线度：0.002 mm；

d） 圆度：0.002 mm；

e） 表面无纵向痕；

f） 最大表面粗糙度 $Ra=0.8\ \mu m$；

g） 表面硬度：(58^{+3}_{0})HRC。

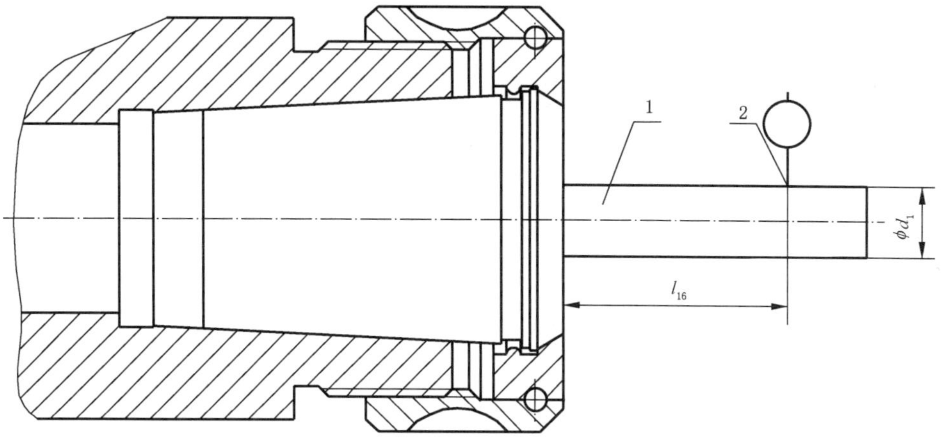

说明：

1——检验棒；

2——检测点。

图 5 径向跳动公差的检测

表 4 弹簧夹头径向跳动公差

单位为毫米

d_1 H7 公称直径		l_{16}	径向跳动公差[a]	
大于	至(含)		1 级	2 级
1(含)	1.6	6	0.010	0.015
1.6	3	10		
3	6	16		
6	10	25		
10	18	40	0.015	0.020
18	24	50		
24	30	60		
30	50	80	0.020	0.030

注：径向跳动为 1 级的夹头应用时，须注意系统精度(机床主轴、锥柄座、弹簧夹头和刀具)。

[a] 标准夹头径向跳动一般规定为 2 级，1 级按需求特殊提供，见 5.1。

4 材料

4.1 弹簧夹头

选用的钢材抗拉强度应不低于 700 N/mm^2。

4.2 螺母

钢材由制造者选用。

5 技术要求

5.1 弹簧夹头

A 型：夹持孔和圆锥部位硬度为(56^{+4}_{0})HRC。

B 型：夹持孔和圆锥部位硬度为(44^{+4}_{0})HRC。

圆锥公差：AT3，见表 A.1。

径向跳动公差：一般规定为 2 级。

5.2 锥柄座

圆锥孔硬度(58^{+4}_{0})HRC。

圆锥公差：AT4，见表 A.2。

5.3 螺母

由制造者自行规定。

6 标记

6.1 弹簧夹头

符合本标准的弹簧夹头标记含有以下内容：

a） 弹簧夹头；

b） 本标准号；

c） 型式(A 或 B)；

d） 公称尺寸；

e） 公称直径 d_1，单位为毫米(mm)；

f） 径向跳动为 1 级的等级代号 CI1。

示例 1：A 型，公称尺寸 32，公称直径 d_1=10 mm 的弹簧夹头标记为：

弹簧夹头 GB/T 31559-A 32×10

示例 2：A 型，公称尺寸 32，公称直径 d_1=10 mm，跳动公差 1 级的弹簧夹头标记为：

弹簧夹头 GB/T 31559-A 32×10 CI1

6.2 锥柄座

符合本标准的锥柄座标记含有以下内容：

a) 锥柄座；

b) 本标准号；

c) 型式 C；

d) 公称尺寸。

示例：C 型，公称尺寸 32 的锥柄座标记为：

锥柄座 GB/T 31559-C 32

6.3 螺母

符合本标准的螺母标记含有以下内容：

a) 螺母；

b) 本标准号；

c) 型式 D；

d) 公称尺寸。

示例：D 型，公称尺寸 32 的螺母标记为：

螺母 GB/T 31559-D 32

6.4 检验棒

符合本标准的检验棒标记含有以下内容：

a) 检验棒；

b) 本标准号；

c) 直径 d_1，单位为毫米(mm)。

示例：直径 d_1=10 mm 的检验棒标记为：

检验棒 GB/T 31559-10

7 标志

符合本标准的弹簧夹头标志含有以下内容：

——公称直径；

——制造者名称或商标。

8 组装

见图 6 和表 5。

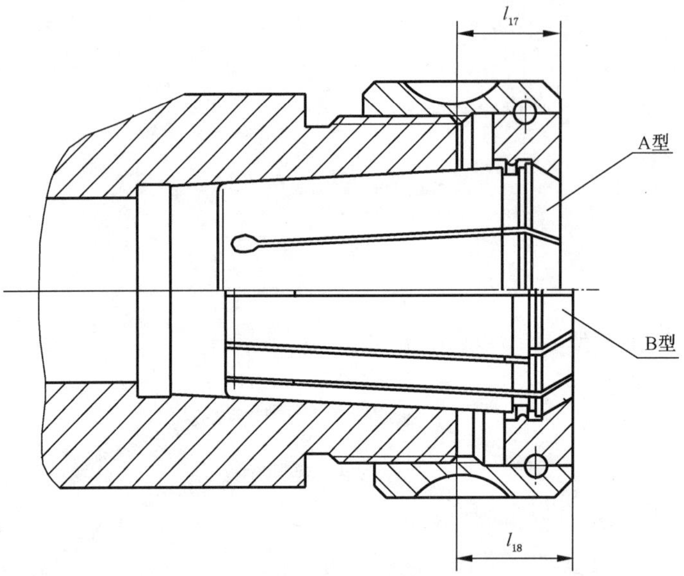

图6 组装实例

表5 尺寸

单位为毫米

公称尺寸	l_{17} max	l_{18} max
6	7.5	—
8	8.5	—
10	9	—
12	9.5	—
16	11	15
20	12	16
25	12	16
32	13	17
40	14	18
50	16	20

附 录 A
（规范性附录）
圆锥角度公差 AT3 和 AT4

本附录规定了 AT3 公差值(见表 A.1)和 AT4 公差值(见表 A.2)。

表 A.1 圆锥角度公差 AT3

圆锥长度范围 L mm		AT_α		AT_D[a]
大于	至	μrad	(″)	μm
6	10	125	26	0.8～1.3
10	16	100	21	1～1.6
16	25	80	16	1.3～2
25	40	63	13	1.6～2.5
40	63	50	10	2～3.2

[a] AT_D 的值由 AT_α 值和一定范围圆锥长度计算得出。

表 A.2 圆锥角度公差 AT4

圆锥长度范围 L mm		AT_α		AT_D[a]
大于	至	μrad	(″)	μm
6	10	200	41	1.3～2
10	16	160	33	1.6～2.5
16	25	125	26	2～3.2
25	40	100	21	2.5～4
40	63	80	16	3.2～5

[a] AT_D 的值由 AT_α 值和一定范围圆锥长度计算得出。

ICS 25.080.99
J 56

中华人民共和国国家标准

GB/T 31560.1—2015

卧式滚齿机 第1部分:精度检验

Horizontal hobbing machines—Part 1: Testing of the accuracy

2015-05-15 发布

2016-01-01 实施

中华人民共和国国家质量监督检验检疫总局
中国国家标准化管理委员会 发布

前　　言

GB/T 31560《卧式滚齿机》分以下两部分：

——第1部分：精度检验；

——第2部分：技术条件。

本部分为GB/T 31560的第1部分。

本部分按照GB/T 1.1—2009给出的规则起草。

本部分由中国机械工业联合会提出。

本部分由全国金属切削机床标准化技术委员会(SAC/TC 22)归口。

本部分起草单位：齐重数控装备股份有限公司、武汉重型机床集团有限公司。

本部分主要起草人：吴鹏、胡巍、伍竞平。

卧式滚齿机　第1部分:精度检验

1　范围

GB/T 31560 的本部分规定了一般用途和普通精度的卧式滚齿机的预调检验、几何精度、传动精度、工作精度检验及相应的公差。

本部分适用于最大工件直径 500 mm～2 000 mm,最大工件长度 2 000 mm～8 000 mm 的普通卧式滚齿机。

2　规范性引用文件

下列文件对于本文件的应用是必不可少的。凡是注日期的引用文件,仅注日期的版本适用于本文件。凡是不注日期的引用文件,其最新版本(包括所有的修改单)适用于本文件。

GB/T 17421.1—1998　机床检验通则　第1部分:在无负荷或精加工条件下机床的几何精度

3　轴线运动坐标的代号和方向

3.1　轴线的代号

轴线运动坐标代号见图1。

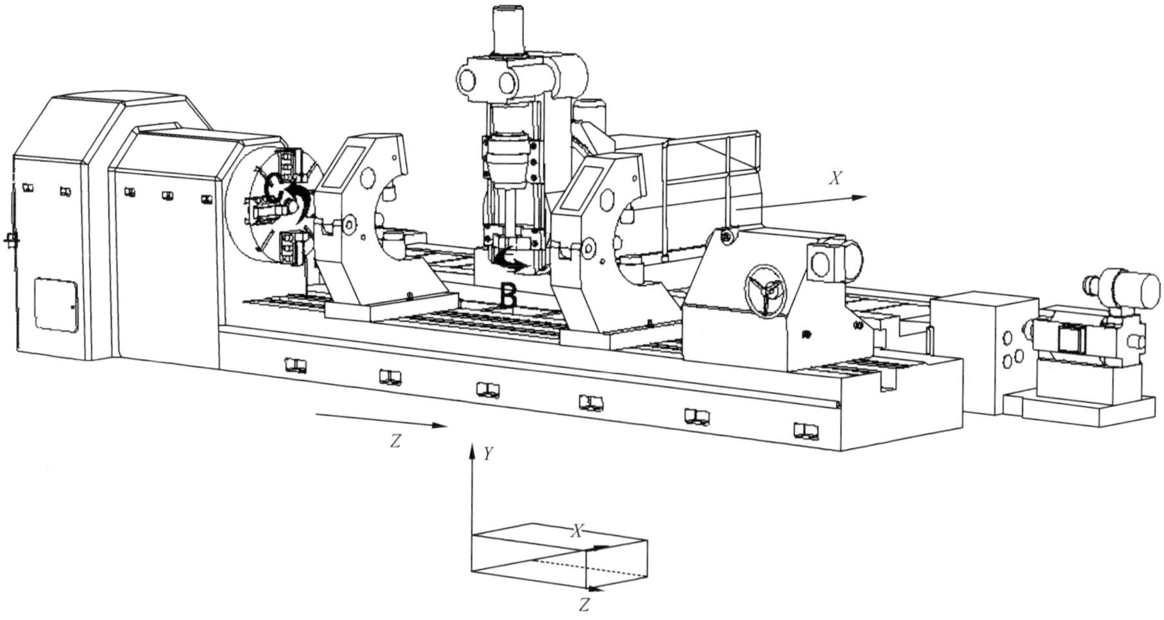

图1

3.2　轴线移动的方向

本部分中平行于床身导轨(Z 轴)移动的方向称为纵向;垂直于床身导轨(X 轴)移动的方向称为 Y 向。

4 符号

4.1 参考工件

d_{u1}——参考工件①分度圆直径；
m_{u1}——参考工件①端面模数；
Z_{u1}——参考工件①齿数；
d_{u2}——参考工件②分度圆直径；
m_{u2}——参考工件②端面模数；
Z_{u2}——参考工件②齿数。

4.2 试件

d_{p1}——试件①分度圆直径；
m_{p1}——试件①法向模数；
Z_{p1}——试件①齿数；
b_{p1}——试件①齿宽；
d_{p2}——试件②分度圆直径；
m_{p2}——试件②法向模数；
Z_{p2}——试件②齿数；
β_{p2}——试件②螺旋角；
b_{p2}——试件②齿宽。

4.3 机床规格

D_a——机床最大工件直径；
m——机床最大模数。

4.4 机床精度或试件精度

f_{dL}——角度传动误差的低频部分；
f_{dk}——角度传动误差的高频部分；
f_{xL}——轴向线性传动误差的低频部分；
f_{xk}——轴向线性传动误差的高频部分；
Δf_{pt}——齿距偏差；
ΔF_p——齿距累积总误差；
ΔF_β——齿线(齿向)总误差；
Δf_{px}——轴向齿距偏差。

5 一般要求

5.1 计量单位

本部分中所有线性尺寸及相应公差，均用毫米(mm)为单位表示；角度公差主要用比值表示，根据需要也可用[角]秒(″)表示。

5.2 执行标准

使用本部分时应按照GB/T 17421.1—1998,尤其是机床检验前的安装,主轴和其他运动部件的空运转升温、检验方法和检验工具的推荐精度。

5.3 检验顺序

本部分所给出的检验项目的顺序并不表示实际检验顺序。为了使装拆检验工具和检验方便,可按任意次序进行检验。

5.4 检验项目

检验机床时,根据结构特点并不是必须检验本部分中的所有项目。为了验收目的而要求检验时,可由用户取得制造厂同意选择一些感兴趣的检验项目,但这些检验项目必须在机床订货时明确提出。

5.5 检验工具

本部分所规定的检验工具仅为示例,可以使用相同指示量和具有至少相同精度的其他检验工具。指示器应具有0.001或更高的分辨率。

5.6 预调检验

预调检验只在装配或用户安装调平中检验,在负荷试验后不再复检。

5.7 工作精度检验

工作精度检验应在精滚后进行。因为粗滚易产生很大的切削力,故不在粗滚时进行。

5.8 最小公差

当实测长度与本部分规定的长度不同时,公差应根据GB/T 17421.1—1998中2.3.1.1进行折算,公差最小折算值为0.005。

6 预调检验

检验项目 | G01

床身导轨在垂直平面内的直线度

简图

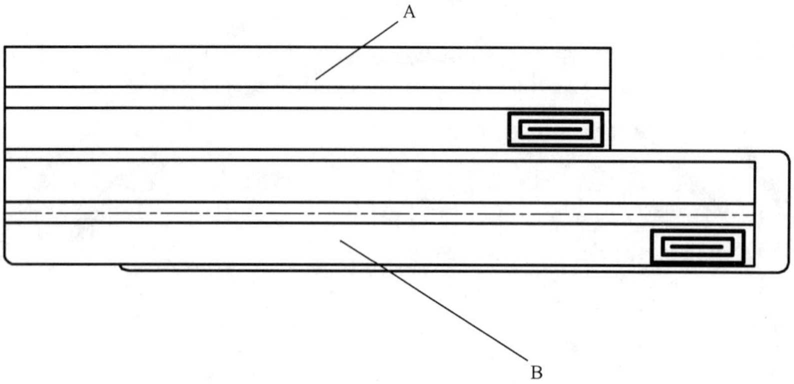

公差

最大工件长度		
≤3 150	≤5 000	≤8 000
0.030	0.035	0.040

（只许凸）

局部公差:在任意 500 测量长度上为 0.010

检验工具

精密水平仪、检具或光学测量仪器

检验方法（按 GB/T 17421.1—1998 中 5.2.1.2.2 的规定）

在刀架床身 A 和工件床身 B 的导轨上分别放置一检具(跨距 500)，水平仪纵向置于检具上，移动检具，每隔 500 记录一次读数。在导轨全长上检验，并画出导轨的误差曲线。

全长误差以曲线上各点相对其两端点连线间坐标值的最大差值计。

局部误差以任意局部测量长度上相邻两点对其相应曲线两端点连线间坐标值的最大差值计。

（也可将水平仪直接放在导轨上进行检验）

检验项目	G02
床身导轨在垂直平面内的角度偏差(俯仰)	

简图

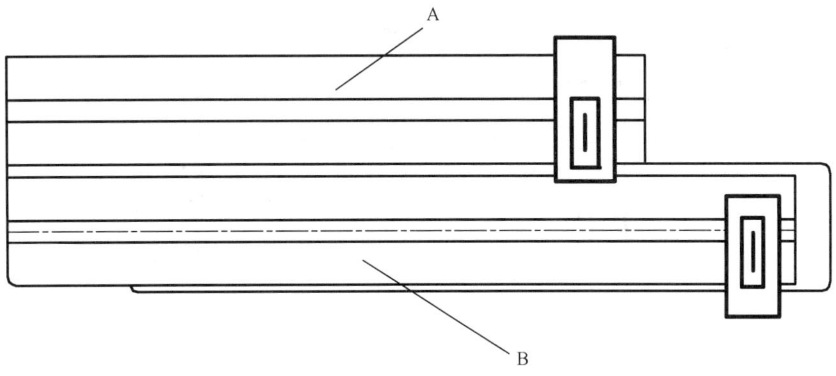

公差

0.030/1 000

检验工具

精密水平仪、平尺

检验方法(按 GB/T 17421.1—1998 中 5.2.3.1.3 和 5.2.3.2.2 的规定)

在刀架床身 A 和工件床身 B 的导轨上分别横向放置一平尺,水平仪置于平尺上。移动平尺,每隔 500 记录一次读数。在导轨全长上检验。

误差以水平仪读数的最大差值计

检验项目	G03
床身导轨在水平面内的直线度	

简图

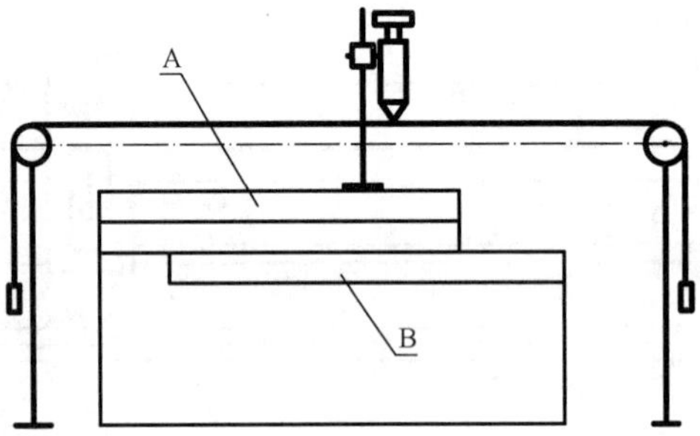

公差

最大工件长度		
≤3 150	≤5 000	≤8 000
0.030	0.040	0.050

局部公差:任意500测量长度上为0.010

检验工具

专用检具、钢丝和显微镜、或光学测量仪器

检验方法(按GB/T 17421.1—1998中5.2.1.2.1.2的规定)

在平行于刀架床身导轨A、工件床身导轨B的位置上,各绷紧一根钢丝,将显微镜分别固定在刀架床身、工件床身的检具上,调整钢丝,使显微镜在钢丝两端的读数相等。移动专用检具,每隔500记录一次读数,在导轨全长上检验。

全长误差以显微镜读数的最大差值计。

局部误差以任意相邻两点显微镜读数的最大差值计

7 几何精度检验

7.1 刀架

检验项目 G1

刀架纵向移动在垂直平面内的直线度

简图

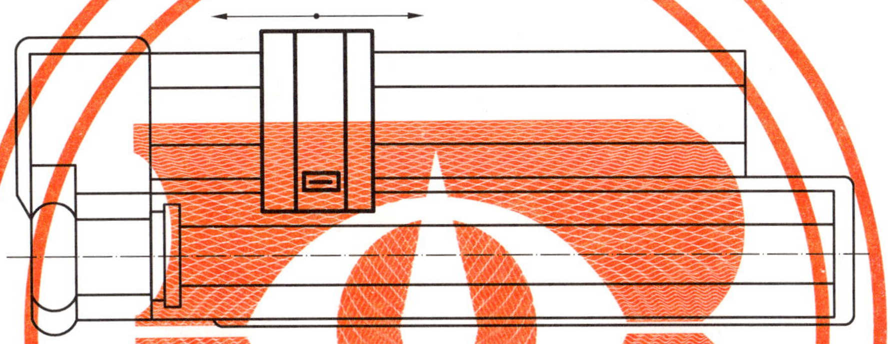

公差

最大工件长度		
≤3 150	≤5 000	≤8 000
0.030	0.035	0.040

（只许凸）

局部公差：在任意 500 测量长度上为 0.010

检验工具

精密水平仪、或光学测量仪器

检验方法（按 GB/T 17421.1—1998 中 5.2.1.2.2 的规定）

在刀架上靠近前导轨处，纵向放置一水平仪。移动刀架，每隔 500 记录一次读数。在全行程上检验，并画出导轨的误差曲线。

全长误差以曲线上各点相对其两端点连线间坐标值的最大差值计。

局部误差以任意局部测量长度上相邻两点对其相应曲线两端点连线间坐标值的最大差值计

检验项目	G2
刀架移动在垂直平面内的角度偏差(俯仰)	

简图

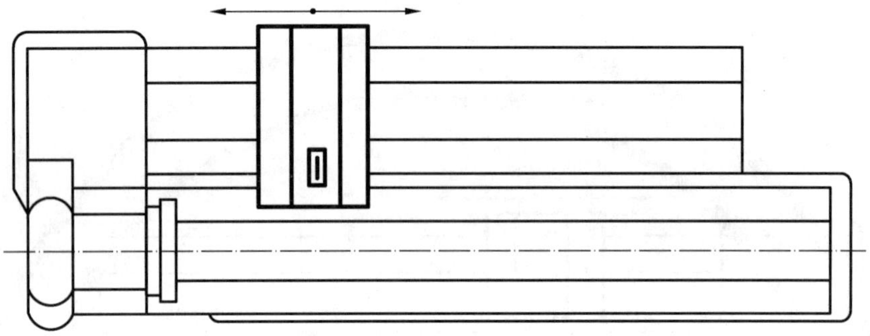

公差

0.030/1 000

检验工具

精密水平仪

检验方法(按 GB/T 17421.1—1998 中 5.2.3.1.3 和 5.2.3.2.2 的规定)

在刀架上,横向放置一水平仪。移动刀架,每隔 500 记录一次读数。在全行程上检验。

误差以水平仪读数的最大差值计

检验项目 刀架移动在水平面内的直线度	G3

简图

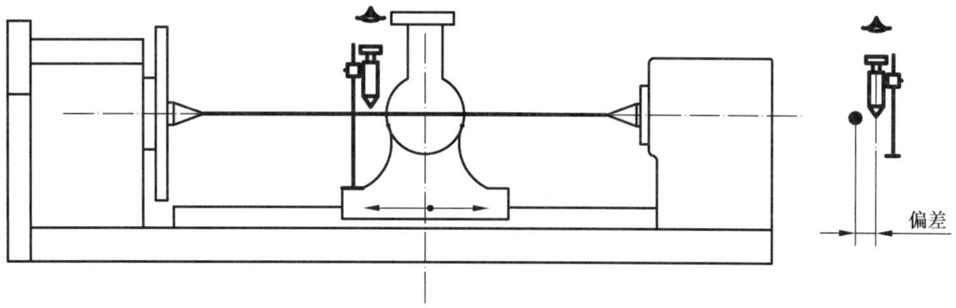

公差

最大工件长度		
≤3 150	≤5 000	≤8 000
0.030	0.040	0.050

局部公差:在任意500测量长度上为0.010

检验工具

钢丝、显微镜、或光学测量仪器

检验方法(按GB/T 17421.1—1998中5.2.1.2.3和5.2.3.2.3的规定)

在两顶尖间轴线所确定的水平面位置上,绷紧一根钢丝,将显微镜固定在刀架滑座上,调整钢丝,使显微镜在钢丝两端的读数相等。移动刀架,每隔500记录一次读数。在全行程上检验。

全长误差以显微镜读数的最大差值计。

局部误差以任意相邻两点显微镜读数的最大差值计。

(尽可能在两顶尖间轴线所确定的水平面内检验)

检验项目 | G4

刀架移动对工件床身导轨的平行度

简图

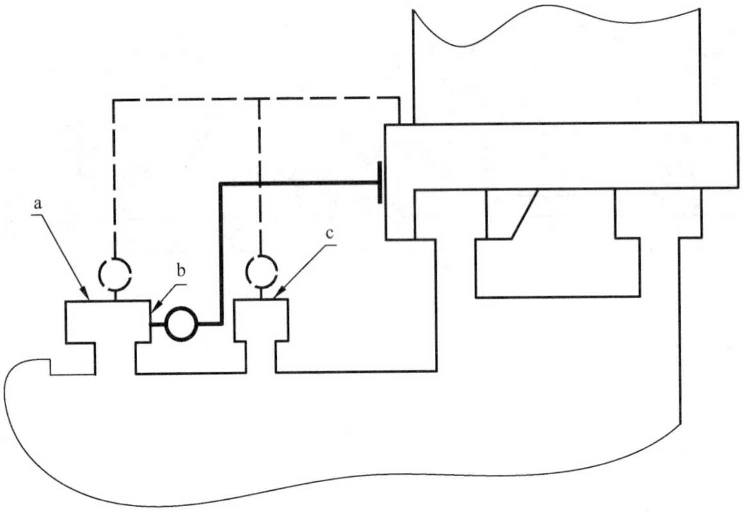

公差

最大工件长度		
≤3 150	≤5 000	≤8 000
0.030	0.040	0.050

局部公差:在任意 500 测量长度上为 0.010

检验工具

指示器

检验方法(按 GB/T 17421.1—1998 中 5.4.1.2.2 的规定)

指示器固定在刀架滑座上,使其测头分别触及 a、b、c 导轨面。移动刀架,每隔 500 记录一次读数。在全行程上检验。

全长误差以指示器读数的最大差值计。

局部误差以任意相邻两点指示器读数的最大差值计

7.2 工件主轴

检验项目	G5
工件主轴箱主轴锥孔轴线的径向跳动： a) 靠近主轴端面处； b) 距主轴端面 500 处	

简图

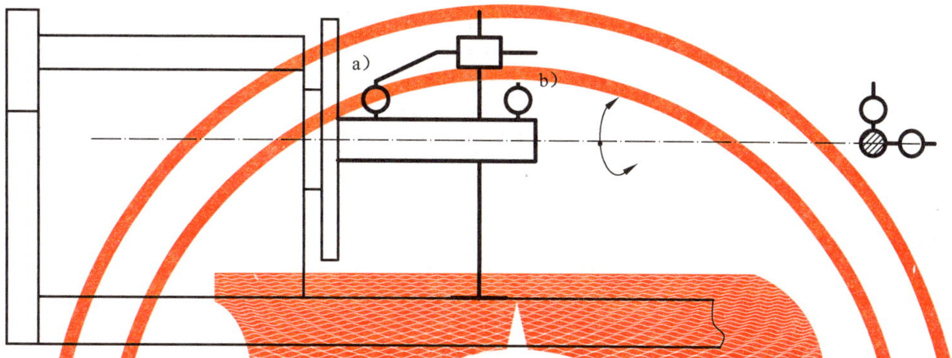

公差

	$D_a \leqslant 800$	$D_a \leqslant 1\ 250$	$D_a \leqslant 2\ 000$
a)	0.010	0.012	0.016
b)	0.020	0.025	0.030

其中 D_a 为最大工件直径

检验工具

指示器、检验棒

检验方法（按 GB/T 17421.1—1998 中 5.6.1.2.3 的规定）

将检验棒插入主轴锥孔内，固定指示器，使其测头触及检验棒的表面：a）靠近主轴端面处；b）距主轴端面 500 处，旋转主轴检验。

主轴正、反转均需检验。

拔出检验棒，相对主轴旋转 90°，重新插入主轴锥孔内，依次重复检验 3 次。

a）、b）误差分别计算。误差以 4 次测量读数的最大差值的平均值计。

（在垂直平面内和水平面内均应检验）

检验项目	G6

工件主轴箱主轴的轴向窜动

简图

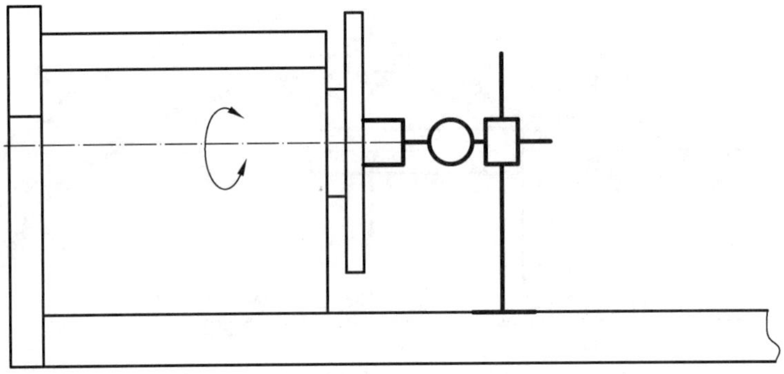

公差

$D_a \leqslant 800$	$D_a \leqslant 1\ 250$	$D_a \leqslant 2\ 000$
0.008	0.010	0.012

检验工具

指示器、检验棒、钢球

检验方法(按 GB/T 17421.1—1998 中 5.6.2.1.2 和 5.6.2.2.2 的规定)

固定指示器,使其测头触及插入主轴锥孔的检验棒端部的钢球表面,旋转主轴检验。

主轴正、反转均需检验。

误差以指示器读数的最大差值计

检验项目	G7

工件主轴箱主轴轴线对刀架移动的平行度：

a） 在垂直平面内；

b） 在水平面内

简图

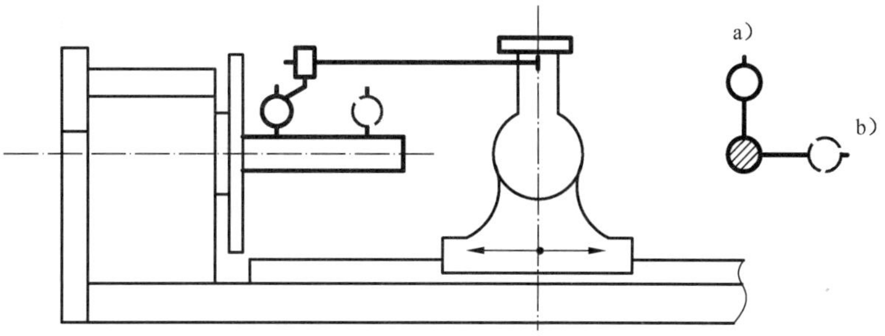

公差

测量长度为500		$D_a \leqslant 800$	$D_a \leqslant 1\ 250$	$D_a \leqslant 2\ 000$
	a)	0.016	0.016	0.020
	b)	0.020	0.020	0.025

a） 只许向上偏。

b） 只许向刀架一侧偏

检验工具

指示器、检验棒

检验方法（按 GB/T 17421.1—1998 中 5.4.2.2.3 的规定）

将检验棒插入主轴锥孔内，指示器固定在刀架上，使其测头触及检验棒表面：a)在垂直平面内；b)在水平面内，移动刀架检验。将主轴旋转 180°，再重复检验一次。

a)、b)误差分别计算。误差以两次测量读数的最大差值的平均值计

7.3 尾座

检验项目	G8
尾座心轴锥孔轴线的径向跳动： a) 靠近尾座心轴端面处； b) 距尾座心轴端面 500 处。 (本项检验仅适用于尾座心轴可旋转的机床)	

简图

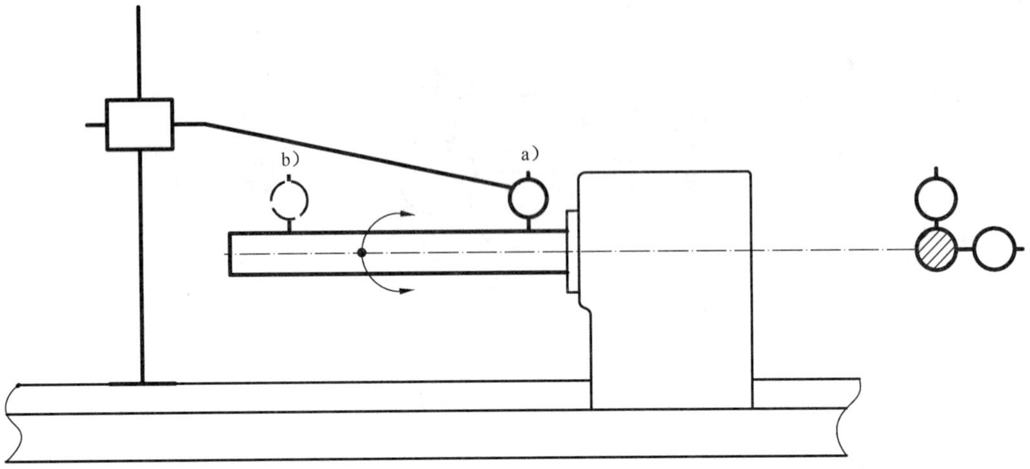

公差

	$D_a \leqslant 800$	$D_a \leqslant 1\ 250$	$D_a \leqslant 2\ 000$
a)	0.010	0.012	0.016
b)	0.020	0.025	0.030

检验工具

指示器、检验棒

检验方法(按 GB/T 17421.1—1998 中 5.6.1.2.3 的规定)

将检验棒插入尾座心轴锥孔内,固定指示器,使其测头触及检验棒的表面:a)靠近尾座心轴端面处;b)距尾座心轴端面 500 处,旋转心轴检验。

心轴正、反轴均需检验。

拔出检验棒,相对心轴旋转 90°,重新插入尾座心轴锥孔内,依次重复检验三次。

a)、b)误差分别计算。误差以四次测量读数的最大差值的平均值计。

(在垂直平面内和水平面内均应检验)

检验项目 | G9

尾座套筒轴线对刀架移动的平行度：

a) 在垂直平面内；

b) 在水平面内

简图

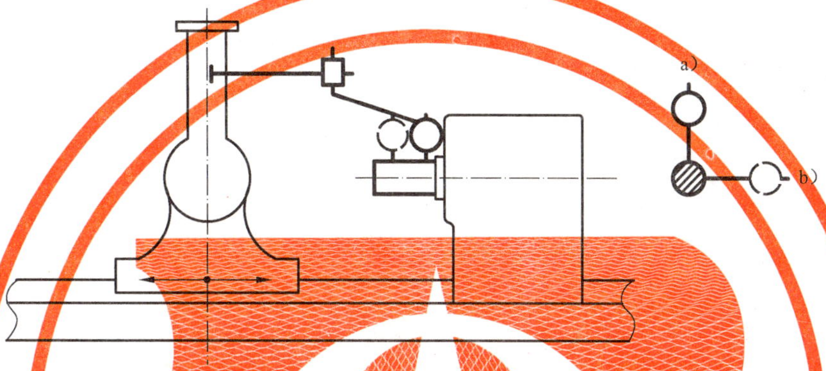

公差

测量长度为 200

	$D_a \leqslant 800$	$D_a \leqslant 1\ 250$	$D_a \leqslant 2\ 000$
a)和 b)	0.020	0.020	0.025

a)只许向上偏；b)只许向刀架一侧偏

检验工具

指示器

检验方法(按 GB/T 17421.1—1998 中 5.4.2.2.3 的规定)

尾座紧固在距工件主轴端约两倍滑座宽度处，尾座套筒伸出量约为最大伸出长度的一半，并锁紧。

指示器固定在刀架上，使其测头触及尾座套筒的表面上：a)在垂直平面内；b)在水平面内，移动刀架检验。

a)、b)误差分别计算，误差以指示器读数的最大差值计

检验项目	G10

尾座心轴轴线对刀架移动的平行度：

a） 在垂直平面内；

b） 在水平面内

简图

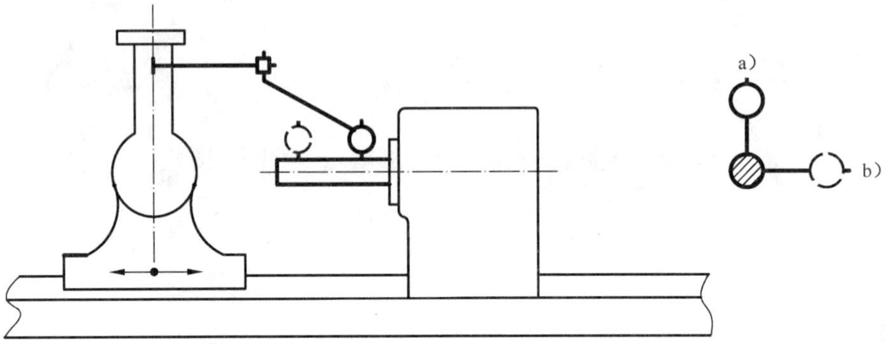

公差

测量长度为 500

	D_a≤800	D_a≤1 250	D_a≤2 000
a)	0.016	0.016	0.020
b)	0.020	0.020	0.025

a)只许向上偏；b)只许向刀架一侧偏

检验工具

指示器和检验棒

检验方法(按 GB/T 17421.1—1998 中 5.4.2.2.3 的规定)

尾座的位置同 G9，尾座套筒应退入尾座孔内，并锁紧。

将检验棒插入尾座心轴锥孔内，指示器固定在刀架上，使其测头触及检验棒表面：a)在垂直平面内；b)在水平面内，移动刀架检验。

将心轴旋转 180°(尾座心轴不能旋转的，则将检验棒拔出，检验棒旋转 180°，重新插入锥孔内)，再重复检验一次。

a)、b)误差分别计算；误差以两次测量结果的平均值计

7.4 顶尖

检验项目	G11
工件主轴箱与尾座两顶尖的等高度	
简图 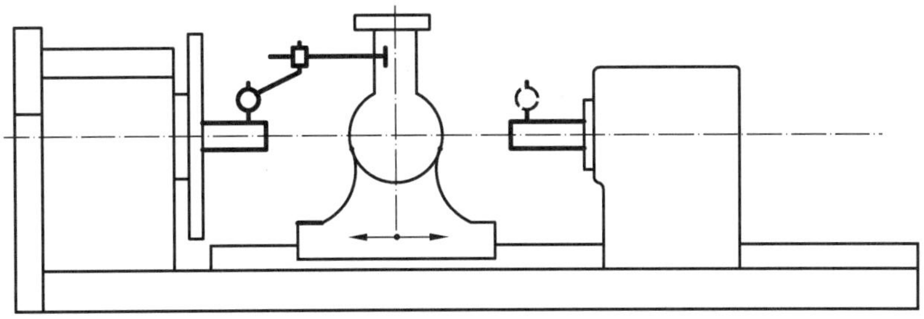	
公差 D_a≤800 0.020　D_a≤1 250 0.025　D_a≤2 000 0.030 只许尾座高	
检验工具 指示器和检验棒	
检验方法(按 GB/T 17421.1—1998 中 5.4.2.2.3 的规定) 尾座的位置同 G9,尾座套筒应退入尾座孔内,并锁紧。 在工件主轴与尾座心轴锥孔内,各插入一根直径相等的检验棒,将指示器固定在刀架上,使其测头在垂直平面内触及检验棒,移动刀架检验。 误差以指示器在工件主轴箱与尾座处读数的最大差值计	

7.5 刀具主轴

检验项目	G12
刀具主轴锥孔轴线的径向跳动： a) 靠近主轴端面处； b) 距主轴端面 300 处	

简图

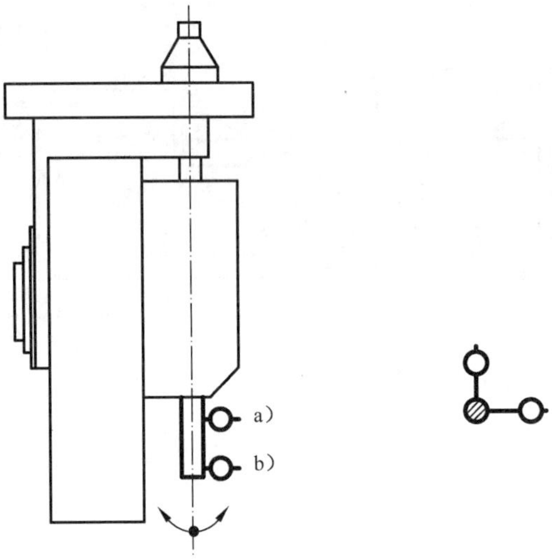

公差

	$D_a \leqslant 800$	$D_a \leqslant 1\,250$	$D_a \leqslant 2\,000$
a)	0.010	0.010	0.012
b)	0.016	0.016	0.020

检验工具

指示器和检验棒

检验方法(按 GB/T 17421.1—1998 中 5.6.1.2.3 的规定)

将检验棒插入刀具主轴锥孔内，指示器固定在刀架床身上，使其测头触及检验棒的表面：a)靠近主轴端面；b)距主轴端面 300 处，旋转主轴检验。

刀具主轴正、反转均需检验。

拔出检验棒，相对主轴旋转 90°，重新插入主轴锥孔中，依次重复检验 3 次。

a)、b)误差分别计算。误差以四次测量读数的最大差值的平均值计。

(在机床的横向平面和纵向平面内均应检验)

检验项目 刀具主轴的轴向窜动	G13

简图

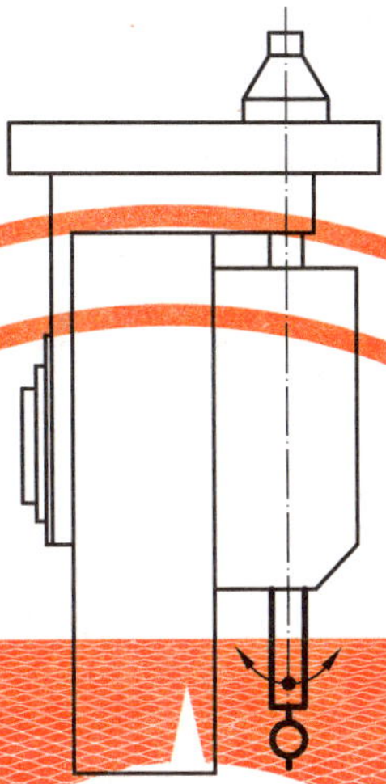

公差

$D_a \leqslant 800$	$D_a \leqslant 1\ 250$	$D_a \leqslant 2\ 000$
0.008	0.008	0.010

检验工具

指示器、检验棒、钢球

检验方法(按 GB/T 17421.1—1998 中 5.6.2.1.2 和 5.6.2.2.2 的规定)

固定指示器,使其测头触及插入主轴锥孔的检验棒端部的钢球表面上,旋转主轴检验。

刀具主轴正、反转均需检验。

误差以指示器读数的最大差值计

检验项目	G14
刀具支承座轴孔轴线对刀具主轴轴线的重合度	

简图

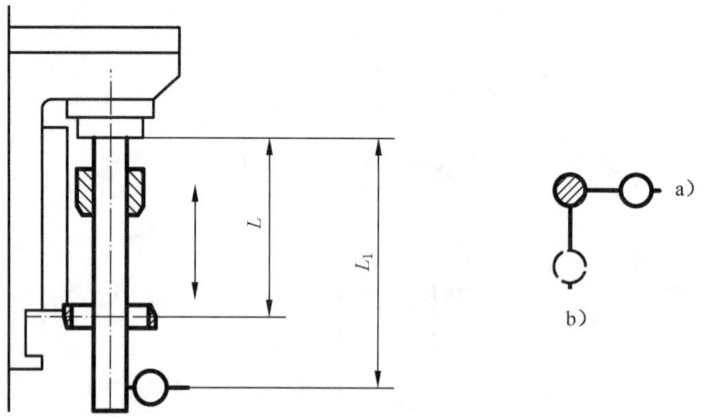

L ——支承座宽度的中间位置距主轴端面的距离；
L_1——指示器距主轴端面的距离

公差

$D_a\leqslant 800$	$D_a\leqslant 1\ 250$	$D_a\leqslant 2\ 000$
0.020	0.020	0.025

a)项误差只许向工件主轴一侧偏

检验工具

指示器、检验棒、检验套

检验方法(按 GB/T 17421.1—1998 中 5.4.4 的规定)

刀具主轴轴线置于垂直位置，在刀具主轴锥孔内插入检验棒，刀架支承座置于刀架末端，固定指示器于刀架床身上，使其测头在 L_1 处成 90°的 a)、b)两个位置触及检验棒表面，推动检验套进入、退出轴孔检验。

刀具主轴旋转 180°，再重复检验一次。

a)、b)误差分别计算。

偏差计算：

$$\Delta=\Delta_1\cdot\frac{L}{L_1}$$

Δ ——重合度偏差；
Δ_1——检验套进入、退出时，以指示器读数的两次测量结果平均值计

7.6 指形刀架主轴

<table>
<tr><td>检验项目：

指形刀架主轴锥孔轴线的径向跳动：
a) 靠近主轴端面处；
b) 距主轴端面 150 处</td><td>G15</td></tr>
<tr><td colspan="2">简图
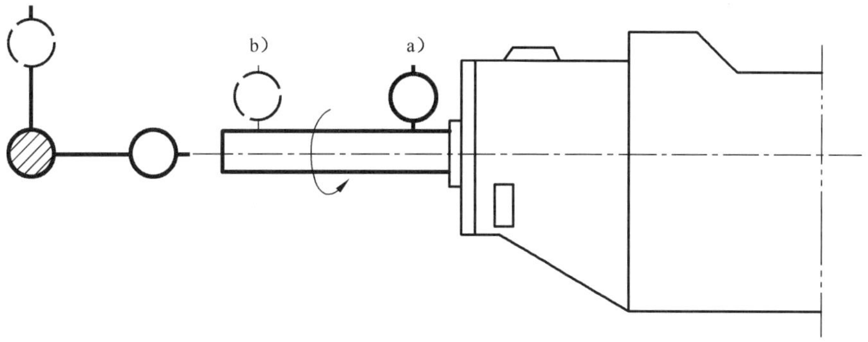</td></tr>
<tr><td colspan="2">公差
a) 0.012
b) 0.020</td></tr>
<tr><td colspan="2">检验工具
指示器、检验棒</td></tr>
<tr><td colspan="2">检验方法(按 GB/T 17421.1—1998 中 5.6.1.2.3 的规定)
将检验棒插入主轴锥孔内，指示器固定在刀架床身上，使其测头触及检验棒的表面：a)靠近主轴端面；b)距主轴端面 150 处，旋转主轴检验。
拔出检验棒，相对主轴旋转 90°，重新插入主轴锥孔内，依次重复检验 3 次。
a)、b)误差分别计算。误差以四次测量读数的最大差值的平均值计。
(在垂直平面内和水平面内均应检验)</td></tr>
</table>

检验项目：	G16
指形刀架主轴的轴向窜动	

简图

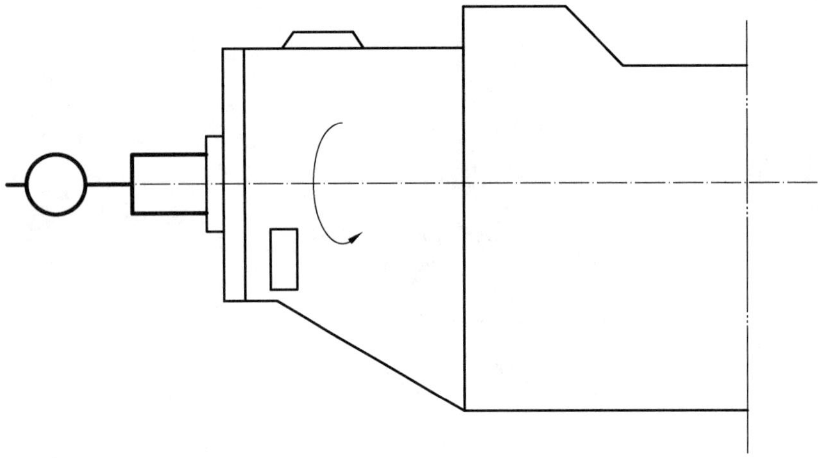

公差

0.010

检验工具

指示器、检验棒、钢球

检验方法(按 GB/T 17421.1—1998 中 5.6.2.1.2 和 5.6.2.2.2 的规定)

固定指示器,使其测头触及插入主轴锥孔的检验棒端部的钢球表面,旋转主轴检验。

误差以指示器读数的最大差值计

检验项目：	G17
指形刀架主轴轴线对工件主轴箱主轴轴线的相交度	

简图

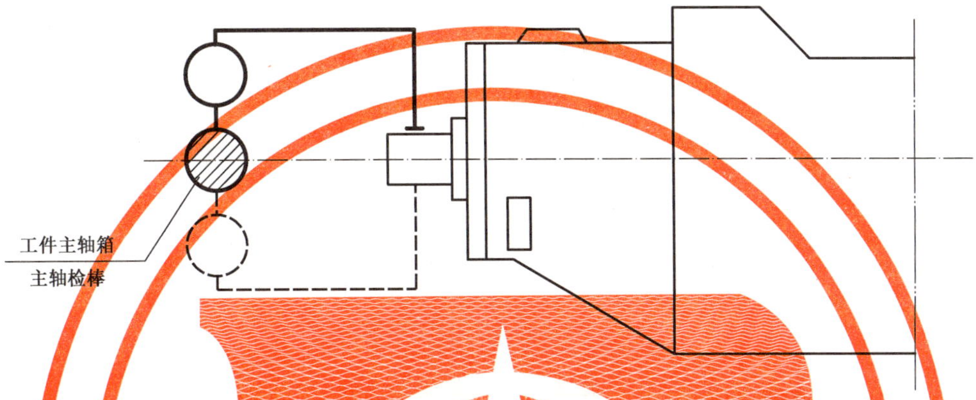

公差

0.030

检验工具

指示器、检验棒

检验方法(按 GB/T 17421.1—1998 的规定)

将检验棒插入工件主轴箱主轴锥孔内。指示器固定在指形刀架主轴上，使其测头触及检验棒表面，记录指示器读数。

退出指形刀架，将工件主轴箱主轴和指形刀架主轴同时旋转 180°，再重复检验一次。

误差以指示器两次读数的差值之半计

8 传动精度检验

可用工作精度检验替代下列传动精度检验。

检验项目　　K1

工件主轴箱相对于刀具主轴回转的传动链精度：

a) f_{dk}：角度传动误差中的高频部分；

b) f_{dL}：角度传动误差中的低频部分

简图

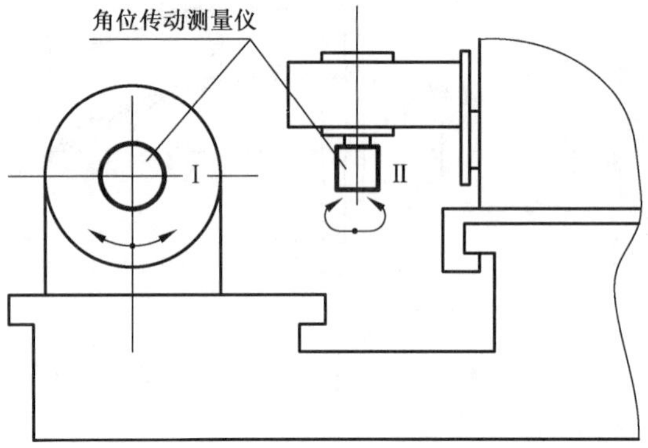

公差

	$D_a \leqslant 800$	$D_a \leqslant 1\ 250$	$D_a \leqslant 2\ 000$
a)	10	8	6
b)	32	25	20

公差单位为[角]秒

检验工具

角位移传动测量仪

检验方法(按 GB/T 17421.1—1998 中 6.1 的规定)

将角位移传动测量仪固定在工件主轴箱主轴和刀具主轴上，使工件主轴箱主轴在无负荷条件下，分别向两个方向连续旋转，刀具主轴按工作时的旋转方向，机床按下列基准齿轮参数调整分度挂轮，然后进行检验。

参考工件①：

$d_{u1} \approx 2D_a/3$；$m_{u1} \approx m/3$；$Z_{u1} = 2D_a/m$

参考工件②：

$d_{u2} \approx D_a/3$；$m_{u2} \approx m$；$Z_{u2} = D_a/(3m)$

m 为机床最大加工模数。

d_{u1}、m_{u1}、Z_{u1} 和 d_{u2}、m_{u2}、Z_{u2} 分别为参考工件 1 和参考工件 2 的分度圆直径、模数、齿数。

角度传动误差的高频部分 f_{dk} 以工件主轴箱花盘回转一转时，定期多次重复的局部转角误差中的最大值相对应的分度圆弧长计(滤去低频部分)。

角度传动误差的低频部分 f_{dL} 为工件主轴箱花盘回转一转时，实际转角与理论转角之差的最大值相对应的分度圆弧长计(滤去高频部分)。

角度误差换算线性误差计算式：

$$\Delta_{线} = 0.002\ 424 d_u \Delta\alpha$$

$\Delta_{线}$——线性误差，μm；

$\Delta\alpha$——角度误差，(")

检验项目	K2

刀架纵向移动相对于差动系统中基准轴回转的传动链精度：

a) f_{xk}：轴向线性传动误差的高频部分；

b) f_{xL}：轴向线性传动误差的低频部分

简图

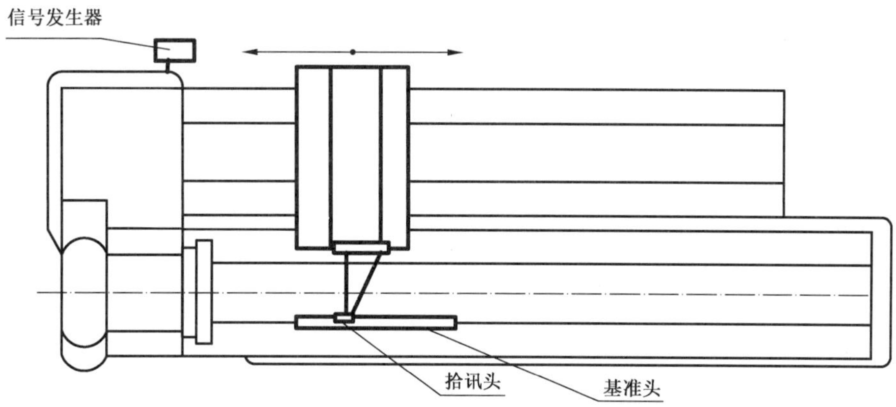

公差

a)		$D_a \leqslant 800$	$D_a \leqslant 1\ 250$	$D_a \leqslant 2\ 000$
		0.008	0.010	0.012
b)	测量长度	500	800	1 200
		0.030	0.040	0.050

检验工具

线位移传动测量仪

检验方法(按 GB/T 17421.1—1998 中 6.4 的规定)

在机床不动部位固定基准尺，分别在刀架和差动系统的基准轴(差动机构的输出轴)上安置拾讯头及信号发生器，在差动变换齿轮轴上，按螺旋角 $\beta=20°\sim 30°$ 并满足测量仪要求调整差动挂轮，在无负荷的情况下启动机床。刀架在全行程内，纵向往返移动检验。

高频部分误差 f_{xk}：以刀架在全行程内线位移误差曲线中多次重复出现的周期误差，以最大值计(滤去低频部分误差)。

低频部分误差 f_{xL}：以刀架在全行程内任意长度 L 上的线位移误差的最大差值计(滤去高频部分误差)

9 工作精度检验

9.1 精滚直齿圆柱齿轮

检验性质	M1
用AA级滚刀精滚切齿，切削用量由制造厂确定(应保证齿面粗糙度满足测量要求)。 检验以下项目： a) 齿距偏差：Δf_{pt}； b) 齿距累积总误差：ΔF_p	
试件尺寸 试件①： 齿数：$Z_{p1} \geqslant 17$； 模数：$m_{p1} \approx (0.5 \sim 0.8)m$； 分度圆直径：$d_{p1} = m_{p1} Z_{p1}$； 齿宽：$b_{p1}$由制造厂按设计规定； 材料：45号钢(正火)	
公差 a) $f_{pt} = 0.42m_{p1} + 0.17\sqrt{d_{p1}} + 5.6$ b) $F_p = 0.42m_{p1} + 1.77\sqrt{d_{p1}} + 10$ 公式计算后单位为μm，应换算为mm	
检验工具 齿距检查仪	
检验方法(按齿轮检测规程的规定) a) 齿距偏差：以分度圆上，实际齿距与公称齿距之差值计。 用相对法测量时，公称齿距是指所有实际齿距的平均值。 b) 齿距累积误差：以分度圆上，任意两个同侧齿面间的实际弧长与公称弧长的最大差值计	

9.2 精滚斜齿圆柱齿轮

检验性质 | M2

用 AA 级滚刀精滚切齿，切削用量由制造厂确定。检验以下项目：

a) 齿线(齿向)总误差 ΔF_{β}；

b) 轴向齿距偏差：Δf_{px}

试件尺寸

试件②：

齿数：Z_{p2} 由制造厂按设计规定；

模数：m_{p2} 由制造厂按设计规定；

分度圆直径：$d_{p2}=m_{p2}Z_{p2}$；

齿宽：$b_{p2}\geqslant 10m$；

螺旋角：$\beta=20°\sim30°$；

旋向：左或右；

材料：45 号钢(正火)

公差

$$F_{\beta}=f_{px}=0.2\sqrt{d_{p2}}+1.26\sqrt{b_{p2}}+8.4$$

公式计算后单位为 μm，应换算为 mm

检验工具

齿向仪或轴向齿距仪

检验方法(按齿轮检测规程的规定)

a) 齿线(齿向)总误差：以分度圆柱面上，齿线计值范围内，包容实际齿线迹线的两条设计齿线迹线之间的端面距离计。

b) 轴向齿距偏差：在与齿轮基准轴线平行且大约通过齿高中部(分度圆柱面)的一条直线上，任意两个同侧齿面间的实际距离与公称距离之差值计。沿齿面法线方向计算

ICS 25.080.99
J 56

中华人民共和国国家标准

GB/T 31560.2—2015

卧式滚齿机　第2部分：技术条件

Horizontal hobbing machines—Part 2：Specifications

2015-05-15 发布　　　　2016-01-01 实施

中华人民共和国国家质量监督检验检疫总局
中国国家标准化管理委员会　发布

前　言

GB/T 31560《卧式滚齿机》分以下两部分：

——第1部分：精度检验；

——第2部分：技术条件。

本部分为GB/T 31560的第2部分。

本部分按照GB/T 1.1—2009给出的规则起草。

本部分由中国机械工业联合会提出。

本部分由全国金属切削机床标准化技术委员会(SAC/TC 22)归口。

本部分起草单位：齐重数控装备股份有限公司、武汉重型机床集团有限公司。

本部分主要起草人：胡巍、吴鹏、伍竞平。

卧式滚齿机 第2部分：技术条件

1 范围

GB/T 31560的本部分规定了卧式滚齿机制造和验收的要求。

本部分适用于最大工件直径500 mm～2 000 mm、最大工件长度2 000 mm～8 000 mm的普通卧式滚齿机。

2 规范性引用文件

下列文件对于本文件的应用是必不可少的。凡是注日期的引用文件，仅注日期的版本适用于本文件。凡是不注日期的引用文件，其最新版本(包括所有的修改单)适用于本文件。

GB 5226.1 机械电气安全 机械电气设备 第1部分：通用技术条件

GB/T 6576—2002 机床润滑系统

GB/T 9061—2006 金属切削机床 通用技术条件

GB 15760 金属切削机床 安全防护通用技术条件

GB/T 16769—2008 金属切削机床 噪声声压级测量方法

GB/T 23570—2009 金属切削机床 焊接件通用技术条件

GB/T 23572—2009 金属切削机床 液压系统通用技术条件

GB/T 23575—2009 金属切削机床 圆锥表面涂色法检验及评定

GB/T 25373—2010 金属切削机床 装配通用技术条件

GB/T 25374—2010 金属切削机床 清洁度的测定

GB/T 25375—2010 金属切削机床 结合面涂色法检验及评定

GB/T 25376—2010 金属切削机床 机械加工件通用技术条件

GB/T 31560.1—2015 卧式滚齿机 第1部分：精度检验

3 一般要求

按本部分验收机床时，应同时对GB/T 9061—2006、GB/T 23570—2009、GB/T 25373—2010、GB/T 25376—2010等标准中未经本部分具体化的其余项目进行检验。

4 附件和工具

4.1 应随机供应下列附件和工具：

a) 夹紧、拆装及调整用专用工具1套；

b) 地脚螺栓、螺母、垫圈、调整垫铁等1套。

4.2 扩大机床使用性能的特殊附件，应根据用户要求按协议供应。

4.3 机床的标准附件和工具，均应保证连接部位的互换性和使用性能。

5 安全卫生

5.1 机床电气系统的安全应符合 GB 5226.1 的规定。

5.2 机床液压系统的安全应符合 GB/T 23572—2009 的规定。

5.3 机床润滑系统的安全应符合 GB/T 6576—2002 的规定。

5.4 机床的安全防护除应符合 GB 15760 的规定外，还应符合下列要求：

a) 往复运动的刀架滑座、尾座应设有极限位置的安全保险装置；

b) 机床导轨、丝杠等容易被尘屑磨损的部位，宜设有防护装置(如刮屑板)。

5.5 按 GB/T 16769—2008 的规定检验机床的噪声。在空运转条件下，机床噪声声压级不应超过 85 dB(A)。主电机部位噪声声压级不应超过 90 dB(A)。

5.6 在工作行程范围内，手轮、手柄的操纵力应均匀且不应超过表 1 的规定。

表 1 手轮、手柄的操纵力

单位为牛顿

名　称	操纵力
传动箱、变速箱、尾座手轮、手柄	160
中心架、尾座调整手柄	200

5.7 从机床停车到主运动达到静止的时间应在 10 s 之内。

6 加工和装配质量

6.1 床身、滑座体、刀架体、工件主轴箱体、变速箱体、分度蜗轮、尾座体等为重要零件，粗加工后应进行热时效或振动时效处理，或其他消除内应力的措施。

6.2 尾座下体与工件床身导轨副、下滑座与刀架床身导轨副、上下滑座导轨副为重要导轨副，应采取与寿命相应的耐磨措施。

6.3 下列结合面应按“重要固定结合面”的要求考核：

a) 工件主轴箱与工件床身的结合面；

b) 传动箱与刀架床身的结合面；

c) 尾座上下体的结合面；

d) 丝杠、光杠支架与基体的结合面；

e) 工件主轴端面与花盘的结合面；

f) 齿条与基体的结合面。

重要固定结合面应紧密贴合，紧固后用 0.04 mm 塞尺检验时不应插入，但允许局部(2 处～3 处)插入深度不应大于 20 mm；插入部位的长度小于或等于结合面长度的 1/5，但不大于 100 mm，则按 1 处计。

6.4 下列结合面应按“特别重要固定结合面”的要求考核：

a) 滚刀架与滑座的结合面；

b) 指形刀架与滑座的结合面。

6.5 下列导轨副应按“滑动导轨”的要求考核：

a) 横向进给导轨副；

b) 纵向进给导轨副。

6.6 下列导轨副应按“移置导轨”的要求考核：

a） 中心架导轨副；

b） 尾座导轨副；

c） 刀架回转导轨副。

6.7 滑动导轨、移置导轨和特别重要固定结合面应作涂色法检验，检验及评定方法应符合 GB/T 25375—2009 的规定，接触指标按 GB/T 25373—2010 表 2 或表 3 中Ⅴ级精度等级机床考核。

6.8 滑动导轨、移置导轨和特别重要固定结合面除用涂色法检验外，还应用塞尺检验，按 GB/T 25373—2010 表 4 或表 5 中Ⅴ级精度等级机床考核。

6.9 按 GB/T 25374—2010 规定检验清洁度。工件主轴箱、传动箱、变速箱、液压、润滑油箱内部清洁度按重量法抽样检验(抽查)，其杂质、污物限值：工件主轴箱、传动箱、变速箱不应超过 400 mg/L，液压、润滑油箱不应超过 200 mg/L。其他部位按目测、手感法检验，不应有污物。

6.10 工件主轴、刀具主轴、尾座套筒及其相配顶尖的锥体应作涂色法检验，检验及评定方法应符合 GB/T 25375—2010 的规定，锥体的接触应靠近大端，接触指标按 GB/T 25376—2010 表 2 中Ⅴ级精度等级机床考核。

6.11 下列重要定位销应作涂色法检验，其接触长度不应小于工作长度的 60%，检验及评定方法应符合 GB/T 23575—2009 的规定。

a） 工件主轴箱与工件床身连接的定位销；

b） 传动箱与刀架床身连接的定位销；

c） 变速箱与刀架床身连接的定位销；

d） 丝杠与其基体连接的定位销；

e） 长丝杠分段连接的定位销；

f） 工件主轴箱轴瓦与箱体连接的定位销。

7 机床空运转试验

7.1 机床主运动机构应作低、中、高速运转，低、中速运转时间不应少于 2 min，最高速度运转时间不应少于 1 h，使主轴轴承达到稳定温度，在靠近主轴轴承部位测量轴承的温度和温升，其值不应超过表 2 的规定。

表 2 温度和温升

单位为摄氏度

轴承型式	温 度	温 升
滑动轴承	60	30
滚动轴承	70	40
注：机床经过一定时间的运转后，其测量温度值上升幅度不超过每小时 5 ℃时，一般可认为已达到稳定温度。		

7.2 液压系统应在额定工作压力下连续运转，待油液达到稳定温度后，测量油液的温度和温升，其值不应超过 GB/T 23572—2009 的规定。

7.3 检验刀具主轴转速和刀架滑座进给量的实际偏差，不应超过标牌指示值的 −2%～+6%。

7.4 用一种适当的速度对主运动和进给运动进行正向、反向的连续起动、停止(包括制动、点动)5 次的动作试验。

7.5 进给机构应作低、中、高进给速度(进给量)的空运转试验，允许和主运动同时进行。每档试验时间不应少于 2 min。

7.6 快速移动机构应作快速移动的空运转试验。尾座、滑座试验往复次数不应少于3次，其行程不应小于全行程之半。

7.7 机床主传动系统空运转至功率稳定后，检验其空运转功率(抽查)，其值应符合设计规定。

7.8 各项空运转试验时，各操作机构的动作应灵活、平稳、安全可靠。

8 机床负荷试验

8.1 机床承载工件最大重量的运转试验(抽查)

在机床上装上设计规定的承载最大重量的工件，用低速及设计规定的高速运转机床，检验机床运转是否平稳、可靠，运转时间按设计规定。

8.2 最大切削功率试验(抽查)

采用滚切法进行试验。试验时，允许用变更切削规范方法来达到最大切削功率(或设计计算功率)。

8.3 其他要求

负荷试验时，机床所有机构应正常工作，不应发生明显减速、打滑或变速手柄跳档、电气和液压系统工作失常等现象，并观察试件表面无明显振纹，以检验机床的抗振性。

9 机床精度检验

9.1 机床精度检验按GB/T 31560.1—2015进行，其中G9、G11、G14项应在中速稳定温度时检验。

9.2 工作精度检验时刀具的材料、型式和切削用量由制造厂规定，试件表面粗糙度 Ra 最大允许值为3.2 μm。

ICS 25.120.30
J 61

中华人民共和国国家标准

GB/T 31561—2015

粘土砂再生成套设备　技术条件

Used green sand reclamation equipment—Technical requirements

2015-05-15 发布　　2016-01-01 实施

中华人民共和国国家质量监督检验检疫总局
中国国家标准化管理委员会　发布

前 言

本标准按照 GB/T 1.1—2009 给出的规则起草。

本标准由中国机械工业联合会提出。

本标准由全国铸造机械标准化技术委员会(SAC/TC 186)归口。

本标准起草单位:保定维尔铸造机械股份有限公司、济南铸造锻压机械研究所有限公司。

本标准主要起草人:侯若先、董志合、卢军、王学军、常信平、赵凤堂。

粘土砂再生成套设备　技术条件

1　范围

本标准规定了粘土砂再生成套设备的术语和定义、技术要求、试验方法、检验规则、包装、标志和储运。

本标准适用于采用干法再生和热法再生的粘土砂再生成套设备(以下简称成套设备)。

2　规范性引用文件

下列文件对于本文件的应用是必不可少的。凡是注日期的引用文件,仅注日期的版本适用于本文件。凡是不注日期的引用文件,其最新版本(包括所有的修改单)适用于本文件。

GBZ 2.1　工作场所有害因素职业接触限值　第1部分:化学有害因素

GB 150.1　压力容器　第1部分:通用要求

GB 150.2　压力容器　第2部分:材料

GB 150.3　压力容器　第3部分:设计

GB 150.4　压力容器　第4部分:制造、检验和验收

GB/T 1184—1996　形状和位置公差　未注公差值

GB/T 1804—2000　一般公差　未注公差的线性和角度尺寸的公差

GB/T 2684　铸造用砂及混合料试验方法

GB/T 3098.1—2010　紧固件机械性能　螺栓、螺钉和螺柱

GB/T 3098.2—2000　紧固件机械性能　螺母　粗牙螺纹

GB/T 3766　液压系统通用技术条件

GB 4053.1　固定式钢梯及平台安全要求　第1部分:钢直梯

GB 4053.2　固定式钢梯及平台安全要求　第2部分:钢斜梯

GB 4053.3　固定式钢梯及平台安全要求　第3部分:工业防护栏杆及钢平台

GB 5226.1　机械电气安全 机械电气设备　第1部分:通用技术条件

GB/T 6576　机床润滑系统

GB/T 7932　气动系统通用技术条件

GB 8959　铸造防尘技术规程

GB/T 9442　铸造用硅砂

GB/T 9969　工业产品使用说明书　总则

GB/T 10595　带式输送机

GB 12348　工业企业厂界环境噪声排放标准

GB/T 13306　标牌

GB/T 16157　固定污染源排气中颗粒物测定与气态污染物采样方法

GB 18452　破碎设备　安全要求

GB 20426　煤炭工业污染物排放标准

GB 20905　铸造机械　安全要求

GB/T 23570　金属切削机床焊接件　通用技术条件

GB/T 25370　铸造机械　术语

GB/T 25371　铸造机械　噪声声压级测量方法

GB/T 25711—2010　铸造机械　通用技术条件

GB 50050　工业循环冷却水处理设计规范

GB 50235—2010　工业金属管道工程施工规范

GB 50277　铸造设备安装工程施工及验收规范

JB/T 3926　垂直斗式提升机

JB/T 5548.2　电动激振器　第2部分:技术条件

JB/T 9985　筛砂机

JB/T 10788　铸造用除尘器　通用技术条件

3　术语和定义

GB/T 25370界定的以及下列术语和定义适用于本文件。

3.1

旧砂再生　sand reclamation

通过物理和化学的方法,去除旧砂砂粒表面包裹着的残留粘结剂膜及杂物,使旧砂恢复或接近恢复于新砂的物理和化学性能代替新砂使用。

3.2

干法再生　dry attrition regeneration

利用机械或空气的方法使旧砂流加速,靠砂粒之间和砂粒与设备零件之间的摩擦、碰撞作用再生旧砂。

3.3

热法再生　thermal regeneration

利用加热氧化或燃烧的方法再生旧砂。

3.4

含泥量　clay content

旧砂中含有直径小于0.02 mm的粒子的质量分数。

3.5

脱膜率　binder removal rate

去除粘结在旧砂粒表面惰性膜的能力。

3.6

成套设备工作区　reclamation equipments area

安装成套设备的区域和操作人员的工作区域,不包括单一设备的防护性结构和设计用于起各种防范作用的隔离区域。

3.7

散落砂　spill sand

散落在设备以外的旧砂。

3.8

再生砂　reclaimed sand

经过再生处理后的旧砂。

3.9

再生单元　regeneration unit

再生机和周围辅助设备组成的设备单元。

3.10

结露　condensation of moisture

除尘器内部和除尘管道内部温度低于附近空气露点温度时除尘器内表面和管道内壁出现冷凝水现象。

4　技术要求

4.1　一般要求

4.1.1　成套设备应符合 GB/T 25711—2010 的规定，并按照经过规定程序批准的图样及技术文件制造。

4.1.2　成套设备的安全应符合 GB 20905 的有关规定。

4.1.3　各种零件的材质、机械性能和物理性能应符合技术文件的规定。

4.1.4　金属结构件的焊接应符合 GB/T 23570 的规定。

4.1.5　机械加工零件的未注公差尺寸极限偏差不应低于 GB/T 1804—2000 规定的 m 级公差要求。

4.1.6　电气系统应符合 GB 5226.1 的规定。

4.1.7　气动系统应符合 GB/T 7932 的规定。

4.1.8　液压系统应符合 GB/T 3766 的规定。

4.1.9　单机润滑系统应符合 GB/T 6576 的规定。

4.1.10　单机设备应保证维修方便，各个设备间应有足够的维修空间。

4.1.11　成套设备的安装除应符合技术文件规定的要求外，还应符合 GB 50277 的规定。

4.1.12　成套设备的涂装应符合技术文件的规定。

4.1.13　成套设备的各种标牌应符合 GB/T 13306 的要求。

4.1.14　设备说明书中应附有易损件的型号，并应注明易损件的寿命。

4.1.15　成套设备的使用说明书中应规定在正常使用条件下该成套设备生产的再生砂的用途。

4.1.16　随机技术文件应包括产品说明书、产品合格证和装箱单。随机文件的编制应符合 GB/T 9969 的规定。

4.1.17　随机附件、备件应齐全。

4.2　破碎设备

4.2.1　破碎机除符合本标准外还应符合 GB 18452 的规定。

4.2.2　振动破碎再生机体组焊后应进行去残留应力处理。

4.2.3　振动破碎再生机安装激振器的底脚螺栓孔及激振器安装面的表面粗糙度和形位公差应符合 JB/T 5548.2 的规定，侧振式破碎再生机激振器底座安装面间平行度和对称度应符 GB/T 1184—1996 中附表 B3 、B4 规定的 9 级公差要求。

4.2.4　振动破碎再生机所有螺栓紧固件均应采用高强度螺栓，其螺栓的强度级别不应低于 GB/T 3098.1—2010 中 8.8 级的规定，其螺母的强度级别不应低于 GB/T 3098.2—2000 中 8.0 级的规定，并应采取防松措施，在正常使用条件下不应松动和断裂。

4.2.5　正常使用条件下，破碎设备的机体在 9 000 h 内不应开裂。

4.2.6　正常使用条件下，破碎设备的耐磨件和易损件的寿命不应小于 3 000 h。

4.3 加热设备

4.3.1 加热设备应符合粘土砂再生工艺要求。

4.3.2 加热设备炉体的外表面温度不应大于80 ℃。

4.4 再生机

4.4.1 脱膜率应符合技术文件的规定。

4.4.2 回用率应符合技术文件的规定。

4.4.3 再生机中使用的叶轮、转盘等高速旋转的零件应进行静平衡试验和校正，其不平衡力矩不应大于0.015 N·m。

4.4.4 正常使用条件下，再生机中耐磨件的寿命不应小于2 000 h。

4.5 筛砂机

4.5.1 筛砂机应符合JB/T 9985的规定。

4.5.2 过筛效率应符合技术文件的规定。

4.6 冷却器

4.6.1 冷却器的水管应进行耐压试验，应在0.5 MPa下保压30 min无渗漏。

4.6.2 冷却器的循环水管路系统应符合GB 50050的规定。

4.7 磁选机

4.7.1 磁选机应符合相关标准的规定。

4.7.2 磁选旧砂中的磁性物质宜采用二级磁选或二级以上磁选，相邻两级磁选机的安装距离应大于1.5 m。

4.8 气力输送

4.8.1 压送罐的罐体应符合GB 150.1～150.4的规定。

4.8.2 气力输送管道应采用无缝钢管制作。管子切口质量应符合GB 50235—2010中4.1.5的规定。

4.8.3 管道法兰面与管子中心的垂直度应符合GB 50235—2010中6.2.4的规定。

4.8.4 管道的安装应符合GB 50235—2010中6.3.2～6.3.6的规定。

4.8.5 管道安装后水平偏差不应大于长度的0.5‰，最大不超过30 mm；垂直偏差不应大于高度的1‰，最大不超过15 mm。

4.8.6 管道安装时应设管道支架，管道支架安装应牢固。

4.9 垂直斗提机

4.9.1 垂直斗提机应符合JB/T 3926的规定。

4.9.2 提升水分含量较大的旧砂时，料斗和斗提机底部应做防粘砂处理。

4.10 带式输送机

4.10.1 带式输送机应符合GB/T 10595的规定。

4.10.2 带式输送机应采用槽型托辊。

4.10.3 带式输送机的输送带的长度小于6 m时宜采用整条无接缝皮带。

4.10.4 带式机的支腿间距不应大于3 m。

4.11 振动输送机

4.11.1 输送水分含量较大的旧砂时，输送槽应做防粘砂处理。

4.11.2 振动输送机出砂口上部安装磁选机时，应使用抗磁材料制造出砂口处槽体。

4.12 除尘系统

4.12.1 除尘系统设计应符合 GB 8959 的规定。

4.12.2 除尘器应符合 JB/T 10788 的规定。

4.12.3 除尘系统设计合理，除尘器应尽量靠近污染源布置，管道应尽量简短。

4.12.4 除尘管道直径小于或等于 400 mm 时，壁厚不应小于 3 mm，管道直径大于 400 mm 小于 1 500 mm 时，壁厚不应小于 4 mm，管道直径大于或等于 1 500 mm 时，壁厚不应小于 6 mm。

4.12.5 除尘管道与风机的进出口应采用柔性连接，管道的设计应易于人工清理管道中的沉积物。

4.12.6 除尘罩的形式应能满足工艺要求，不应影响设备的操作和设备的维修。

4.12.7 管路系统主要吸尘口应安装风量调节阀。

4.12.8 除尘管道应设置测量孔。

4.12.9 在粉尘湿度较大，易结露的工况下，除尘系统应有防结露措施。

4.13 砂仓及平台

4.13.1 砂仓的结构应符合粘土砂的特性。

4.13.2 砂仓壁板的厚度应根据砂斗的容量及结构而定，不应小于 5 mm。

4.13.3 各种平台顶面宜采用花纹钢板焊接，钢板厚度不应小于 4 mm。

4.13.4 砂仓的防护栏杆、梯子和平台应符合 GB 4053.1～4053.3 的规定。

4.14 空运转、负荷运转

4.14.1 各单机设备的空运转应在制造厂进行，空运转时间不应少于 4 h；负荷运转可在用户进行，运转时间不应少于 2 h。

4.14.2 成套设备整机空运转可在用户进行，连续空运转时间不应少于 4 h；在空运转之后按额定生产率进行负荷运转，负荷运转时间不应少于 2 h。

4.14.3 各单机应能在技术文件规定的额定生产率状态下正常工作，无异常现象。

4.14.4 水路系统不应漏水，各阀门启闭应灵活可靠。

4.14.5 各单机及连接部位均不应漏砂及冒灰现象。

4.14.6 振动破碎再生机的空载振幅不应小于 1 mm，并可根据工艺要求进行调整。

4.14.7 振动输送机正常工作的条件下，机体的侧向偏摆量不应大于 2 mm。

4.14.8 振动输送机机体工作时进料口和出料口两端振幅差值不应大于 10%。

4.14.9 振动输送机正常工作的条件下，机体两侧板对称点振动方向的双振幅差值不应大于在此两点所测双振幅的平均值的 20%。

4.14.10 除尘器工作时，除尘器和除尘管路各部位不应出现漏尘现象。

4.14.11 垂直斗提机卸料情况良好，无显著回料现象。

4.14.12 气力输送装置的加砂阀、进排气系统应开关灵活，密封可靠，工作过程中不允许有漏气和漏砂现象发生。

4.14.13 再生砂含泥量的范围应符合技术文件的规定。

4.14.14 再生砂的回用率不应小于 90%。

4.14.15 再生砂的粒度分布与原新砂（或上一轮再生砂）的粒度分布相差不应大于一个筛号。

4.14.16 再生砂的砂温应符合技术文件的规定。

4.14.17 散落砂量应小于成套设备额定生产率的万分之五。

4.14.18 成套设备工作区的粉尘浓度应符合 GBZ 2.1 的规定。

4.14.19 成套设备工作区的噪声不应大于 75 dB(A)。

4.14.20 成套设备在生产过程中的气体排放应符合 GB 20426 的规定和当地环保部门的规定。

4.14.21 成套设备产生的噪声对环境的影响应符合 GB 12348 的规定。

5 试验方法

5.1 成套设备的噪声测定

按 GB/T 25371 的规定测定。

5.2 粉尘排放量的测定

按 GB/T 16157 的规定测定。

5.3 成套设备生产率的测定

在成套设备正常生产且再生砂质量合格时，每隔 1 h 分别测量每台单机设备的生产率，依次进行 3 次，取 3 次称量值的平均值，即为单机设备的生产率，从计算结果中取单机设备生产率的最小值，即为成套设备的生产率。

5.4 总含泥量的测定

按 GB/T 2684 规定的方法测定再生砂的含泥量。

5.5 脱膜率的测定

5.5.1 脱膜率应在旧砂含水量不大于 1%的条件下进行测定。

5.5.2 从再生单元进口部位与再生单元出口部位，分别取处于同一次再生循环内的旧砂和再生砂各 1 000 g，烘干后，分别随机地取旧砂和再生砂各五份，每份 50 g，精确至 0.001 g，测定含泥量。

5.5.3 分别测出旧砂和再生砂各自的含泥量，并取其算术平均值。

5.5.4 按式(1)进行计算，计算结果即为设备的脱膜率。

$$R_r = \frac{M_2 - M_3}{M_2} \times 100\% \qquad \cdots\cdots(1)$$

式中：

R_r ——脱膜率；

M_2 ——旧砂含泥量，单位为克(g)；

M_3 ——再生砂含泥量，单位为克(g)。

5.6 再生砂温度测定

在成套设备正常工作过程中，用分辨率为 0.2 ℃的温度计在再生砂储砂斗入口处每隔 30 min 测量一次再生砂温度，测 3 次，取算术平均值，即为再生砂温度。

5.7 再生砂回用率的测定

称量再生前的一定质量的旧砂 W_1，将这部分旧砂经成套设备再生后再进行称量，质量为 W_2，连续称量 3 次，取其平均值并按式(2)进行计算，计算结果即为再生砂回用率。

$$S_U = \frac{W_1}{W_2} \times 100\% \quad \cdots\cdots(2)$$

式中：

S_U ——再生砂回用率；

W_1 ——再生后的旧砂质量，单位为千克(kg)；

W_2 ——再生前再生砂的质量(包括不可破碎量和微粉量，仅磁选废料除外)，单位为千克(kg)。

5.8 过筛效率

5.8.1 过筛效率应在旧砂含水量不大于1%的条件下进行测定。

5.8.2 测定方法按 JB/T 9985 中的规定。

5.9 砂子粒度的测定

砂子粒度按 GB/T 9442 的规定测定。

6 检验规则

6.1 出厂检验

6.1.1 成套设备应经供方检验合格后方可出厂。

6.1.2 如无特别协议，出厂前应按 4.1.2～4.1.10、4.1.12～4.1.17 和各个设备在本标准中对应的规定进行检验，所检项目应全部合格。

6.2 型式检验

6.2.1 下列的任何一种情况均应进行型式检验：

a) 新产品或老产品转厂生产的试验定型鉴定时；

b) 正式生产后如结构、工艺、材料有较大改变可能影响产品性能时；

c) 正常生产时，每3年进行一次；

d) 停产2年以上、恢复正常生产时；

e) 国家质量监督机构提出型式试验要求时。

6.2.2 型式检验应按本标准规定的所有项目进行检验，检验项目应全部合格。

6.2.3 型式检验时抽验样品的数量：当每批产量小于或等于10台时抽检样品一台；当每批产量大于10台时抽检样品2台。

6.2.4 当制造厂不具备型式检验条件时，允许在用户现场做试验。

7 包装、标志、储运

成套设备的包装、标志、储运应符合 GB/T 25711—2010 中第8章的规定。

ICS 25.120.30
J 61

中华人民共和国国家标准

GB/T 31562—2015

铸造机械 清洁度测定方法

Foundry machinery—Determination of cleanliness

2015-05-15 发布 2016-01-01 实施

中华人民共和国国家质量监督检验检疫总局
中国国家标准化管理委员会 发布

前　言

本标准按照 GB/T 1.1—2009 给出的规则起草。

本标准由中国机械工业联合会提出。

本标准由全国铸造机械标准化技术委员会(SAC/TC 186)归口。

本标准起草单位:济南铸造锻压机械研究所有限公司、青岛双星铸造机械有限公司、青岛铸造机械有限公司、青岛青锻锻压机械有限公司、青岛中智达环保熔炼设备有限公司、青岛三锐机械制造有限公司、东莞市机械工业质量管理协会。

本标准主要起草人:卢军、崔丽霞、丁仁相、吴正涛、邢吉柏、段金挺、闫作修、梁小华。

铸造机械　清洁度测定方法

1　范围

本标准规定了铸造机械清洁度的测定方法，包括重量法和显微镜法。

本标准适用于铸造机械清洁度的测定。

2　术语和定义

下列术语和定义适用于本文件。

2.1

污染物　contaminants

被测定对象所含对铸造机械工作性能、寿命和可靠性起有害作用的固体物质(如金属屑、砂粒、尘埃、纤维和杂物等)。

2.2

清洁度　cleanliness

被测定对象包含固体污染物的量值。

2.3

重量法　gravimetric method

以测定污染物重量值(单位为 mg)来确定清洁度的方法。

2.4

显微镜颗粒计数法　microscopic particle counting method

用显微镜测定被测对象试片固体污染物的数量，以表示其清洁度的方法。

2.5

显微镜颗粒对比法　microscopic particle contrast method

用显微镜对被测对象试片与标准清洁度样片对比，以测定清洁度的方法。

2.6

颗粒尺寸　particle size

G

污染物颗粒的最大线性尺寸。

注：单位为 μm。

2.7

颗粒浓度　particle concentration

单位容积(100 mL)试样中所含颗粒的数量，本标准规定以颗粒尺寸大于 5 μm 和大于 15 μm 两个区间分别统计，用以表示污染物的定量值。

2.8

有效面积　effective area

F_1

在过滤试样时，试样通过滤膜的面积(一般为 890 mm^2)。

2.9

栅格面积 grate area

滤膜上相邻的两个水平和垂直线所围成的正方形面积，其边长为 3.08 mm，见图 1。

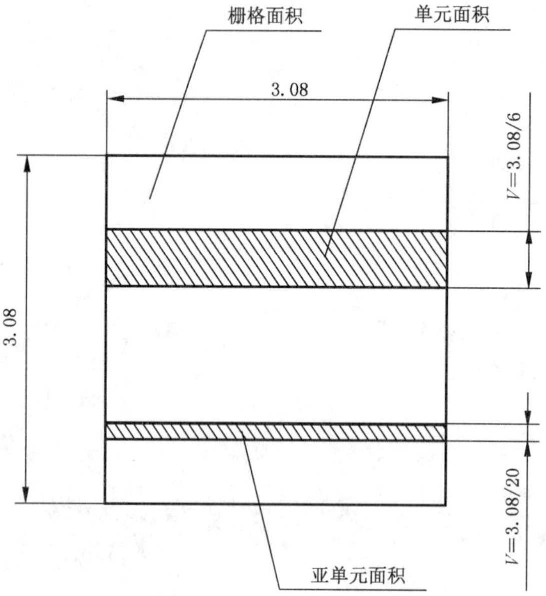

图 1

2.10

单元面积 unit area

在栅格面积内，水平方向截取的 1/6 栅格面积，见图 1。

2.11

亚单元面积 subunit area

在栅格面积内，水平方向截取的 1/20 栅格面积，见图 1。

2.12

纤维 fiber

颗粒长度大于 100 μm，其长宽比大于或等于 10∶1 的颗粒。

2.13

空白计数 blank count

对试剂、玻璃器具所带来的固体污染物进行分析计数。

2.14

颗粒尺寸间隔 particle size interval

按照颗粒尺寸分成的几个尺寸范围。

2.15

统计计数法 statistical counting method

在任一单元面积上，数出每一尺寸间隔的颗粒数，用统计法来推算某一尺寸间隔内的颗粒在有效面积上的总数。

2.16

计数面积 count area

F_2

在某一颗粒尺寸间隔内，需要进行颗粒计数的面积。

2.17

总计数面积　total count area

$\boldsymbol{F}_3$

按统计计数法推算，在某一颗粒尺寸间隔内，需进行计数的总面积（即 $F_3=nF_2$，n 为计数面积的个数）。

2.18

计数系数　counting coefficient

$\boldsymbol{C}_{\mathrm{F}}$

有效面积与总计数面积之比（$C_{\mathrm{F}}=F_1/F_3$）。

2.19

原始计数　original count

$\boldsymbol{S}_1$

总计数面积中的实际计数值。

2.20

总统计数　the total count

$\boldsymbol{S}_2$

原始计数乘以计算系数所得的数值（$S_2=S_1C_{\mathrm{F}}$）。

3　测定清洁度的方法和程序

3.1　测定清洁度的方法包括重量法和显微镜法。

3.2　重量法按以下程序进行：

a）取样；

b）过滤；

c）烘干；

d）称重；

e）计算与判定。

3.3　显微镜法按以下程序进行：

a）取样；

b）试样试片制作；

c）显微镜测定（颗粒对比法或颗粒计数法）；

d）判定。

4　取样

4.1　取样容器的净化

与试样接触的容器，在取样前应进行净化处理，净化步骤如下：

a）用温水加清洗剂清洗；

b）用温水冲洗；

c）用蒸馏水或脱矿质水清洗三次；

d）用过滤的异丙醇清洗三次；

e）用经过过滤的三氯三氟乙烷或石油醚清洗三次；

f) 将容器口朝下,使溶液滴落或挥发;

g) 待容器基本晾干且仍有挥发性气味时,将容器翻转,盖上清洁的玻璃片,防止污染。

4.2 成品验收和装配过程中整机、部件的取样

4.2.1 取样要求

4.2.1.1 取样器具与装置应清洁。

4.2.1.2 取样工作应在清洁环境中进行,并防止环境污染。

4.2.1.3 取样工作中要做好防火安全工作。

4.2.2 取样器具

取样器具包括:

a) 存贮取样介质的瓶、罐等容器;

b) 注射器、油枪、冲洗装置等;

c) 尼龙刷、画笔、绸布等;

d) 磁铁与尖头、平头无齿不锈钢镊子;

e) 搪瓷或塑料盘、盆与桶(带盖)。

4.2.3 取样介质

取样介质包括:

a) 2 号清洗用溶剂油;

b) 三氯三氟乙烷;

c) 异丙醇。

4.2.4 取样步骤

4.2.4.1 按有关要求确定被测定对象(整机、部件)。

4.2.4.2 用取样介质冲洗被测定对象,并将取样介质与污染物的混合液全部收集在盘、盆等容器内。

4.2.4.3 对难以清洗的污染物,可采用稀释液、清洗液等取样介质进行冲洗,并使用注射器、油枪、毛刷进行冲刷。

4.2.4.4 取样介质的用量应根据被测对象的形状、尺寸大小与污染程度而定,其用量以能满足彻底清洗被测对象为准。取样介质用量一般不应少于 500 mL。

4.2.4.5 收集到的全部取样介质与污染物的混合物(试样)密闭保存,防止重复污染。

4.3 液压系统、循环润滑系统油液的取样

4.3.1 取样要求

4.3.1.1 油液的试样应在液压系统工作状态下采集。系统运行时间不应少于 0.5 h。

4.3.1.2 应从运行的管路内取样。如取样有困难,允许在运行中的油箱内取样。

4.3.1.3 试样不应少于 200 mL。

4.3.2 取样方法

4.3.2.1 油箱取样

4.3.2.1.1 油箱取样示意图见图 2。

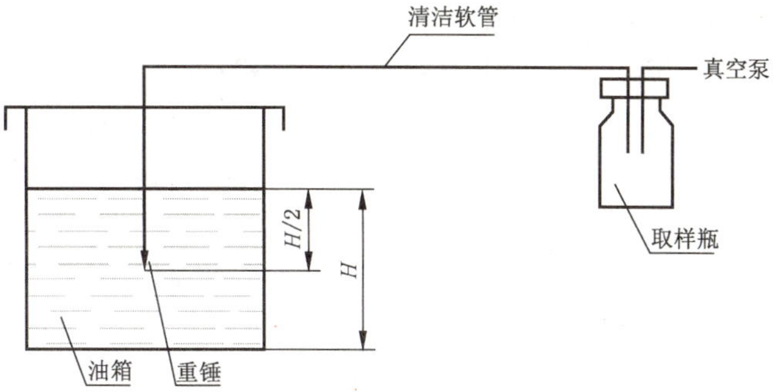

图 2

4.3.2.1.2　将取样软管(管口处附加重锤)插入油箱液面下约 $H/2$ 距离。

4.3.2.1.3　抽取油箱液体冲洗取样管路,其容积约为 5 倍取样管路的容积;冲洗的油液收集在废液瓶里,不应作为试样。

4.3.2.1.4　取样瓶放在取样位置,抽取的试样量应为取样瓶容积的 50%~75%。

4.3.2.1.5　取样后,取出取样瓶,应注意密封,不应被污染。

4.3.2.2　**管路取样**

4.3.2.2.1　管路取样示意图见图 3。

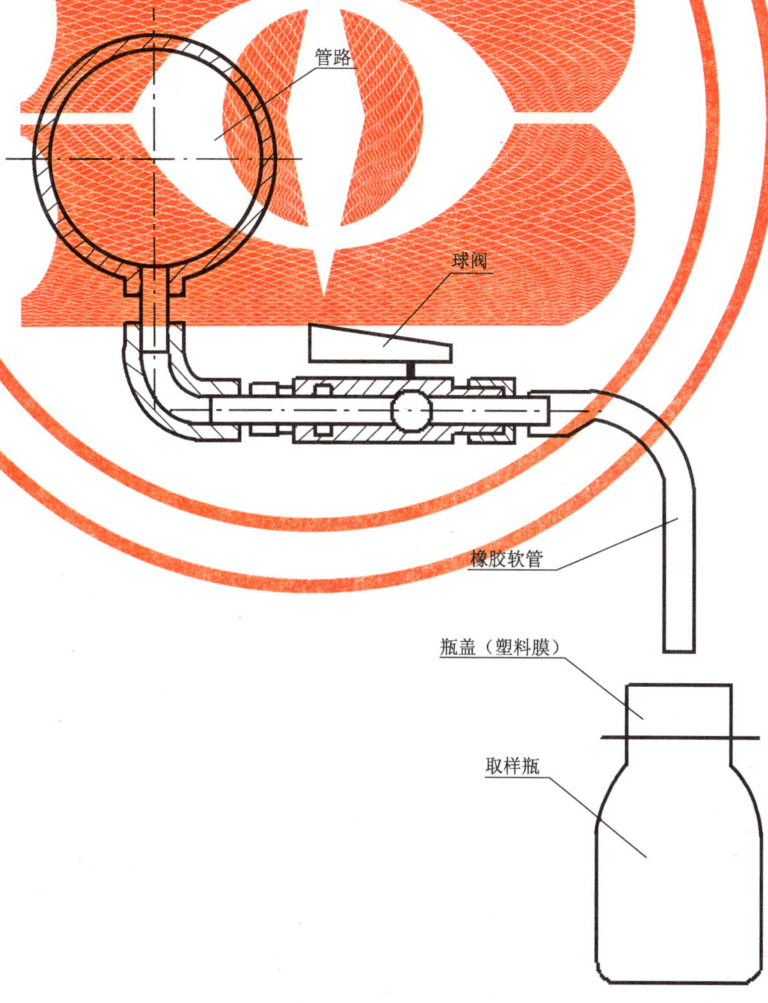

图 3　管路取样示意图

4.3.2.2.2 取样装置连入系统管路内。

4.3.2.2.3 冲洗取样装置，其容积约为5倍取样装置内部容积；冲洗的油液收集在废液瓶里，不应作为试样。

4.3.2.2.4 取样瓶放在取样位置，打开球阀，当试样达到取样要求时，应先移开取样瓶，再关闭球阀；抽取的试样量应为取样瓶容积的50%～75%。

4.3.2.2.5 取样速度应平稳缓慢。

4.3.2.2.6 取样容器应注意密封，不应被污染。

5 重量法的测定

5.1 过滤

5.1.1 过滤要求

5.1.1.1 过滤装置和器具应保持清洁。

5.1.1.2 在过滤中，应将非固体污染物排除在收集之外。

5.1.1.3 过滤工作应在清洁环境中进行，并应防止环境污染。

5.1.1.4 过滤工作中应做好防火安全工作。

5.1.2 过滤装置和器具

过滤装置和器具包括：

a) 抽滤瓶（试剂瓶）若干个（容积不少于1 000 mL）；
b) 滤膜若干片（孔径5 μm）；
c) 滤网（SF1W 0.040/0.025 平纹）；
d) 漏斗；
e) 套筒；
f) 橡胶密封垫；
g) 塑料管；
h) 真空泵（体积流速为5 L/min、出口压力为0.05 MPa）；
i) 量筒（V=500 mL）；
j) 称量瓶；
k) 金属夹；
l) 工业天平；
m) 分析天平；
n) 烘箱；
o) 干燥器；
p) 储液瓶若干个。

5.1.3 过滤方法与步骤

5.1.3.1 将过滤器具用清洗液清洗干净，滤膜、滤网分别置入具有标记（或编号）的称量瓶中。

5.1.3.2 将装有滤膜和滤网的称量瓶，敞开瓶盖，置入烘箱中，进行烘干。烘干温度：滤网105 ℃±5 ℃，滤膜90 ℃±5 ℃，烘干时间不应少于30 min。

5.1.3.3 将称量瓶盖好后从烘箱内取出，置于干燥器中冷却30 min。

5.1.3.4 从干燥器中取出滤网、滤膜，用分析天平进行称重，并做好记录。将滤网、滤膜分别置于干燥的称量瓶中编码，密封保存，备用。

5.1.3.5 粗过滤前应将试样充分搅拌，并立即进行粗过滤，粗过滤液置入密封的储液瓶中待用。含污染物的滤网在大气中挥发后，置入称量瓶编码保存。

5.1.3.6 根据粗过滤液的容积大小，确定采用全部精过滤或取样精过滤：

a) 试样容积不超过 1 000 mL 时，应全部进行精过滤；

b) 试样容积超过 1 000 mL 时，应采用取样精过滤；

c) 取样容积不应少于 500 mL。

5.1.3.7 精过滤前，应将粗过滤液充分搅拌，以保证滤液不发生沉淀与取样的均匀性。

5.1.3.8 精过滤应在负压抽滤状态下进行，抽滤装置见图 4。

5.1.3.9 精过滤后，将附有污染物的滤膜经大气挥发后置入密封的称量瓶中，编码保存。

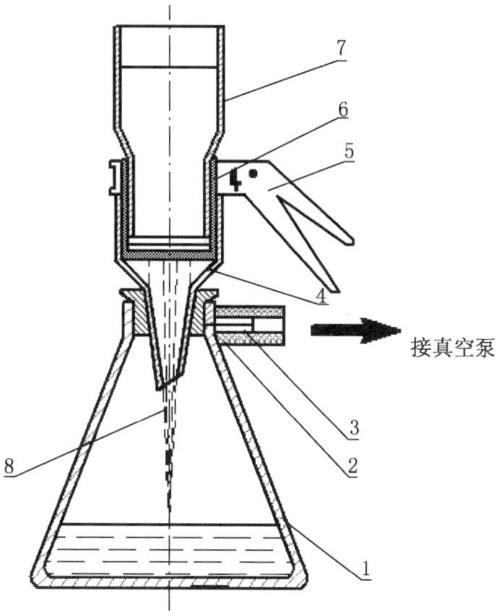

说明：

1——过滤瓶；

2——橡胶密封垫；

3——塑料管；

4——漏斗；

5——金属夹；

6——滤膜(滤网)；

7——套筒；

8——过滤油液。

图 4 滤膜过滤装置示意图

5.2 烘干

5.2.1 将附有污染物的滤网、滤膜连其称量瓶分别置入烘箱中，并将称量瓶盖口敞开。

5.2.2 滤网烘干温度 105 ℃±5 ℃，烘干时间不少于 30 min。

5.2.3 滤膜烘干温度 90 ℃±5 ℃，烘干时间不少于 30 min。

5.2.4 滤网、滤膜烘干后，将其称量瓶盖盖好，从烘箱内取出，置于干燥中冷却 30 min，备用。

5.3 称重

5.3.1 从干燥器内取出装有滤网、滤膜的称量瓶。

5.3.2 将滤网、滤膜从称量瓶中取出，立即进行称重，并做好记录。

5.3.3 称量环境要求清洁、干燥、无风。

5.4 计算与判定

5.4.1 在采用全部精过滤情况下，被测定对象污染物重量的计算按式(1)：

$$W=(m_1-m_2)+(m_3-m_4) \quad \cdots\cdots(1)$$

式中：

W ——被测定对象的污染物重量(即清洁度)，单位为毫克(mg)；

m_1 ——抽滤后附有污染物的滤膜重量，单位为毫克(mg)；

m_2 ——抽滤前清洁的滤膜重量，单位为毫克(mg)；

m_3 ——抽滤后附有污染物的滤网重量，单位为毫克(mg)；

m_4 ——抽滤前清洁的滤网重量，单位为毫克(mg)。

5.4.2 在采用取样精过滤情况下，被测定对象污染物重量的计算按式(2)：

$$W=(m_1-m_2)(V_1/V_2)+(m_3-m_4) \quad \cdots\cdots(2)$$

式中：

V_1——全部粗过滤液体积或重量，单位为毫升或毫克(mL 或 mg)；

V_2——取样精滤的粗过滤液体积或重量，单位为毫升或毫克(mL 或 mg)。

5.4.3 在计算中，应将有关原始记录数据与计算结果填入重量法清洁度记录计算表，参见附录 A。

5.4.4 根据计算结果，判定被测定对象的清洁度，参见附录 A。

6 显微镜法的测定

6.1 工作准备

6.1.1 装置与器具

测定需要的装置与器具包括：

a) 过滤装置：
  ——漏斗一个(容量 250 mL)；
  ——夹钳一个；
  ——安放滤膜的玻璃砂芯垫板一个；
  ——漏杯盖一个；
  ——锥形漏斗一个。

b) 滤膜：
  ——直径 50 mm，孔径 0.8 μm，刻有方格，每一方格边长为 3.08 mm 的微孔滤膜(用于试样过滤)；
  ——直径 50 mm，孔径 0.45 μm 的微孔滤膜(用于清洗液过滤)。

c) 真空泵一台(体积流速为 5 L/min，出口压力为 0.05 MPa)。

d) 不锈钢无齿平嘴镊子一个。

e) 显微镜玻璃载片若干。

f) 显微镜玻璃盖片若干。

g) 温度可控制在 70 ℃的烘箱一台。

h) 手执计数器一个。

i) 容积为 300 mL～500 mL 的扩口取样瓶(试剂瓶)若干。

j) 150 mL 量筒一只。

k) 净化工作台或净化室。

l) 瓶盖与瓶口之间放置的塑料膜若干。

m) 净化服若干。

n) 清洗液：

——不含固体杂物的液体清洗剂；

——蒸馏水或脱矿质水；

——异丙醇；

——2 号清洗用溶剂油。

6.1.2 器具清洗步骤

6.1.2.1 用热水和清洗剂清洗器具。

6.1.2.2 用蒸馏水冲洗。

6.1.2.3 用 0.45 μm 滤膜过滤的异丙醇冲洗，去除水分。

6.1.2.4 用经 0.45 μm 滤膜过滤的石油醚冲洗。

6.1.2.5 清洗后的器具晾干，盖上取样瓶盖，漏杯倒置；对玻璃载片和盖片用绸布擦净，立着放置。

6.2 试样试片制作步骤

6.2.1 在量筒中倒入 100 mL 试样，倒入以前，应使试样中的颗粒悬浮均匀。

6.2.2 根据试样的清洁程度和粘度，用溶剂油稀释试样，搅拌液样，使其均匀。

6.2.3 用干净的镊子夹取 0.8 μm 的滤膜一张，放在漏斗上的玻璃砂芯垫板上；然后将漏杯用夹钳固定在漏斗上，并用连接件与真空泵相连。

6.2.4 用经 0.45 μm 滤膜过滤的石油醚清洗 0.8 μm 滤膜的两面，带有方格的面朝上放在砂芯上。

6.2.5 将试样倒入漏杯，盖上杯盖，然后启动真空泵抽滤。当漏杯内液面下降至约 10 mm 时，关闭真空泵，再用石油醚以旋转方式冲洗漏杯壁面，盖上漏杯盖。

6.2.6 再启动真空泵将试样抽完。待滤膜干后，关闭真空泵。

6.2.7 去掉夹钳，取下漏杯。

6.2.8 用镊子将膜滤夹住，放在玻璃载片上，盖上玻璃盖片，玻璃盖片上涂以适量的固定粘胶。

6.2.9 将准备好的试片放入烘箱内，温度调至 55 ℃～60 ℃，干燥 24 h 以上。

6.2.10 显微镜试片上做好标记。

6.3 测定方法

6.3.1 概述

显微镜测定有显微镜颗粒对比法和显微镜颗粒计数法两种方法。

6.3.2 显微镜颗粒对比法

6.3.2.1 将显微镜放置平稳。

6.3.2.2 把试片放在显微镜载物台上。

6.3.2.3 将显微镜接通电源，调节目镜、物镜，对好焦距，使视场清晰。

6.3.2.4 转动标准清洁度试片，对比后读出相近的清洁度等级。

6.3.2.5 移动试片台板，使用同样的方法对比 4～5 个部位，读出相应的清洁度等级。

6.3.3 显微镜颗粒计数法

6.3.3.1 将显微镜放置平稳。

6.3.3.2 将显微镜接通电源，调节目镜、物镜，对好焦距，使视场清晰。

6.3.3.3 显微镜的放大倍数及其目镜、物镜的选择见表1。

表 1

放大倍数	目 镜	物 镜
40	10×	4×
63	6.3×	10×
100	10×	10×
160	16×	10×
250	10×	25×
400	10×	40×

6.3.3.4 显微镜的标定要求如下：

a) 在各放大倍数下，用台式测微尺标定显微镜，以确定装在目镜内目镜测微尺每刻度所表示颗粒尺寸(单位为 μm)；

b) 在各放大倍数下，量出单元面积和亚单元面积的宽度(单位为 mm)；

c) 每半年或显微镜更换零件时，应重新进行标定。

6.3.3.5 颗粒尺寸 G 按尺寸范围共分 6 个颗粒尺寸间隔(单位为 μm)，根据颗粒尺寸间隔选择合适的放大倍数，见表2。

表 2

颗粒尺寸间隔/μm	公称放大倍数
$5<G\leqslant15$	160×～400×
$15<G\leqslant25$	160×～250×
$25<G\leqslant50$	100×～250×
$50<G\leqslant100$	40×～160×
$G>100$	40×～160×
纤维	40×～160×

6.3.3.6 颗粒计数规则如下：

a) 按每个颗粒尺寸间隔分别计数：大于规定的最小尺寸，小于规定的最大尺寸的颗粒在计数范围内；如小于最小尺寸或大于最大尺寸的颗粒，则在该颗粒尺寸间隔内不计入数量；

b) 对统计所选面积边界线上的颗粒时，只统计所选面积的上侧和左侧边界上的颗粒，见图5；

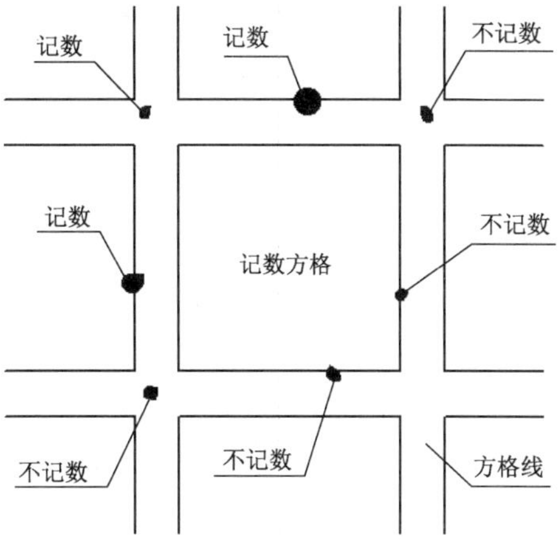

图 5

c) 在显微镜下，观测试片有效面积上的颗粒，若颗粒分布均匀，则按统计计数法计数；若颗粒分布不均匀，则需在有效面积内颗粒全部计数。

6.3.3.7 统计计数要求如下：

a) 在滤膜有效面积上，任意确定一个单元面积；

b) 在选定的颗粒尺寸间隔内，统计该单元面积的颗粒数 P：

——$P=0$，则统计整个有效面积 F_1 内的颗粒数 S_1；

——$0<P\leqslant 2$，则统计 20 个栅格面积 F_2 内的颗粒数 S_1，见图 6；

——$2<P\leqslant 8$，则统计 10 个栅格面积 F_2 内的颗粒数 S_1，见图 7；

——$8<P\leqslant 50$，则统计 10 个栅格面积 F_2 内的颗粒数 S_1，见图 7；

——$P>50$，则统计 10 个栅格面积 F_2 内的颗粒数 S_1，见图 7。

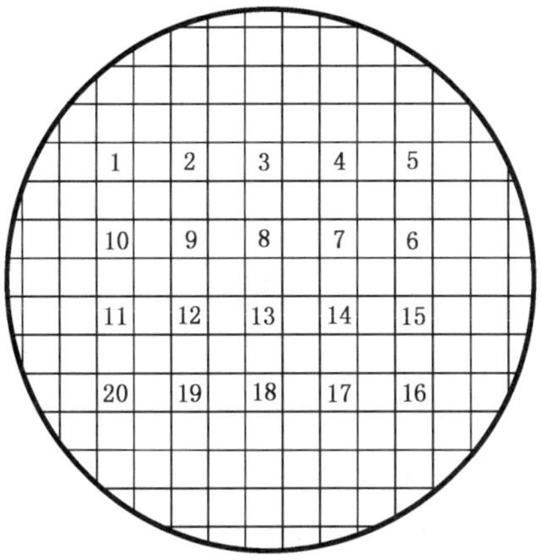

图 6

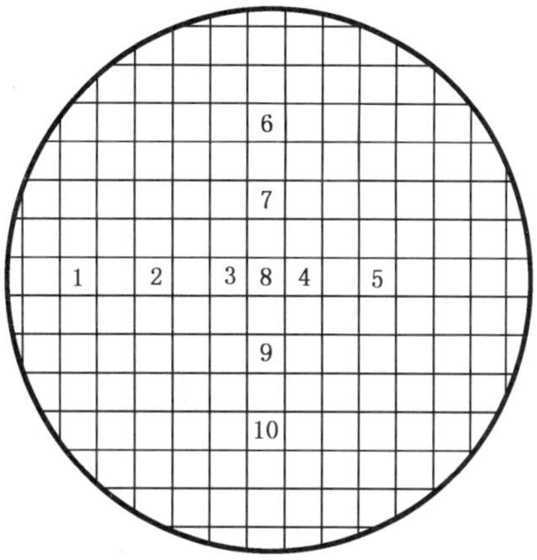

图 7

c) 使用同样方法，统计其他颗粒尺寸间隔的颗粒数。

6.3.3.8 总统计数 S_2 计算如下：

a) 计数系数 C_F 乘以所测得的统计 n 个面积上某一个颗粒尺寸间隔的原始计数，即为该颗粒尺寸间隔的总统计数，按式(3)计算：

$$S_2=C_F S_1 \qquad (3)$$

b) 计数系数 C_F 按式(4)计算：

$$C_F=F_1/F_3=F_1/nF_2 \qquad (4)$$

其中：

测整个有效面积时：$C_F = F_1/F_3 = 1$；测栅格面积时：$C_F = F_1/nL^2$；测单元面积时：$C_F = F_1/nLW$；测亚单元面积时：$C_F = F_1/nLV$。

式中：

F_1——滤膜有效面积($F_1 = 890\ mm^2$)；

L ——栅格面积边长($L = 3.08\ mm$)；

W ——单元面积宽度($W = 0.513\ mm$)；

V ——亚单元面积的宽度($V = 0.154\ mm$)；

n ——计数面积的个数(按 6.3.3.8 规定的 F_2 的个数)。

6.3.3.9 将测试结果填入附表中，参见附录 B。

6.3.3.10 按表 3 确定大于 5 μm 颗粒尺寸污染物的颗粒浓度的代号和大于 15 μm 颗粒尺寸污染物的颗粒浓度的代号。

6.3.3.11 按表 3 确定试样的清洁度等级代码。

6.4 清洁度等级代码

6.4.1 污染物的颗粒浓度采用代号来表示，见表 3。

表 3

代号	颗粒浓度 颗粒数/100 mL	代号	颗粒浓度 颗粒数/100 mL	代号	颗粒浓度 颗粒数/100 mL
24	$>8\times10^6\sim16\times10^6$	16	$>32\times10^3\sim64\times10^3$	8	>130～250
23	$>4\times10^6\sim8\times10^6$	15	$>16\times10^3\sim32\times10^3$	7	>54～130
22	$>2\times10^6\sim4\times10^6$	14	$>8\times10^3\sim16\times10^3$	6	>32～64
21	$>1\times10^6\sim2\times10^6$	13	$>4\times10^3\sim8\times10^3$	5	>16～32
20	$>500\times10^3\sim1\times10^6$	12	$>2\times10^3\sim4\times10^3$	4	>8～16
19	$>250\times10^3\sim500\times10^3$	11	$>1\,000\sim2\times10^3$	3	>4～8
18	$>130\times10^3\sim250\times10^3$	10	>500～1 000	2	>2～4
17	$>64\times10^3\sim130\times10^3$	9	>250～500	1	>1～2
—	—	—	—	0	≤1

6.4.2 系统的清洁度采用两个代号以分数形式来表示。分子表示每 100 mL 油液中颗粒尺寸大于 5 μm的全部颗粒的代号；分母表示每 100 mL 油液中颗粒尺寸大于 15 μm 的全部颗粒数的代号；两个代号之间用一斜线分隔，组成清洁度等级代码。

示例：19/16，19 是指 100 mL 油液中颗粒尺寸大于 5 μm 的全部颗粒数在 $250\times10^3\sim500\times10^3$ 之间，16 是指 100 mL油液中颗粒尺寸大于 15 μm 的全部颗粒数在 $32\times10^3\sim64\times10^3$ 之间。

附　录　A
（资料性附录）
重量法清洁度记录计算表

表 A.1　重量法清洁度记录计算表

<table>
<tr><td>被测定产品型号名称</td><td colspan="2">被测定部位名称</td><td colspan="2">测定人员签名</td><td colspan="2">测定日期</td><td colspan="2">记录表编号</td></tr>
<tr><td></td><td colspan="2"></td><td colspan="2"></td><td colspan="2"></td><td colspan="2"></td></tr>
<tr><td>测试器具型号名称</td><td>规格</td><td>数量</td><td colspan="6">测定数据</td></tr>
<tr><td>工业天平</td><td></td><td></td><td>m_1
mg</td><td>m_2
mg</td><td>m_3
mg</td><td>m_4
mg</td><td>V_1
mg 或 mL</td><td>V_2
mg 或 mL</td></tr>
<tr><td>分析天平</td><td></td><td></td><td></td><td></td><td></td><td></td><td></td><td></td></tr>
<tr><td>真空泵</td><td></td><td></td><td colspan="6">清洁度 W 计算/mg</td></tr>
<tr><td>滤网</td><td></td><td></td><td colspan="6" rowspan="11">在全部精滤情况下：
$W=(m_1-m_2)+(m_2-m_4)$
在取样精滤情况下：
$W=(m_1-m_2)(V_1/V_2)+(m_3-m_4)$
式中：m_1——抽滤后附有污染物的滤膜重量，mg；
m_2——抽滤前清洁的滤膜重量，mg；
m_3——抽滤后附有污染物的滤网重量，mg；
m_4——抽滤前清洁的滤网重量，mg；
V_1——全部粗过滤液体积或重量，mL 或 mg；
V_2——取样精滤的粗过滤液体积或重量，mL 或 mg。</td></tr>
<tr><td>滤膜</td><td></td><td></td></tr>
<tr><td>量筒</td><td></td><td></td></tr>
<tr><td>烘箱</td><td></td><td></td></tr>
<tr><td>操作项目</td><td>温度/℃</td><td>时间/min</td></tr>
<tr><td>滤网烘干</td><td></td><td></td></tr>
<tr><td>滤膜烘干</td><td></td><td></td></tr>
<tr><td>附污染物滤网烘干</td><td></td><td></td></tr>
<tr><td>附污染物滤膜烘干</td><td></td><td></td></tr>
<tr><td colspan="3">测定结论(判定)</td></tr>
<tr><td colspan="3" rowspan="2"></td></tr>
<tr><td colspan="2">备　注</td><td colspan="4"></td></tr>
</table>

附 录 B
（资料性附录）
显微镜颗粒计数法记录表

表 B.1 显微镜颗粒计数法记录表

<table>
<tr><td>样本名称</td><td></td><td colspan="2">试片标记</td><td colspan="2"></td><td>编号</td><td></td></tr>
<tr><td>取样部位</td><td>油箱、管路</td><td colspan="2">空白计数</td><td colspan="2"></td><td>测定日期</td><td></td></tr>
<tr><td>取样前样本状态</td><td></td><td colspan="2">滤膜规格</td><td colspan="2"></td><td>测定人员</td><td></td></tr>
<tr><td>取样容积/mL</td><td></td><td colspan="2">滤膜有效面积直径/mm</td><td colspan="2"></td><td>测定人员签名</td><td></td></tr>
<tr><td colspan="7">原 始 记 录</td><td>测定结果</td></tr>
<tr><td>颗粒尺寸间隔/μm</td><td>每一区间颗粒数</td><td>原始记数 S_1</td><td>计数面积 F_2</td><td>计数面积个数 n</td><td>计数系数 C_r</td><td>总统计数 S_2</td><td>总 计</td></tr>
<tr><td>$5<G\leqslant15$</td><td></td><td></td><td></td><td></td><td></td><td></td><td rowspan="2">1. 5 μm颗粒尺寸以上
Σ=
2. 15 μm颗粒尺寸以上
Σ=</td></tr>
<tr><td>$15<G\leqslant25$</td><td></td><td></td><td></td><td></td><td></td><td></td></tr>
<tr><td>$25<G\leqslant50$</td><td></td><td></td><td></td><td></td><td></td><td></td><td>清洁度
（代码）</td></tr>
<tr><td>$50<G\leqslant100$</td><td></td><td></td><td></td><td></td><td></td><td></td><td></td></tr>
<tr><td>$G>100$</td><td></td><td></td><td></td><td></td><td></td><td></td><td>测定说明</td></tr>
<tr><td>纤维</td><td></td><td></td><td></td><td></td><td></td><td></td><td></td></tr>
</table>

ICS 25.220.40
A 29

中华人民共和国国家标准

GB/T 31563—2015

金属覆盖层 厚度测量 扫描电镜法

Metallic coatings—Measurement of coating thickness—Scanning electron microscope method

(ISO 9220:1988,MOD)

2015-05-15 发布 2016-01-01 实施

中华人民共和国国家质量监督检验检疫总局
中国国家标准化管理委员会 发布

前　言

本标准按照 GB/T 1.1—2009 给出的规则起草。

本标准修改采用 ISO 9220:1988《金属覆盖层　厚度测量　扫描电镜法》。

本标准与 ISO 9220:1988 的主要技术差异如下：

——对照 ISO 9220:1988(9.2.1.2)，本标准采用照相成像输出。由于技术发展，本标准修改采用计算机磁盘记录存储图像并标定。ISO 标准中涉及利用视频波形的信号目前设备已不采用，本标准采用分辨率更高的 EDS 线扫描等技术。

——规范性引用文件替换为对应的我国标准，并增加了 GB/T 27788—2011 的引用。

本标准由中国机械工业联合会提出。

本标准由全国金属与非金属覆盖层标准化技术委员会(SAC/TC 57)归口。

本标准起草单位：武汉材料保护研究所、清华大学、株洲钻石硬质合金厂、西安西电高压开关有限公司、重庆市计量质量检测研究院、东莞市五株电子科技有限公司、深圳市发斯特精密技术有限公司。

本标准主要起草人：李健、邵天敏、段海涛、刘秀生、陈利、马博、涂杰松、王鼎、于翔、曾国权、孙联和。

金属覆盖层　厚度测量　扫描电镜法

1　范围

本标准规定了通过扫描电子显微镜(SEM)检测金属试样横截面局部厚度的方式测量金属涂层厚度的方法。它通常是一种破坏性的检测方式,不确定度小于10%,或者0.1 μm。该测量方法也可以用来测量几个毫米厚的涂层,但是对于这类厚涂层建议采用光学显微镜法(GB/T 6462)进行测量。

2　规范性引用文件

下列文件对于本文件的应用是必不可少的。凡是注日期的引用文件,仅注日期的版本适用于本文件。凡是不注日期的引用文件,其最新版本(包括所有的修改单)适用于本文件。

GB/T 6462　金属和氧化物覆盖层　厚度测量　显微镜法(GB/T 6462—2005,ISO 1463:2003,IDT)

GB/T 12334　金属和其他非有机覆盖层　关于厚度测量的定义和一般规则(GB/T 12334—2001,ISO 2064:1996,IDT)

GB/T 27788—2011　微束分析　扫描电镜　图像放大倍率校准导则(ISO 16700:2004,IDT)

3　术语和定义

下列术语和定义适用于本文件。

3.1

局部厚度　local thickness

在涂层的一个指定区域内进行多次测量,取平均值所得的厚度值。

[GB/T 12334—2001,3.4]

4　原理

将试样沿垂直于涂层水平方向切割,并经过仔细打磨和抛光,制成金相试样,放入扫描电子显微镜中进行检测。测量是通过常规的涂层截面显微图片,来获得涂层的厚度。

5　仪器

5.1　扫描电子显微镜(SEM)

分辨率应优于50 nm。

5.2　SEM台置测微标尺

用于校准扫描电子显微镜的放大倍数,其不确定度的误差值应小于5%。

6 影响测量结果的因素

6.1 表面粗糙度

如果涂层或其基体相对于涂层厚度而言是粗糙的,即涂层较薄而涂层或基体的粗糙度较大,将会使涂层横截面上一侧或两侧的涂层界面轮廓不规则,以致不能精确测量视场内涂层的平均厚度。

6.2 试样横截面的锥度

如果试样横截面表面与涂层表面不垂直,那么测量的涂层厚度值要比真实值大。例如,一个 10°的倾斜角将会产生 1.5%的偏差。

6.3 试样倾斜

试样(横截面的平面)相对于扫描电子显微镜的电子束存在的任何倾斜,都可能导致不准确的测量值。

注:如果倾斜的测试试样方向与所用的校准试样台方向不同,将产生不准确的测试结果。

6.4 涂层变形

当安装和制备软涂层或者低熔点金属涂层的横截面时所产生的高温、高压可以引起涂层不利的变形。另外,制备涂层横截面时,脆性材料的过度磨损也可以引起涂层不利的变形。

6.5 涂层边缘的倒角

如果涂层横截面边缘存在圆角,即涂层横截面平面没有完整延伸到它的边,那么观察到的涂层厚度与涂层的真实厚度不同;边缘圆角是由于涂层截面不适当的安装、打磨、抛光或者腐蚀造成的(见 6.6 和 A.1)。

6.6 电镀试样

制备涂层横截面时,在涂层表面电镀可以起到保护涂层的边缘,减小不准确测量值的作用。但是,如果在表面制备时需要去除电镀层材料,可能会引起涂层厚度的测量值变小。

6.7 腐蚀

适宜的腐蚀将会在两种金属的界面产生一条清晰明显而狭窄的黑线。而一条宽而模糊的腐蚀线将降低测量精度。

6.8 污点

抛光可能会在横截面上留下金属屑,使不同金属间的真实分界线模糊,从而导致不精确的测量值。这个多发生于软金属,例如铅、铟和金。为了帮助辨认是否有污点,应该重新抛光、腐蚀和多次测量。如果看到涂层厚度有比较大的变化,表明截面可能存在污点。

6.9 差的对比度

当涂层横截面金属原子序数接近时,在扫描电子显微镜中不同金属间的视觉对比度(反差)很差。例如:光亮和半光亮镍层是不可分辨,除非对涂层横截面进行适当的腐蚀,从而使他们的共同边界显示出来,并正确应用扫描电子显微镜技术进行观察;对于一些金属组合来说,可使用 EDS 线扫描或背散射技术(见 A.3.4)进行辅助测量。

6.10 放大倍数

对于给定的涂层厚度,随着仪器放大倍数的减小,测量误差将增加。在实际操作过程中,仪器放大倍数应该是有选择性的,标准要求视场应该在涂层厚度的1.5～3倍进行选择。

扫描电子显微镜读出的放大倍数通常要比推荐精确测量值相差5%左右,对于有些仪器,放大倍数可能会产生25%的误差值。要适当的利用扫描电子显微镜的台置测微标尺(放大倍数标样)和控制试验程序使仪器的放大倍数误差缩到最小。

6.11 放大倍数的均匀性

因为扫描电子显微镜的放大倍数在整个视场内并不是均匀一致的,如果两次校准和测量不在同一视场的同一位置进行,可能会导致误差增大。因此,在视场内同一位置进行厚度测量很重要。

6.12 放大倍数的稳定性

6.12.1 扫描电子显微镜的放大倍数通常会随着时间发生改变或飘移。将台置测微标尺(放大倍数标样)与试样并排同时安放在扫描电镜载物台上,及时进行校正,可以克服这种影响。

6.12.2 在调节聚焦器和操作其他控制器时都会引起放大倍数改变。例如,旋转扫描、工作电压和对比度控制。

这种改变可通过以下方式予以克服:对台置测微标尺(放大倍数标样)照相后,除采用 X、Y、Z 机械(手动)聚焦控制器外,不再使用电子聚焦控制器或其他SEM的电子控制器。合适的操作 X、Y、Z 机械(手动)聚焦控制器可以将试样表面带到扫描电子显微镜光束聚焦点上。

7 制备横截面

制备测试试样镶嵌需要做到以下几点:

a) 横截面垂直于涂层表面;

b) 表面平整,测量时涂层整个宽度在使用的放大倍数下同时聚焦;

c) 排除所有在切割或者制备横截面时形成的材料变形;

d) 涂层横截面的边界要能够通过对比外观、或有窄而明显的界线,明显区分。

注: 更进一步的说明参见附录A。

8 仪器的校准

8.1 一般原则

SEM放大倍数的标定(校准)方法,可依据GB/T 27788—2011。

应适当的注意第6章所列的影响因素、第9章所规定的操作程序、第10章所限制的不确定值。经常检查校准值的稳定性。

8.2 照相

在最小信噪比为2∶1时对带有测微计刻度的图像进行照相,并与近期测量的图像进行对比。

8.3 测量

8.3.1 利用衍射板记录器或者是等效装置在图像中测量接近0.1 mm范围内两条线之间的垂直距离。

8.3.2 在照片上间隔3 mm以上的不同区域分别测量一次,从而计算测量的平均值。

8.4 放大倍数计算

利用测量各自给定选择线之间的平均距离除以选择线之间的已知距离来计算照片的放大倍数按式(1)：

$$\gamma = 1\ 000 \times l_m / l_c \quad \cdots\cdots(1)$$

式中：

γ ——放大倍数；

l_m ——照片上测量的平均距离，单位为毫米(mm)；

l_c ——已知距离，单位为毫米(mm)。

9 操作程序

9.1 每一个设备(5.1)都应根据出厂说明进行操作，适当地注意第6章所列因素和第10章中的不确定要求条件。

9.2 在与标定时相同条件和仪器设置参数下，获取测试样品的显微图像，并对图像进行测量。

对于常规显微照片：

a) 用涂层试样清晰可见的边界线，制作带SEM台置测微标尺(放大倍数标样)和测试试样图像的常规显微照片。

b) 扫描一个涂层横截面微观图像，调入图像测量软件中，选择适当位置获取涂层厚度数据。

注：进一步的说明参见附录A。

9.3 根据式(2)计算厚度：

$$d = 1\ 000 \times l_m / \gamma \quad \cdots\cdots(2)$$

式中：

d ——涂层厚度，单位为微米(μm)；

l_m ——在显微照片上的线性距离，单位为毫米(mm)；

γ ——放大倍数(见8.4)。

10 测量的不确定度

由设备、设备校准和设备操作引起涂层厚度测量值的不确定度，无论哪一个更大，都应该优于10%或者0.1 μm。

11 结果的表达

表达结果精确到0.01 μm，如果大于1 μm就保留三位数字。

注：这个要求是使测量的舍入计算值的不确定性最小化。

12 检测报告

检测报告至少应包括以下信息：

a) 采用本标准；

b) 测量值；

c) 测试样品的区分编号；

d） 测试样品的测量位置；

e） 标注设备测试试验样品之前和之后的放大倍数；

f） 可能影响测量结果的不正常的因素；

g） 注明测量的日期；

h） 责任签名；

i） 测量方式：常规显微照片。

附 录 A
（资料性附录）
横截面的制备与测量的通用指南

A.0 简介

试样的制备和涂层厚度的检测极大地依赖于各自的技术，并且存在多种合适有效的技术。只指定一种技术是不合理的，但是囊括所有合适的技术也是不切合实际的。附录中描述的技术仅供指导。

A.1 安装

为了防止涂层横截面边缘出现倒角，涂层的表面应该被夹紧，使得涂层与它的夹紧面之间没有任何的空隙。通常是通过在原始涂层上涂镀一层至少 10 μm 厚，硬度类似于原始涂层的金属层。涂镀层应该具有与原始涂层不同的电子信号强度。

夹紧材料的表面应该具有导电性，以防止检测过程中发生核电现象。

如果夹紧部分是较软的材料，那么在打磨过程中，打磨的颗粒可能会嵌入到材料中。可以通过将试样完全浸没在润滑剂中打磨或在打磨时使用大流量的润滑剂以将此影响降到最低。如果打磨颗粒已经嵌入，可以在打磨完成后金刚石精抛光前通过金属抛光机和一个短时间的轻微手动抛光过程来去除打磨颗粒，或者由一个或多个交替的刻蚀和抛光周期达到去除打磨颗粒的目的。

A.2 打磨和抛光

A.2.1 打磨时最重要的是试样横截面平面要垂直于涂层。通过在试样外边缘处增加额外的金属片、周期性的改变打磨的方向（旋转 90°）、保持较短的打磨时间和较小压力将能有效的改善打磨效果。若在打磨前，在夹紧材料的侧面刻有参照标记，那么任何水平方向的倾斜都将很容易被观察到。采用合适的砂纸打磨试样、选择合适的润滑剂比如水或者石油溶剂油、使用较小的力量，能有效的避免在打磨过程中表面发生倾斜。最初的打磨应采用 100 号或 180 号的砂纸使试样真实的轮廓显露出来，同时去除试样上任何变形的金属。接着，分别在 240 号、320 号、500 号和 600 号的砂纸上，每张砂纸打磨不超过 30 s～40 s；每次更换砂纸都要改变打磨的方向 90°。接着，推荐在抛光布上通过 6 μm～9 μm、1 μm、0.5 μm 的钻石抛光膏进行打磨。

A.2.2 一种简单的判断横截面是否存在锥度的方法，是在试样上增加一个垂直于横截面平行于涂层的细直径的棒或者丝。如果存在锥度，那么棒或者丝的横截面就是一个椭圆。

A.3 扫描电子显微镜的应用

A.3.1 当用常规显微镜进行横截面检测时，涂层截面的边界仅由拍摄的两种材料之间的对比度显示，那么显示出来的涂层截面的宽度可能根据对比度和亮度的设定而有所变化。这种变化在放大倍率不变的情况下可能会达到 10%。为了使测量误差达到最小，可以适当调整亮度和对比度，使得图像能清楚显示材料表面每一条边的细节。

A.3.2 因为 SEM 的放大倍率会随着时间或其他设备参数的调整而自动变化，最好在试样测试前后对 SEM 进行校准。对于关键的测量，测试试样前后应该采用平均测量法进行校准测量。这样可以确保放大倍率没有发生变化，并且保证测量的精确性。

A.3.3 许多扫描电子显微镜都装配有X射线能量色散谱(EDS)，这有助于帮助表征各金属涂层。EDS的解析度最多为1 μm并且常常更低。

A.3.4 当被检测金属原子序数非常接近，原子量仅相差1，或者两种金属在扫描电子显微镜里可分辨率仅为0.1 μm时，可以利用背散射图像代替二次电子图像来帮助区分金属层。

A.3.5 目前并没有全方位统计检测误差的报告。但是对于薄的金涂层，有实验室测试报告表明，SEM的台置测微标尺尺度上存在0.039 μm的测量不确定度，对于校准显微照片的测量有0.02 μm。

ICS 25.220.10
A 29

中华人民共和国国家标准

GB/T 31564—2015/ISO 17836:2004

热喷涂　热喷涂沉积效率的测定

Thermal spraying—Determination of the deposition efficiency for thermal spraying

(ISO 17836:2004,IDT)

2015-05-15 发布　　2016-01-01 实施

中华人民共和国国家质量监督检验检疫总局
中国国家标准化管理委员会　发布

前　言

本标准按照 GB/T 1.1—2009 给出的规则起草。

本标准等同采用 ISO 17836:2004《热喷涂　热喷涂沉积效率的测定》(英文版)。

本标准与 ISO 17836:2004 相比，主要差异如下：

与本标准中规范性引用的国际文件有一致性对应关系的我国文件如下：

——GB/T 12608—2003　热喷涂　火焰和电弧喷涂用线材、棒材和芯材　分类和供货技术条件(ISO 14919:2001,MOD)

——GB/T 18719—2002　热喷涂　术语、分类(ISO 14917:1999,MOD)

——GB/T 19356—2003　热喷涂　粉末　成分和供货技术条件(ISO 14232:2000,MOD)

注：ISO 17836:2004 的规范性引用文件 EN 657、EN 1247 和 EN ISO 14919 分别等同于 ISO 14917、ISO 14232 和 ISO 14919。

为便于使用，本标准做了下列编辑性修改：

——用小数点“.”代替作为小数点的逗号“,”；

——删除国际标准的前言；

——增加了我国的标准前言；

——用等同的 ISO 标准代替了规范性引用的 EN 标准。

本标准由机械工业联合会提出。

本标准由全国金属与非金属覆盖层标准化技术委员会(SAC/TC 57)归口。

本标准起草单位：武汉材料保护研究所、北京矿冶研究总院北矿新材科技有限公司、佛山市南海区标准化研究与促进中心、重庆市计量质量检测研究院、东莞宜安科技股份有限公司、深圳市发斯特精密技术有限公司。

本标准主要起草人：汪洪生、章德铭、沈婕、姜汉生、张冀蜀、何烙辉、高正源、李卫荣、杨锋。

引　　言

本标准定义了热喷涂沉积效率的测定。本标准描述了测定热喷涂沉积效率规定使用的试件;测定特定的热喷涂工艺和热喷涂材料沉积效率的实施过程。

根据本标准计算的试件沉积效率,不一定与实际构件上的沉积效率相符。

热喷涂 热喷涂沉积效率的测定

1 范围

在确定热喷涂材料需求时,有必要应用本标准中关于喷涂工艺沉积效率的数据。

本标准规定了热喷涂沉积效率的测定程序,以及与之相关的热喷涂材料,设备和辅助材料。

本标准适用于所有热喷涂工艺(见 ISO 14917)和所有线材、棒材、芯材和粉末的热喷涂材料。

2 规范性引用文件

下列文件对于本文件的应用是必不可少的。凡是注日期的引用文件,仅注日期的版本适用于本文件。凡是不注日期的引用文件,其最新版本(包括所有的修改单)适用于本文件。

ISO 14232 热喷涂 粉末 成分 供货技术条件(Thermal spraying—Powders—Composition—Technical supply conditions)

ISO 14917 热喷涂 术语、分类(Thermal spraying—Terminology,classification)

ISO 14919 热喷涂 火焰和电弧喷涂用线材、棒材和芯材 分类 供货技术条件(Thermal spraying—Wires,rods and cords for flame and arc spraying—Classification—Technical supply conditions)

EN 13507 热喷涂 热喷涂金属部件和组件表面的前处理(Thermal spraying—Pre-treament of surfaces of metallic parts and components for thermal spraying)

3 术语和定义

下列术语和定义适用于本文件。

3.1

沉积效率 deposition efficiency(DE)

在标准的条件下,沉积在试件上热喷涂材料的质量与需要送入热喷涂材料的质量之比(%)。

4 试件、设备、工作和辅助装置

内容如下:

a) 可供选择的试件:

  1) 试管,尺寸按附录 A;

  2) 试板,尺寸按附录 B。

b) 设备/工作装置:

  1) 喷涂设备;

  2) 夹持运转装置(机械化喷涂工艺);

  3) 计量装置(计量送入的线材,棒材,芯材或粉末);

  4) 燃气/燃料/电能;

  5) 等离子气体;

  6) 喷涂舱室;

7) 过滤/排气系统。

c) 辅助装置：

1) 试件夹紧装置；

2) 天平(精度不低于1克)。

5 测试实施

内容如下：

——试件预处理应符合规定，如：脱脂和喷砂(见EN 13507)。预处理过程应作记录。

——预处理后的试件应测量其质量并记录。

——应测定喷涂材料的送给速度(g/min)，至少应运行两次以计算平均值。

——用选定的参数喷涂试件。如果存在过热的可能，应适当的冷却。所有参数应作记录。

——同一类型试件至少两个，每个试件涂覆处理的时间为30 s。喷枪摆进与摆出时应高速并经最短的路径。在喷涂射流未完全形成并趋于稳定时喷枪不得摆进(见图1)。

——在每次喷涂试验后试件质量的改变应测定并记录(见附录C)。

——所耗喷涂材料的质量由喷涂时间和送给速度计算得出。这个质量应作记录(见附录C)。

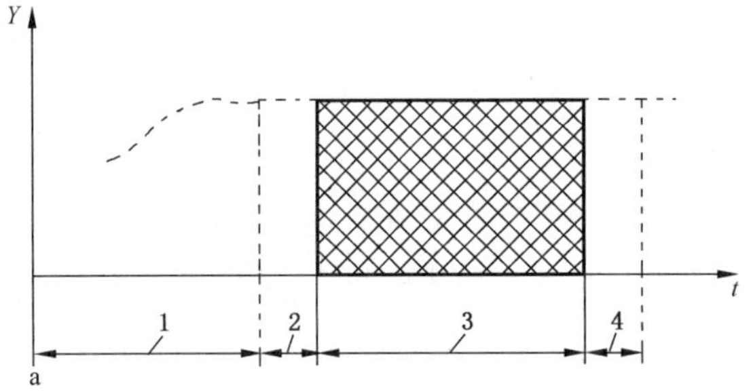

说明：

Y——送给速度；

t——时间；

a——喷炬位置；

1——稳定；

2——摆进；

3——在试件上；

4——摆出。

图1 试验过程

6 沉积效率的确定

用式(1)计算每个试件的沉积效率并计算平均值：

$$\eta_D = \frac{\Delta m_{tp}}{m_{sm}} \times 100\% \quad \cdots\cdots(1)$$

式中：

η_D ——沉积效率；

Δm_{tp}——试件的质量变化，单位为克(g)；

m_{sm} ——送给喷涂材料的质量，单位为克(g)。

[m_{sm}由送给速度(g/min)乘喷涂时间(s)除以 60 得出]。

7 测试报告

测试结果应记入报告(见附录 C)。从测试结果计算平均值。

测定沉积效率的试验报告至少应包括下列信息：

a) 喷涂设备和喷枪的类型；

b) 喷涂材料的输送装置；

c) 喷涂工艺的类型；

d) 工艺相关的喷涂参数(见喷涂记录号码)；

e) 试件的类型；

f) 试件预处理；

g) 喷涂材料的类型，应为符合 ISO 14232 的粉末或符合 ISO 14919 的线材、棒材和芯材；

h) 送给速度的均值；

i) 沉积效率的平均值。

8 标记

管状试件(A)或板状试件(B)沉积效率的标记应包括以下几部分：

a) 本标准编号；

b) 试件(A 或 B 根据附录 A 或附录 B)，沉积效率的平均值(%)。

示例：GB/T 31564-A 50

附　录　A
（规范性附录）
试件——管状(A)

图 A.1 为喷涂射流应扫过试件，被涂覆的表面在试件的两端至少应减去一个喷涂射流的宽度。

尺寸为毫米

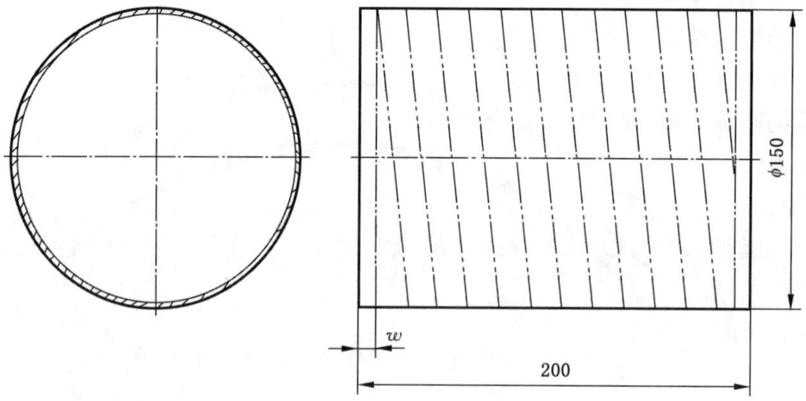

说明：

w——喷涂射流的宽度。

图 A.1　管状　ϕ150 mm×200 mm×3 mm

附　录　B
（规范性附录）
试件——板状(B)

图 B.1 为喷涂射流应扫过试件，被涂覆的表面在试件的边缘至少应减去一个喷涂射流的宽度。

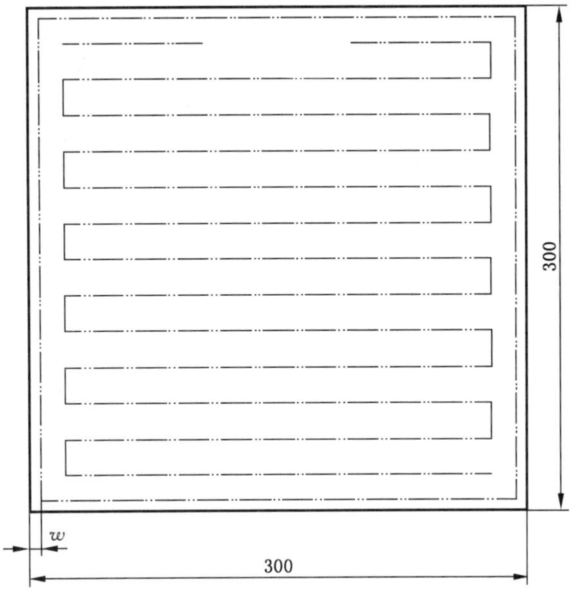

说明：

w——喷涂射流的宽度。

图 B.1　板状　300 mm×300 mm×1 mm

附 录 C
（资料性附录）
沉积效率测定的记录——示例

装　　夹：………………………………… 喷枪：………………………………

送料装置：………………………………… 喷嘴：………………………………

符合 ISO 14917 的热喷涂工艺：…………………………………………………

喷涂参数：…………………………………………………………………………

试件：符合 GB/T 31564 附录 A 的管

　　符合 GB/T 31564 附录 B 的板

试件的预处理：……………………………………………………………………

喷涂材料应符合 ISO 14919 和 ISO 14232：………………………………

批号：………………………………………………………………………………

送粉速率/送丝速率：……………………………………………………………

送料速率平均值的测定：

项　目	单位	测试 1	测试 2
送料速率	g/min		
平均值	g/min		

沉积效率平均值的测定：

项　目	符号	单位	测试 1	测试 2
试件试验前质量	m_{tp1}	g		
试件试验后质量	m_{tp2}	g		
试件的质量变化	Δm_{tp}	g		
平均送料速率	—	g/min		
喷涂时间	t_s	s		
送入喷涂材料的质量	m_{sm}	g		
沉积效率	η_{Di}	%		
沉积效率的平均值	η_D	%		

日期：………………… 姓名：…………… 签名：………………

ICS 25.220.50
A 29

中华人民共和国国家标准

GB/T 31565—2015/ISO 28723:2008

热交换器用钢板搪瓷边缘覆盖率的测定

Vitreous ang porcelain enamels—Determination of the edge covering on enamelled steel plate to be used in heat exchangers

(ISO 28723:2008,IDT)

2015-05-15 发布　　2016-01-01 实施

中华人民共和国国家质量监督检验检疫总局
中国国家标准化管理委员会 发布

前　言

本标准按照 GB/T 1.1—2009 给出的规则起草。

本标准等同采用 ISO 28723:2008《搪瓷　热交换器用钢板搪瓷边缘覆盖率的测定》。

与本标准中规范性引用的国际文件有一致性对应关系的我国文件如下：

——GB/T 6682—2008　分析实验室用水规格和试验方法(ISO 3696:1987,MOD)

请注意本标准的某些内容可能涉及专利。本标准的发布机构不承担识别这些专利的责任。

本标准由中国机械工业联合会提出。

本标准由全国金属与非金属覆盖层标准化技术委员会(SAC/TC 57)归口。

本标准起草单位:东华大学、国家眼镜玻璃搪瓷制品质量监督检验中心、无锡巴克杜尔技术有限公司、浙江开尔新材料股份有限公司。

本标准主要起草人:郭琳、蒋伟忠、张国琇、徐晓健、李新、邢翰学。

热交换器用钢板搪瓷边缘覆盖率的测定

1 范围

本标准规定了测定所有涂搪工艺的热交换器用钢板搪瓷边缘覆盖率的试验方法。

本标准适用于厚度 0.5 mm～1.5 mm 的搪瓷板。

本方法不适用于试验电流大于 3 A 的试验。

2 规范性引用文件

下列文件对于本文件的应用是必不可少的。凡是注日期的引用文件，仅注日期的版本适用于本文件。凡是不注日期的引用文件，其最新版本(包括所有的修改单)适用于本文件。

ISO 3696 分析实验室用水 规格和试验方法(Water for analytical laboratory use—Specification and test methods)

EN 10088-1 不锈钢 不锈钢系列(Stainless steels—List of stainless steels)

3 原理

将试样边缘浸入到电介质溶液中，再将一个交流稳压电源与试样相连接，根据测得的电流值来计算试样的边缘覆盖率。

4 试剂和材料

试验应使用分析纯试剂、蒸馏水或去离子水。

4.1 酸洗液

酸洗液由(7±0.5)%质量分数的 H_2SO_4 和浓度为(2±1.5)g/L 的 Fe^{2+} 组成，温度(60±2)℃。

4.2 试验槽电介质溶液

试验槽电介质溶液：用符合 ISO 3696 中 3 级蒸馏水配制的质量分数为 5%的氯化钠溶液，温度为(22±3)℃。

5 仪器

5.1 试验槽

试验槽用聚丙烯制成，容器内装有电极和聚丙烯中心定位板，聚丙烯中心定位板用于将试样居中并固定在距试验槽底部 10 mm 高的位置上。

试验槽各部件的排列和尺寸分别见图 1、图 2 和图 3。

单位为毫米

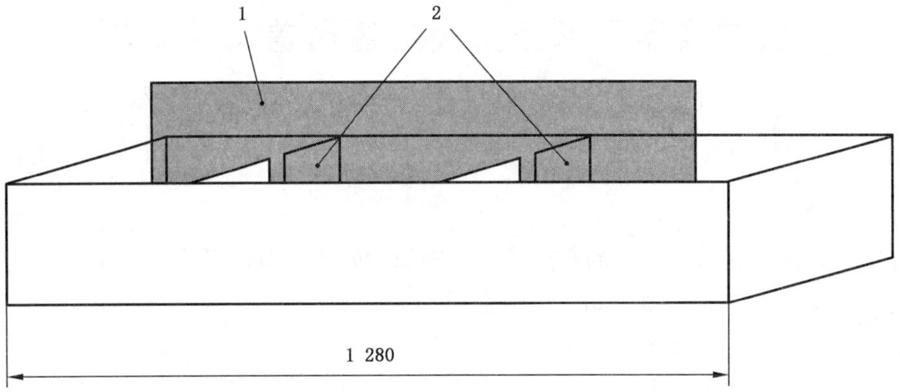

说明：

1——试样；

2——聚丙烯中心定位板,用来居中和固定试样。

图 1　试验槽的尺寸

单位为毫米

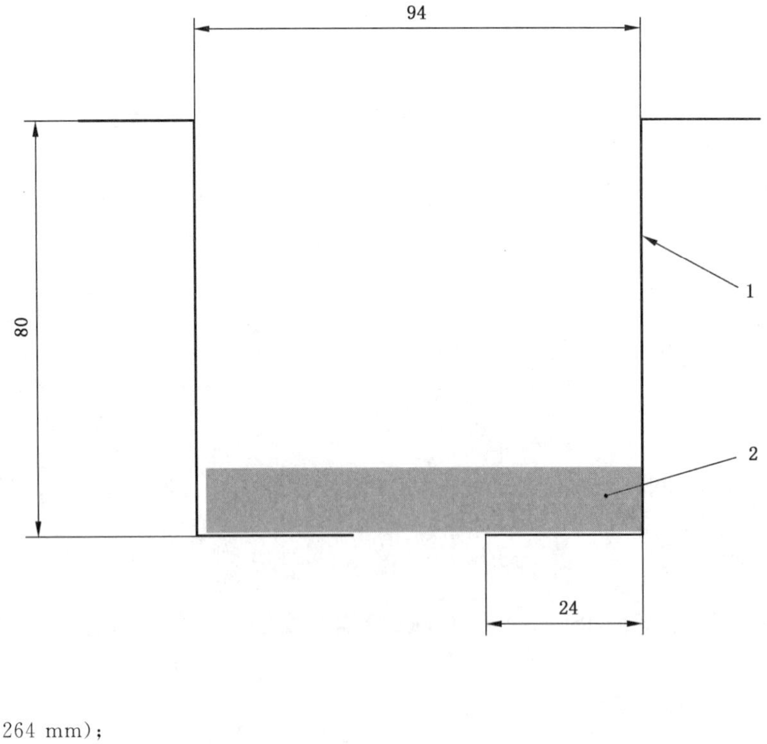

说明：

1——电极(长 1 264 mm)；

2——氯化钠溶液。

图 2　两根耐腐蚀不锈钢电极的尺寸(EN 10088-1 等级 1.4301)

单位为毫米

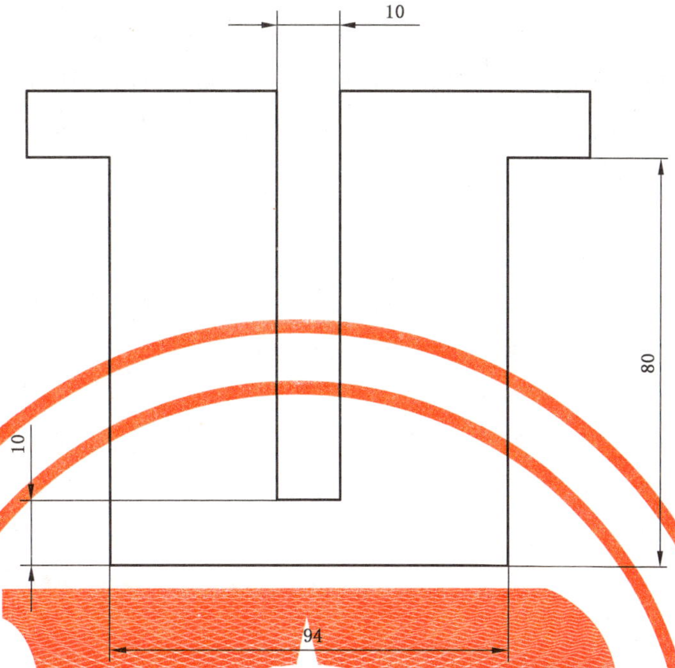

图3 两块聚丙烯中心定位板的尺寸

5.2 电源

电源由(10.0±0.05)V交流稳压电源组成,电路示于图4。

应保证在整个试验中电压稳定在(10.0±0.05)V范围内。

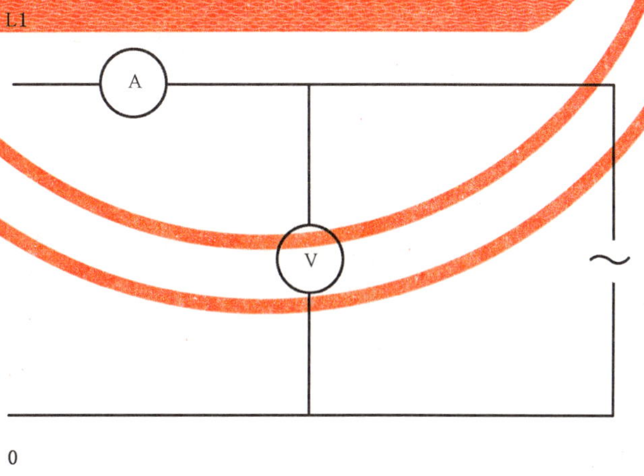

图4 电路图

5.3 电流表

精度0.01 A。

6 试样

至少选择一对长度相同的试验板，一个定位板和一个波纹板，试样边缘的长度最少 300 mm。

将试样浸入酸洗液(4.1)中 10 min±10 s，然后用水将其冲洗干净并干燥。

7 试验步骤

按照产品设计图，测定定位板和波纹板试样边缘的总长度(即试样展开长度)，精确到 1 mm。

注：边缘的展开长度是指考虑到试样定位板和波纹板侧面形状后的长度。

测定试样未涂搪瓷时的厚度，精确到 0.1 mm。

在试样酸洗后 1 h 内，将试样置于试验槽(5.1)中，确保试样边缘(迎烟气方向的边缘之一)有 10 mm 完全浸入在电介质溶液(4.2)中。

将电源(5.2)与两根电极相连接，电极 L1 与试样相连，通电(3±0.5)s 后，使用电流表(5.3)记录电流值。

对该试样迎烟气方向的另一个边缘重复上述试验，再对第二个试样重复上述试验。

8 结果表示

对于试样的每个边缘，用式(1)计算未涂搪表面积 a：

$$a = 1.222I^2 + 12.903I \quad \cdots\cdots(1)$$

式中：

a ——未涂搪表面积，单位为平方毫米(mm^2)计；

I ——测量电流，单位为安培(A)计；

用式(2)计算未涂搪表面积的百分数 S：

$$S = \frac{a}{bc} \times 100\% \quad \cdots\cdots(2)$$

式中：

S ——未涂搪表面积(%)；

a ——未涂搪表面积，由式(1)计算出，单位为平方毫米(mm^2)；

b ——试样边缘的展开长度，单位为毫米(mm)；

c ——未涂搪基板的厚度，单位为毫米(mm)。

用式(3)计算边缘覆盖率百分数 E：

$$E = 1 - S \quad \cdots\cdots(3)$$

最后，以所有试样边缘测量结果 E 的算术平均值作为边缘覆盖率，数据四舍五入，精确到 0.1%。

用式(4)计算每米长度未涂搪表面积 U，单位为平方毫米每米(mm^2/m)：

$$U = \frac{a}{b} \times 1\,000 \quad \cdots\cdots(4)$$

最后，以所有试样边缘测量结果 U 的算术平均值作为每米长度未涂搪表面积，数据四舍五入，精确到 10 mm^2/m。

9 精密度

本测量的精密度为：

边缘覆盖率百分数：±0.3%；

每米长度未涂搪表面积：±2 mm^2/m。

10 试验报告

试验报告应包含下列内容：

a) 试样的所有必要信息；

b) 采用标准(本标准编号)；

c) 试验结果，第8章计算描述，表达为：

——平均边缘覆盖率，数据四舍五入，精确到0.1%；

——平均每米长度未涂搪表面积，数据四舍五入，精确到10 mm^2/m。

d) 与规定程序的任何偏离；

e) 在试验中观测到的任何异常；

f) 试验日期。

ICS 25.220.40
A 29

中华人民共和国国家标准

GB/T 31566—2015/ISO 22779:2006

金属覆盖层 物理气相沉积铝涂层技术规范与检测方法

Metallic coatings—Physical vapour-deposited coatings of aluminium—Specification and test methods

(ISO 22779:2006,IDT)

2015-05-15 发布 2016-01-01 实施

中华人民共和国国家质量监督检验检疫总局
中国国家标准化管理委员会 发布

前　言

本标准按照 GB/T 1.1—2009 给出的规则起草。

本标准使用翻译法等同采用 ISO 22779:2006《金属覆盖层　物理气相沉积铝涂层　技术规范与检测方法》。

与本标准中规范性引用的国际文件有一致性对应关系的我国文件如下：

——GB/T 3138—2015　金属和其他无机覆盖层　表面处理　术语(ISO 2080:2008,IDT)

——GB/T 4957—2003　非磁性基体金属上非导电覆盖层　覆盖层厚度测量　涡流法(ISO 2360:1982,IDT)

——GB/T 5270—2005　金属基体上的金属覆盖层　电沉积和化学沉积层　附着强度试验方法评述(ISO 2819:1980,IDT)

——GB/T 6462—2005　金属和氧化物覆盖层　厚度测量　显微镜法(ISO 1463:2003,IDT)

——GB/T 6463—2005　金属和其他无机覆盖层　厚度测量方法评述(ISO 3882:2003)

——GB/T 9792—2003　金属材料上的转化膜　单位面积膜质量的测定　重量法(ISO 3892:2000,MOD)

——GB/T 10125—2012　人造气氛腐蚀试验　盐雾试验(ISO 9227:2006,IDT)

——GB/T 11378—2005　金属覆盖层　覆盖层厚度测量　轮廓仪法(ISO 4518:1980,IDT)

——GB/T 12334—2001　金属和其他非有机覆盖层　关于厚度测量的定义和规定(ISO 2064,IDT)

——GB/T 12609—2005　电沉积金属覆盖层和相关精饰　计数检验抽样程序(ISO 4519:1980,IDT)

——GB/T 16921—2005　金属覆盖层　覆盖层厚度测量　X 射线光谱法(ISO 3497:1990,IDT)

——GB/T 19349—2012　金属和其他无机覆盖层　为减少氢脆危险的钢铁预处理(ISO 9587:2007,IDT)

——GB/T 19350—2012　金属和其他无机覆盖层　为减少氢脆危险的涂覆后钢铁的处理(ISO 9588:2007,IDT)

——GB/T 19822—2005　铝及铝合金硬质阳极氧化膜规范(ISO 10074:1994,IDT)

——GB/T 20015—2005　金属和其他无机覆盖层　电镀镍、自催化镀镍、电镀铬及最后精饰自动控制喷丸硬化前处理(ISO 12686:1999,IDT)

——GB/T 20018—2005　金属与非金属覆盖层　覆盖层厚度测量　β 射线背散射法(ISO 3543:2000,IDT)

——GB/T 20631.2—2006　电气用压敏胶粘带　第 2 部分：试验方法(IEC 60454:1994,IDT)

——GB/T 31563—2015　金属覆盖层　厚度测量　扫描电镜法(ISO 9220:1988,MOD)

本标准由中国机械工业联合会提出。

本标准由全国金属与非金属覆盖层标准化技术委员会(SAC/TC 57)归口。

本标准主要起草单位：中国科学院兰州化学物理研究所、中国人民解放军海军工程大学、重庆市计量质量检测研究院、武汉材料保护研究所、东莞宜安科技股份有限公司、深圳市发斯特精密技术有限公司。

本标准主要起草人：高晓明、姜栋、翁立军、陈德斌、于翔、高正源、贾建新、李卫荣、张军。

引　言

通过物理气相沉积技术，铝涂层可应用于各种基体金属材料以提高其耐腐蚀性，如替代镉涂层，还可改善异种金属的相容性。物理气相沉积过程不会将氢引入基体金属，因此特别适用于对氢脆比较敏感的高强度钢表面耐腐蚀铝涂层的制备。尽管如此，基体金属在加工、清洗、酸洗或其他过程中仍可能会引入氢，所以在气相沉积前必须注意，以防止将氢引入基体金属。

通过铬酸盐转化膜、阳极氧化或其他后处理方法，可进一步提高物理气相沉积铝涂层的耐腐蚀性能。

金属覆盖层　物理气相沉积铝涂层技术规范与检测方法

1　范围

本标准规定了在低碳钢、低合金钢、高强度钢、耐腐蚀钢、铝合金、钛合金及其他适宜基体金属上物理气相沉积铝涂层的技术要求。

物理气相沉积铝涂层不适合应用于抗拉强度>1 400 MPa的各种钢材，由于这类钢材在使用、存贮期间的腐蚀或过阴极保护可能会导致氢脆现象的发生。

警告：本标准的使用过程中可能涉及到有害的材料、危险的操作过程和设备。本标准没有提及使用时所有与安全有关的问题。在使用前，本标准使用者有责任建立适当的安全和健康措施，并确定其与相关法规的适应性。

2　规范性引用文件

下列文件对于本文件的应用是必不可少的。凡是注日期的引用文件，仅注日期的版本适用于本文件。凡是不注日期的引用文件，其最新版本(包括所有的修改单)适用于本文件。

ISO 1463　金属和氧化物覆盖层　厚度测量　显微镜法(Metallic and oxide coatings—Measurement of coating thickness—Microscopical method)

ISO 2064　金属和其他无机覆盖层　关于厚度测量的定义和规定(Metallic and other inorganic coatings—Definitions and conventions concerning the measurement of thickness)

ISO 2080　金属和其他无机覆盖层　表面处理　术语(Metallic and other inorganic coatings—Surface treatment, metallic and other inorganic coatings—Vocabulary)

ISO 2360　非磁性导电基体上非导电覆盖层　厚度测量　振幅感应涡流法(lectrically conductive basis materials—Measurement of coating thickness—Amplitude-sensitive eddy-current method)

ISO 2819　金属基体上的金属覆盖层　电沉积和化学沉积层　附着力试验方法评述(Metallic coatings on metallic substrates—Electrodeposited and chemically deposited coatings—Review of methods available for testing adhesion)

ISO 2859　计数检验抽样程序(Sampling procedures for inspection by attributes)

ISO 3497　金属覆盖层　厚度测量　X射线光谱法(Metallic coatings—Measurement of coating thickness—X-ray spectrometric methods)

ISO 3543　金属和非金属覆盖层　厚度测量　β射线背散射法(Metallic and non-metallic coatings—Measurement of thickness—Beta backscatter method)

ISO 3882　金属和其他无机覆盖层　厚度测量方法评述(Metallic and other inorganic coatings—Review of methods of measurement of thickness)

ISO 3892　金属材料上的转化膜　单位面积涂层质量的测定　重量法(Conversion coatings on metallic materials—Determination of coating mass per unit area—Gravimetric methods)

ISO 4518　金属覆盖层　厚度测量　轮廓仪法(Metallic coatings—Measurement of coating thickness—Profilometric method)

ISO 4519　电沉积金属覆盖层和相关精饰　计数检验抽样程序(Electrodeposited metallic coatings and related finishes—Sampling procedures for inspection by attributes)

ISO 9220 金属覆盖层 厚度测量 扫描电镜法(Metallic coatings—Measurement of coating thickness—Scanning electron microscope method)

ISO 9227 人造气氛腐蚀试验 盐雾试验(Corrosion tests in artificial atmospheres—Salt spray tests)

ISO 9587 金属和其他无机覆盖层 为减少氢脆危险的钢铁预处理(Metallic and other inorganic coatings—Pretreatment of iron or steel to reduce the risk of hydrogen embrittlement)

ISO 9588 金属和其他无机覆盖层 为减少氢脆危险的涂覆后钢铁的处理(Metallic and other inorganic coatings—Post-coating treatments of iron or steel to reduce the risk of hydrogen embrittlement)

ISO 10074 铝及铝合金阳极氧化 铝及铝合金硬质阳极氧化膜规范(Chemical conversion coatings—Rinsed and non-rinsed chromate conversion coatings on aluminium and aluminium alloys)

ISO 10546 化学转化膜 铝及铝合金上漂洗和不漂洗铬酸盐转化膜(Chemical conversion coatings—Rinsed and non-rinsed chromate conversion coatings on aluminium and aluminium alloys)

ISO 12686 金属和其他无机覆盖层 电镀镍、自催化镀镍、电镀铬及最后精饰自动控制喷丸硬化前处理(Metallic and other inorganic coatings—Automated controlled shot-peening of metallic articles prior to nickel, autocatalytic nickel or chromium plating, or as a final finish)

ISO 16348 金属和其他无机覆盖层有关外观的定义及规定(Metallic and other inorganic coatings definitions and conventions concerning appearance)

IEC 60454 电气用压敏胶粘带 第2部分:试验方法(Specification for pressure-sensitive adhesive tapes for electrical purposes—Part 2: Methods of test)

EN 12508 金属和合金的腐蚀防护 表面处理、金属和其他无机涂层 词汇(Corrosion protection of metals and alloys—Surface treatment, metallic and other inorganic coatings—Vocabulary)

3 术语和定义

ISO 2064、ISO 2080、ISO 2859、ISO 4519 和 EN 12508 界定的术语和定义适用于本文件。

4 需方应向供方提供的资料

依照本标准订购物理气相沉积铝涂层产品时,需方应该以书面形式在合同、订购单或在工程图纸上提供以下资料:

a) 标注(见第5章);

b) 基体金属的规格、冶金状态、处理温度[见 6.1.2 f)]和喷丸处理的技术要求[见 6.1.3 d)];

c) 应着重关注的表面,包括要求沉积涂层的孔洞、凹槽及装夹部位(见 6.1 和 6.3.1);

d) 敏感材料的详细说明及沉积过程是否需使用超高纯氩气(见 6.1.2);

e) 强化要求,如玻璃喷丸(见 6.4.1);

f) 涂层厚度(见 5.4 和表 1)和铬酸盐转化膜的技术要求(见 5.5 和 6.4.2);

g) 抗磨性阳极氧化涂层的技术要求(见 6.4.3);

h) 其他后处理(如涂装)及有机精饰的技术要求(见 5.5 和 6.4.4);

i) 涂层附着性的技术要求(见 6.3.3 和附录 C);

j) 特殊试样及其测试方法的技术要求,如破坏性测试或非破坏性测试(见 6.6);

k) 抽样和检验要求(见第7章和附录 D)。

5 标注

应在工程图纸、订购单、合同或详细的产品技术说明中给出标注。标注应标明基体金属、气相沉积铝涂层前的去应力要求、气相沉积铝涂层的标称成分和厚度、铬酸盐转化膜类型、气相沉积铝涂层后处理及降低氢脆敏感性的热处理条件。

5.1 概述

标注包括下列内容：

a) 术语：气相沉积涂层；

b) 本标准号：GB/T 31566—2015；

c) 连字符：-；

d) 基体金属的化学元素符号；

e) 斜杠：/；

f) 铝涂层符号，以及在沉积铝涂层前后可能用到的其他涂层符号，按涂层顺序排列，符号之间以斜杠(/)分开，涂层类型应包括以 μm 为单位的涂层厚度值。

5.2 基体金属

基体金属应用化学元素符号标注，如果是合金，则标注主要成份。如：

——Fe：表示铁和钢；

——Zn：表示锌合金；

——Cu：表示铜和铜合金；

——Al：表示铝和铝合金；

——Ti：表示钛和钛合金。

具体的某一种合金可用通用标准代码(如 UNS 代码，或等同于此代码的其他国家或地区性标准代码)加以确认。标准代码应置于尖括弧“〈〉”内，如：Fe〈G434000〉。见参考文献[4]。

5.3 沉积前去应力热处理

某些基体金属在物理气相沉积涂层前需进行去应力热处理，以方括弧内标注字母 SR 及热处理温度(单位为℃)和时间(单位为 h)来表示，且温度放在圆括弧内，如[SR(210)1]。

5.4 铝涂层的类型与厚度

铝涂层可用化学符号 Al 标注，后缀数字表示涂层的最小局部厚度(单位为 μm)，如 Al 10 表示最小局部厚度为 10 μm 的铝涂层。气相沉积铝涂层的厚度应与表 1 要求相一致。

对于螺纹件和尺寸公差小的零(部)件，应在零(部)件加工过程中预留出铝涂层的厚度。

表 1 物理气相沉积铝涂层的最小厚度要求

应用范围	最小局部厚度/μm
防腐和户外使用的常规涂层	≥25
室内防腐用涂层，或尺寸公差要求厚度小于 25 μm 的涂层	13～25
用于螺纹件或要求小公差配合度的零(部)件的涂层	8～10

5.5 铬酸盐转化膜和其他后处理

铬酸盐转化膜和其他后处理类型用表 2 和表 3 中给出的符号标注。

表 2 铬酸盐转化膜

代码	类型 名称	典型外观	涂层面密度/(g/m^2)
A[a]	透明	透明,或微带淡蓝色	≤0.5
B[b]	漂白	透明,微带彩虹色	≤1.0
C	彩虹	黄彩虹色	0.5～1.5
D	不透明	橄榄绿	>1.5
F	黑色	黑色	0.5～1.0

[a] 表示可能有六价铬,也可能没有。

[b] 表示两步法。

表 3 其他后处理

代码	处理类型
T1	涂料、清漆、粉末涂层或类似涂层材料的涂装
T2	有机或无机密封剂的封闭
T3	染色
T4	油、脂或其他润滑剂的涂覆
T5	蜡封
T6	硬质阳极氧化(ISO 10074)

注:铬酸盐转化膜及其他后处理的作用是为了延缓或阻止在腐蚀气氛中涂层表面白色腐蚀产物的形成,或延缓钢表面铝涂层出现红锈。黄彩虹色到草绿色铬酸盐膜层可进行后续涂漆,但漂洗或淋洗铬酸盐转化膜不建议用做物理气相沉积铝涂层的后续精饰处理。

不含六价铬的化学转化膜已商品化。其中某些含有三价铬,某些为无铬转化膜。替代品应满足表 4 给出的耐腐蚀性要求。

5.6 涂覆后热处理

一般为降低高强度钢的氢脆敏感性需对其进行热处理(见第 8 章),以方括弧内标注字母 ER 及热处理温度(单位为℃)和时间(单位为 h)来表示,且温度放在圆括弧内,如[ER(400)12]。

5.7 涂层标注举例

在钢基体(Fe)上物理气相沉积厚度为 8 μm 的铝涂层后,进行黄彩虹色(C)铬酸盐转化膜处理:

标注为:物理气相沉积涂层 GB/T 31566—2015-Fe/Al 8/C

在钢基体(Fe)上物理气相沉积厚度为 5 μm 的铝涂层后,进行透明或无色的铬酸盐转化膜(A)处理,再用有机密封剂(T2)进行封闭处理:

标注为:物理气相沉积涂层 GB/T 31566—2015-Fe/Al 5/A/T2

高强度钢去应力热处理(150 ℃,2 h)后,物理气相沉积厚度为 25 μm 的铝涂层,再进行硬质阳极氧化处理(T6):

标注为:物理气相沉积涂层 GB/T 31566—2015-Fe/[SR (150) 2]/Al 25/T6

6 技术要求

6.1 概述

6.1.1 基体金属

本标准对物理气相沉积前基体金属的状况、加工及表面粗糙度等未作规定。但附录 A 给出了关于物理气相沉积铝涂层的基体金属的表面处理、设备和工艺参数等补充信息。

6.1.2 设备与原材料

内容如下:

a) 物理气相沉积铝涂层的设备、工艺、原材料应确保制备涂层的均匀性,并保证涂层能完整覆盖所有需沉积涂层的表面,包括螺纹底部、凹槽、尖角、孔洞,及在工程图、合同或订购单上注明需沉积涂层的其他区域。

注:为确保待沉积涂层工件表面清洗洁净,并使沉积涂层的厚度达到要求,可使用合适的转动工件架和夹具。

b) 基体金属清洗和沉积涂层时应使用高纯氩气(≥99.995%),对于敏感性材料应使用超高纯氩气(≥99.998%)。

c) 沉积涂层的本底真空应优于 7×10^{-4} Pa。
当采用水冷冷却真空室壁或真空室内存在水冷表面时,为避免真空室暴露大气时发生表面结露现象,须采用某种方式加热冷却水。

d) 铝靶材的纯度要求不低于 99.95%(质量分数)。铝靶成份应通过化学分析和其他认可的方法测定。推荐方法是质谱分析法。

e) 类似基体金属的零(部)件方可同炉处理。

f) 设备和工艺应保证其产生的温升不会对零(部)件和涂层的性能及涂层-基体结合强度产生不利的影响[见第 4 章 b)项]。

6.1.3 表面处理

内容如下:

a) 抗拉强度≥1 000 MPa 的钢材,在沉积涂层前应采用非电解性的碱性或阳极碱性清洗剂进行清洗,以避免清洗过程产生的氢脆。对于钛、钛合金及其他材料,须选择合适的清洗工艺,或按工程图纸、合同或订购单中标注的清洗工艺进行清洗。

b) 待沉积涂层的表面应光洁,无氧化物、机械加工痕迹、点蚀锈迹、晶间腐蚀或其他缺陷。

c) 已使用过的磨料,不能再用于其他不同金属或合金的研磨。不同合金种类的零(部)件(如铁及其合金、铝及铝合金等)其研磨清洗介质也不能混用。研磨清洗后,清除干净表面残留物后方可进行下一工序。

d) 基体金属的喷丸处理应在最终清洗和沉积涂层前按照 ISO 12686 进行[见第 4 章中 b)项]。

6.2 沉积涂层前的去应力热处理

抗拉强度≥1 000 MPa 的钢件,以及经过机加工、磨削或冷成型加工过程产生张应力的钢件,在清洗和沉积涂层前需按照 ISO 9587 要求或需方提供的工艺进行去应力热处理。

6.3 涂层技术要求

6.3.1 外观

涂层应覆盖所有要求表面，且光洁、连续、均匀、可靠附着、晶粒细密，无污点、烧蚀、起泡、凹陷、节结、裂纹、气孔、未覆盖区域、边缘堆积和其他缺陷。铝涂层上应看不到污染或不恰当操作留下的痕迹，如粉尘或玷污等。需沉积涂层的孔洞，涂层的覆盖深度应符合图纸、合同或订购单的要求[见第4章中c)]。

不需沉积涂层的表面遮挡物去除后，遮挡区域应洁净、无缺陷、无铝涂层。覆盖区和未覆盖区的界线应清晰，涂层边缘不容许翘起。

应使用供需双方认可的试样外观来判定最终处理后的铝涂层表面外观是否合格(见ISO 16348)。

注：在图纸、合同或订购单中标注的，及事先得到需方认可的不可避免的零(部)件装夹痕迹是允许的。

6.3.2 厚度

涂层类型中标注的涂层厚度是涂层的最小局部厚度。最小局部厚度应在可与直径20 mm的球相接触的沉积涂层表面上任一部位测得。最小局部厚度应符合表1要求。

气相沉积铝涂层的最小局部厚度可通过下列方法之一进行测量：ISO 1463、ISO 2360、ISO 3497、ISO 3543、ISO 3882、ISO 3892、ISO 4518或ISO 9220。在ISO 1463、ISO 3497或ISO 9220中指明了测试的标准方法。铝涂层平均厚度(ISO 3892)的确定方法见附录B。

6.3.3 附着性

涂层应附着于基体金属上，无碎裂、剥落或其他损伤，且应达到附录C给出的最低要求。

6.3.4 涂层成分

涂层中铝含量应不低于99.9%(质量分数)。涂层成分测量的推荐方法是质谱分析法。

6.4 后处理

后处理前铝涂层表面仅可用溶剂脱脂，不可使用其他的清洗方法。

6.4.1 玻璃喷丸

如需要，物理气相沉积涂层可进行玻璃喷丸处理[见第4章中e)]。

注：玻璃喷丸处理可提高涂层的致密性，改善耐腐蚀性，并可检验涂层附着性。例如，用直径50 μm～100 μm的玻璃珠在2.8×10^5 Pa的压力下进行喷丸处理，可使表面变得光滑。在相对较高气压条件下沉积的较厚涂层通常会生长为粗晶结构，玻璃喷丸可将粗晶结构转变为细晶结构。

6.4.2 铬酸盐转化膜

除另有规定，应按照ISO 10546制备铬酸盐转化膜[见第4章中f)]。

碱性铬酸盐处理工艺和含磷酸盐的铬酸盐处理工艺不适用于气相沉积铝涂层。

铬酸盐转化膜应可靠附着、连续并无裂纹和缺陷。

6.4.3 阳极氧化

如需要，可通过阳极氧化来提高镀铝件的耐磨性。厚度不小于20 μm的铝涂层才可按照ISO 10074进行阳极氧化处理[见第4章中g)]。

6.4.4 有机涂层

如需要，可根据图纸、合同或订购单上的要求对沉积涂层零(部)件涂覆有机防护层[见第4章中h)]。

6.5 中性盐雾腐蚀试验

当按照ISO 9227规定的中性盐雾试验方法进行试验时，在表4给定的腐蚀时间内，零(部)件不应出现基体金属被腐蚀的痕迹[见D.2中e)]。

表4 具有有机防护层的物理气相沉积铝涂层的中性盐雾试验时间

涂层最小局部厚度/μm	试验时间/h	
	无铬酸盐转化膜[a]	有铬酸盐转化膜
≥25	504	672
13～25	336	504
8～10	168	336

[a] 无铬酸盐类型转化膜见5.5最后一段。

对于无有机防护层的铬酸盐转化膜，可按ISO 9227进行加速腐蚀试验。腐蚀试验应在转化膜形成后24 h～36 h进行，铬酸盐转化膜零(部)件暴露于腐蚀环境96 h后，应在正常或矫正视场下观察不到铝的腐蚀产物。

人工环境腐蚀试验的时间和结果并不能反应沉积涂层零(部)件的使用寿命，因此，试验结果不应作为在各种实际环境下涂层耐腐蚀性的直接指导。

6.6 特殊试样

当零(部)件尺寸和形状不适合进行测试，或由于数量少或价格昂贵不适宜进行破坏性试验时，可用特殊试样进行附着性、厚度、孔隙率、耐腐蚀性、硬度和其他性能的测试[见第4章中j)]。

如需特殊试样，应在图纸、合同或订购单中标明其数量、形状和尺寸。

如采用特殊试样代替沉积涂层件进行测试，则要求其与所代表的零(部)件在种类、表面状态、材料、冶金状态等方面必须相同，并与其所代表零(部)件同一批次生产和处理。

如用特殊试样进行涂层厚度测量，则该试样须与代表零(部)件同时沉积涂层，并应一同经历所有可能影响涂层厚度的步骤。

如某个性能既可采用非破坏性方法测试，也可通过破坏性方法测试时，需方应明确采用哪种测试方法。由于有些测试方法可能会破坏涂层，但在涂层的非关键区域，需方应判定该测试方法是否为破坏性测试。

注：使用特殊试样进行涂层厚度测量时，除非试样与零(部)件具有相同的尺寸和形状，否则试样与零(部)件上涂层的厚度分布未必一致。因此，在以特殊试样的涂层厚度测试值作为依据验收零(部)件之前，须建立试样与零(部)件间涂层厚度的对应关系，并以与零(部)件要求厚度一致的试样涂层厚度作为验收依据。

7 抽样

按照ISO 2859和ISO 4519要求在检验批中进行随机抽样。抽样产品检验应符合附录D的要求[见第4章中k)]。

8 不合格品

如铝涂层的厚度或附着性不能满足技术要求，可根据本标准进行二次沉积涂层。

如要求铝涂层退镀，退镀涂层的方法不能损伤基体金属。

如用湿法退镀，则钢件应在退镀后立即按 ISO 9588 要求进行处理。抗拉强度≥1 000 MPa 的钢件，最多可进行 1 次化学方法退镀，再次沉积涂层次数不超过 2 次。湿法退镀涂层后按 ISO 9588 要求进行处理的零(部)件，去氢脆热处理的有效性可通过需方提供的方法或相关标准进行检验。例如，ISO 10587 (见参考文献)提供了螺纹件消除残余氢脆热处理的方法，ISO 15724 中提供了钢件中扩散氢相对含量的检测方法。

附 录 A
（资料性附录）
设备、基体处理和工艺参数的补充信息

A.1 概述

除非在图纸、合同或订购单上特别注明，否则所有的冷加工过程，如成型、矫直、研磨和机加工，必须在预处理、去应力和涂层沉积前完成。

所有的热处理工序，包括为降低由清洗引起的氢脆敏感性而进行的热处理（见 6.2 和第 8 章），必须在沉积铝涂层前完成。

为了达到图纸、合同或订购单上给出的表面光洁度和尺寸公差的要求，应适当考虑表面处理（特别是清洁表面）和涂层厚度的影响。

所有表面均不应有任何污染，如皂、拉拔用乳剂、油、脂、切削液、抛光剂、变色、氧化皮或其他污染物，以保证形成化学洁净表面。不可用含氯溶剂进行干燥。

要特别注意部分封闭结构和搭接部位的清洗，尽可能减少内部残留的污物。薄片在研磨清洗过程中应注意不要引起其变形。

不需要沉积涂层的区域应在涂层沉积前采用铝或耐腐蚀钢材质的工装（套、薄片或栓塞等）覆盖。在高温下不稳定的有机物不能用于不需沉积涂层区的表面屏蔽。

清洗后的零（部）件应用洁净、干燥的纯棉手套操作，避免裸手直接接触造成污染。

注：对于小孔和凹槽要达到要求的覆盖深度可能有困难。

A.2 设备

设备由与真空泵组连接的涂层沉积室和含有下列装置的控制及电源系统构成：

a） 涂层沉积前可对基体金属、沉积涂层时可对涂层生长产生能量轰击的装置。

b） 用于沉积涂层的铝源，如蒸发源或溅射源。根据沉积方法不同，可能需要一个挡板，不沉积涂层时挡板将零（部）件与铝源隔开。

注：挡板可用来阻止铝源的辐射，防止零（部）件被加热。

c） 保证涂层均匀性的工件架和装夹系统。

d） 保证零（部）件温度在要求范围内的温控系统。

注：可通过调节工艺参数控制基体金属温度。

A.3 基体处理

在必要的清洗和干燥后，应佩戴合适的手套将零（部）件尽快装入沉积涂层真空室。

然后将沉积涂层真空室抽至 6.1.2 c）规定的真空度。

为了确保涂层的附着性，零（部）件须进行必要的基体表面处理，以去除吸附和化学键合的污染物。可通过辉光放电等离子体（溅射清洗），即高能离子、原子团或原子的轰击清洗，或反应等离子体清洗及其他适宜的方法进行基体表面处理。某些基体金属表面处理时，可能需要在涂层沉积真空室内充入符合要求的高纯度氩气或其他气体，此外，零（部）件的装夹方式应保证零（部）件所有需沉积涂层表面完全暴露。

基体金属表面处理完成后，应平稳、不间断地转入到涂层沉积阶段。

注：基体金属表面处理完成后，未沉积涂层前，沉积涂层真空室内不应充入大气。否则，须再次进行基体金属表面处理，有时甚至需要卸下零(部)件重新清洗。

A.4 铝涂层制备

涂层制备和表面处理过程应在同一真空室中进行。在表面处理结束后，导入沉积铝涂层的铝源(如打开铝源挡板，调节工艺参数)平稳过渡到沉积涂层阶段。

根据所使用的沉积方法，在整个涂层沉积过程中，必须用足够能量的离子、原子或原子团对铝涂层的生长表面进行轰击，如辉光放电。如果需要，零(部)件须通过转动以保证涂层的均匀性。

沉积结束后，关闭铝源挡板(如果有)，切断铝源，待零(部)件和铝源冷却后再通入大气。然后将零(部)件从真空室取出，在检验之前去掉屏蔽物。

基体金属表面处理方法和沉积涂层工艺应根据零(部)件的种类、尺寸和形状调整，具体零(部)件的参数调整应通过试验来确定，以保证涂层的厚度和附着性达到技术要求。

附 录 B
(规范性附录)
铝涂层平均厚度的确定

称量洁净的沉积涂层零(部)件的质量,然后将其浸入含有10%~30%氢氧化钠的室温水溶液中,适度搅拌,直到铝涂层被完全溶解(通常约10 min)。之后取出零(部)件,水洗、干燥后再称量。

铝涂层的平均厚度 S(μm)可通过式(B.1)计算:

$$S=\frac{(m_1-m_2)\times 10^4}{A\times 2.702} \qquad \text{(B.1)}$$

式中:

m_1 ——零(部)件和涂层的总质量,单位为克(g);

m_2 ——涂层被溶解后零(部)件的质量,单位为克(g);

A ——涂层区域的面积,单位为平方厘米(cm^2);

2.702——铝的标称密度,单位为克每立方厘米(g/cm^3)。

附　录　C
（规范性附录）
附着性测试方法

C.1　概述

涂层的附着性应该满足 ISO 2819 的要求。

C.2　附着性补充试验方法

涂层与基体金属的附着性还可通过下列补充方法来确定：

a） 对沉积涂层零(部)件表面进行划痕操作以暴露出基体金属，然后在放大倍数不低于 4 倍的正常或矫正视场下检查镀件表面涂层剥落情况，以此评价涂层的附着性。

b） 在零(部)件或试样的清洁表面，以 2 mm 为间隔划出十字图案，将长约 100 mm、宽约 25 mm、与钢表面的粘合力不小于 3.5 N/10 mm 的压敏胶粘带(见 IEC 60454)牢固地粘在划痕表面上，5 min 后反向快速撕下，表面不应该观察到涂层剥离[见 a)]。测试环境温度应在 20 ℃±5 ℃范围。

c） 将零(部)件夹在台钳上，反复正反向弯曲零(部)件的露出部分，直至涂层出现裂纹。如果裂开的涂层边缘可被剥离，或目视可见裂纹处基体金属与涂层分开，则涂层的附着性不合格。

d） 选取一个小的平面区域，用一端为半圆球形、直径为 6 mm 的钢棒在涂层表面上迅速、稳定的摩擦 15 s(压力保持在每一次摩擦可擦亮涂层表面，但不至划伤涂层)后，涂层不应起泡或脱落。

e） 沉积涂层零(部)件按照 ISO 12686 要求进行喷丸处理后，涂层不应从基体金属表面分离。

附　录 D
（规范性附录）
抽　样

D.1　概述

抽样零(部)件应按本标准进行检验。按照 D.2 抽样方案的规定,逐条对抽样批次是否符合要求进行分类。

D.2　抽样方案

内容如下:

a) 大批量样品应随机抽样进行涂层成分测试。每批次涂层材料均应进行纯度分析(见 6.3.4)。

b) 按 6.3.2、6.3.3 和附录 C 的要求,涂层的厚度和附着性测试样品数为每批沉积涂层零(部)件的 1%,但要求每项测试不少于 2 件,并在同一条件下制备和处理。沉积涂层零(部)件必须随机选取并来自不同装夹位置,且供每项测试的零(部)件数应大致相等。

c) 在特殊情况下,如单个大尺寸零(部)件沉积涂层,须调整上述抽样方法。需使用指定形状、尺寸和材质(见 6.6),且随零(部)件同时进行涂层沉积的特殊试样进行测试。特殊试样的处理过程应与沉积涂层零(部)件一致。

d) 如果沉积涂层样品没有通过某项(或多项)检测,则需按条款 b 的要求再次抽样 1%进行相关检测。如果第二次抽样中仍有零(部)件未通过测试,则整批零(部)件可被判定为不合格。

e) 应从每类涂层中抽取不少于 2 个零(部)件组批进行盐雾试验(见 6.5)。

参 考 文 献

[1] GB/T 4955 金属覆盖层覆盖层厚度测量、阳极溶解库仑法(GB/T 4955—2005;ISO 2177:2003,IDT)

[2] GB/T 26107 金属与其他无机覆盖层 镀覆和未覆金属的外螺纹和螺杆的残余氢脆试验 斜楔法(GB/T 26107—2010;ISO 10587:2000,IDT)

[3] ISO 15724 Metallic and other inorganic coatings—Electrochemical measurement of diffusible hydrogen in steels—Barnacle electrode method

[4] ASTM DS-56G Metals and alloys in the Unified Numbering System, 8th edition, published by American Society for Testing and Materials, West Conshohocken, PA, 1998.

ICS 25.220.50;27.060.30
J 75,A 29

中华人民共和国国家标准

GB/T 31567—2015

用于空气-烟气、烟气-烟气再生式热交换器的搪瓷换热元件

Regenerative, enamelled and packed panels for air-gas and gas-gas heat exchangers

(ISO 28763:2008, Vitreous and porcelain enamels—Regenerative, enamelled and packed panels for air-gas and gas-gas heat exchangers—Specifications, MOD)

2015-12-10 发布 2016-08-01 实施

中华人民共和国国家质量监督检验检疫总局
中国国家标准化管理委员会 发布

前　言

本标准按照 GB/T 1.1—2009 和 GB/T 20000.2—2009 给出的规则起草。

本标准使用重新起草法修改采用 ISO 28763:2008《搪瓷　用于空气-烟气、烟气-烟气再生式热交换器的搪瓷换热元件　规范》(英文版)。

本标准与 ISO 28763:2008 相比，主要差异如下：

——标准名称改为《用于空气-烟气、烟气-烟气再生式热交换器的搪瓷换热元件》；

——将"本国际标准"一词改为"本标准"；

——删除了 ISO 28763:2008 的前言，增加了本标准的前言和目录；

——对于 ISO 28763:2008 规范性引用的国际文件，用适用的我国文件代替，凡没有适用的我国文件，直接将技术内容引入本标准的规范性附录；

——调整了文本结构，与 ISO 28763:2008 的结构对应表见附录 A。

本标准由中国机械工业联合会提出。

本标准由全国金属与非金属覆盖层标准化技术委员会(SAC/TC 57)归口。

本标准起草单位：浙江开尔新材料股份有限公司、东华大学、国家眼镜玻璃搪瓷制品质量监督检验中心、无锡巴克杜尔技术有限公司、昆山美邦搪瓷有限公司、沈阳正合釉业制造有限公司、宁波江峰搪铝制品有限公司。

本标准主要起草人：郭琳、邢翰学、张国琇、蒋伟忠、顾金芳、徐晓健、李新、张虎、贾志红、尤宝乾。

用于空气-烟气、烟气-烟气再生式热交换器的搪瓷换热元件

1 范围

本标准规定了再生式热交换器用搪瓷换热元件在集装前后的最低要求。

本标准适用于采用湿法浸涂、湿法流动涂搪、湿法喷涂、湿法静电喷涂、湿法电泳涂搪和干粉静电喷涂等各种涂搪工艺的搪瓷换热元件。

2 规范性引用文件

下列文件对于本文件的应用是必不可少的。凡是注日期的引用文件，仅注日期的版本适用于本文件。凡是不注日期的引用文件，其最新版本(包括所有的修改单)适用于本文件。

GB/T 4956 磁性基体上非磁性覆盖层 覆盖层厚度测量 磁性法(GB/T 4956—2003，ISO 2178:1982，IDT)

GB/T 8424.3 纺织品 色牢度试验 色差计算(GB/T 8424.3—2001，eqv ISO 105-J03:1995)

GB/T 13790—2008 搪瓷用冷轧低碳钢板及钢带(EN 10209:1996，MOD)

GB/T 16920 玻璃 平均线热膨胀系数的测定(GB/T 16920—1997，eqv ISO 7991:1987)

GB/T 23460.1 陶瓷釉料性能测试方法 第1部分：高温流动性测试 熔流法(GB/T 23460.1—2009，ISO 4534:1980，MOD)

GB/T 9989.2—2015 搪瓷耐化学侵蚀的测定 第2部分：耐沸腾酸、沸腾中性液体及其蒸气化学侵蚀的测定(ISO 28706-2:2008，IDT)

GB/T 31565 热交换器用钢板搪瓷边缘覆盖率的测定(GB/T 31565—2015，ISO 28723:2008，IDT)

3 术语和定义

下列术语和定义适用于本文件。

3.1

气泡 blister

瓷层内因含有未逸出的气体而出现的突起泡粒。

3.2

焦斑 burn-off

底釉层或边釉层局部过薄处烧成后形成的熔渣状斑痕。

3.3

爆瓷 chipping

烧成冷却后瓷层表面的小片爆脱。

3.4

铜头 copperheads

烧成时基体钢板中熔出的氧化铁在底层中处于过饱和状态而析出的红褐色斑点。

3.5

开裂　cracking

从熔融搪瓷层开裂，一般垂直于搪瓷表面。

注 1：薄片状开裂，常发生在各种边角上。

注 2：产生的原因主要是搪瓷釉层存在张应力。

3.6

裂纹　crazing

烧成后瓷层表面受张应力作用而出现的裂缝。

3.7

搪烧工具痕　fire tool marks

烧印，小凹点，类似于浅的针孔。

3.8

鱼鳞爆　fish-scaling

出现在搪瓷表面的半月形爆瓷缺陷。

注：鱼鳞爆可能在冷却后立即出现，也可能在放置一段时间后出现。由于在烧成中金属钢板基板对氢气的过饱和，导致冷却后氢气在搪瓷与钢板界面富集而产生的压力，鱼鳞爆正是为了释放这种压力在瓷层表面产生的爆瓷。

3.9

脱瓷　spalling

瓷层内同时开裂和脱瓷。

注：脱瓷经常发生在边角、曲率半径小的部位和钢板的边缘，主要由于相对于基板搪瓷层的膨胀系数太小、曲率半径太小和搪瓷层太厚，热应力会加剧搪瓷层脱瓷。

3.10

撕裂　tearing

烧成时粉层开裂，烧成后呈现的未愈合纹路。

3.11

空气-烟气热交换器　air-gas heater

采用燃烧后的烟气作为热流加热燃烧用空气的热交换器。

注 1：进入该热交换器的热烟气温度最高为 450 ℃，正常工作温度为 320 ℃～380 ℃。

注 2：在本标准中，由脱硝装置(DeNOx)使用的空气-烟气热交换器，按烟气-烟气热交换器的技术要求执行。

3.12

烟气-烟气热交换器　gas-gas heater

脱硫装置用的热交换器，用于再加热由吸收塔处理的烟气，使烟囱排放气流符合要求。

注 1：热烟气是进入吸收塔的未经处理的烟气。

注 2：进入该热交换器的热烟气温度最高为 200 ℃，正常工作温度为 120 ℃～160 ℃。

4　要求

4.1　钢板基板

4.1.1　交货

搪瓷用钢板应满足 GB/T 13790—2008 的要求或双方协商的方案，交货时应有质量保证证书。

4.1.2 化学分析

化学成分应通过熔练分析，满足 GB/T 13790—2008 的要求或双方协商的方案。

4.1.3 氢渗透性

氢渗透性(TH)应符合下列要求之一：

a) 按附录 B 中式(B.1)计算，钢板的氢渗透性(TH)应不小于 100。

b) 按附录 B 中式(B.2)计算，钢板的氢渗透性(TH)应不小于 6.7。

钢板供应商若未能提供最低氢渗透性及客户协议，则应按 4.1.4 的要求进行鱼鳞爆试验。

4.1.4 鱼鳞爆试验

按附录 B 中 B.2 进行钢板鱼鳞爆试验。试验钢板(150 mm×钢卷宽度)应进行预处理，但不披镍。应根据供应商提供的试验用磨加物配方正反两面涂搪，烘干后，试验搪瓷涂层应在 820 ℃下烧成5 min，烧成后瓷层的厚度为 100 μm～130 μm。烧成后的搪瓷试样应在 60 ℃～80 ℃下热处理 24 h，检查试样，如果没有鱼鳞爆则通过试验。

4.1.5 酸洗速度

如果搪瓷厂要求，还应按附录 C 进行酸洗速度试验，与钢板供应商达成可以接收的水平。

4.2 搪瓷瓷釉

4.2.1 交货

搪瓷瓷釉供应商供应瓷釉时应提供至少包含 4.2.5 和 4.2.7 试验项目的质量保证证书。

无论瓷釉是否变化或磨加物配方是否变化，都应进行 4.2.4 和 4.2.6 试验。

当采用预磨搪瓷釉、搪瓷釉浆或粉末搪瓷时，搪瓷厂还可能要求其提供涂搪性能的额外指标。

任何其他要求和试验配方均由供需双方协商决定。

4.2.2 膨胀系数

如果搪瓷厂要求，应提供膨胀系数试验报告。膨胀系数应与搪瓷瓷釉(即：预磨搪瓷釉、搪瓷釉浆和粉末搪瓷的基础釉料)制造企业的试验方法一致，或与 GB/T 16920 的试验方法一致。

4.2.3 熔流性

如果搪瓷厂要求，应提供熔流性试验报告。熔流性应与搪瓷瓷釉(即：预磨搪瓷釉、搪瓷釉浆和粉末搪瓷的基础釉料)制造企业的试验方法一致，或与 GB/T 23460.1 的试验方法一致。

4.2.4 耐沸腾水蒸汽

如果搪瓷厂要求，应提供耐沸腾水蒸汽试验报告。耐沸腾水蒸汽应按 GB/T 9989.2—2015 第13 章进行试验。

当按这种方法试验时，搪瓷涂层的最大质量损失应符合表 1。

表 1 最大质量损失

热交换器类型	最大质量损失
空气-烟气	20 g/(m^2 · 48 h)
烟气-烟气	6 g/(m^2 · 48 h)

4.2.5 耐酸

耐沸腾硫酸应按 GB/T 9989.2—2015 第 11 章进行试验。

4.2.6 热震试验

如果搪瓷厂要求，应按附录 D 进行制备至少 3 个试样，热震试验应按附录 E 进行试验，试验温度为 350 ℃。

在试验温度下进行 5 个热循环，试样不应出现任何损伤。

4.2.7 密着强度

应按附录 F 进行搪瓷密着强度试验。采用具有已知酸洗速度(见 4.1.5)的基板，按附录 D 制备试样。

4.3 瓷层特性

4.3.1 密着强度

对每批已预处理的搪瓷板应进行试验。

用于搪瓷密着强度试验的试样应按照附录 D 进行制备，并且采用与换热元件相同生产条件的预处理和涂搪工艺。

当按附录 F 进行试验时，搪瓷的密着强度应不低于 2 级。

4.3.2 厚度

瓷层厚度应按 GB/T 4956 进行试验，根据横截面形状调节检测设备。先分别确定一对搪瓷板(包括一个定位板和一个波纹板，定位板标为①和②，波纹板示为③)测量区域中的测量点 A～I(见图 1)，测量点离边缘应至少 50 mm，然后对测量点的正反面厚度进行测量。每对搪瓷板应有 54 个测量数据，36 个数据来自定位板(①和②各 18 个数据)，18 个数据来自波纹板。

54 个厚度测量数据的平均值，应在 150 μm±30 μm 范围内。

搪瓷板边缘厚度等于瓷层总厚度加上基板厚度，其中瓷层总厚度的测量值应不大于 600 μm(如两面各 300 μm)。除了边缘区域和悬挂孔以外，在各测量点附近(如定位板的波谷两侧)的瓷层厚度都不应低于 80 μm。

除了这些测量点以外的试验应用显微镜进行。

每 2 h 为周期进行一次厚度试验。

供应商与客户在订货时另有约定的情况除外。

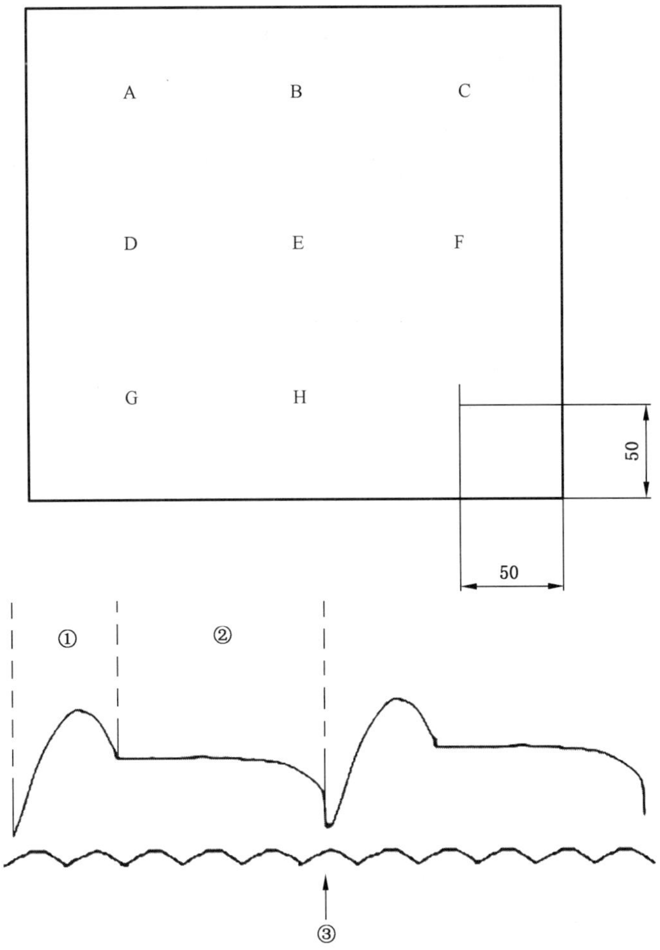

说明：
①,②——定位板；
③　——波纹板。

图 1　厚度测量点

4.3.3　热震试验

搪瓷热震试验用的试样应按附录 D 进行制备，并采用与热交换器用搪瓷板生产相同预处理和涂搪条件，试样的瓷层厚度应在 150 μm±20 μm 之间。

热震试验至少需要 3 个试样，应按附录 E 进行试验，试验温度为 350 ℃。

在试验温度下进行 5 个热循环，试样不应出现任何损伤。

每 5 t 搪瓷瓷釉，以及每次调整瓷釉成分，或基板原材料批号发生变化时，均应进行 1 次热震试验。

4.3.4　基本缺陷

应使用目测法，对搪瓷表面的基本缺陷进行全方位检测，搪瓷表面不得有如下基本缺陷：气泡、焦斑、爆瓷、铜头、开裂、裂纹、鱼鳞爆、脱瓷、撕裂等(见第 3 章)。目测应在距离搪瓷表面至少 1.5 m 处、并在自然光或在符合 GB/T 8424.3 要求的 D65 人造光源下进行。

注：搪烧工具痕不算基本缺陷。

4.3.5 针孔率

应按附录G对穿透到基体金属的针孔率进行试验。

从10 000对搪瓷板中随机抽取10对搪瓷板进行试验，测得的针孔率数应符合表2的要求。若试验的结果在规定的范围内，则抽样比例已经能够充分代表被抽样的全部产品，如果试验的结果不在规定的范围内，则抽样的比例就要放大到0.2%～0.5%。

表2 最大针孔率

热交换器类型	最大针孔率
空气-烟气	$50/m^2$
烟气-烟气	$15/m^2$

如果生产过程要求，搪瓷板的缺陷数也可以采用如下方法进行：以每2 h为一个周期，随机抽取1%的产品进行试验。

4.3.6 烟气-烟气热交换器搪瓷板边缘覆盖率

如果客户要求，烟气-烟气热交换器搪瓷板边缘覆盖率应按GB/T 31565进行检测，其平均值应符合供应商与客户订货时的约定。

4.3.7 耐沸腾硫酸

耐沸腾硫酸试验的试样应按附录D进行制备，其预处理和涂搪工艺条件应与换热器搪瓷板生产时的条件相一致，试样的搪瓷瓷层厚度应为150 μm±20 μm之间。

按GB/T 9989.2—2015第11章进行试验，搪瓷瓷层最大的质量损失应该控制在表3的范围内。

表3 最大质量损失

热交换器类型	最大质量损失
空气-烟气	$10.0\ g/(m^2 \cdot 18\ h)$
烟气-烟气	$2.0\ g/(m^2 \cdot 18\ h)$

4.3.8 返工

搪瓷板的返工率应≤5%。

4.4 集装后的特性

4.4.1 集装压力

集装压力偏差应控制在±1 000 kg/m^2，建议上限5 000 kg/m^2～8 000 kg/m^2。每个装满的换热元件盒的表面积(以平方米为单位)，可以通过其装载的位于中间位置的一对定位板和波纹板的长度和宽度来计算。

4.4.2 目测检查

对于烟气-烟气热交换器，应目测类似爆瓷、开裂和脱瓷等缺陷(见第3章)，尤其应注意定位板和波纹板之间的接触点(在换热元件盒中的第二对、中间对和倒数第二对)。接触点上每平方米允许的最大缺陷数应符合供应商与客户之间的约定。

目测检查应在换热元件盒加压,完成各个部件排列,但还没有集装焊接时进行。

每一个转子每种规格元件盒应试验一个换热元件盒。

4.4.3 烟气-烟气热交换器搪瓷板边缘覆盖率

如果客户要求,烟气-烟气热交换器搪瓷板的边缘覆盖率应按 GB/T 31565 进行检测,或目测迎烟气方向的边部。

边缘覆盖率试验应在换热元件盒加压,完成各个部件排列,但还没有集装焊接时进行。

5 试验结果的表述

如果客户要求,搪瓷厂应提供表 4 所列试验的试验结果,以及详细的工艺参数。

表 4 试验结果的汇总

试验	章条编号	烟气-烟气 热交换器	空气-烟气 热交换器
钢板基板(4.1)			
质量保证证书	4.1.1	要求	要求
化学分析	4.1.2	要求	要求
氢渗透性或 鱼鳞爆试验	4.1.3 4.1.4	要求	要求
酸洗速度	4.1.5	如果要求	如果要求
搪瓷瓷釉(4.2)			
质量保证证书	4.2.1	要求	要求
膨胀系数	4.2.2	如果要求	如果要求
熔流性	4.2.3	如果要求	如果要求
耐水蒸汽	4.2.4	如果要求	如果要求
耐酸	4.2.5	要求	要求
热震试验	4.2.6	如果要求	如果要求
密着强度	4.2.7	要求	要求
瓷层特性(4.3)			
密着强度	4.3.1	要求	要求
厚度	4.3.2	要求	要求
热震试验	4.3.3	要求	要求
基本缺陷	4.3.4	要求	要求
针孔率	4.3.5	要求	要求
边缘覆盖率	4.3.6	如果要求	不适用
耐沸腾硫酸	4.3.7	要求	要求

表 4（续）

试验	章条编号	烟气-烟气 热交换器	空气-烟气 热交换器
返工	4.3.8	要求	要求
集装后的特性(4.4)			
集装压力	4.4.1	要求	要求
目测检查	4.4.2	要求	不适用
边缘覆盖率	4.4.3	如果要求	不适用

附 录 A
(资料性附录)
本标准与 ISO 28763:2008 文本结构对应表

本标准与 ISO 28763:2008 文本结构对应表见表 A.1。

表 A.1 本标准与 ISO 28763:2008 文本结构对应表

本标准	ISO 28763:2008	主要内容	变化情况
前言	前言	前言	根据 GB/T 1.1 规定编写
1 范围	1 范围	范围	技术内容无变化
2 规范性引用文件	2 规范性引用文件	规范性引用文件	对于 ISO 28763:2008 规范性引用的国际文件,用适用的我国文件代替(为使用方便,凡没有适用的我国文件,直接将技术内容引入本标准的规范性附录)
3 术语和定义	3 名词术语和定义	术语和定义	技术内容无变化
4 要求 4.1 钢板基板 4.1.1 交货 4.1.2 化学分析 4.1.3 氢渗透性 4.1.4 鱼鳞爆试验 4.1.5 酸洗速度	4 钢板基板 4.1 交货 4.2 分析 4.3 氢渗透 4.4 鱼鳞爆试验 4.5 酸性速度	对搪瓷钢板基板的技术要求	技术内容无变化
4.2 搪瓷瓷釉 4.2.1 交货 4.2.2 膨胀系数 4.2.3 熔流性 4.2.4 耐沸腾水蒸汽 4.2.5 耐酸 4.2.6 热震试验 4.2.7 密着强度	5 搪瓷瓷釉 5.1 交货 5.2 膨胀系数 5.3 熔流性 5.4 耐沸腾水蒸汽 5.5 耐酸 5.6 热震试验 5.7 密着强度	对搪瓷瓷釉的技术要求	用等效采用 ISO 28763:2008 规范性引用文件 ISO 7991 的 GB/T 16920 规定的方法测定膨胀系数(见 4.2.2);用修改采用 ISO 28763:2008 规范性引用文件ISO 4534的GB/T 23460.1 规定的方法测定熔流性(见 4.2.3)。其余技术内容无变化
4.3 瓷层特性 4.3.1 密着强度 4.3.2 厚度 4.3.3 热震试验 4.3.4 基本缺陷 4.3.5 针孔率 4.3.6 烟气-烟气热交换器搪瓷板边缘覆盖率 4.3.7 耐沸腾硫酸 4.3.8 返工	6 搪瓷涂层特性 6.1 密着强度 6.2 厚度 6.3 热震试验 6.4 基本缺陷 6.5 开口缺陷 6.6 烟气-烟气加热器边部包裹率 6.7 耐沸腾硫酸 6.8 返工	对搪瓷涂层特性的技术要求	技术内容无变化

表 A.1（续）

本标准	ISO 28763:2008	主要内容	变化情况
4.4 集装后的特性 4.4.1 集装压力 4.4.2 目测检查 4.4.3 烟气-烟气热交换器搪瓷板边缘覆盖率	7 集装后的特性 7.1 集装压力 7.2 目测检查 7.3 烟气-烟气加热器边部包裹率	对换热元件集装后的技术要求	技术内容无变化
5 试验结果的表述	8 文件结果的计算和表达	汇总上述要求	根据实际章条编号汇总
附录 A（资料性附录） 本标准与 ISO 28763:2008 文本结构对应表			
附录 B(规范性附录) 未涂搪薄钢板抗鱼鳞爆性能的试验方法		ISO 28763:2008 的引用标准 EN 10209:1996 附录 B	技术内容无变化
附录 C(规范性附录) 一次搪钢板酸洗质量损失(铁损)的试验方法		ISO 28763:2008 的引用标准 EN 10209:1996 附录 C	技术内容无变化
附录 D(规范性附录) 钢板搪瓷的试样制备		ISO 28763:2008 的引用标准 ISO 28764	技术内容无变化
附录 E(规范性附录) 搪瓷涂层热震试验的试验方法	附录 A(规范性)搪瓷涂层热震试验性能的测试方法	搪瓷涂层热震试验的试验方法	技术内容无变化
附录 F(规范性附录) 薄钢板搪瓷密着强度的试验方法		ISO 28763:2008 的引用标准 EN 10209:1996 附录 D	技术内容无变化
附录 G(规范性附录) 搪瓷缺陷检测及定位的低电压试验		ISO 28763:2008 的引用标准 ISO 8289:2001	技术内容无变化

附 录 B
(规范性附录)
未涂搪薄钢板抗鱼鳞爆性能的试验方法

B.1 氢渗透试验

B.1.1 适用范围

试验用的薄钢板厚度应为 0.5 mm~3 mm。

B.1.2 原理

在脱脂钢板的一面通过电解产生氢气。从电解开始到氢气穿过钢板到达另一面并被测定的时间被定义为氢渗透时间。渗透时间越长,说明抗鱼鳞爆性能越好。

B.1.3 仪器和试剂

——钢板氢渗透试验装置;

——电解液:由浓度为 6%的 H_2SO_4(60 mL H_2SO_4,940 mL 蒸馏水)、0.25 g/L 的 $HgCl_2$ 和 0.5 g/L 的 As_2O_3 配制而成,要求每一次试验用的电解液均应采用分析纯试剂重新配制;

——含有硅酸盐的高碱性脱脂剂,适用于薄钢板;

——去离子水;

——浓度为 10%~15%盐酸。

B.1.4 试样

每一批交付的货品中最少要取 4 个试样(宽 70 mm~90 mm,长度不小于 100 mm)。应当指出,最易产生鱼鳞爆的部位是钢卷的边部。

B.1.5 准备

试验槽 1:脱脂

每升去离子水溶液中含有 30 g±5 g 脱脂剂。

试验槽应每天更换试验溶液,使用玻璃钩固定试样,试验槽温度控制在 70 ℃~75 ℃之间,时间为 5 min,用磁性搅拌器进行搅拌。

试验槽 2:冷水洗

用自来水进行喷淋或浸洗,时间为 30 s。

试验槽 3:脱脂

步骤与试验槽 1 相同,浓度为每升去离子水溶液中含有 20 g±5 g 脱脂剂。

试验槽 4:热水洗

用自来水进行喷淋或浸洗,温度为 65 ℃,时间为 30 s。

试验槽 5:冷水洗

用流动水冲洗,时间为 2 min。

B.1.6 脱脂质量检查

B.1.6.1 经试验槽5处理后，取一个试样作为控制试样，并按B.1.6.2～B.1.6.5进行处理(该试样不能用作测定氢渗透时间的试样)。

B.1.6.2 将该控制试样浸在浓度10%～15%的盐酸溶液(100 g/L～150 g/L HCl)中，温度为室温，时间为15 s。

B.1.6.3 将试样完全浸没在去离子水中，然后用自来水冲洗。

B.1.6.4 将试样垂直放置15 s～20 s，观测在试样表面流过的水膜状态，水应该在试样表面均匀地流过，水膜不应该有破损。

B.1.6.5 如果水膜试验不理想，可以增加脱脂时间。如果总的脱脂时间超过30 min，该试样则不能使用。

B.1.7 渗透试验步骤

准备步骤如下：

将试样固定在一个电解装置上，该装置呈漏斗状，由有机玻璃制成，分为上下两个部件，在放置试样的水平面上各有一个直径为40 mm的圆孔(分别对应试样的上表面和下表面)。

下部件与毛细管(内直径为1 mm±0.1 mm)相连接(见图B.2)。

将下部件与毛细管充满有色水溶液。

将上部件充满上述所提到的电解溶液，试样作为阴极，而开孔的铂圆片作为阳极。

电解电流(6 V直流电，电流密度0.125 A/cm^2)由一个整流器提供。

将带有恒温器电路的玻璃圈浸入电解溶液中，控制温度在25 ℃±0.5 ℃。试样与电解溶液接触至少10 min，以便达到正确的温度。

使用下部件里的活塞，调整毛细管中液体的起始液面位置。经过10 min后，建立电解电流，这即为渗透曲线的起始时间。

在试样的上表面，电解将导致氢气的过饱和。部分氢气将穿过试验板，取代等量体积的有色水溶液。

穿过试样的氢气量使毛细管中的液面高度发生变化，并经光电传感器传送到液面跟踪记录装置。

根据记录结果，使用切线法(见图B.1)，即可确定氢渗透时间。

B.1.8 结果表示

按式(B.1)或式(B.2)计算氢渗透性：

$$TH = \frac{15t_0}{d^2} \qquad \text{(B.1)}$$

或

$$TH = \frac{t_0}{d^2} \qquad \text{(B.2)}$$

式中：

t_0——氢渗透时间，单位为分(min)(精确到0.1 min)；

d——试样的厚度，单位为毫米(mm)(精确到0.01 mm)。

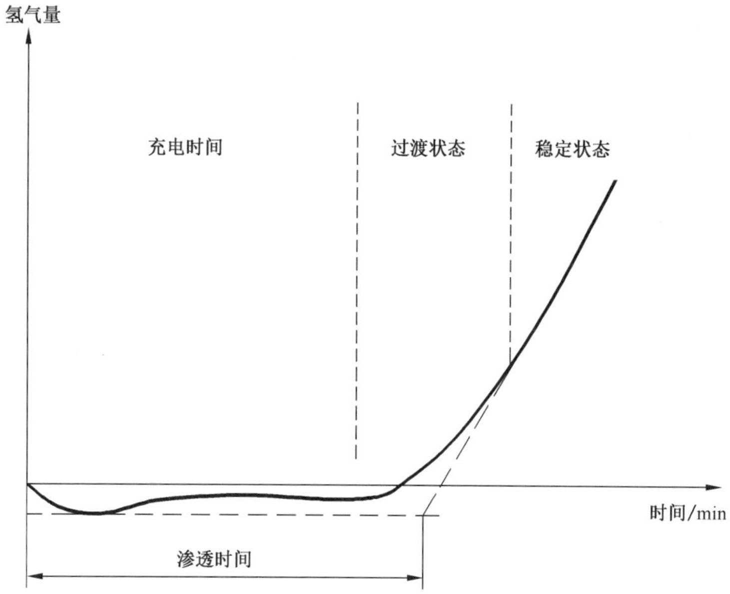

图 B.1 渗透曲线

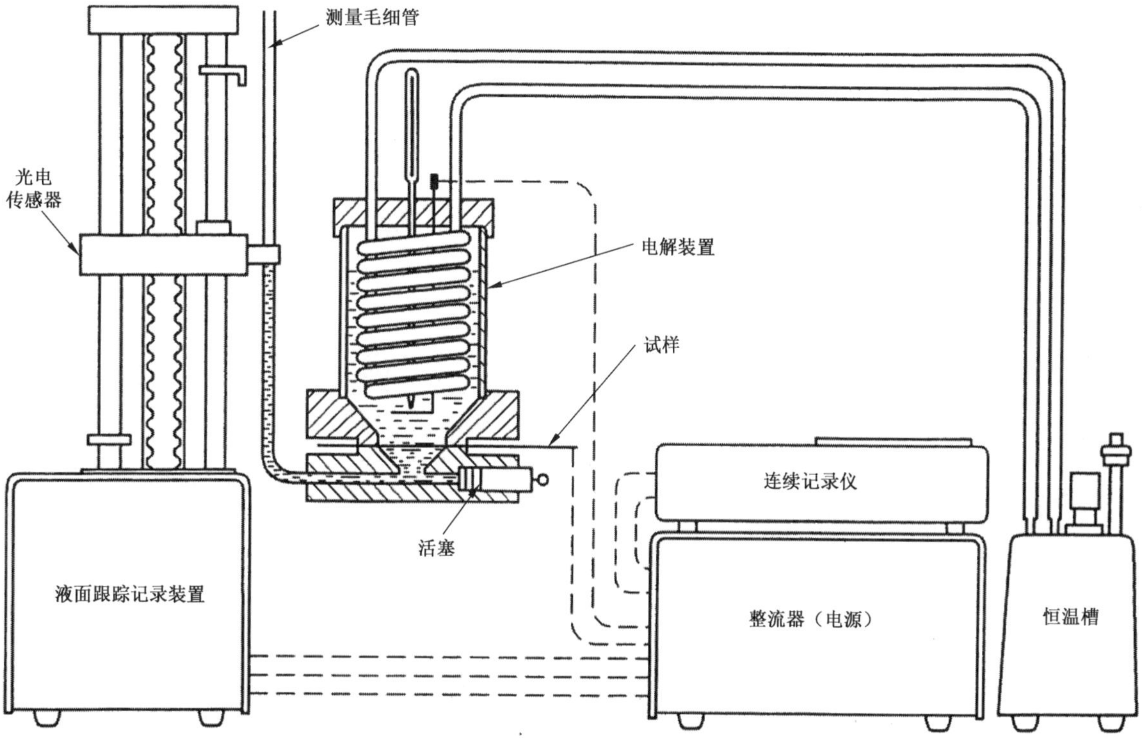

图 B.2 钢板氢渗透试验装置

B.2 鱼鳞爆试验

该鱼鳞爆试验使用特殊的搪瓷熔块。

为了测定抗鱼鳞爆性能，可以使用另一个试验方法。采用特殊的搪瓷釉，使用固定的参数在实验室进行搪瓷涂搪以便开展鱼鳞爆试验。

通常情况下,涂搪厚度在 100 μm 左右,搪瓷的密着强度在 3 级或以上,涂搪烧成 24 h 后,用目测检查搪瓷是否有鱼鳞爆。

附　录　C
(规范性附录)
一次搪钢板酸洗质量损失(铁损)的试验方法

C.1　原理

试样在硫酸浓度为 70 g/L 和 Fe^{2+} 浓度为 2 g/L±0.2 g/L 的溶液中酸洗,测量其质量损失,并转换成单位为 g/m^2 的钢板表面质量损失。

C.2　材料与仪器

——厨房用纸;
——高精度天平(精度为 1 mg);
——1 L 低型烧杯,外径为 106 mm,高度为 145 mm;
——带电磁搅拌器的加热板;
——实验室用恒温器;
——玻璃钩;
——喷雾器;
——盐酸,分析纯;
——硫酸,分析纯;
——待试验用钢板;
——高纯去离子水,最大电导率 30 μS/cm;
——校准的温度计;
——含有硅酸盐的高碱性脱脂剂,适用于薄钢板(脱脂槽 1 和 3);
——适用于脱脂槽 9 的碱溶液(汉高 Henkel P3 T320 或类似的产品);
——电热空气干燥器。

C.3　试样

试样的尺寸为 100 mm×100 mm。要求平整且没有任何变形,取样应离开钢卷边部 150 mm。

要求试样表面没有任何侵蚀和机械损伤,也不能有任何毛刺。试样开有一个 6 mm 直径的孔,以便装玻璃钩。

C.4　准备

试样应烘干,并用厨房用纸擦干净。

C.5　称量

试样用分析天平称量,精确到 1 mg(称量值 P_1)。

C.6 清洁

试验槽 1:脱脂

含有硅酸盐的高碱性溶液,浓度为 30 g/L±5 g/L。

每天更换槽中试验溶液,使用玻璃钩固定试样,试验槽温度控制在 70 ℃～75 ℃之间;脱脂时间为 5 min±15 s,并用电磁搅拌器进行搅拌。

试验槽 2: 冷水冲洗

用自来水进行喷淋或浸洗,时间为 30 s。

试验槽 3:脱脂

步骤与试验槽 1 相同,脱脂剂浓度为 20 g/L±5 g/L。

试验槽 4:热水洗

用自来水进行喷淋或浸洗,温度为 65 ℃,时间为 30 s。

试验槽 5:冷水洗

用流动水冲洗,时间为 2 min。

C.7 脱脂质量检查

C.7.1 经试验槽 5 处理后,取一个试样作为受控试样,并按 C.7.2～C.7.5 进行处理(该受控试样不能再用于测定酸洗质量损失)。

C.7.2 将该受控试样浸在浓度为 10%～15%的盐酸溶液(100 g/L～150 g/L HCl)中,温度为室温,时间为 15 s。

C.7.3 将受控试样完全浸没在去离子水中,然后用自来水冲洗。

C.7.4 将受控试样垂直放置 15 s～20 s,观测在试样表面流过的水膜状态,水应在试样表面均匀地流过,水膜不应有破损。

C.7.5 如果水膜试验不理想,可以增加脱脂时间。如果总的脱脂时间超过 30 min,该批试样则不能使用。

C.8 酸洗

试验槽 6:温度设定

将试样浸入温度为 70 ℃的水槽中。

试验槽 7:酸洗

酸洗条件:浓度为 70 g/L 的硫酸,温度为 70 ℃±0.3 ℃,时间为 7 min±5 s,用电磁搅拌器进行搅拌。

Fe^{2+}浓度:2 g/L±0.2 g/L。

按下列方法准备试验槽:将 40 mL 硫酸(密度为 1.84 g/cm^3)加入到 150 mL 去离子水中,然后加水至 1 000 mL。将溶液加温到酸洗温度 70 ℃,再将 2 g±0.2 g 的钢板(此钢板与经 C.6、C.7 处理的试验钢板相同)溶解到硫酸中(溶解大约 20 min),使 Fe^{2+}浓度达到 2 g/L±0.2 g/L。检查硫酸和 Fe^{2+}浓度是否符合要求。

最多酸洗 3 个试样后,就要更换酸洗液。即便是新配制的未使用过的酸洗液,超过 3 天就不能再使用。

试验槽 8:冷水洗

用冷水喷淋或浸洗，时间为 15 s。

试验槽 9：中和

将试样浸入碱性溶液（例如，浓度为 6 g/L Na_2CO_3 +0.7 g/L $Na_2B_4O_7$，温度为 50 ℃，时间为 2 min）。

试验槽 10：热水洗

用热水喷淋或浸洗，时间为 30 s，温度为 65 ℃。

C.9 烘干

用电热空气干燥器进行烘干。

C.10 称量

当冷却到室温后，对试样立即进行称量（称量值为 P_2）。

C.11 评估

将两次称量的差值除以试验板的总面积（0.02 m^2），计算出钢板表面酸洗的质量损失 P（g/m^2），见式（C.1）：

$$P=\frac{P_1-P_2}{0.02} \qquad \text{(C.1)}$$

需要说明的是，对不少于 3 件试样的测量值进行平均，该平均值与每个试样的测量值之间的最大偏差不应大于 10%，否则就应重新进行试验。

附 录 D
（规范性附录）
钢板搪瓷的试样制备

D.1 取自产品的试样

D.1.1 对取样产品的要求

试样应取自按正常参数生产的产品，不能取自重新加工的产品。

D.1.2 形状和尺寸要求

试样应为圆形或方形，其直径或边长应该为 105 mm±5 mm。

试样只能取自搪瓷产品的平板区域。

D.1.3 制备

在将搪瓷产品切割成搪瓷试样之前，先要将搪瓷产品切割线上的正反面搪瓷釉层磨掉，直到露出金属基板。磨掉搪瓷釉层的宽度为切割工具的宽度再加上两边各 2 mm。

注：采用刚玉或金刚砂的研磨机比较适合研磨搪瓷釉层。

D.2 特殊制备的试样

D.2.1 形状、尺寸和基板要求

D.2.1.1 总则

制备试样的基板应可涂搪，并且是呈圆形或方型的平板，其直径或边长为 105 mm±5 mm。

如果试样在称量和涂搪过程中要挂着，试样还应有一个孔能够悬挂，孔的直径应为 2.5 mm 左右，对于圆形试样，孔离边部 3 mm；对于方形试样，孔离方形角 3 mm。

D.2.1.2 钢板基板

对于涂搪用的钢板应有良好的涂搪性能，并能保证涂搪后的搪瓷质量，钢板的厚度 0.3 mm～3.0 mm。

如果钢板厚度不在 0.3 mm～3 mm 范围内，只要供需双方能够达成一致意见，也可采用其他厚度，但应提供每批产品厚度的测试报告。

对于涂搪用金属表面处理可以采用任何现有的方法，但是试样若用于比对目的，应采用相同的处理方法、基板质量和基板厚度。

对于鱼鳞爆试验，金属基板从卷钢中选取，其宽度应大于或等于 100 mm。

D.2.2 试样涂搪

D.2.2.1 总则

制备搪瓷试样时应按涂搪过程的常规步骤进行，不得采取涂搪修补、重复搪烧等额外步骤。

应特别注意试样边部的瓷釉堆积，因此，在烘干后搪烧前，应通过合适的方法将边部 2 mm～3 mm 的瓷釉擦掉。

试样是用于比对目的，应采用相同的标准厚度，比对的试样最大厚度差不能大于15%。

在所有情况下，试样的涂搪厚度应与正常生产的搪瓷产品相一致。

D.2.2.2 钢板涂搪

D.2.2.2.1 涂搪

应该对试样的一面或双面涂搪，当定量测定单位面积搪瓷涂层的质量损失时，试样应采用双面涂搪。

D.2.2.2.2 一次搪

一般情况下，一次搪，指对试样进行一次涂搪一次烧成。在有些特殊情况下，产品如果需要再涂搪，试样也应进行再涂搪。

D.2.2.2.3 面釉搪瓷

在已搪烧底釉的搪瓷上再搪烧面釉。可以采用浸涂或喷涂工艺对试样进行双面涂搪，涂搪厚度控制在双方同意的范围内。

在底釉烘干、搪烧和冷却后，搪瓷面釉应涂在已涂底釉试样的一面。

试样所搪的面釉次数应该与实际搪瓷制品生产的搪面釉次数相一致。

注1：对于大多数情况下，搪一次面釉是标准程序；在有些情况下，通常采用二到三次搪面釉。

注2：当用于化工工业容器和设备的搪瓷时，一般要涂多层面釉。

D.2.3 涂搪试样的表面

目测试样，涂搪试样表面应平整，没有针孔、烧焦、脱片、铜头、爆瓷、裂瓷、烧印架、鳞爆、撕裂等任何缺陷。

附 录 E
（规范性附录）
搪瓷涂层热震试验的试验方法

E.1 试验步骤

使用强制空气对流烘箱，将试样加热到符合要求的试验温度，在该温度下保温 10 min。

从烘箱中取出试样，在 5 s 内放入温度在 15 ℃～20 ℃的水中，完全浸没在水中至少 30 s。

从水中取出试样，烘干，冷却到室温。重复上述试验步骤 4 次，完成 5 个热循环。

E.2 结果表示

检查试样，是否有爆瓷、开裂、裂纹和脱瓷等损伤。

附 录 F
（规范性附录）
薄钢板搪瓷密着强度的试验方法

F.1 适用范围

试验用薄钢板应平整，没有变形，厚度 0.6 mm～3 mm。

F.2 原理

一个涂搪薄钢板试样，由一个半球状的冲击锤冲击变形，冲击锤质量为 1.5 kg，冲击高度与未涂搪钢板厚度有关。

F.3 装置

F.3.1 冲击试验装置如图 F.1 所示：

冲击锤的质量为 1.5 kg；

冲击锤呈半球状，其直径为 22 mm；

冲击基座上的圆孔直径为 20.6 mm，冲入的半径为 2 mm。

F.3.2 五级搪瓷密着强度级别参考图，如图 F.2 所示。

F.4 试验步骤

首先用厨房用纸将涂搪薄钢板擦干净，然后将其固定在基座和支撑架之间。

将 1.5 kg 冲击锤置于高度 h，高度的具体数值取决于未涂搪的钢板厚度，见表 F.1。

表 F.1 冲击高度

0.6 mm≤钢板厚度≤0.8 mm	h=300 mm
0.8 mm<钢板厚度≤1.2 mm	h=500 mm
1.2 mm<钢板厚度≤3 mm	h=750 mm

冲击锤冲击。

提升冲击锤，取出被冲击试样。

应等冲击后的爆瓷现象全部停止后，才能评价搪瓷的密着强度级别。

F.5 密着强度评价

F.5.1 平板试样

根据冲击试验后涂搪薄钢板的状况，对照参考图（图 F.2），评价密着强度。

级别“1”对应于非常好的密着强度，级别“5”对应于非常差的密着强度。

1级：冲击后的表面完全附着搪瓷层，并有光亮的外表(最好的密着强度)。

2级：冲击后的表面几乎完全附着搪瓷层(在密着层下)(很好的密着强度)。

3级：冲击后大部分附着搪瓷层，少量露铁(比较好)。

4级：冲击后少部分附着搪瓷层，大量露铁(比较差)。

5级：冲击后全部脱瓷，搪瓷层、金属层分离非常清楚(非常差)。

F.5.2 非平板试样

如果必须试验非平板试样，产品供应商和采购商在试验前，应对试验所用的仪器和试验结果的解释达成一致，否则，应参照本试验方法。

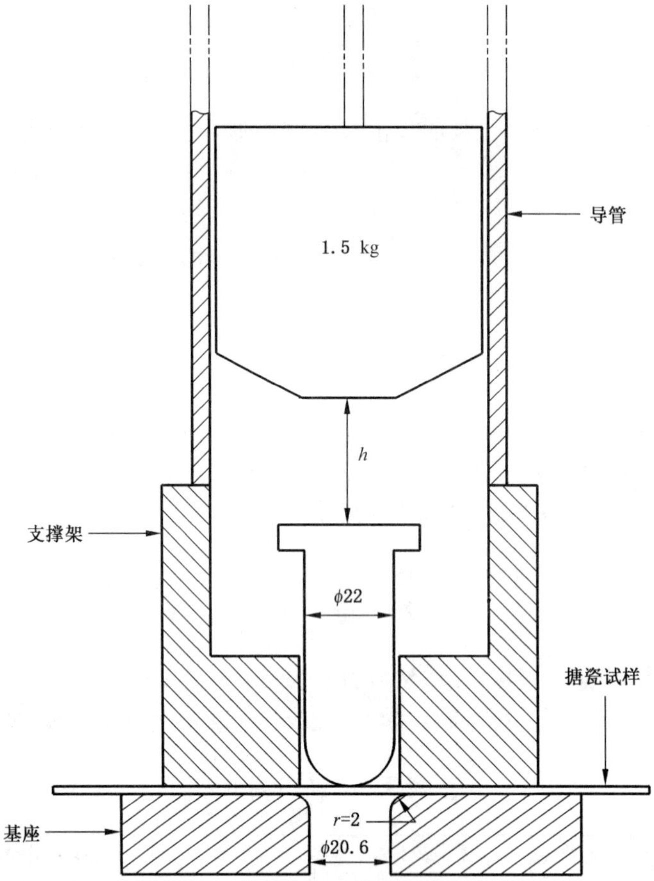

图 F.1 冲击试验装置

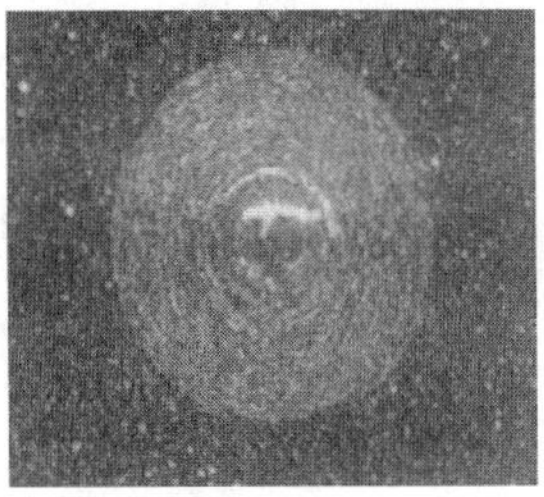

密着强度1级

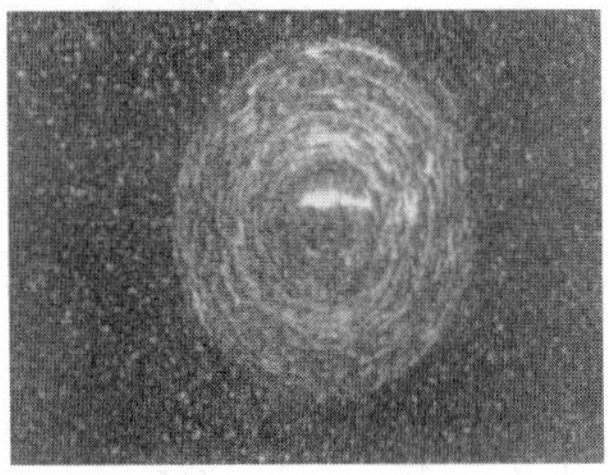

密着强度2级

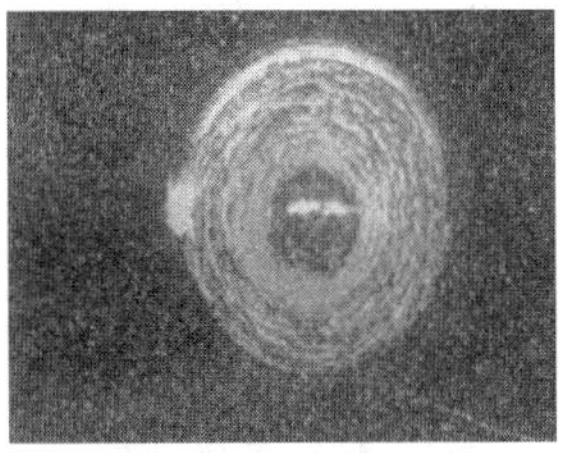

密着强度3级

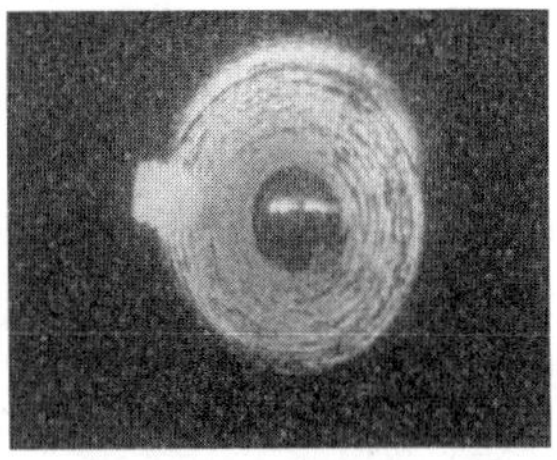

密着强度4级

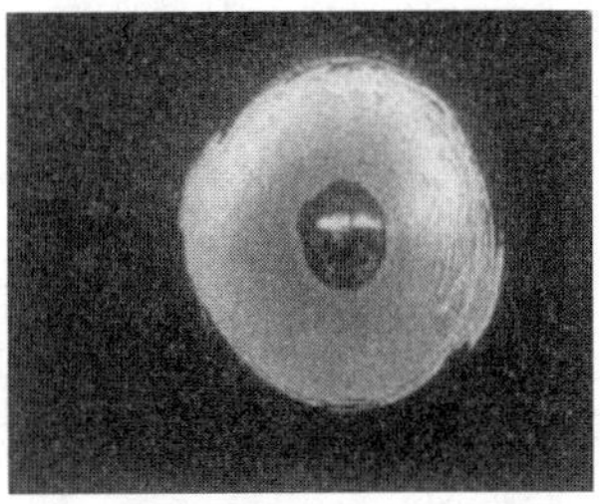

密着强度5级

图 F.2　搪瓷密着强度(冲击试验)

附　录　G
（规范性附录）
搪瓷缺陷检测及定位的低电压试验

G.1　原理

使用基于颜色效应的光学方法检测缺陷。试验是在低电压，并使缺陷与一种导电溶液相接触情况下进行的。

G.2　试验试剂

将 3.0 g±0.1 g 亚硝酸钠溶解在 100 mL 的自来水中，再加入 2 滴液体洗洁精。添加 4 mL 酚酞乙醇溶液(要求酚酞的质量分数为 0.5%)。

警告：在使用亚硝酸钠和酚酞溶液时，应特别小心。

只要试验之后试样不被再次涂搪，除了亚硝酸钠，也可以使用其他水溶性盐类，盐类的加入量应控制在使替代试验溶液的电导率在 35 mS±3 mS，pH 值在 7.5±1。

G.3　仪器

G.3.1　电源

电源应由一个直流电压为 24 V±4 V 的电源所组成，也可以由一个分压器组成，或由电池串连而成。

G.3.2　试验电极

电极要求使用湿的纸，例如厨房用纸，并且要求其面积至少在 500 cm^2 以上。

G.4　试样

试样可以是普通商品或其一部分，也可以是专门为试验所准备的平板试样，要求搪瓷试样应有部分金属未涂搪瓷，以便与负电极相连接。

试样应用洗涤剂清洗干净，再用自来水冲洗，最后用布或纸擦干，如果搪瓷试样在烧成后 24 h 内试验，不需要用洗涤剂清洗，搪瓷试样的温度应不超过 30 ℃。

G.5　试验步骤

用记号笔或粘纸在试验区域做好记号，将试样的未涂搪金属部位与电源(G.3.1)的负极相连接，然后将试验电极即湿纸电极(G.3.2)与电源(G.3.1)的正极相连接，将试验电极(G.3.2)浸透试验溶液(G.2)，将电极覆在试验区域，不能有空气进入。

打开电源(G.3.1)，2 min 后关掉电源。关掉电源 1 min 内，计数缺陷数量，每个缺陷都会在试验电极(G.3.2)上显示红色的小点。

G.6 结果表示

按式(G.1)计算每平方米的缺陷数：

$$N = S/A \qquad \text{(G.1)}$$

式中：

N ——每平方米的缺陷数；

S ——检测到的缺陷数；

A ——试验面积，单位为平方米(m^2)。

ICS 25.220.20
A 29

中华人民共和国国家标准

GB/T 31568—2015

热喷涂热障 ZrO_2 涂层晶粒尺寸的测定　谢乐公式法

Standard test method for determination of crystallite size of ZrO_2 coatings by Scherrer equation

2015-05-15 发布　　2016-01-01 实施

中华人民共和国国家质量监督检验检疫总局
中国国家标准化管理委员会　发布

前　言

本标准按照 GB/T 1.1—2009 给出的规则起草。

本标准由中国机械工业联合会提出。

本标准由全国金属与非金属覆盖层标准化技术委员会(SAC/TC 57)归口。

本标准起草单位:中国科学院上海硅酸盐研究所。

本标准主要起草人:程国峰、黄月鸿、阮音捷、曾毅、宋力昕。

热喷涂热障 ZrO_2 涂层
晶粒尺寸的测定　谢乐公式法

1　范围

本标准规定了应用X射线衍射谢乐公式法测定热喷涂热障 ZrO_2 涂层试样中立方、四方、单斜三种相 ZrO_2 晶粒尺寸的方法原理、测试条件及计算步骤等。

本标准适用于晶粒尺寸在2 nm～100 nm范围、内部无不均匀应变的试样。

2　术语和定义

下列术语和定义适用于本文件。

2.1

热障 ZrO_2 涂层　thermal barrier ZrO_2 coatings

采用热喷涂制备工艺制备的 ZrO_2 基的涂层材料。

2.2

晶粒　crystallite

内部分子、原子等有规律排列的微小单晶。

2.3

晶粒尺寸　crystallite size

L_{hkl}

晶粒在(hkl)晶面法线方向上的平均尺度。

2.4

半高宽　full width at half maximum of peak profile;FWHM

衍射峰峰高极大值一半处的峰宽。

3　方法原理

对试样照射X射线,测量所得到的衍射线,假设试样中没有晶体结构的不完整,则衍射线的宽化仅由晶粒的细化引起,可利用式(1)(谢乐公式)计算晶粒尺寸:

$$L_{hkl}=\frac{K\lambda}{\beta_{hkl}\cos\theta} \qquad \cdots\cdots(1)$$

式中:

L_{hkl} ——晶粒在(hkl)晶面法线方向的平均尺度,单位为纳米(nm);

K ——常数,与 β_{hkl} 的定义有关。当 β_{hkl} 定义为半高宽时, $K=0.89$;

λ ——实验所用的X射线波长,0.154 056 nm;

β_{hkl} ——由晶粒细化引起的试样某(hkl)晶面衍射峰的半高宽(需扣除背底),单位为弧度(rad);

θ ——(hkl)晶面衍射峰的布拉格角,单位为度(°)。

此外，本标准中，试样半高宽 β_{hkl} 由式(2)获得：

$$B_{hkl}=\beta_{hkl}+b_0 \qquad \cdots\cdots(2)$$

式中：

B_{hkl} ——实验所测得的试样某晶面衍射线的半高宽(需扣除背底)，单位为弧度(rad)；

b_0 ——由仪器产生的附加半高宽(简称仪器宽度，需要用标准物质校准)，单位为弧度(rad)。

4 仪器、测量条件和测量方法

4.1 衍射仪性能指标

衍射仪 2θ 角度的单向重复精度不大于0.003°，衍射强度综合稳定度优于0.5%。

4.2 辐射类型

CuKα 辐射。

4.3 测量条件

4.3.1 管压和管流

管电压40 kV，管电流不小于40 mA。

4.3.2 狭缝系统

发散狭缝1°，防散射狭缝1°，接受狭缝0.15 mm。

4.3.3 扫描方式和速度

步进扫描，步长0.02°，每步停留时间为1 s～2 s。

4.4 衍射峰位 2θ 角度值和半高宽的测量方法

采用pseudo-Voigt峰形函数拟合测得的实验谱，使得实验谱与拟合谱线的最小剩余误差 R 小于10%，从而测得各衍射峰的 2θ 角度值和半高宽值。

注：R 按式(3)计算：

$$R=\sqrt{\frac{\Sigma(I_{obs}-I_{calc})^2/I_{obs}}{\Sigma I_{obs}}}\times 100\% \qquad \cdots\cdots(3)$$

式中：

Σ ——对拟合区域所有数据点求和；

I_{obs} ——测量强度；

I_{calc} ——计算强度。

5 样品的要求和制样方法

5.1 标准物质

5.1.1 要求

采用编号为GBW(E)130014的X射线衍射硅粉末作为标准物质校正 2θ 角度及仪器宽度。

5.1.2 标准物质的装填方法

将标准物质放入试样板凹槽内，用载玻片均匀铺开后压紧，标准物质表面与试样板表面处在同一平面，要求倾斜试样板60°时标准物质不从槽中脱落。

5.2 热障 ZrO_2 涂层试样

5.2.1 要求

待测块状热障 ZrO_2 涂层试样表面需平整。

5.2.2 试样的装填方法

采用中空的铝或有机玻璃试样板，固定方法见图1。

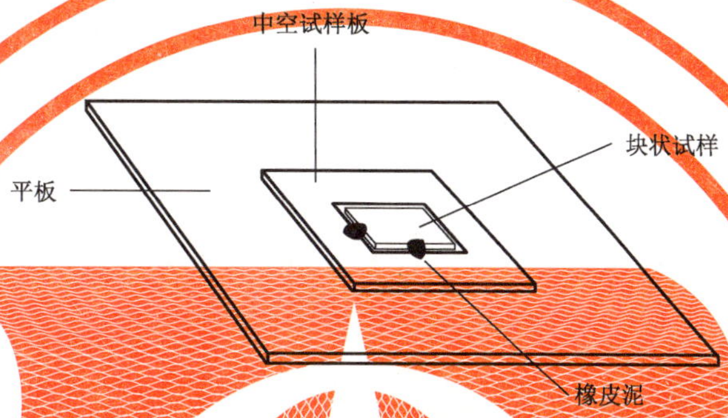

图1 试样装填方法示意图

6 实验步骤

6.1 制作 2θ 角度校正曲线

6.1.1 采用外标法对标准物质按4.3规定的测量条件进行扫描，2θ 角度扫描范围为28°～70°，按4.4规定的方法测量各衍射峰的 2θ 角度值。

6.1.2 将6.1.1得到的 2θ 角度值与附录A中表A.1给出的标准 2θ 角度值对比，计算差值 $\Delta 2\theta$。

6.1.3 将6.1.1得到的 2θ 为横坐标，6.1.2得到的 $\Delta 2\theta$ 为纵坐标，采用最小二乘法绘制出校正曲线。

6.2 制作仪器宽度校正曲线

6.2.1 采用外标法对标准物质按4.3规定的测量条件进行扫描，2θ 角度扫描范围为28°～70°，按4.4规定的方法测量各衍射峰的半高宽。

6.2.2 将6.1.1得到的 2θ 为横坐标，6.2.1得到的半高宽为纵坐标，采用内插法绘制仪器宽度校正曲线。

6.3 试样衍射峰 2θ 角度值的校正

按附录B中表B.1选择不同晶型 ZrO_2 相应的测量晶面，设定 2θ 角度扫描范围，按4.3规定的方法进行扫描，按4.4规定的方法测量各衍射线的 2θ 角度值，用6.1.3的校正曲线对试样的 2θ 角度值进行校正，并将校正后的 2θ 角度值记录在附录B表B.1中。立方、四方、单斜相 ZrO_2 的标准衍射数据分别见附录C中表C.1、表C.2和表C.3。

6.4 测量试样衍射线的半高宽 B_{hkl}

按附录B表选择不同晶型 ZrO_2 相应的测量晶面，设定 2θ 角度扫描范围，按4.3规定的方法进行扫描，按4.4规定的方法测量各衍射线的半高宽 B_{hkl}，并记录在附录B表B.1中。

6.5 测量仪器宽度 b_0

将6.3中测得的四方、立方、单斜相 ZrO_2 各衍射峰的 2θ 角度值分别代入6.2.2的校正曲线中，查出相对应的半高宽值作为在此角度下的仪器宽度 b_0。

6.6 计算晶粒尺寸

根据式(2)求出各晶面的 β_{hkl}，分别代入式(1)中，计算得到该衍射面法线方向上的晶粒尺寸 L_{hkl}，并将其记录在规范性附录D所示的表格中。

7 平均值与标准偏差

7.1 平均值

按5.2.2的方法对试样分别制样3次，按6.3～6.6步骤计算晶粒尺寸 L_{hkl}，并求其算术平均值 $\overline{L_{hkl}}$。

7.2 标准偏差

标准偏差按式(4)计算：

$$\sigma=\sqrt{\frac{\sum_{i=1}^{n}(\overline{L_{hkl}}-L_{hkli})^2}{n-1}} \qquad \cdots\cdots(4)$$

式中：

σ ——标准偏差；

$\overline{L_{hkl}}$ ——n 次测量结果的平均值；

L_{hkli} ——第 i 次测量的结果；

n ——测量次数，本标准中 $n=3$。

8 测试报告

测试报告应包含下列内容：

a) 委托单位；
b) 试样名称、编号；
c) 测试条件；
d) 采用标准(本标准编号)；
e) 计算结果；
f) 报告出具单位；
g) 报告日期；
h) 报告人和审核人；
i) 其他需要说明的事项。

附　录　A
（资料性附录）
Si 的标准 X 射线衍射数据

衍射数据见表 A.1。

表 A.1　Si 的标准 X 射线衍射数据

d /Å	2θ /(°)	*Int*	*hkl*	d /Å	2θ /(°)	*Int*	*hkl*
3.135 5	28.442	100	111	1.045 2	94.948	6	511
1.920 1	47.302	55	220	0.960 0	106.71	3	440
1.637 5	56.121	30	311	0.918 0	114.08	7	531
1.357 7	69.130	6	440	0.858 7	127.54	8	620
1.245 9	76.377	11	331	0.828 2	136.89	3	533
1.108 6	88.026	12	422	—			
注：d 为晶面间距，2θ 为衍射角，*Int* 为相对衍射强度，*hkl* 为衍射晶面。							

附 录 B
（规范性附录）
计算过程的数据记录

数据记录格式见表 B.1。

表 B.1 数据记录格式

ZrO_2 晶形	晶面(hkl)	2θ 扫描范围	2θ（校正后）	B_{hkl}	b_0	β_{hkl}
立方	111	29.0°～31.2°				
	220	49.0°～51.6°				
四方	011	29.0°～31.2°				
	202	61.4°～64.2°				
单斜	−111	27.0°～30.0°				
	111	30.0°～33.0°				

附　录　C
（资料性附录）
ZrO_2 的标准 X 射线衍射数据

衍射数据见表 C.1～表 C.3。

表 C.1　立方 ZrO_2 的标准 X 射线衍射数据

d /Å	2*θ* /(°)	*Int*	*hkl*	*d* /Å	2*θ* /(°)	*Int*	*hkl*
2.964 6	30.119	100	111	1.176 9	81.757	2	331
2.564 4	34.959	17	200	1.146 7	84.397	3	420
1.815 2	50.219	32	220	1.046 9	94.737	1	422
1.546 6	59.738	16	311	0.986 5	102.67	1	333
1.481 0	62.678	2	222	0.866 8	125.39	1	531
1.280 8	73.938	1	400	0.854 7	128.63	<1	600
注：*d* 为晶面间距，2*θ* 为衍射角，*Int* 为相对衍射强度，*hkl* 为衍射晶面。							

表 C.2　四方 ZrO_2 的标准 X 射线衍射数据

d /Å	2*θ* /(°)	*Int*	*hkl*	*d* /Å	2*θ* /(°)	*Int*	*hkl*
2.950 2	30.270	100	011	1.287 9	73.464	3	004
2.575 0	34.811	8	002	1.272 0	74.538	5	220
2.543 6	35.255	12	110	1.174 4	81.971	11	123
2.095 2	43.138	1	012	1.168 5	82.475	6	031
1.809 8	50.377	43	112	1.148 9	84.196	4	114
1.798 7	50.711	22	020	1.141 0	84.917	3	222
1.549 7	59.610	14	013	1.137 7	85.223	3	130
1.535 8	60.205	24	121	1.047 1	94.715	3	024
1.474 9	62.967	7	202	1.040 8	95.477	9	132
注：*d* 为晶面间距，2*θ* 为衍射角，*Int* 为相对衍射强度，*hkl* 为衍射晶面。							

表 C.3　单斜 ZrO_2 的标准 X 射线衍射数据

d /Å	2*θ* /(°)	*Int*	*hkl*	*d* /Å	2*θ* /(°)	*Int*	*hkl*
5.087 0	17.419	2	001	1.592 3	57.860	4	−131
3.697 6	24.047	14	110	1.582 2	58.266	3	−222

表 C.3（续）

d /Å	2θ /(°)	Int	hkl	d /Å	2θ /(°)	Int	hkl
3.639 0	24.440	10	011	1.545 8	59.773	8	131
3.164 7	28.174	100	−111	1.539 3	60.053	7	−203
2.840 6	31.467	68	111	1.509 5	61.365	5	311
2.622 6	34.159	21	200	1.495 9	61.982	5	−312
2.606 1	34.382	11	020	1.477 6	62.836	8	113
2.539 9	35.308	13	002	1.452 0	64.077	1	320
2.499 4	35.899	2	−201	1.448 5	64.248	2	230
2.342 5	38.395	1	−210	1.434 3	64.964	<1	032
2.334 0	38.540	4	120	1.426 1	65.382	2	−231
2.284 5	39.410	<1	012	1.420 0	65.698	6	023
2.252 7	39.989	<1	−211	1.416 5	65.882	4	−132
2.213 7	40.724	12	−112	1.361 5	68.910	1	231
2.191 8	41.149	5	201	1.349 3	69.618	<1	321
2.180 5	41.373	5	−121	1.339 8	70.188	<1	−322
2.020 3	44.825	7	211	1.325 3	71.069	2	−223
1.991 0	45.521	6	−202	1.321 6	71.298	4	−401
1.859 3	48.948	2	−212	1.311 3	71.948	1	400
1.848 1	49.265	18	220	1.308 8	72.102	1	−232
1.818 7	50.115	22	022	1.303 4	72.448	<1	040
1.803 8	50.558	13	−221	1.300 5	72.640	<1	312
1.782 9	51.192	5	−122	1.286 2	73.578	<1	−313
1.693 7	54.103	11	003	1.269 9	74.680	2	004
1.677 2	54.678	<1	221	1.264 6	75.044	4	140
1.660 7	55.269	11	122	1.245 4	76.408	1	−114
1.657 1	55.399	11	310	1.232 1	77.390	<1	330
1.652 4	55.569	9	−311	1.222 9	78.076	<1	401
1.643 9	55.881	6	031	1.212 7	78.864	1	033
1.610 0	57.166	7	−113	—			
注：d 为晶面间距，2θ 为衍射角，Int 为相对衍射强度，hkl 为衍射晶面。							

附 录 D
（规范性附录）
计算结果的表示

结果表示见表 D.1～D.3。

表 D.1 立方 ZrO_2 的晶粒尺寸计算结果

立方相 测量次数	L_{111}	$\overline{L_{111}}$	标准偏差 σ	L_{220}	$\overline{L_{220}}$	标准偏差 σ
第 1 次						
第 2 次						
第 3 次						

表 D.2 四方 ZrO_2 的晶粒尺寸计算结果

四方相 测量次数	L_{011}	$\overline{L_{011}}$	标准偏差 σ	L_{202}	$\overline{L_{202}}$	标准偏差 σ
第 1 次						
第 2 次						
第 3 次						

表 D.3 单斜 ZrO_2 的晶粒尺寸计算结果

单斜相 测量次数	L_{-111}	$\overline{L_{-111}}$	标准偏差 σ	L_{111}	$\overline{L_{111}}$	标准偏差 σ
第 1 次						
第 2 次						
第 3 次						

参考文献

[1] **ASTM D** 5187:2010 Standard test method for determination of crystallite size(L_C of calcined petroleum coke by X-ray diffraction

[2] **JIS H** 7805:2005 Method for crystallite size determination in metal catalysts by X-ray diffractometry

ICS 25.040.20
J 56

中华人民共和国国家标准

GB/T 31569—2015

六轴联动数控螺旋锥齿轮铣齿机 精度检验

6-axis simultaneous CNC spiral bevel gear milling machines—Testing of the accuracy

2015-05-15 发布　　　　2016-01-01 实施

中华人民共和国国家质量监督检验检疫总局
中国国家标准化管理委员会　发布

前　言

本标准按照 GB/T 1.1—2009 给出的规则起草。

本标准由中国机械工业联合会提出。

本标准由全国金属切削机床标准化技术委员会(SAC/TC 22)归口。

本标准负责起草单位:湖南中大创远数控装备有限公司。

本标准参与起草单位:天津第一机床总厂、重庆机床(集团)有限责任公司、陕西秦川机械发展股份有限公司。

本标准主要起草人:李锡晗、丁志文、聂晔、柴宝连、李毅、胡万良、岳明强、杨洪成、阳益江、张春晖、余娟、邹文毅、刘毅、唐涛。

六轴联动数控螺旋锥齿轮铣齿机
精度检验

1 范围

本标准规定了六轴联动数控螺旋锥齿轮铣齿机的几何精度、定位精度和工作精度的要求及检验方法。

本标准适用于六轴联动、最大工件直径至 2 500 mm 的六轴联动数控螺旋锥齿轮铣齿机(以下简称“机床”),六轴以下联动的也可参照使用。

2 规范性引用文件

下列文件对于本文件的应用是必不可少的。凡是注日期的引用文件,仅注日期的版本适用于本文件。凡是不注日期的引用文件,其最新版本(包括所有的修改单)适用于本文件。

GB/T 11365—1989 锥齿轮和准双曲面齿轮 精度

GB/T 17421.1—1998 机床检验通则 第 1 部分:在无负荷或精加工条件下机床的几何精度

GB/T 17421.2—2000 机床检验通则 第 2 部分:数控轴线的定位精度和重复定位精度的确定

3 机床主要结构

机床主要结构及运动轴线见图 1。

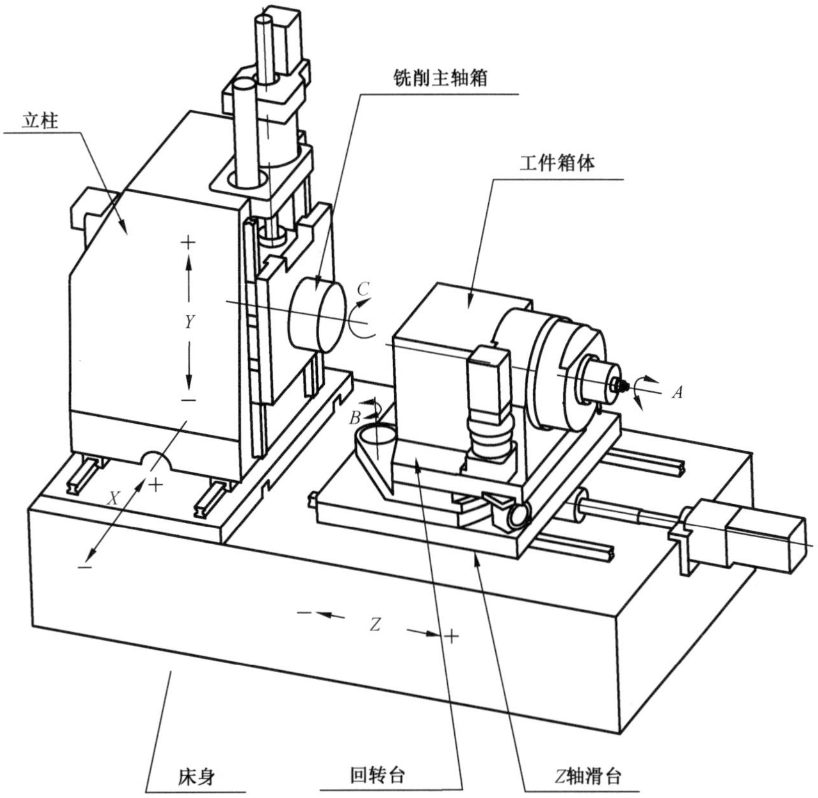

图 1 机床主要结构及运动轴线

4 一般要求

4.1 本标准中所有线性尺寸及相应的公差均用毫米(mm)表示;角度偏差主要用比值表示,但在某些情况下为了清晰,也用微弧度(μrad)或角秒(″)表示。其换算关系见下式:

$$0.01/1\,000 = 10\ \mu\text{rad} \approx 2''$$

4.2 按 GB/T 17421.1—1998 中的 3.1 调整机床安装水平,在调整安装水平时,各移动部件置于行程的中间位置。用水平仪测量机床安装水平在纵向和横向的读数均不超过 0.02/1 000。

4.3 一般可按装拆检验工具和检验方便的要求安排实际检验顺序。

4.4 在用户参与验收时,本标准规定的检验项目不总是需要全部进行检验。用户可根据需要,同制造商确定相应的检验项目,但应在订货协议中明确。

4.5 工作精度检验时,试件的检验应在精铣后进行。

4.6 当实测长度与本标准规定的长度不同时,允差应根据 GB/T 17421.1—1998 中 2.3.1.1 的规定按能够测量的长度折算,折算结果小于 0.001 时,仍按 0.001 计。

5 几何精度检验

检验项目	G1
刀具主轴铣刀盘定位圆锥(或圆柱)面的径向跳动	

简图

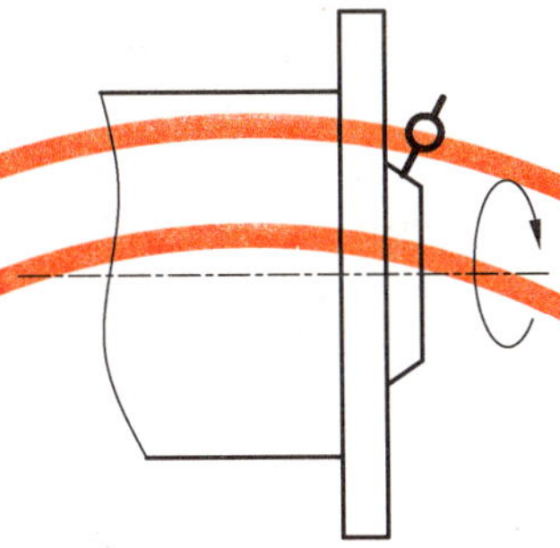

允差

最大工件直径	≤320	>320～500	>500～800	>800～1 250	>1 250～1 600	>1 600～2 500
允差	0.004	0.005	0.006	0.008	0.010	0.012

检验工具

指示器

检验方法(按 GB/T 17421.1—1998 中 5.6.1.2.2 的规定)

固定指示器,使其测头垂直地触及刀具主轴铣刀盘定位锥面表面,旋转主轴检验。误差以指示器读数的最大差值计。

每个定位面都要检验

检验项目	G2
刀具主轴铣刀盘定位端面的端面跳动	

简图

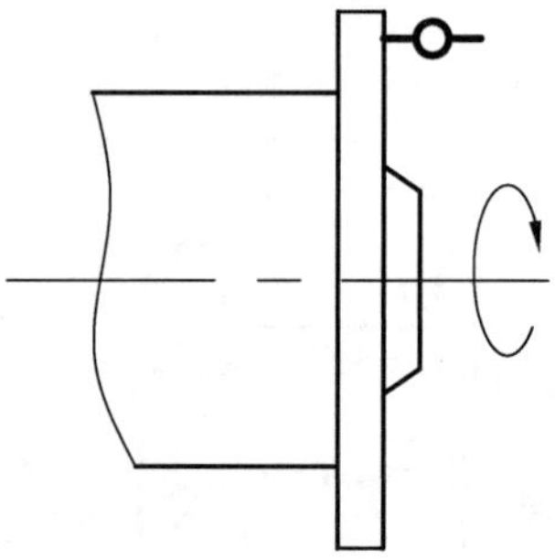

允差

最大工件直径	≤320	>320～500	>500～800	>800～1 250	>1 250～1 600	>1 600～2 500
允差	0.003	0.004	0.005	0.006	0.008	0.010

检验工具

指示器

检验方法(按 GB/T 17421.1—1998 中 5.6.3.2 的规定)

固定指示器,使其测头触及刀具主轴铣刀盘支承端面的最大直径处,旋转主轴检验。误差以指示器读数的最大差值计。

每个铣刀盘支撑端面都要检验

检验项目	G3
刀具主轴箱刀具主轴的轴向窜动	

简图

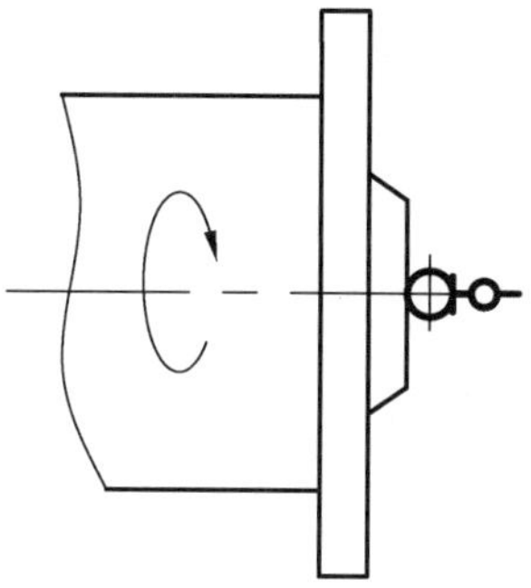

允差

最大工件直径	≤320	>320～500	>500～800	>800～1 250	>1 250～1 600	>1 600～2 500
允差	0.002	0.003	0.004	0.005	0.007	0.009

检验工具

指示器、球头检验棒

检验方法(按 GB/T 17421.1—1998 中 5.6.2.2 的规定)

在刀具主轴的螺纹孔内装入球头检验棒,固定指示器,使其平测头沿刀具主轴轴线方向触及芯棒的球面,旋转主轴检验。误差以指示器读数的最大差值计

检验项目	G4

工件主轴端面跳动

简图

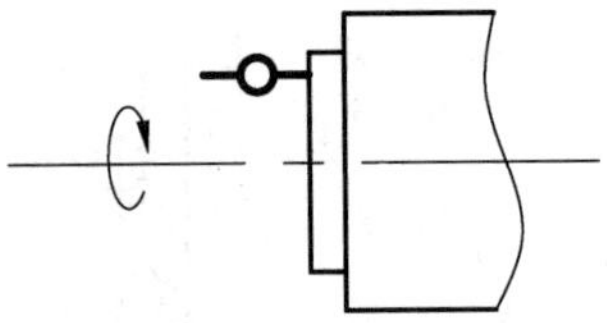

允差

最大工件直径	≤320	>320～500	>500～800	>800～1 250	>1 250～1 600	>1 600～2 500
允差	0.003	0.004	0.005	0.006	0.008	0.010

检验工具

指示器

检验方法(按 GB/T 17421.1—1998 中 5.6.3.2 的规定)

固定指示器,使其测头触及工件主轴端面靠近最大直径处,旋转主轴检验。误差以指示器读数的最大差值计

检验项目	G5

工件主轴锥孔轴线的径向跳动：

a) 靠近主轴端部；

b) 距主轴端部 L 处

简图

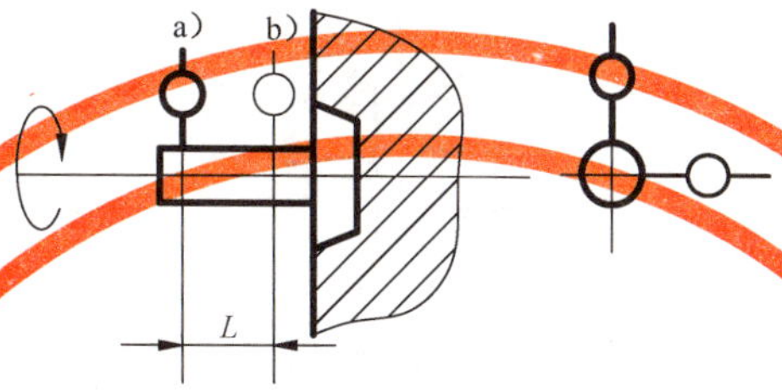

允差

最大工件直径	≤320	>320～500	>500～800	>800～1 250	>1 250～1 600	>1 600～2 500
L	150	150	150	200	300	300
允差	a) 0.004 b) 0.006	a) 0.005 b) 0.008	a) 0.006 b) 0.010	a) 0.007 b) 0.014	a) 0.008 b) 0.020	a) 0.010 b) 0.025

检验工具

检验棒、指示器

检验方法(按 GB/T 17421.1—1998 中 5.6.1.2.3 的规定)

在工件主轴孔内插入或安装检验棒，固定指示器，使其测头触及检验棒的圆柱面 a)、b)两处，旋转主轴检验。拔出检验棒，并相对主轴锥孔转 90°，重新插入检验，依次检验，共四次。

a)、b)值分别计算，误差以指示器四次读数的平均值计。

在相互垂直的两平面内均应检验

检验项目

G6

工件主轴轴线对 Z 轴纵向移动的平行度：

a） 芯棒的上母线；

b） 芯棒的侧母线

简图

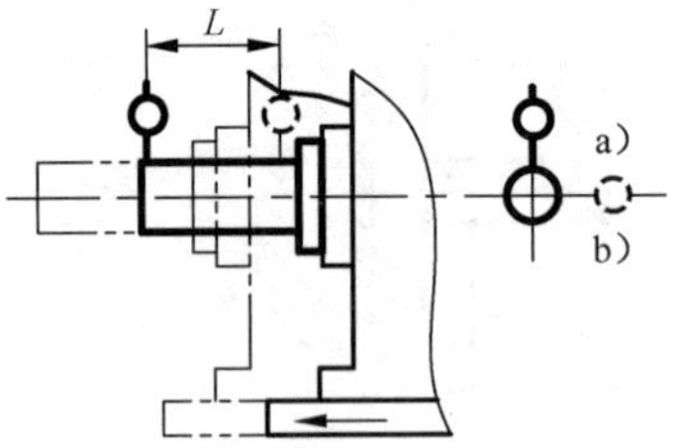

允差

最大工件直径	≤320	>320～500	>500～800	>800～1 250	>1 250～1 600	>1 600～2 500
L	150	200	250	300	350	350
允差	a)和 b)					
	0.020	0.030	0.035	0.040	0.045	0.050

检验工具

检验棒、指示器

检验方法(按 GB/T 17421.1—1998 中 5.4.1.2 的规定)

在工件主轴孔内插入或安装检验棒，调整回转台使 B 轴归零。

固定指示器，使其测头触及检验棒的上母线和侧母线，移动工件箱滑台检验。将工件主轴连同检验棒旋转 180°，再测量一次。

a)、b)值分别计算，误差以两次测量的代数和的一半计

检验项目	G7

刀具箱主轴轴线对工件箱滑台纵向移动的平行度：

a) 芯棒的上母线；

b) 芯棒的侧母线

简图

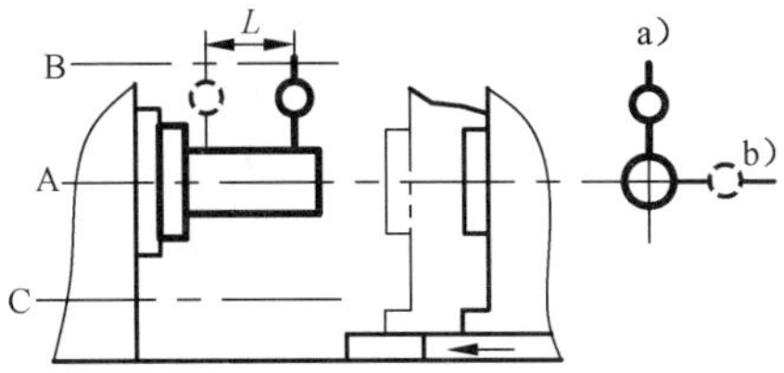

允差

最大工件直径	≤320	>320～500	>500～800	>800～1 250	>1 250～1 600	>1 600～2 500
L	150	200	300	300	350	350
允差	a)和 b)					
	A 0.015 B 及 C 0.020	A 0.025 B 及 C 0.030	A 0.030 B 及 C 0.035	A 0.035 B 及 C 0.040	A 0.040 B 及 C 0.045	A 0.045 B 及 C 0.050

检验工具

检验棒、指示器

检验方法(按 GB/T 17421.1—1998 中 5.4.2.3 的规定)

在刀具主轴铣刀盘安装端面上装一只检验棒，使其轴线与刀具主轴轴线重合。

在工件箱滑台上固定指示器，使测头触及检验棒上母线和侧母线，移动工件箱滑台进行检验。将刀具主轴连同检验棒回转 180°，再测量一次。

a)、b)的误差分别计算，误差值以两次测量结果的代数和之半计。

A 点为刀具主轴中心与工件主轴中心等高时的零点位置，B 点为刀具主轴上移的极限工作位置，C 点为刀具主轴下移的极限工作位置，三个位置分别进行检验

检验项目	G8

刀具主轴箱主轴轴线与工件主轴轴线的重合度：

a） 靠近工件主轴处；

b） 距工件主轴 L 处

简图

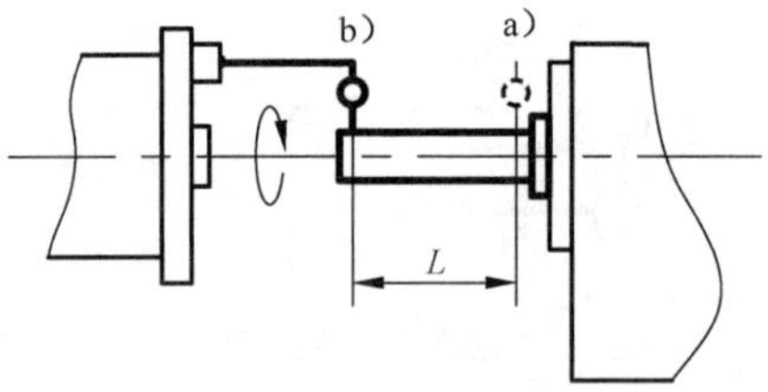

允差

最大工件直径	≤320	>320～500	>500～800	>800～1 250	>1 250～1 600	>1 600～2 500
L	150	150	150	150	300	300
允差	a） 0.027 b） 0.008	a） 0.036 b） 0.010	a） 0.045 b） 0.012	a） 0.054 b） 0.015	a） 0.090 b） 0.025	a） 0.135 b） 0.030

检验工具

检验棒、指示器

检验方法(按 GB/T 17421.1—1998 中 5.4.4.2 的规定)

调整回转台，使工件主轴轴线与工件箱滑台导轨平行。移动砂轮主轴箱，使砂轮主轴中心线与工件主轴中心线同轴。

将检验棒插入工件主轴孔中，在刀具主轴端面固定指示器，使其测头触及检验棒圆柱面 b)点，旋转刀具主轴、移动砂轮箱中心，校验使指示器跳动量为最小、能调出的最小跳动值即为 b)点测量值；测头触移至 a)点、旋转刀具主轴，检出 a)点的跳动值即为 a)点测量值。

然后，将工件主轴连同检验棒旋转 180°，再以同样方法再测量一次。

a)、b)的误差分别计算，误差值以两次测量结果的代数和之半计

检验项目	G9

刀具主轴箱水平移动对工件箱滑台导轨的垂直度：

a) 靠近方箱的端部处；

b) 距方箱的端部 L 处

简图

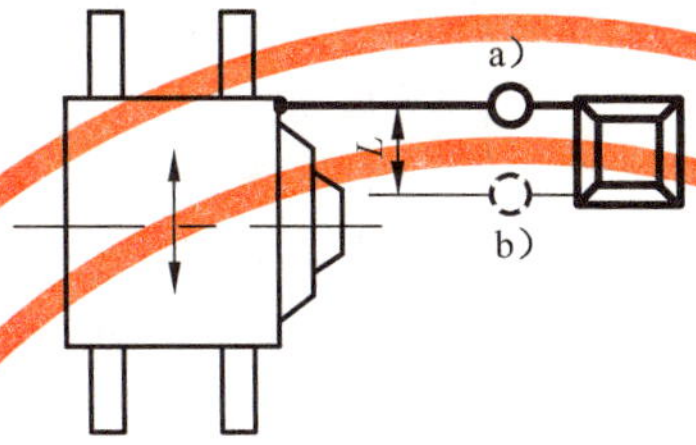

允差

最大工件直径	≤320	＞320～500	＞500～800	＞800～1 250	＞1 250～1 600	＞1 600～2 500
L	150	200	200	250	250	300
允差	a)和 b)					
	0.015	0.025	0.035	0.045	0.055	0.065

检验工具

检验方箱、指示器

检验方法(按 GB/T 17421.1—1998 中 5.5.2 的规定)

将检验方箱水平置于回转台底座的上工作面上，用指示器调整方箱的一边与工件箱滑台导轨精确地平行，将指示器固定在刀具主轴箱上，使测头触及方箱的另一边，水平移动刀具主轴箱，在 a)、b) 两点处检验。

误差以指示器读数的最大差值计

检验项目	G10

刀具主轴箱垂直移动对工件箱滑台导轨的垂直度：

a) 靠近方箱的端部；

b) 距方箱的端部 L 处

简图

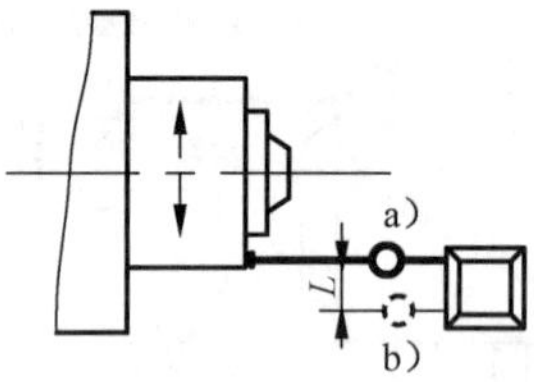

允差

最大工件直径	≤320	>320～500	>500～800	>800～1 250	>1 250～1 600	>1 600～2 500
L	150	200	200	250	250	300
允差	a)和 b)					
	0.015	0.025	0.035	0.045	0.055	0.065

检验工具

检验方箱、指示器

检验方法(按 GB/T 17421.1—1998 中 5.5.2 的规定)

将检验方箱垂直置于回转台底座的上工作面上，并使方箱的上侧面与工件箱滑台导轨平行。将指示器固定在刀具主轴箱上，使其测头触及方箱的垂直面上，垂直移动刀具主轴箱，在 a)、b) 两处检验。

误差以指示器读数的最大差值计

检验项目	G11

刀具主轴轴线在刀具主轴箱水平移动的等高度：

a） 靠近主轴端部处；

b） 距主轴端部 L_1 处

简图

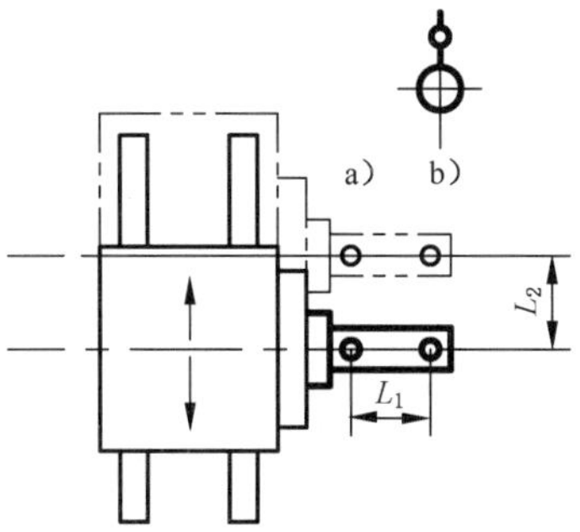

允差

最大工件直径	≤320	>320～500	>500～800	>800～1 250	>1 250～1 600	>1 600～2 500
L_1	150	200	300	300	350	350
L_2	150	200	200	250	250	300
允差	a） 0.010 b） 0.015	a） 0.015 b） 0.020	a） 0.020 b） 0.025	a） 0.025 b） 0.030	a） 0.030 b） 0.040	a） 0.040 b） 0.050

检验工具

检验棒、指示器、平尺

检验方法(按 GB/T 17421.1—1998 中 5.4.3 的规定)

将检验棒装在刀具主轴的法兰端面上，在床身或工件箱滑台上置一平尺和指示器，使指示器的测头触及检验棒的上母线，水平移动刀具主轴箱，再沿平尺移动指示器，在 a)、b)两处进行检验。

将刀具主轴连同检验棒旋转 180°，再同样测量一次。

a)、b)的误差分别计算，误差值以两次测量结果的代数和之半计。

应在 X 轴 L_2 的行程下进行检验

6 定位精度检验

检验项目	P1

线性轴线的：

a) 单向定位精度 A↑或 A↓；

b) 单向重复定位精度 R↑或 R↓；

c) 反向差值 B

简图

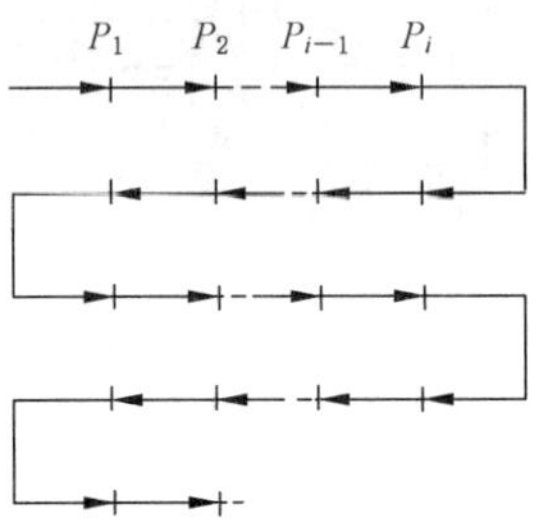

允差

轴线的测量行程	≤500	>500～800	>800～1 250	>1 250～2 000
单向定位精度 A↑或 A↓	0.009	0.011	0.014	0.017
单向重复定位精度 R↑或 R↓	0.007	0.009	0.012	0.015
反向差值 B	0.005	0.006	0.008	0.008

检验工具

激光干涉仪，或具有类似精度的其他测量系统

检验方法（按 GB/T 17421.2—2000 中 4.3.2 的规定）

在检验过程中，三个基本线性轴线中的非检验轴线的运动部件，应尽可能置于其工作行程的中间位置，否则应置于影响测量偏差最小的位置处。

当使用激光测量装置时，反射镜应置于能随测量轴运动的部件上，干涉镜应固定置于机床内，激光干涉仪应固定置于机床外。

检验程序和结果的表达应符合 GB/T 17421.2—2000 中第 4 章、第 5 章和第 7 章的有关规定

检验项目	P2

工件主轴及根锥角调整回转轴线的：

a) 单向定位精度 $A\uparrow$ 或 $A\downarrow$；

b) 单向重复定位精度 $R\uparrow$ 或 $R\downarrow$；

c) 反向差值 B

简图

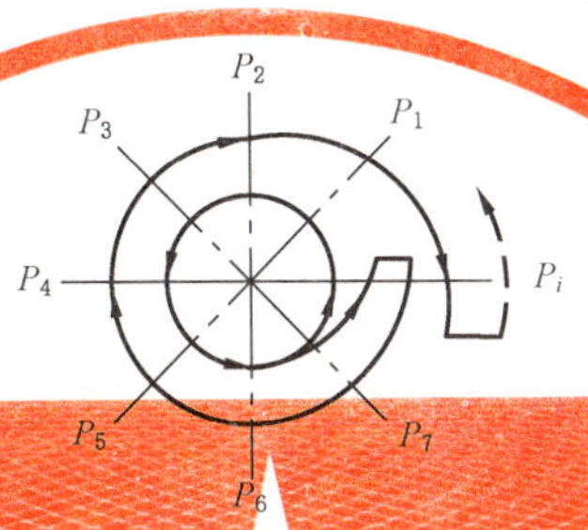

允差

单向定位精度 $A\uparrow$ 或 $A\downarrow$	10″
单向重复定位精度 $R\uparrow$ 或 $R\downarrow$	5″
反向差值 B	4″

检验工具

带分度工作台的激光角度干涉仪、带多角棱镜的自准直仪，或具有类似精度的其他测量系统

检验方法(按 GB/T 17421.2—2000 中 4.3.4 的规定)

在检验过程中，非检验坐标上的运动部件，应尽可能置于其工作行程的中间位置，否则应置于影响测量偏差最小的位置处。

当使用激光测量装置时，反射镜应置于能随测量轴转动的部件上，干涉镜应固定置于机床内，激光干涉仪应固定置于机床外。

检验程序和结果的表达应符合 GB/T 17421.2—2000 中第 4 章、第 5 章和第 7 章的有关规定

7 工作精度检验

检验项目 精铣螺旋锥齿轮，检验： a) 齿距累积公差 F_p； b) 齿距极限偏差 $\pm f_{pt}$	M1
试件材料和尺寸 a) 试件材料：由制造厂确定； b) 试件直径：$d=(0.5\sim0.75)d_1$； c) 试件模数：$m=(0.6\sim0.75)\ m_1$。 d_1 为机床最大工件直径，m_1 为机床最大加工模数	
铣削条件 铣刀、铣削规范及其他条件由制造厂确定，试件齿坯按设计规定	
允差(μm) a) $F_p=3.15\sqrt{d}+6$ b) $f_{pt}=0.63m+0.25\times0.63\sqrt{d}+8$	
检验工具 齿距仪	
检验方法 在机床上精铣齿轮后，按 GB/T 11365—1989 的规定，在齿面中点用齿轮测量仪进行检验	

ICS 65.020.20
B 05

中华人民共和国国家标准

GB/T 31575—2015

马铃薯商品薯质量追溯体系的建立与实施规程

Code of practice for establishment and implementation of quality tracing system for commercial potatoes

2015-05-15 发布

2015-11-27 实施

中华人民共和国国家质量监督检验检疫总局
中国国家标准化管理委员会 发布

前　言

本标准按照 GB/T 1.1—2009 给出的规则起草。

本标准由中华人民共和国农业部提出。

本标准由全国蔬菜标准化技术委员会(SAC/TC 467)归口。

本标准起草单位:中国标准化研究院、内蒙古大学内蒙古自治区马铃薯工程技术研究中心、北京辛普劳食品加工有限公司、蓝顿旭美食品有限公司、国际马铃薯中心北京联络处、河北省承德大丰马铃薯种业公司、蓝威斯顿(上海)商贸有限公司。

本标准主要起草人:杨丽、张若芳、孙清华、刘文、孙昭、许向晖、王新伟、谢开云、李冬虎、乔勇军、熊志勇、吴蕾、杜密茹、吕文霞、萨日娜、王义、宋荣庆、庞欢。

马铃薯商品薯质量追溯体系的建立与实施规程

1 范围

本标准规定了马铃薯商品薯质量追溯体系建立与实施的目标、原则、基本要求、追溯信息的记录及保障质量追溯体系实施的商品薯包装标识要求及企业内部管理要求。

本标准适用于有组织的、规模化种植、运输、贮藏模式下的马铃薯商品薯追溯。

本标准不适用于散户种植、贮藏、销售模式及收购后散装混杂销售模式下的马铃薯商品薯追溯。

2 规范性引用文件

下列文件对于本文件的应用是必不可少的。凡是注日期的引用文件，仅注日期的版本适用于本文件。凡是不注日期的引用文件，其最新版本(包括所有的修改单)适用于本文件。

GB/T 22005—2009 饲料和食品链的可追溯性 体系设计与实施的通用原则和基本要求

GB/Z 25008—2010 饲料和食品链的可追溯性 体系设计与实施指南

NY/T 1655 蔬菜包装标识通用准则

NY/T 1761—2009 农产品质量安全追溯操作规程 通则

3 术语和定义

下列术语和定义适用于本文件。

3.1

追溯体系 traceability system

能够维护关于产品及其成分在整个或部分生产与使用链上所期望获取信息的全部数据和作业。

[GB/T 22005—2009，定义 3.12]

3.2

追溯单元 traceable unit

需要对其来源、用途和位置的相关信息进行记录和追溯的单个产品或同一批次产品。

[GB/Z 25008—2010，定义 3.1]

3.3

批次 lot

相似条件下生产和(或)加工的或包装的某一产品单元的集合。

[GB/T 22005—2009，定义 3.3]

3.4

批次标识 lot identification

对某一批次指定唯一标识的过程。

[GB/T 22005—2009，定义 3.4]

3.5

外部追溯 external traceability

对追溯单元从一个组织转交到另一组织时进行追踪和(或)溯源的行为。

3.6

内部追溯 internal traceability

一个组织在自身业务操作范围内对追溯单元进行追踪和(或)溯源的行为。

3.7

基本追溯信息 basic traceability data

能够实现组织间和组织内各环节间有效链接的必需信息。

3.8

扩展追溯信息 extended traceability data

除基本追溯信息外,与追溯相关的其他信息。

4 目标

4.1 能证明产品的来历,确定商品薯在供应链中的位置。

4.2 能便于验证商品薯生产、流通过程的质量和安全特定信息,便于质量和安全管理。

4.3 能识别商品薯质量和安全的责任组织,便于产品召回。

4.4 能实现商品薯的质量和安全目标,满足顾客的要求。

4.5 能提高企业运行效率、生产能力和盈利能力。

5 原则

5.1 应根据其需要实现的目标,建立和实施相应的商品薯质量追溯体系。

5.2 应按照 GB/T 22005—2009 的通用原则和基本要求建立和实施商品薯质量追溯体系。

5.3 在建立和实施商品薯质量追溯体系时应考虑与其他管理体系的衔接性和兼容性。

5.4 在建立和实施商品薯质量追溯体系时应考虑追溯执行的精准性以及效率和成本。

5.5 采用传统记录方式与现代计算机技术、网络技术、通讯技术、条码技术等相结合的原则建立和实施商品薯质量追溯体系。

6 基本要求

6.1 明确追溯单元、进行批次识别、明确追溯范围是内部追溯或外部追溯、商品薯流向等。

6.2 及时记录和保留追溯信息。主要包括:从其供应方获得的信息、从产品的生产过程中获得的信息、向顾客和供应方提供的信息。记录应真实、准确、及时、完整、持久、易于识别和检索,至少保留 3 年。

6.3 确定上述信息的编码原则。可按内部编码规则或按已发布的国家标准、行业标准的规定对追溯信息进行编码。从业者编码、产地编码、产品编码、批次编码、追溯信息编码可按 NY/T 1761—2009 的规定执行。

6.4 根据技术条件、追溯单元特性、实施成本等因素选择批次标识载体。载体可以是纸质文件、条码、二维码或射频识别标签等。

6.5 采用国际或国内通用编码规则,对追溯单元进行唯一标识,并将标识代码与其相关信息的记录一一对应。

7 追溯信息的记录

7.1 基本追溯信息和扩展追溯信息包括：

——种植信息；

——种薯使用记录；

——农药使用记录；

——肥料使用记录；

——灌溉记录；

——收获记录；

——交易记录；

——运输记录；

——出入库记录。

7.2 马铃薯追溯信息记录表参见附录A。

8 实施

8.1 商品薯包装、标识要求

8.1.1 包装销售时，商品薯包装应符合NY/T 1655的规定。包装上应有产品标签，标签上应标识：品种名称、适宜用途（鲜食、薯条加工、薯片加工、淀粉加工、全粉加工等）、净含量、等级、包装日期、收获日期、产地、批次、种植基地名称、联系方式。

8.1.2 散装销售时，销售者与采购者应留存销售登记单，销售登记单上的登记内容与包装销售的马铃薯其包装物上的标识内容相同。

8.1.3 可在马铃薯包装或标签上加贴或印刷追溯信息编码。追溯信息编码可按NY/T 1761—2009中5.3.5的规定执行。

8.1.4 仓储物流企业应保持产品原有包装。若更换包装，应按原包装的标签内容重新标识，若包装内容发生变化，应在新标签上如实标识。

8.1.5 仓储物流企业应保持产品原有的批次分别。若不得不进行并批、分批时，应保留产品的并批、分批记录。

8.2 内部管理要求

8.2.1 应制定马铃薯商品薯质量追溯体系的建立和实施计划。明确追溯的目标、范围、实施内容、实施进度、保障措施、责任主体等内容。

8.2.2 明确责任主体在各环节记录信息的责任、义务和具体要求。

8.2.3 指定专人负责马铃薯质量追溯系统各环节的组织、实施与监控，承担信息的记录、核实、上报、发布等工作。

8.2.4 配备必要的计算机、网络设备、标签打印设备、条码读写设备及相关软件等。

8.2.5 定期开展关于追溯记录、追溯程序、追溯操作规程等方面的培训。

8.2.6 追溯体系的监督、内部审核、评审、改进等，按照GB/Z 25008—2010中6的规定执行。

附 录 A
（资料性附录）
马铃薯追溯信息记录表

表 A.1 种植综合信息记录表

种植年份		种植者姓名		联系方式	
住址					
基地名称		基地编号		面积	
基地位置					
种植品种		上茬作物			
备注					
注 1：附土壤检测报告复印件。 注 2：附灌溉水水质检测报告复印件。					

表 A.2 种薯来源信息记录表

购买时间		购买人		联系方式	
验货时间		验货人		联系方式	
入库时间		库房编号			
库房地点					
种薯品牌		批次		品种	
等级		包装规格		数量	
产地					
供应商		联系方式			
备注					
注 1：附销售合同复印件。 注 2：自繁种时附繁种记录或复印件。					

表 A.3 种薯出入库信息记录表

库房名称		库房编号		库房管理员	
入库登记					
入库申请人		入库时间		入库编号	
种薯品牌		批次		品种	
包装规格		数量		总质量	
出库登记					
出库申请人		出库时间		出库编号	
种薯品牌		批次		品种	
包装规格		数量		总质量	
备注					

表 A.4 种薯处理信息记录表

种薯出库编号		品种		批次	
等级		处理日期		种薯用量	
药剂名称		有效成分		药剂用量	
播种地块名称		地块编号		种薯处理人	
备注					

表 A.5　农药采购信息记录表

序号	药剂名称	有效成分	生产厂家	生产日期	批次	供应商名称	采购人	包装规格	采购数量	购买时间	验货人	存放库房名称	库房编号
备注													

表 A.6　农药出入库信息记录表

序号	库房名称	库房编号	药剂名称	有效成分	生产厂家	批次	包装规格	入库			出库		
								时间	数量	管理人	时间	数量	出库申请人
备注													

表 A.7　农药使用信息记录表

序号	病害名称	药剂名称	生产厂家	批次	有效成分	施用时间	施用量	施用方式	配药人	施药人	基地名称	基地编号
备注												

表 A.8 肥料采购信息记录表

序号	肥料名称	有效成分	生产厂家	生产日期	批次	供应商名称	联系方式	采购人	包装规格	采购数量	购买时间	验货人	存放库房名称	库房编号
备注														

表 A.9　肥料出入库信息记录表

序号	库房名称	库房编号	肥料名称	有效成分	生产厂家	批次	包装规格	入库			出库		
								时间	数量	管理人	时间	数量	出库申请人
备注													

表 A.10　肥料使用信息记录表

序号	施用时间	肥料名称	生产厂家	批次	有效成分	施用量	施用方式	基地名称	基地编号	责任人
备注										

表 A.11　灌溉信息记录表

灌溉次数	灌溉日期	灌溉方式	灌溉水流速	浇灌时间/h	灌水量	操作人	水肥药耦合情况	
							水肥耦合	水药耦合
1								
2								
……								
备注								

表 A.12　收获信息记录表

收获日期	基地名称	基地编号	品种	收获面积	收获批次	包装规格	数量	总质量	机械操作人	责任人
备注										

表 A.13　交易信息记录表

收购单位名称		联系方式		交易时间	
收购单位地址					
销售人		联系方式		品种	
交易地点					
批次		等级		包装规格	
数量		总质量			
注：附交易凭证复印件。					

表 A.14　运输信息记录表

供应商名称		联系方式		发货编号	
发货地址				发货时间	
接收商名称		联系方式		品种	
接收地址				接收时间	
包装规格		数量		总质量	
司机姓名		联系方式		车牌号	
备注					

表 A.15　商品薯出入库信息记录表

运货方名称		联系方式		运输车牌号		
地址						
仓库地址				仓库编号		
品种	批次	包装规格	数量	总质量	出(入)库负责人	存放位置
备注						

ICS 67.200.10
X 14

中华人民共和国国家标准

GB/T 31576—2015

动植物油脂　铜、铁和镍的测定 石墨炉原子吸收法

**Animal and vegetable fats and oils—
Determination of copper, iron and nickel contents—
Graphite furnace atomic absorption method**

(ISO 8294:1994, MOD)

2015-05-15 发布　　2015-11-28 实施

中华人民共和国国家质量监督检验检疫总局
中国国家标准化管理委员会　发布

前　言

本标准按照 GB/T 1.1—2009 给出的规则起草。

本标准修改采用 ISO 8294:1994《动植物油脂　铜、铁和镍的测定　石墨炉原子吸收法》(英文版)。

本标准的主要技术内容与 ISO 8294:1994 一致,但做了下列修改:

——关于规范性引用文件,本标准做了具有技术性差异的调整,反映在第 2 章“规范性引用文件”中,具体调整如下:

- 用等同采用国际标准的 GB/T 6682,代替了 ISO 3696;
- 用等同采用国际标准的 GB/T 15687,代替了 ISO 661。

——增加了也可用氯化铌作为铌溶液的表述(见 4.5)。

——重新组织了第 11 章的结构与内容。

本标准由国家粮食局提出。

本标准由全国粮油标准化技术委员会(SAC/TC 270)归口。

本标准起草单位:国家粮食局科学研究院、中纺粮油进出口有限公司、南京财经大学、河北省粮油质量检测中心。

本标准起草人:薛雅琳、凌家煜、张玉玺、慕容政、张艳、周明慧、袁建、张东、马榕、裴瑞丽。

动植物油脂　铜、铁和镍的测定　石墨炉原子吸收法

1　范围

本标准适用于未精炼和精炼的食用油脂中微量铜、铁和镍的测定。

2　规范性引用文件

下列文件对于本文件的应用是必不可少的。凡是注日期的引用文件，仅注日期的版本适用于本文件。凡是不注日期的引用文件，其最新版本(包括所有的修改单)适用于本文件。

GB/T 6682　分析实验室用水规格和试验方法(GB/T 6682—2008,ISO 3696:1995,IDT)

GB/T 15687　动植物油脂　试样的制备(GB/T 15687—2008,ISO 661:2003,IDT)

3　原理

油脂经前处理后，取适量于石墨炉原子化器中原子化，在选定的仪器参数及设定的最佳波长下测定其吸光度，以相应的有机金属元素化合物的标准溶液进行校准，计算油脂中金属元素的含量。

4　试剂

除非另有说明，本标准所用试剂均为分析纯。水应符合 GB/T 6682 中二级水的规定。

4.1　氧化铝：分析纯。

注 1：推荐使用 Merck 公司(D-1600 Darmstadt，德国)的氧化铝(Quality No.1077)。

4.2　稀释用油：在环境温度下呈液态的精炼食用油，储存于不含金属成分的聚乙烯或聚丙烯瓶中(5.1)。油中铜含量应低于 3 μg/kg；铁含量应低于 5 μg/kg；镍含量应低于 5 μg/kg。

注 2：稀释用油可按照下列步骤进行制备：按 1 kg 油加 3 L 石油醚(沸程 40 ℃～60 ℃)的比例将油溶于石油醚。用两倍于欲纯化油质量的氧化铝(在 150 ℃下活化 14 h)制备一根氧化铝柱(直径：高度＝1：10)。将油溶液上柱，并以相当于溶解油脂所用石油醚 5/3 倍体积的石油醚进行洗脱。在氮气流(2 L/min～5 L/min)保护下于热水浴上蒸除洗脱液中的石油醚，最后残留的少量石油醚以减压蒸馏法除尽。

4.3　标准储备液：用稀释用油(4.2)稀释有机金属标准物质制备成标准储备液，其金属元素含量分别为：Cu 为 2 mg/kg；Fe 为 10 mg/kg；Ni 为 10 mg/kg。

注 3：标准物质可购于大陆油脂公司(Ponca city，Oklahoma，美国)(5 000 mg/kg)或 Merck(D-1600 Darmstardt，德国(1 000 mg/kg)。

4.4　标准工作溶液：用稀释用油(4.2)将标准储备液(4.3)配制成标准工作液。临用时现配。标准工作液浓度如下：

Cu ——0.05 mg/kg，0.1 mg/kg 和 0.2 mg/kg；

Fe ——0.25 mg/kg，0.5 mg/kg 和 1.0 mg/kg；

Ni ——0.25 mg/kg，0.5 mg/kg 和 1.0 mg/kg。

4.5 铌溶液[$Nb(NO_3)_5$]:浓度为 1 000 mg/L 的原子吸收分光光度法标准溶液(基质为水)。(也可用氯化铌)。

注 4:可用 Alfa Division(152 Andover St.,Danvers,MA 01923,美国)的标准溶液(编号 88083)。

4.6 正庚烷:分析纯。

4.7 氩气:纯度≥99.99%。

注 5:若无氩气,也可使用氮气。但在 2 300 ℃以上的高温下,氮可形成有毒的氰化氢气体,因此必须保持石墨炉区域的良好通风。

5 仪器

除实验室常规仪器外,还包括下列仪器设备。

5.1 聚乙烯瓶或聚丙烯瓶:容量为 20 mL 和 50 mL。

注 6:需要作如下处理:用温热的硝酸溶液(1 mol/L)充分洗涤聚乙烯或聚丙烯瓶和盖,使其不含有金属成分,用水洗净后于 80℃烘箱中烘干。

5.2 微量移液管:容量为 20 μL 和 100 μL。

5.3 移液管。

5.4 电热干燥箱:温度可维持在 150 ℃±2 ℃。

5.5 原子吸收分光计:具有"峰高"模式和打印机,或"连续"模式和笔式记录仪(满度响应为 0.2 s),并配备空心阴极灯或无极放电灯以及氘灯背景校正器。

5.5.1 石墨炉原子化器:置于原子吸收分光光度计(5.5)内,具有程序升温控制单元。

5.5.2 石墨管:不加涂层。

6 扦样

实验室接受的样品应具有代表性,在运输或储藏过程中避免受损或变质。

扦样不是本标准规定的内容,推荐按照 ISO 5555 执行。

7 试样的制备

试样的制备按 GB/T 15687 执行。切勿过滤试样。

8 操作步骤

逐个测定各种金属元素的含量。

注 7:若需要检查是否满足重复性需求,可在重复性要求下进行两次独立的检测。

8.1 仪器准备

8.1.1 开启原子吸收分光光度计(5.5)和氘灯背景校正。

8.1.2 按照仪器制造厂商提供的操作手册调节灯强度、狭缝、波长和增益等参数。

每种元素的最佳工作波长为:Cu 为 324.7 nm;Fe 为 302.1 nm;Ni 为 232.0 nm。

8.1.3 调节原子吸收分光光度计(5.5)中的石墨炉原子化器(5.5.1)至最佳位置,按照表 1 要求进行程序升温。

表 1 石墨炉原子化器的升温程序

测定元素	步骤	温度/℃	升温时间/s	保持时间/s	管内气体流量/(mL/min)
铜	1	900	50	30	300
	2	2 700	1	5	50
铁、镍	1	1 200	50	30	300
	2	2 700	1	5	50

注 8：若所用仪器不能按照表 1 设定，可设置该仪器适用的程序。若在此种情况下不能获得令人满意的背景校正，则可用有机溶剂(如正庚烷)将空白溶液、标准工作溶液(4.4)和试样稀释。最大稀释比例为 1∶2(质量比)，并在环境温度下测量分光光度。

测定铜和镍的含量时，使用非涂层石墨管(5.5.2)。测定铁的含量时，应使用内层涂铌的石墨管，以确保检测结果的准确性。

注 9：使用无涂层的石墨管时，测定铁元素的结果受脂肪中存在的铁化合物的类型影响，应按照以下步骤将石墨管进行涂层处理：将 100 μL 铌溶液(4.5)注入石墨管。启动升温程序，于 100 ℃干燥 60 s，2 700 ℃原子化 5 s。重复此操作步骤直至注入的铌溶液总量为 300 μL，最后在 2 700 ℃下原子化直至吸光度恒定(以便除尽沾污的铁)。

8.1.4 每次进样前，均应对进样器管尖(5.3)进行预处理，即用微量进样器吸取 20 μL 正庚烷，然后排空。

注 10：留存在进样器管尖内壁上的正庚烷液膜有助于改善进样的再现性。

8.2 试样和制备溶液的预处理

8.2.1 测定前，应将试样、稀释用油(4.2)和标准工作溶液(4.4)放置于 60 ℃烘箱中，至少 15 min。

8.2.2 如果已知原始油样的金属元素含量大于 4.4 中给定的范围，则应用稀释用油(4.2)将其稀释。

8.2.3 在测试前应将所有试样和溶液剧烈振荡，使之混匀。

8.3 测定

8.3.1 石墨管的空白

若石墨管有吸光度，应调节仪器使吸光度的读数响应为零。

8.3.2 稀释用油的空白

将 20 μL 稀释用油(4.2)注入石墨炉，启动程序升温并记录吸光度。

8.3.3 仪器的标定

将 20 μL 三种金属元素中一种元素的标准工作溶液(4.4)注入石墨炉，记录其吸光度。重复此操作步骤，测定其余两种金属元素的标准工作溶液。

8.3.4 样品分析

8.3.4.1 40 ℃条件下为液态的样品

将 20 μL 已预热处理的试样(8.2)注入石墨炉，启动程序升温并记录吸光度。

8.3.4.2 40 ℃条件下为固态的样品

在表1所述步骤1和步骤2前，增加下述升温程序：保持时间20 s；温度60℃；管内气流，0 mL/min。启动升温程序。在步骤1中，将20 μL预处理的试样(8.2)注入石墨炉，将进样器管尖停留在进样口，待脂肪变为液态后进样并记录吸光度。

8.3.5 绘制标准曲线

以空白(8.3.2)校正(标准工作溶液的吸光度减去稀释用油的吸光度)后每种金属元素的标准工作溶液(8.3.3)的吸光度对应其元素含量(mg/kg)绘制标准曲线。

注 11：可用具有自动绘制标准曲线功能的仪器。

9 结果表示

9.1 在记录纸上量取每份试样的峰高或记录其在显示器或打印机上的读数。

9.2 使用相应的标准曲线，根据稀释度计算样品中金属元素的含量。

10 精密度

1984年，国际理论和应用化学联合会(IUPAC)按照ISO 5725的要求，组织开展了国际性实验室验证试验，验证了本方法的精密度。

32个实验室参与此验证试验并测试了大豆油、花生油和可可脂样品。铜、铁元素的含量测试均用液态和固态两类样品，但未对可可脂中的镍进行检测，因为其似乎不存在镍元素。

由95%概率水平下的数值获得重复性限和再现性限。

10.1 重复性

在同一实验室，由同一操作者使用同一设备，按相同的测试方法，在短时间内对同一试样进行的两次独立测试结果的绝对差值，应不大于表2中给定的 r 值。若差值大于计算的 r 值，应重复以上测定。

表2 重复性限值(r)

单位为毫克每千克

元素名称	含量	样品名称	r
铜	<0.2	油脂	0.010+0.14
		脂肪	0.008+0.11
铁	<1.0	油脂	0.077+0.08
		脂肪	0.026+0.20
镍	<1.0	油脂	0.056+0.13
注：为两次测定结果的平均值，以mg/kg计。			

10.2 再现性

在不同实验室，由不同操作者使用不同设备，按相同的测试方法，对同一试样进行两次独立测试，获得的两个独立测试结果的绝对差值，应不大于表3中给定的 R 值。

表 3 再现性限值(*R*)

单位为毫克每千克

元素名称	含量	样品名称	*R*
铜	<0.2	油脂	0.008+0.36
		脂肪	0.003+0.49
铁	<1.0	油脂	0.040+0.48
		脂肪	0.031+0.54
镍	<1.0	油脂	0.027+0.44

注：为两次测定结果的平均值，以 mg/kg 计。

11 试验报告

试验报告需说明：

——实验样品所需的所有有关信息；

——若已知采样方法，则注明；

——采用的试验方法，并且是遵循本标准进行的；

——本标准中没有具体说明的、或者被认为是可选性的，以及所有可能影响结果的操作细节；

——测定结果，如果进行了重复性试验，则列出最终结果。

参 考 文 献

［1］ ISO 5555:1991,Animal and vegetable fats and oils-Sampling.

［2］ ISO 5725:1986,Precision of test methods-Determination of repeatability and reproducibility for a standard test method by inter-laboratory tests.

ICS 67.060
X 10

中华人民共和国国家标准

GB/T 31577—2015

粮油检验 小麦粉损伤淀粉测定 安培计法

Inspection of grain and oils—
Determination of damaged starch—Amperometric method

2015-05-15 发布 2015-11-23 实施

中华人民共和国国家质量监督检验检疫总局
中国国家标准化管理委员会 发布

前　　言

本标准按照 GB/T 1.1—2009 给出的规则起草。

本标准由国家粮食局提出。

本标准由全国粮油标准化技术委员会(SAC/TC 270)归口。

本标准起草单位:国家粮食局科学研究院、国家粮食局标准质量中心。

本标准起草人:陈瑶、孙辉、姜薇莉、常柳、曹颖君。

粮油检验
小麦粉损伤淀粉测定 安培计法

1 范围

本标准规定了利用安培计测定小麦粉损伤淀粉的原理、仪器与器具、试剂、扦样、操作过程、结果计算、精密度和结果报告。

本标准适用于小麦粉损伤淀粉的测定。

2 规范性引用文件

下列文件对于本文件的应用是必不可少的。凡是注日期的引用文件,仅注日期的版本适用于本文件。凡是不注日期的引用文件,其最新版本(包括所有的修改单)适用于本文件。

GB 5491 粮食、油料检验 扦样、分样法

GB/T 5497 粮食、油料检验 水分测定法

GB/T 5511 谷物和豆类 氮含量测定和粗蛋白质含量计算 凯氏法

3 术语和定义

下列术语和定义适用于本文件。

3.1

损伤淀粉 damaged starch

在碾磨过程中受到机械损伤而产生破损的淀粉颗粒。

4 原理

在一定条件下,小麦粉悬浮液中损伤淀粉越多,碘吸收越多,通过悬浮液的电流越小。经电化学反应,产生出与被测小麦粉质量成一定比例的碘,并通过样品所吸收碘的量,确定样品中损伤淀粉的含量。

5 仪器与器具

5.1 损伤淀粉测定仪[1)](参见附录A):仪器应定期进行校准,具有如下技术参数:

——搅拌棒转速:(1 200±5)r/min;

——振动马达转速:(8 500±2 000)r/min;

——加热器电阻:直径 8 mm,功率 60 W;

——测量棒:直径 6 mm,4 个铂电极;

——NTC(负温度系数)热敏电阻传感器:10 kΩ,0 ℃~80 ℃,35 ℃控温精度为 1%。

1) 本标准是以法国CHOPIN公司生产的SDmatic为基础制定。提供该信息是为了方便本标准用户的使用,而不是对该仪器的认可。所有满足试验要求的仪器均可使用。

5.2　天平：感量 0.01 g、0.001 g。

5.3　量筒：50 mL、100 mL。

6　试剂

6.1　0.1 mol/L 硫代硫酸钠($Na_2S_2O_3$)：准确称取 15.82 g 硫代硫酸钠放入容量瓶中，加入蒸馏水定容至 1 L。

6.2　硼酸(H_3BO_3)。

6.3　碘化钾(KI)。

6.4　除非有特定说明，使用的试剂为分析纯，水为蒸馏水、去离子水或同等纯度的水。

7　扦样

按 GB/T 5491 的要求进行扦样。实验室收到的样品应具有代表性，在运输或储存过程中不得受损或发生变化。

8　操作过程

8.1　水分含量测定

按 GB/T 5497 测定样品的水分含量。

8.2　蛋白质含量测定

按 GB/T 5511 测定样品的蛋白质含量，以干基计。

8.3　反应溶液制备

分别称取 3.0 g±0.2 g 硼酸(6.2)和 3.0 g±0.2 g 碘化钾(6.3)，倒入一个干燥洁净的损伤淀粉测定仪的玻璃反应杯中，加入 120 mL±0.1 mL 蒸馏水或去离子水，同时加入 1 滴 0.1 mol/L 硫代硫酸钠溶液，待用。

8.4　称样

用仪器专用样品小匙取样，称取 1.000 g±0.100 g 小麦粉。

8.5　测试

将玻璃反应杯放置到仪器的正确位置，放下测量棒。输入准确的样品质量(精确到 0.001 g)、蛋白质含量(干基)和水分值，将样品插入仪器的送样口，按仪器说明书要求开始进行测试。测试完毕，记录得到的碘吸收率(Ai%)、UCD 和 UCDc。

8.6　清洗

测试完成后，冲洗并清洁测量棒、加热器电阻和样品搅拌器。洗净反应杯并干燥，保证不留残。

8.7　平行试验

同一个样品做两次试验。

9 结果计算

测试结果由仪器按下列公式自动计算，得到标准条件下（14%水分，12%蛋白）单位损伤淀粉值（UCD）及用水分和蛋白质修正后的单位损伤淀粉值（UCDc），计算公式如下：

$$B=-266.82\times(1-A)+36.962 \qquad \cdots\cdots(1)$$

$$C=(100\times B)/(126-H-P) \qquad \cdots\cdots(2)$$

式中：

B ——标准条件下（14%水分，12%蛋白）单位损伤淀粉值，以 UCD 表示；

A ——碘吸收率，以 Ai%表示；

C ——用样品水分和蛋白质含量按特定公式修正后的单位损伤淀粉值，以 UCDc 表示；

H ——样品水分含量，%；

P ——样品蛋白质干基含量，%。

测定结果保留小数点后一位数字。

10 精密度

10.1 重复性

由同一位操作人员在同一实验室、在同一台仪器上，短时间内对相同样品用相同方法进行测试。两次测试结果的绝对差值超过重复性限（r）的情况不大于 5%。为方便使用，附录 A 中列出了相应测试值的重复性限值。

重复性限（r）公式如下：

$$\text{Ai\%}：r=(-0.007\times A+0.787\,1)\times 2.8 \qquad \cdots\cdots(3)$$

$$\text{UCD}：r=(-0.007\times B+0.473\,9)\times 2.8 \qquad \cdots\cdots(4)$$

式中：

A ——碘吸收率，以 Ai%表示；

B ——标准条件下（14%水分，12%蛋白）单位损伤淀粉值，以 UCD 表示。

10.2 再现性

在不同实验室内，由不同操作人员使用不同仪器，对相同样品用相同方法进行测试。两次测试结果的绝对差值超过再现性限（R）的情况不大于 5%。为方便使用，附录 A 中列出了相应测试值的再现性限值。

再现性限（R）公式如下：

$$\text{Ai\%}：R=(-0.03\times A+3.074\,5)\times 2.8 \qquad \cdots\cdots(5)$$

$$\text{UCD}：R=(-0.041\times B+1.522\,2)\times 2.8 \qquad \cdots\cdots(6)$$

式中：

A ——碘吸收率，以 Ai%表示；

B ——标准条件下（14%水分，12%蛋白）单位损伤淀粉值，以 UCD 表示。

10.3 实验室间精密度验证结果

参见附录 B。

11 结果报告

测试报告应包括以下内容：

——完整地识别样品所需的全部信息；

——操作方法；

——数值结果及误差；

——所有可能对结果有影响而本标准未列出的信息；

——测定结果。

附　录　A
（资料性附录）
损伤淀粉测定仪

损伤淀粉测定仪主要包括加热器电阻、样品搅拌器、测量棒和玻璃反应杯及数据输出系统，如图 A.1 所示。

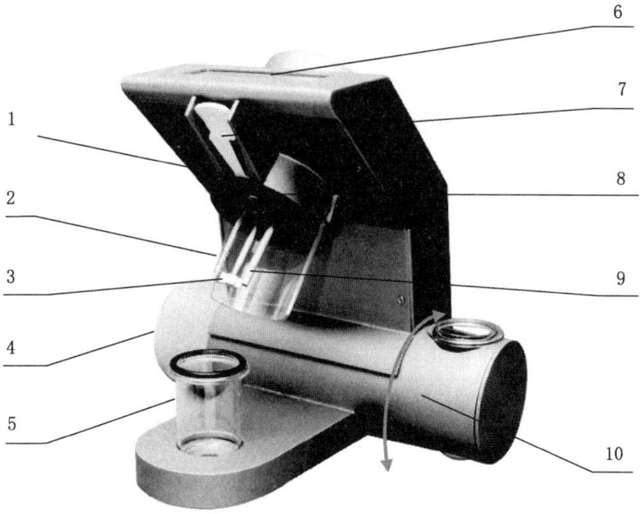

说明：

1——送样口；

2——测量棒(测量电极)；

3——搅拌棒；

4——清洗用接杯；

5——反应杯；

6——触摸屏(数据输出系统)；

7——样品小匙；

8——振动马达；

9——加热器电阻；

10——样品预热区。

图 A.1　损伤淀粉测定仪构造图

附 录 B
（资料性附录）
实验室间精密度验证结果

B.1 实验室间小麦粉测试结果

本标准进行了两次实验室间精密度验证试验，分别是2004年由法国CHOPIN公司组织在15家实验室对8个样品进行的国际实验室间验证和2012年由国家粮食局科学研究院组织11家实验室对6个样品进行的验证试验。综合两次验证试验所得出的统计结果如表B.1和表B.2所示。精密度标准差拟合曲线图见图B.1和图B.2。

表 B.1 小麦粉 Ai%数值统计结果

2004年实验室间测试								
面粉编号	5	1	4	7	2	6	8	3
实验室	15	15	15	15	15	15	15	15
总平均值	87.33	89.26	90.27	90.41	91.66	93.55	95.08	95.10
重复性标准差 S_r	0.16	0.14	0.12	0.16	0.12	0.17	0.10	0.09
重复性限 $r(2.8\times S_r)$	0.43	0.40	0.32	0.45	0.33	0.48	0.27	0.25
重复性变异系数/%	0.2	0.2	0.1	0.2	0.1	0.2	0.1	0.1
再现性标准差 S_R	0.43	0.27	0.35	0.4	0.35	0.23	0.17	0.19
再现性限 $R(2.8\times S_R)$	1.19	0.75	0.96	1.12	0.98	0.65	0.48	0.54
再现性变异系数/%	0.5	0.3	0.4	0.5	0.4	0.3	0.2	0.2

2012年实验室间测试						
面粉编号	1	5	2	3	4	6
实验室	11	11	11	10	10	9
总平均值	90.34	91.68	93.73	93.90	94.93	95.97
重复性标准差 S_r	0.23	0.10	0.13	0.16	0.15	0.08
重复性限 $r(2.8\times S_r)$	0.64	0.29	0.38	0.44	0.41	0.22
重复性变异系数/%	0.3	0.1	0.1	0.2	0.2	0.1
再现性标准差 S_R	0.57	0.19	0.49	0.31	0.25	0.11
再现性限 R $(2.8\times S_R)$	1.59	0.52	1.37	0.86	0.71	0.31
再现性变异系数/%	0.6	0.2	0.5	0.3	0.3	0.1

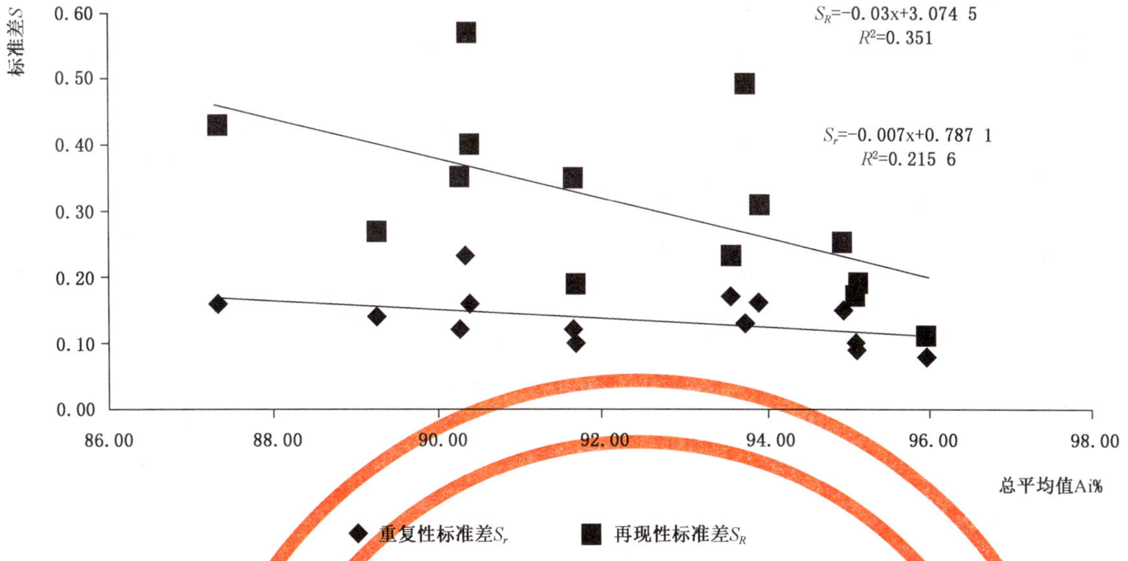

图 B.1 小麦粉 Ai%值精密度标准差拟合曲线图

表 B.2 小麦粉 UCD 数值统计结果

2004 年实验室间测试								
面粉编号	5	1	7	4	2	6	8	3
实验室	15	15	15	15	15	15	15	15
总平均值	3.0	8.2	11.2	11.2	14.6	19.7	23.8	23.8
重复性标准差 S_r	0.4	0.4	0.5	0.3	0.3	0.5	0.2	0.2
重复性限 $r(2.8\times S_r)$	1.1	1.0	1.2	0.9	0.8	1.3	0.7	0.6
重复性变异系数/%	13.5	4.4	4.0	2.9	2.0	2.4	1.0	0.9
再现性标准差 S_R	1.2	0.8	1.2	1	0.9	0.6	0.5	0.6
再现性限 $R(2.8\times S_R)$	3.4	2.1	3.4	2.6	2.6	1.7	1.3	1.5
再现性变异系数/%	40.5	9.4	10.8	8.4	6.5	3.1	1.9	2.3

2012 年实验室间测试						
面粉编号	1	5	2	3	4	6
实验室	11	11	11	10	10	9
总平均值	11.5	14.7	20.1	20.7	23.3	26.1
重复性标准差 S_r	0.57	0.29	0.40	0.41	0.38	0.21
重复性限 $r(2.8\times S_r)$	1.6	0.8	1.1	1.1	1.1	0.6
重复性变异系数/%	5.0	2.0	2.0	2.0	1.6	0.8
再现性标准差 S_R	2.02	0.51	1.09	0.56	0.69	0.22
再现性限 $R(2.8\times S_R)$	5.7	1.4	3.1	1.6	1.9	0.6
再现性变异系数/%	17.6	3.5	5.4	2.7	3.0	0.8

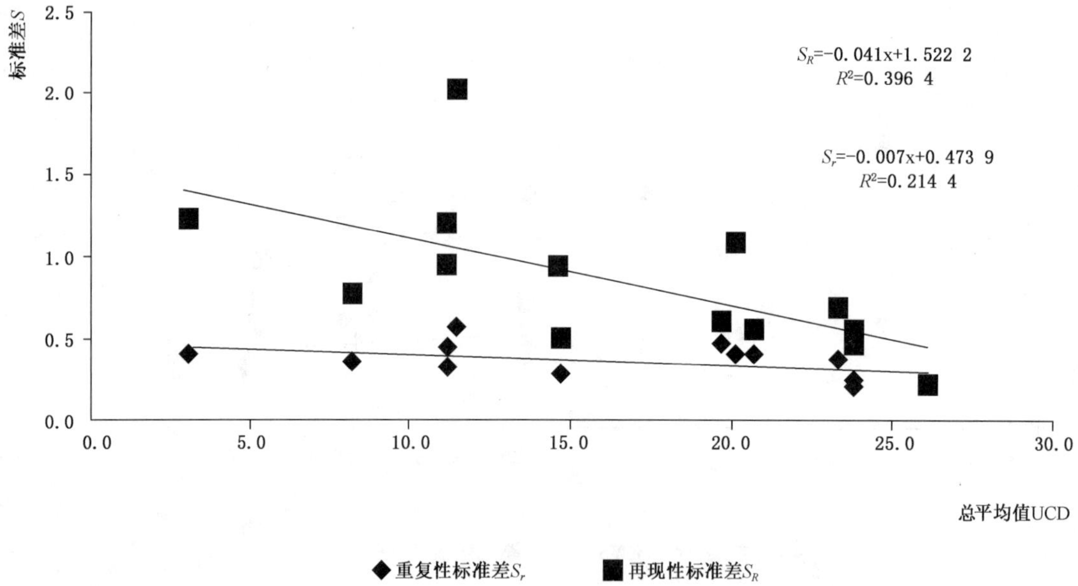

图 B.2　小麦粉 UCD 值精密度标准差拟合曲线图

B.2　实际应用中小麦粉损伤淀粉试验的重复性限(*r*)

小麦损伤淀粉试验的 Ai%值的范围为 87.3～96.1，重复性限(*r*)换算值见表 B.3。UCD 值的范围为 3.0～26.5，重复性限(*r*)换算值见表 B.4。

表 B.3　小麦粉破损淀粉 Ai%值重复性限(*r*)

Ai%	重复性限 *r*	Ai%	重复性限 *r*	Ai%	重复性限 *r*
87.3	0.49	90.3	0.43	93.3	0.38
87.5	0.49	90.5	0.43	93.5	0.37
87.7	0.48	90.7	0.43	93.7	0.37
87.9	0.48	90.9	0.42	93.9	0.36
88.1	0.48	91.1	0.42	94.1	0.36
88.3	0.47	91.3	0.41	94.3	0.36
88.5	0.47	91.5	0.41	94.5	0.35
88.7	0.47	91.7	0.41	94.7	0.35
88.9	0.46	91.9	0.40	94.9	0.34
89.1	0.46	92.1	0.40	95.1	0.34
89.3	0.45	92.3	0.39	95.3	0.34
89.5	0.45	92.5	0.39	95.5	0.33
89.7	0.45	92.7	0.39	95.7	0.33
89.9	0.44	92.9	0.38	95.9	0.32
90.1	0.44	93.1	0.38	96.1	0.32

表 B.4 小麦粉破损淀粉 UCD 值重复性限(*r*)

UCD	重复性限 *r*	UCD	重复性限 *r*	UCD	重复性限 *r*
3.0	1.3	11.0	1.1	19.0	1.0
3.5	1.3	11.5	1.1	19.5	0.9
4.0	1.2	12.0	1.1	20.0	0.9
4.5	1.2	12.5	1.1	20.5	0.9
5.0	1.2	13.0	1.1	21.0	0.9
5.5	1.2	13.5	1.1	21.5	0.9
6.0	1.2	14.0	1.1	22.0	0.9
6.5	1.2	14.5	1.0	22.5	0.9
7.0	1.2	15.0	1.0	23.0	0.9
7.5	1.2	15.5	1.0	23.5	0.9
8.0	1.2	16.0	1.0	24.0	0.9
8.5	1.2	16.5	1.0	24.5	0.8
9.0	1.2	17.0	1.0	25.0	0.8
9.5	1.1	17.5	1.0	25.5	0.8
10.0	1.1	18.0	1.0	26.0	0.8
10.5	1.1	18.5	1.0	26.5	0.8

B.3 实际应用中小麦粉损伤淀粉试验的再现性限(*R*)

小麦损伤淀粉试验的 Ai%值的范围为 87.3～96.1,再现性限(*R*)换算值见表 B.5。UCD 值的范围为 3.0～26.5,再现性限(*R*)换算值见表 B.6。

表 B.5 小麦粉破损淀粉 Ai%值再现性限(*R*)

Ai%	再现性限 *R*	Ai%	再现性限 *R*	Ai%	再现性限 *R*
87.3	1.28	90.3	1.02	93.3	0.77
87.5	1.26	90.5	1.01	93.5	0.75
87.7	1.24	90.7	0.99	93.7	0.74
87.9	1.23	90.9	0.97	93.9	0.72
88.1	1.21	91.1	0.96	94.1	0.70
88.3	1.19	91.3	0.94	94.3	0.69
88.5	1.17	91.5	0.92	94.5	0.67
88.7	1.16	91.7	0.91	94.7	0.65
88.9	1.14	91.9	0.89	94.9	0.64
89.1	1.12	92.1	0.87	95.1	0.62
89.3	1.11	92.3	0.86	95.3	0.60
89.5	1.09	92.5	0.84	95.5	0.59
89.7	1.07	92.7	0.82	95.7	0.57
89.9	1.06	92.9	0.81	95.9	0.55
90.1	1.04	93.1	0.79	96.1	0.54

表 B.6 小麦粉破损淀粉 UCD 值再现性限(*R*)

UCD	再现性限 *R*	UCD	再现性限 *R*	UCD	再现性限 *R*
3.0	3.9	11.0	3.0	19.0	2.1
3.5	3.9	11.5	2.9	19.5	2.0
4.0	3.8	12.0	2.9	20.0	2.0
4.5	3.7	12.5	2.8	20.5	1.9
5.0	3.7	13.0	2.8	21.0	1.9
5.5	3.6	13.5	2.7	21.5	1.8
6.0	3.6	14.0	2.7	22.0	1.7
6.5	3.5	14.5	2.6	22.5	1.7
7.0	3.5	15.0	2.5	23.0	1.6
7.5	3.4	15.5	2.5	23.5	1.6
8.0	3.3	16.0	2.4	24.0	1.5
8.5	3.3	16.5	2.4	24.5	1.4
9.0	3.2	17.0	2.3	25.0	1.4
9.5	3.2	17.5	2.3	25.5	1.3
10.0	3.1	18.0	2.2	26.0	1.3
10.5	3.1	18.5	2.1	26.5	1.2

参 考 文 献

[1] AACC 76-33.01 Determination of damaged starch—Amperometric method

[2] ICC N°172 Flour from wheat (T. Aestivum)—Determination of damaged starch by an amperometric method using the SDmatic

[3] GB/T 9826—2008 粮油检验 小麦粉破损淀粉测定 α-淀粉酶法

[4] GB/T 6379.2—2004 测量方法与结果的准确度(正确度与精密度) 第2部分:确定标准测量方法重复性与再现性的基本方法

ICS 67.040
X 10

中华人民共和国国家标准

GB/T 31578—2015

粮油检验　粮食及制品中粗蛋白测定 杜马斯燃烧法

Inspection of grain and oils—Determination of crude protein content in grain and its products—Combustion method according to the Dumas principle

(ISO/TS 16634-2:2009,Food products—Determination of the total nitrogen content by combustion according to the Dumas principle and calculation of the crude protein content—Part 2: Cereals, pulses and milled cereal products,MOD)

2015-05-15 发布　　2015-11-23 实施

中华人民共和国国家质量监督检验检疫总局
中国国家标准化管理委员会 发布

前　　言

本标准按照 GB/T 1.1—2009 给出的规则起草。

本标准修改采用 ISO/TS 16634-2:2009《食品　杜玛斯燃烧法测定总氮含量并计算其中的粗蛋白含量　第 2 部分:谷物、豆类及碾磨谷物产品》(英文版)。

本标准与 ISO/TS 16634-2:2009 相比,主要差异如下:

——关于规范性引用文件,本标准做了具有技术性差异的调整,反映在第 2 章"规范性引用文件"中,具体调整如下:

- 用修改采用国际标准的 GB/T 10362,代替了 ISO 6540;
- 用等同采用国际标准的 GB/T 21305,代替了 ISO 712。

——删除了 6.5 中杜马斯定氮仪的脚注。

本标准由国家粮食局提出。

本标准由全国粮油标准化技术委员会(SAC/TC 270)归口。

本标准起草单位:国家粮食局科学研究院、北京中科华星科贸有限公司。

本标准主要起草人:林家永、范维燕、孙辉、姜薇莉、杨云、周陈维。

粮油检验　粮食及制品中粗蛋白测定 杜马斯燃烧法

1　范围

本标准规定了采用杜马斯燃烧法测定谷物、豆类及制品中总氮含量和粗蛋白含量的术语与定义、原理、试剂、仪器和设备、取样、试样制备、测试步骤、结果计算与表示、精密度、试验报告。

本标准适用于谷物、豆类及制品中粗蛋白含量的测定。

2　规范性引用文件

下列文件对于本文件的应用是必不可少的。凡是注日期的引用文件，仅注日期的版本适用于本文件。凡是不注日期的引用文件，其最新版本(包括所有的修改单)适用于本文件。

GB/T 10362　粮油检验　玉米水分测定(GB/T 10362—2008,ISO 6540:1980,MOD)

GB/T 21305　谷物及谷物制品水分的测定　常规法(GB/T 21305—2007,ISO 712:1998,IDT)

ISO 24333　谷物及谷物制品　取样(Cereals and cereal products—Sampling)

ISO 24557　豆类　水分含量测定　烘箱法(Pulses—Determination of moisture content—Air-oven method)

3　术语和定义

下列术语和定义适用于本文件。

3.1

总氮含量　total nitrogen content

在本标准规定的条件下，测定样品中氮含量，以质量百分数表示。

3.2

粗蛋白含量　crude protein content

由总氮含量(3.1)乘以换算系数得到，以质量百分数表示。

注：本方法使用的换算系数与凯氏法相同，但本方法测定结果与凯氏法略有差异。

4　原理

样品在燃烧管中加热燃烧后转化成气体，其中含氮物质转化成分子氮，干扰气体被一系列吸收剂吸收除去。分子氮经热导检测器检测，得到氮含量。

5　试剂

本标准所使用的试剂均为分析纯，或使用由仪器产商指定的具有相同纯度的试剂。除了标准物质(5.12)外，所用的各种试剂均不能含有氮。

5.1　载气：根据仪器类型的不同，可使用 5.1.1 或 5.1.2 中的一种载气。

5.1.1 二氧化碳(CO_2):纯度≥99.99%。

5.1.2 氦气(He):纯度≥99.99%。

5.2 氧气(O_2):纯度≥99.99%。

5.3 二氧化硫和卤素吸收剂:可用铬酸铅($PbCrO_4$)或钢丝绒等,用于去除燃烧产物中的硫化物。

5.4 氧化铜-铂催化剂:用于填充二级氧化管。铂催化剂(Al_2O_3 中含 5%Pt)和氧化铜按 1∶7 或 1∶8 的比例混合。建议填充前不要将氧化铜与铂催化剂混合,以防止分层。填充时借助合适的漏斗将氧化铜和铂催化剂同时倒入二级燃烧管。

5.5 银絮或铜絮:银絮或铜絮装入二级燃烧管或还原管,装填前应将其松散开。

5.6 石英、玻璃絮或棉花:按仪器操作说明书使用。

5.7 铜或钨(线、屑或粉):用于填充还原管。以纯铜或纯钨作还原剂,可提高低含氮量样品(约为 1%)分析结果的精确度。

5.8 五氧化二磷(P_2O_5)、高氯酸镁[$Mg(ClO_4)_2$]颗粒或其他干燥剂:用于填充干燥管。

5.9 刚玉球或氧化铝颗粒:用于填充燃烧管。

5.10 氧化铜(CuO):用于填充燃烧管。

5.11 氢氧化钠(NaOH):作为干扰气体的吸收剂。

5.12 天冬氨酸($C_4H_7NO_4$)、乙二胺四乙酸($C_{10}H_{16}N_2O_8$)、谷氨酸($C_5H_9NO_4$)、马尿酸($C_9H_9NO_3$)标准物质或其他已知恒定含氮量的标准物质:要求氮的回收率应在 99%以上。

5.13 石油醚:沸点为 30℃~60℃。也可使用丙酮或乙醇。

5.14 蔗糖:用于空白试验。

6 仪器和设备

实验室常用设备和以下专用仪器设备。

6.1 分析天平:感量为 0.000 1 g。

6.2 样品粉碎机:根据样品的特性选择。

6.3 筛子:孔径 0.8 mm~1 mm,由不含铁的材料制成。

6.4 坩埚(由不锈钢、石英、陶瓷或白金制成)、锡囊/箔或无氮滤纸:适用于杜马斯仪器。

6.5 杜马斯定氮仪:仪器燃烧炉的温度要大于或等于 850℃,配有热导检测器和信号积分装置。杜马斯定氮仪的一般操作流程图参见附录 A。

注:三种市售仪器原理示意图如附录 B 中图 B.1、图 B.2 和图 B.3 所示。

为避免漏气,安装时应在 O 型密封圈上涂一些真空润滑脂。所用的玻璃器具放入燃烧炉之前,应用丙酮等有机溶剂清洗干净,除去玻璃器具壁上的指纹等痕迹。

7 取样

实验样品应具有代表性,在储藏和运输过程中不得有损伤或改变。

本标准不规定取样方法。推荐采用 ISO 24333 规定的取样方法。

8 试样制备

样品应按以下方法制备,得到均匀的测试样品。

用粉碎机(6.2)粉碎样品,混匀并过筛(6.3),其粒度分布应符合表 1 的要求。

表 1　粒度的要求

孔径/μm	通过筛的量/%
710	100
500	95～100
200	≤85

样品粉碎时有水分损失，应及时测定样品含水量。报告氮或蛋白质含量的测定结果最好以干基或以固定水分含量为基础来表示。谷物水分含量(玉米除外)按 GB/T 21305 方法测定；玉米水分含量按 GB/T 10362 方法测定；豆类水分含量按 ISO 24557 方法测定。

9　测试步骤

9.1　一般要求

按使用说明书进行仪器的安装、调试、校准和操作。测定之前，先打开仪器，使其达到稳定状态。

每天用标准物质(5.12)对仪器性能进行测定，应保证氮的回收率应大于 99.0%。

9.2　样品测定

用天平(6.1)称取大于 0.1 g(精确至 0.000 1 g)的试样，放入坩埚、锡囊/箔或无氮滤纸(6.4)中。蛋白质含量低(小于 1%)的样品，称样量可增加到 3.5 g。具体按杜马斯仪要求的样品量范围进行秤量。

有的杜马斯仪器，要求样品水分含量超过 17%时，测定前需进行干燥。

对于蛋白质含量很高或试样量较少时，需进行少量试样的称重。试样重量小于 0.1 g 时，应做第二次验证测定。

9.3　通氧量控制

通氧量控制按仪器说明书要求进行操作。

样品测定前，先用与样品等量的蔗糖代替样品做 3 个空白使仪器处于稳定状态。该空白值代表粉末蔗糖从大气中俘获氮的量。用其平均值修正实测样品的氮含量。

9.4　校准

校准曲线的绘制。取一种标准物质，称取至少 5 份不同浓度的试样进行测定，绘制校准曲线，含氮量应覆盖样品的测量范围。

当试样氮含量超过 200 mg 时，在校准曲线上很可能是非线性的。在非线性区域，可分几个小段进行校准，标准物质按 1 mg～5 mg 氮含量的梯度递增，以保证该区域的校准曲线的可靠性。

校准曲线也可用标准溶液制作。

测定样品之前，用标准物质(5.12)或已知氮含量的样品至少做 3 个重复测定用于校准。之后每测定 15 个～25 个样品做一次校准。如被测标准物质的氮含量与标准值相差大于 0.05%时，应对仪器的性能进行检查，然后再进行校准。

9.5　测定

在仪器稳定的条件下，按照仪器说明书的要求进行样品测定。

分析过程中主要包括以下几个过程(参见图 B.1、图 B.2、图 B.3):

——样品在 850 ℃以上的标准条件下燃烧;

——燃烧分解的产物(主要为 N_2、NO_x、CO_2 和水蒸气)被载气(5.1)带入还原管;

——氮氧化物在还原管中被还原成分子氮,多余的氧与铜或钨(5.7)结合除去;

——水分在含 P_2O_5、$Mg(ClO_4)_2$ 或其他干燥剂(5.8)的干燥管中被除去;

——挥发性卤素和硫化物等干扰物质被吸附剂(5.3)、银絮(5.5)或 NaOH(5.11)除去;

——除去干扰物质的含氮气体,被载气带入热导检测器。

9.6 检测与积分

使用高灵敏的热导池检测器对氮进行定量测定。热导池检测器根据所用的载气进行优化,在连续测中可自动调零。仪器自动进行信号放大、模/数转换、数据传输和数据处理。

10 结果计算与表示

10.1 结果计算

10.1.1 氮含量

总氮含量 W_N,以质量百分比表示。

10.1.2 粗蛋白含量

由式(1)计算得到校正系数 F_C。

$$F_C = \frac{100 - W_{H_2O,1}}{100 - W_{H_2O,2}} \qquad \cdots\cdots(1)$$

式中:

$W_{H_2O,1}$ ——粉碎前样品水分含量,%;

$W_{H_2O,2}$ ——粉碎后样品水分含量,%。

按式(2)计算样品中粗蛋白含量:

$$W_P = W_N \times F \times F_C \qquad \cdots\cdots(2)$$

式中:

W_P——样品中粗蛋白含量,%;

W_N ——样品在自然含水状态下的氮含量,%;

F ——氮换算蛋白质的系数,参见附录 D。

若粗蛋白含量以干基表示,则按式(3)计算:

$$W_{Pd} = \frac{100W_P}{100 - W_{H_2O}} \qquad \cdots\cdots(3)$$

式中:

W_{Pd} ——样品中以干物质为基础计算的粗蛋白含量,%;

W_{H_2O} ——样品中水分含量,%。

10.2 结果表示

结果表示为三位有效数字。

11 精密度

11.1 多个实验室的试验

多个实验室间的精密度测定结果参见附录 E。

实验室间的精度数据只适用于一定的浓度范围和样品。以氮含量表示时,适用于氮含量在 0.05%～13.89%之间的样品。

11.2 重复性

在同一实验室,由同一操作者使用相同的设备,按相同的测定方法,在短时间内对同一被测试样进行两次独立测定,两次测定结果的绝对差值大于以下重复性限 r 值的情况不得超过 5%。

$$r = 2.8S_r = 2.8(0.001\,3\ W_N + 0.012) \quad \cdots\cdots(4)$$

式中:

S_r ——重复性标准偏差;

W_N——样品中总氮含量,%。

11.3 再现性

在不同实验室,由不同操作者使用不同设备,按相同的测定方法,对同一被测试样进行两个独立测定,两次测定结果的绝对差大于以下再现性限 R 值的情况不得超过 5%。

$$R = 2.8S_R = 2.8(0.012\,6\ W_N + 0.017) \quad \cdots\cdots(5)$$

式中:

S_R ——再现性标准偏差;

W_N——样品中总氮含量,%。

11.4 临界差

11.4.1 同一实验室的两组测试结果的比较

在重复性条件下,两组测试结果的平均值之间的差值即为临界差(CD),由式(6)计算得到:

$$CD = 2.8S_r\sqrt{\frac{1}{2n_1}+\frac{1}{2n_2}} = 2.8S_r\sqrt{\frac{1}{2}} = 1.98S_r \quad \cdots\cdots(6)$$

式中:

S_r ——重复性标准偏差;

n_1、n_2 ——与每一个平均值相对应的测试次数。

11.4.2 两个不同实验室的两组测试结果的比较

在重复性条件下,两个不同实验室测定得到的两组结果平均值之间的临界差等于:

$$CD = 2.8\sqrt{S_R^2 - S_r^2\left(1-\frac{1}{2n_1}-\frac{1}{2n_2}\right)} = 2.8\sqrt{S_R^2 - 0.5S_r^2} \quad \cdots\cdots(7)$$

式中:

S_R ——再现性标准偏差;

S_r ——重复性标准偏差;

n_1、n_2——与每一个平均值相对应的测定次数。

11.5 不确定度

不确定度 U_e 表示测定结果的分散程度，由实验室间测定结果的统计计算得到，用标准偏差表达。不确定度 U_e 等于：

$$U_e = \pm 2S_R \tag{8}$$

式中：

S_R——再现性标准偏差。

12 试验报告

试验报告应包括：

——判定样品所需的各种信息；

——取样方法；

——所使用的试验方法，并且是遵循本标准进行的；

——本标准中未规定的操作内容和影响实验结果的细节；

——试验结果、蛋白质换算系数和样品水分含量；

——试验日期。

附　录　A
（资料性附录）
杜马斯定氮仪样品测定的基本流程

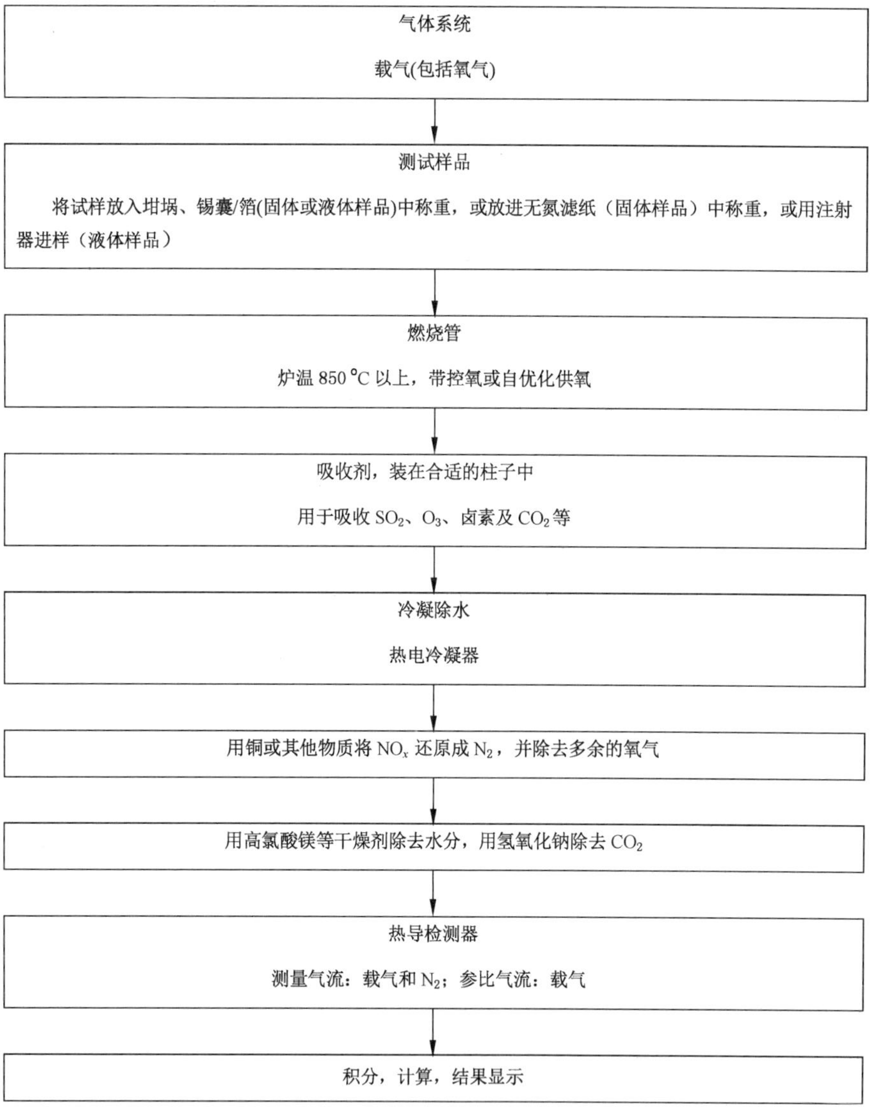

图 A.1　杜马斯定氮仪样品测定的基本流程

附 录 B
(资料性附录)
杜马斯定氮仪结构示意图

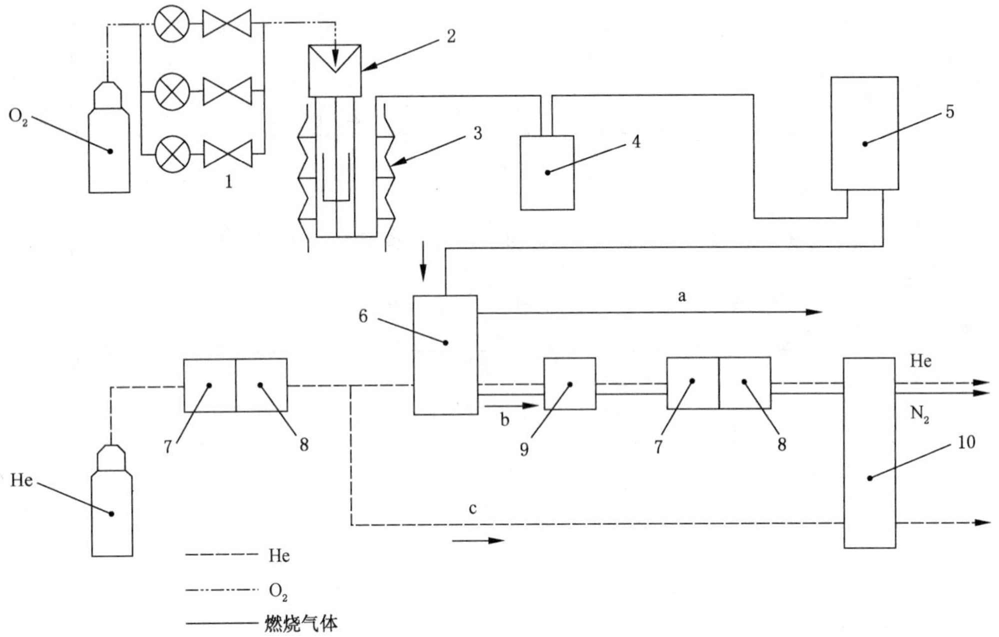

说明：

1——氧气流量控制器；
2——进样器；
3——带坩埚电阻炉；
4——冷却器；
5——混合器；
6——计量器；
7——氢氧化钠支撑材料；
8——高氯酸镁；
9——铜催化剂；
10——热导检测器；
a——剩余燃烧气体；
b——测量流速；
c——参考流速。

图 B.1 杜马斯定氮仪 1(载气为 He)

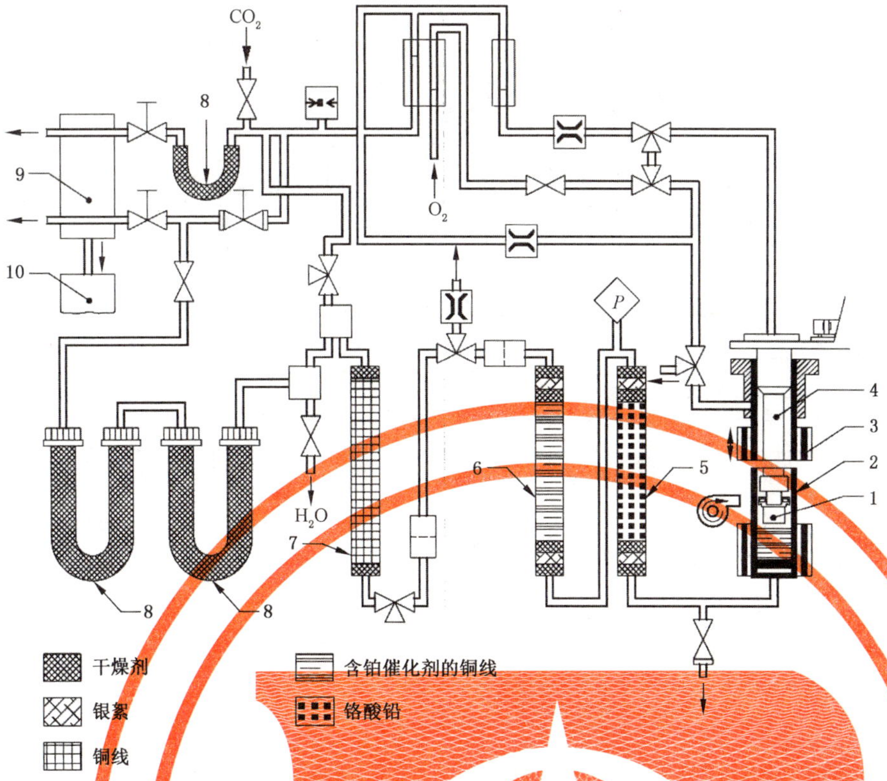

说明：

1 ——坩埚；

2 ——燃烧柱；

3 ——燃烧炉；

4 ——坩埚支撑；

5 ——SO_2 吸收管；

6 ——后燃烧管；

7 ——还原柱；

8 ——干燥管；

9 ——热导检测器；

10——积分仪。

图 B.2　杜马斯定氮仪 2(载气为 CO_2)

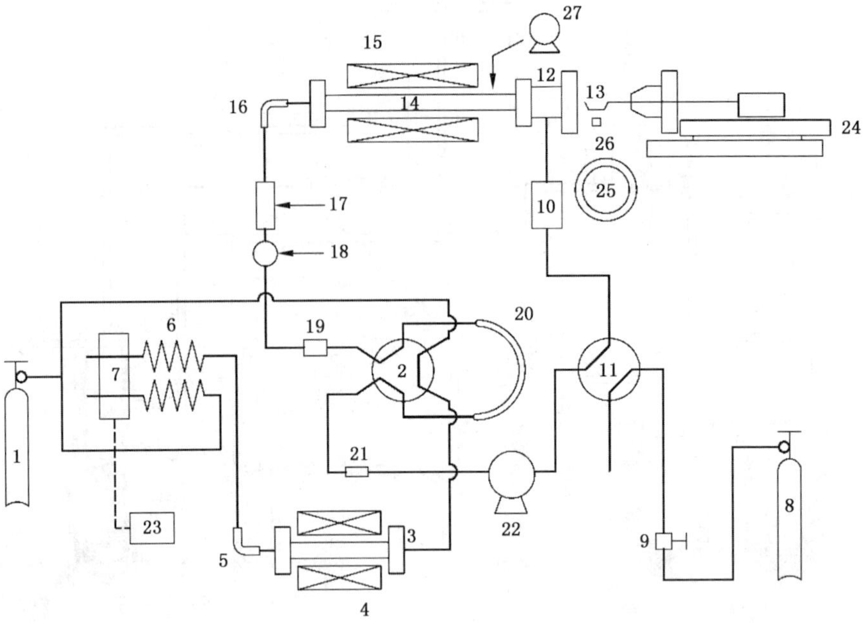

说明：

1 ——氦气钢瓶；
2 ——阀；
3 ——还原管；
4 ——还原炉；
5 ——气体吸收管；
6 ——气体分离柱；
7 ——热导检测器；
8 ——氧气瓶；
9 ——氧气流量控制器；
10——流量计；
11——阀；
12——试样提升装置；
13——试样送入转轴；
14——反应管；
15——反应炉；
16——完全燃烧检查管；
17——除水蒸汽冷凝器；
18——气体混合管；
19——1号过滤器；
20——测量管；
21——2号过滤器；
22——循环泵；
23——数据处理器；
24——进样装置；
25——进样阀；
26——试样提升装置；
27——空气冷却泵。

图 B.3 杜马斯定氮仪3(载气为 He)

附 录 C
（资料性附录）
仪器校准

C.1 校准用化合物

有些杜马斯仪器需要对试样的通氧量进行预测。表C.1为用于仪器校准的纯化合物的需氧量的计算值。

表C.1 用于仪器校准的纯化合物的需氧量

化合物	氮含量 %	需氧量最大理论值 mL/g	需氧量经验值 mL/g
尿素	46.65	1 305	560
天门冬氨酸	10.53	800	631
酪氨酸	7.73	1 391	1 267
谷氨酸	9.52	952	800
苯丙氨酸	8.48	1 593	1 458
乙二胺四乙酸	9.59	920	767
马尿酸	7.82	1 344	1 219

C.2 预测需氧量的计算

C.2.1 尿素（H_2NCOHN_2）计算实例

1 mol 尿素对应于 60.06 g。1 000 mg 尿素含 199.8 mg 的 C、66.6 mg 的 H、466.5 mg 的 N、266.4 mg 的 O。考虑尿素氧含量和以下情况，完全燃烧生成二氧化碳和水所需的氧气量计算为：理想气体的摩尔体积是 22.4 L（在 $T=0$ ℃和 $p=0.1$ MPa下）。1 mol C 对应于 12 g；1 mol H_2 对应于 2 g；1 mol N_2 对应于 28 g；1 mol O_2 对应于 32 g。那么，燃烧 1 g 的尿素需要 1 305 mL 的氧气。

C.2.2 天门冬氨酸[$HO_2CCH_2CH(NH_2)CO_2H$]计算实例

1 mol 天门冬氨酸对应于 133.10 g。1 000 mg 天门冬氨酸含 360.6 mg 的 C、52.6 mg 的 H、105.2 mg 的 N、480.8 mg 的 O。考虑天门冬氨酸氧含量和以下情况，完全燃烧生成二氧化碳和水所需的氧量计算为：理想气体的摩尔体积是 22.4 L（在 $T=0$ ℃和 $p=0.1$ MPa下）。1 mol C 对应于 12 g（12 000 mg）；1 mol H_2 对应于 2 g；1 mol N_2 对应于 28 g；1 mol O_2 对应于 32 g。那么，燃烧 1 g 的天门冬氨酸需要 800 mL 的氧气。

附　录　D
（资料性附录）
蛋白质换算系数

常见粮食的总氮含量换算为蛋白质含量的换算系数。见表 D.1。

表 D.1　常见粮食的总氮含量换算为蛋白质含量的换算系数

样品种类	换算系数
大麦	5.7
玉米,玉米粉	6.25
燕麦	6.25
燕麦,燕麦片,燕麦粥	6.25
花生,花生粉	6.25
大米,糙米	6.25
黑麦,黑麦粉	5.7
大豆,大豆粉	6.25
小黑麦	5.7
小麦,全麦粉,小麦粉	5.7
麦麸	5.7
小麦胚芽	5.7

附 录 E
（资料性附录）
实验室间合作测定结果

E.1 概述

本标准的重复性限值和再现性限值由 6 个国家的 17 个实验室合作，按 ISO 5725-1、ISO 5725-2 和 ISO 5725-6 标准，分别对 13 个谷物和豆类样品进行测定，并按 ISO 5725-1、ISO 5725-2 和 ISO 5725-6 标准对实验数据进行统计分析，结果的精密度数据见表 E.1～表 E.4。

E.2 氮含量精密度数据

表 E.1 实验室间氮含量的测定结果

参数	淀粉	玉米	黑麦	大麦	普通小麦粉	普通小麦	杜伦麦粗粉	杜伦麦	豌豆	蚕豆	玉米面筋	小麦面筋	豌豆蛋白
实验室数或测试次数（去除异常数据后）	15	16	16	16	14	15	15	17	17	17	17	17	17
平均氮含量，W_N/%	0.05	1.18	1.63	1.68	2.07	2.16	2.42	2.51	4.33	4.85	10.61	13.55	13.89
重复性标准偏差，S_r/%	0.004 6	0.013 9	0.023 4	0.013 9	0.008	0.010 1	0.015 1	0.010 1	0.022 3	0.031	0.034 5	0.029 4	0.020 3
重复性变异系数，CV(r)＝(S_r/W_N)/%	0.094	0.012	0.014	0.008	0.004	0.005	0.006	0.004	0.005	0.006	0.003	0.002	0.001
重复性限，r(＝2.8 S_r)	0.01	0.04	0.06	0.04	0.02	0.03	0.04	0.03	0.06	0.09	0.10	0.08	0.06
再现性标准偏差，S_R/%	0.027	0.053	0.037	0.039	0.024	0.040	0.022	0.034	0.040	0.126	0.215	0.146	0.184
再现性变异系数，CV(R)＝(S_R/W_N)/%	0.543	0.045	0.023	0.023	0.011	0.019	0.009	0.014	0.009	0.026	0.020	0.011	0.013
再现性限，R(＝2.8S_R)	0.07	0.15	0.10	0.11	0.07	0.11	0.06	0.09	0.11	0.35	0.59	0.40	0.51

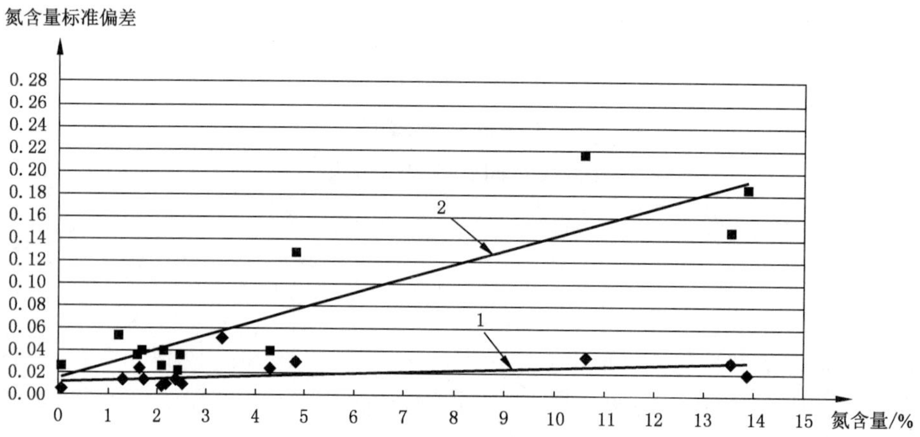

说明：

1——重复性标准偏差；

2——再现性标准偏差。

图 E.1 重复性、再现性标准偏差与氮含量之间的关系

表 E.2 氮含量精密度数据汇总

参数	范围	关联	重复性	再现性
氮含量 (%质量百分数，干基)	0.05～13.89	r：线性 R：线性	$S_r=0.001\ 3\ W_N+0.012$ 相关系数 $R^2=0.452\ 9$	$S_R=0.012\ 6W_N+0.017$ 相关系数 $R^2=0.797\ 6$

表 E.3 氮含量精密度数据的实例

氮含量/%	重复性标准偏差 S_r	重复性限 r	再现性标准偏差 S_R	再现性限 R	两个平均值之间的临界差	
					同一实验室 CD(r)	两个实验室间 CD(R)
0.05	0.012	0.03	0.018	0.05	0.02	0.04
0.50	0.013	0.04	0.023	0.06	0.03	0.06
2.00	0.015	0.04	0.042	0.12	0.03	0.11
3.00	0.016	0.04	0.055	0.15	0.03	0.15
4.00	0.017	0.05	0.067	0.19	0.03	0.18
5.00	0.019	0.05	0.080	0.22	0.04	0.22
6.00	0.020	0.05	0.093	0.26	0.04	0.25
7.00	0.021	0.06	0.105	0.29	0.04	0.29
8.00	0.022	0.06	0.118	0.33	0.04	0.32
9.00	0.024	0.07	0.130	0.36	0.05	0.36
10.00	0.025	0.07	0.143	0.40	0.05	0.39
11.00	0.026	0.07	0.156	0.43	0.05	0.43
12.00	0.028	0.08	0.168	0.47	0.05	0.46
13.00	0.029	0.08	0.181	0.50	0.06	0.50
13.85	0.030	0.08	0.192	0.53	0.06	0.53

E.3 蛋白质含量的精密度数据

表 E.4 实验间蛋白质含量的测试结果

参数	淀粉	玉米	黑麦	大麦	普通小麦粉	普通小麦	杜伦麦粗粉	杜伦麦	豌豆	蚕豆	玉米面筋	小麦面筋	豌豆蛋白
换算系数	6.25	6.25	5.7	6.25	5.7	5.7	5.7	5.7	6.25	6.25	6.25	5.7	6.25
实验室数或测试次数(去除异常数据后)	15	16	16	16	14	15	15	17	17	17	17	17	17
平均蛋白质含量,W_{pd}/%	0.31	7.38	9.29	10.50	11.80	12.31	13.79	14.31	27.06	30.31	66.31	77.24	86.81
重复性标准偏差,S_r/%	0.029	0.087	0.134	0.079	0.047	0.057	0.086	0.058	0.139	0.192	0.216	0.168	0.127
重复性变异系数,CV(r)=(S_r/ W_{pd})/%	0.093	0.012	0.014	0.008	0.004	0.006	0.006	0.004	0.005	0.006	0.003	0.002	0.001
重复性限,r(=2.8 S_r)	0.08	0.24	0.37	0.22	0.13	0.16	0.24	0.16	0.39	0.53	0.60	0.47	0.35
再现性标准偏差,S_R/%	0.167	0.330	0.212	0.223	0.136	0.230	0.124	0.194	0.250	0.786	1.342	0.831	1.152
再现性变异系数,CV(R)=(S_R/W_N)/%	0.534	0.045	0.023	0.021	0.012	0.019	0.009	0.014	0.009	0.026	0.020	0.011	0.013
再现性限,R(=2.8S_R)	0.46	0.91	0.59	0.62	0.38	0.64	0.34	0.54	0.69	2.18	3.72	2.30	3.19

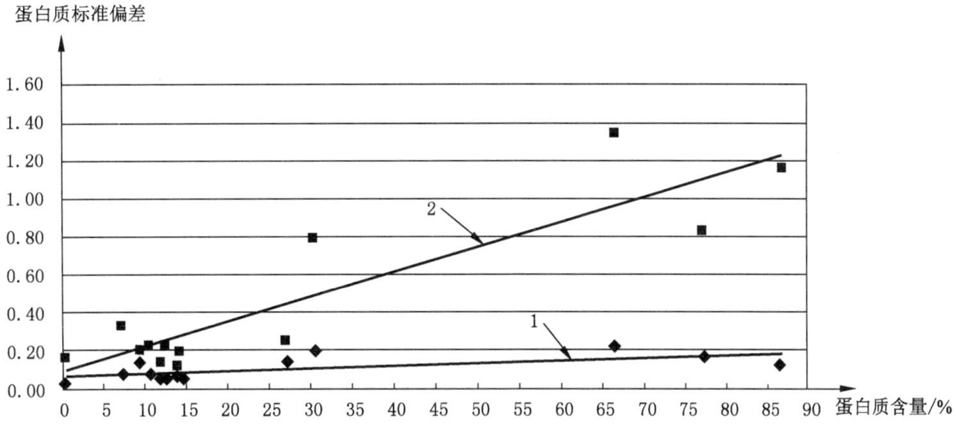

说明：

1——重复性标准偏差；

2——再现性标准偏差。

图 E.2 重复性、再现性标准偏差与蛋白质含量之间的关系

表 E.5 蛋白质含量精密度数据汇总

参数	范围	关联	重复性	再现性
氮含量(% 质量百分数,干基)	0.3～86.8	r：线性 R：线性	S_r=0.001 4W_{pd}+0.070 6 相关系数 R^2= 0.458	S_R=0.012 9W_{pd}+0.004 5 相关系数 R^2= 0.801

表 E.6 蛋白质含量精密度数据的实例

蛋白含量 %	重复性 标准偏差 S_r	重复性限 r	再现性 标准偏差 S_R	再现性限 R	两个平均值之间的临界差	
					同一实验室 CD(r)	两个实验室间 CD(R)
0.35	0.070	0.19	0.104	0.29	0.14	0.25
5.00	0.075	0.21	0.160	0.44	0.15	0.42
10.0	0.081	0.22	0.220	0.61	0.16	0.59
15.0	0.087	0.24	0.280	0.77	0.17	0.76
20.0	0.093	0.26	0.340	0.94	0.18	0.92
25.0	0.099	0.27	0.400	1.11	0.20	1.09
30.0	0.105	0.29	0.460	1.27	0.21	1.26
35.0	0.111	0.31	0.520	1.44	0.22	1.42
40.0	0.117	0.32	0.580	1.61	0.23	1.59
45.0	0.123	0.34	0.640	1.77	0.24	1.76
50.0	0.129	0.36	0.700	1.94	0.26	1.92
55.0	0.135	0.37	0.760	2.10	0.27	2.09
60.0	0.141	0.39	0.820	2.27	0.28	2.25
65.0	0.147	0.41	0.880	2.44	0.29	2.42
70.0	0.153	0.42	0.940	2.60	0.30	2.59
75.0	0.159	0.44	1.000	2.77	0.32	2.75
80.0	0.165	0.46	1.060	2.94	0.33	2.92
85.0	0.171	0.47	1.120	3.10	0.34	3.08
86.8	0.173	0.48	1.141	3.16	0.34	3.14

ICS 67.200.10
X 14

中华人民共和国国家标准

GB/T 31579—2015

粮油检验 芝麻油中芝麻素和芝麻林素的测定 高效液相色谱法

Inspection of grain and oils—Determination of sesamin and sesamolin in sesame oil—High performance liquid chromatography

2015-05-15 发布 2015-11-28 实施

中华人民共和国国家质量监督检验检疫总局
中国国家标准化管理委员会 发布

前　　言

本标准按照GB/T 1.1—2009给出的规则起草。

本标准由国家粮食局提出。

本标准由全国粮油标准化技术委员会(SAC/TC 270)归口。

本标准负责起草单位:上海市粮食科学研究所。

本标准参加起草单位:上海三添食品有限公司、中国食品药品检定研究院食品化妆品检定所、中国标准化研究院食品与农业标准化研究所、安徽华安食品有限公司、东莞顶志食品有限公司、安徽国家农业标准化与监测中心。

本标准主要起草人:曹文明、薛斌、陈凤香、曹进、丁宏、李坤威、何俊、徐彦辉、郭海英、袁超。

粮油检验　芝麻油中芝麻素和芝麻林素的测定　高效液相色谱法

1　范围

本标准规定了高效液相色谱法测定芝麻油中的芝麻素和芝麻林素的术语和定义、原理、试剂和耗材、仪器设备、试样的制备、分析步骤、结果计算以及精密度。

本标准适用于芝麻香油、芝麻原油和成品芝麻油中芝麻素和芝麻林素的测定。

本标准方法的检出限为：芝麻素 0.01 mg/g；芝麻林素 0.02 mg/g。

2　规范性引用文件

下列文件对于本文件的应用是必不可少的。凡是注日期的引用文件，仅注日期的版本适用于本文件。凡是不注日期的引用文件，其最新版本（包括所有的修改单）适用于本文件。

GB/T 6379.1—2004　测量方法与结果的准确度（正确度与精密度）　第1部分：总则与定义

GB/T 6379.2—2004　测量方法与结果的准确度（正确度与精密度）　第2部分：确定标准测量方法重复性与再现性的基本方法

GB/T 6682　分析实验室用水规格和试验方法（GB/T 6682—2008/ISO 3696:1987，MOD）

GB/T 15687　动植物油脂　试样的制备（GB/T 15687—2008/ISO 661:2003，IDT）

3　术语和定义

下列术语和定义适用于本文件。

3.1

芝麻素　sesamin

又称芝麻脂素，芝麻主要的天然木脂素（木酚素）类物质之一，CAS 编号，607-80-7；分子式，$C_{20}H_{18}O_6$；分子量，354.35。分子结构参见附录 A。

3.2

芝麻林素　sesamolin

又称芝麻酚林，芝麻主要的天然木脂素（木酚素）类物质之一，CAS 编号，526-07-8；分子式，$C_{20}H_{18}O_7$；分子量，370.35。分子结构参见附录 A。

4　原理

样品中的芝麻素和芝麻林素采用固相萃取技术，提取、净化和富集后，用高效液相色谱仪进行测定，紫外检测器外标定量。

5　试剂和耗材

5.1　甲醇：色谱纯。

5.2 三氯甲烷。

5.3 丙酮。

5.4 环己烷。

5.5 正己烷。

5.6 异丙醇。

5.7 SPE上样液:正己烷+三氯甲烷=70+30,取30 mL的三氯甲烷(5.2),加入70 mL的正己烷(5.5)中混匀,现用现配。

5.8 SPE淋洗液:环己烷+丙酮=90+10,取10 mL的丙酮(5.3),加入90 mL的环己烷(5.4)中混匀,现用现配。

5.9 SPE洗脱液:环己烷+丙酮=80+20,取20 mL的丙酮(5.3),加入80 mL的环己烷(5.4)中混匀,现用现配。

5.10 流动相:甲醇+水=75+25。取250 mL的水,加入750 mL的甲醇(5.1)中混匀,通过0.45 μm的滤膜(6.4)过滤并脱气。

5.11 标准物质:芝麻素,纯度≥98%;芝麻林素,纯度≥98%。

5.12 标准储备液:精确称量20 mg的芝麻素(5.11)标准物质,加入适量的甲醇(5.1),搅拌至完全溶解后转移至100 mL棕色容量瓶中,再用甲醇(5.1)定容,配制成浓度为200 mg/L的芝麻素标准储备液,冷藏保存。采用同样的方法,精确称量20 mg的芝麻林素(5.11)标准物质,配制成浓度为200 mg/L的芝麻林素标准储备液,冷藏保存。

5.13 标准工作液:分别准确移取芝麻素和芝麻林素的标准储备液(5.12)各0.2 mL、0.4 mL、1 mL、2 mL和5 mL,分别用甲醇(5.1)稀释定容至10 mL,得到一系列浓度不同的芝麻素和芝麻林素的混合标准工作溶液(芝麻素和芝麻林素浓度均分别为4 mg/L、8 mg/L、20 mg/L、40 mg/L和100 mg/L)。

5.14 25 mL棕色容量瓶。

5.15 15 mL平口试管。

5.16 5 mL、10 mL一次性塑料注射器。

5.17 硅胶固相萃取柱,规格:1 g/6 mL,非键合硅胶固定相,粒径40 μm~60 μm及其配套转接头。

5.18 氨基固相萃取柱,规格:500 mg/3 mL,氨丙基键合硅胶固定相,粒径40 μm~60 μm及其配套转接头。

5.19 以上所用试剂,除特殊注明外均为分析纯试剂,水为符合GB/T 6682规定的一级水。

6 仪器设备

6.1 分析天平:感量0.000 1 g。

6.2 高效液相色谱仪:配备紫外检测器。

6.3 碟形过滤器:尼龙,有机相,直径13 mm,孔径0.45 μm。

6.4 滤膜:孔径0.45 μm,直径45 mm的尼龙膜或相当者。

6.5 微量进样器:20 μL。

6.6 氮气吹干仪:选配。

7 试样的制备

按GB/T 15687规定的方法制备试样。

8 分析步骤

8.1 样品的提取、净化和富集

8.1.1 固相萃取柱的活化

取硅胶固相萃取柱(5.17)和氨基固相萃取柱(5.18)各一支,用 10 mL 的塑料注射器(5.16)分别吸取 10 mL 和 5 mL 的 SPE 上样液(5.7),分别冲洗硅胶固相萃取柱和氨基固相萃取柱,使固相吸附剂完全被液体溶剂浸润,应防止干涸,但溶剂的液面也不能高于固相吸附剂。然后将氨基固相萃取柱连接在硅胶固相萃取柱的上端,形成串联双柱。

8.1.2 固相萃取

称取 0.5 g 芝麻油样品,精确至 1 mg,用 2 mL SPE 上样液(5.7)充分溶解,用 5 mL 的塑料注射器(5.16)吸取样液后,以(1～2)滴/s 的速度通过串联双柱(8.1.1)。上样过程中应保持串联双柱处于溶剂浸润状态,防止干涸。弃去流出的液体;再用同一支 5 mL 的塑料注射器吸取 5 mL 的 SPE 上样液,以 2 滴/s 左右的速度洗涤双柱,并用空气吹干上端的氨基固相萃取柱,同时保持下层的硅胶固相萃取柱处于溶剂浸润状态,弃去洗涤液,取下上端氨基固相萃取柱;仍用同一支 5 mL 的塑料注射器吸取 3 mL 的 SPE 上样液,以(1～2)滴/s 的速度单独洗涤硅胶固相萃取柱,并保持硅胶固相萃取柱处于溶剂浸润状态,弃去洗涤液;仍用同一支 5 mL 的塑料注射器吸取 2 mL 的 SPE 淋洗液(5.8),以(1～2)滴/s 的速度单独洗涤硅胶固相萃取柱,并用空气吹干硅胶固相萃取柱,弃去洗涤液;最后取 1 支干净的 10 mL 的塑料注射器(5.16)吸取 10 mL 的 SPE 洗脱液(5.9),以(2～3)滴/s 的速度洗脱硅胶固相萃取柱,并用空气吹干硅胶固相萃取柱,收集全部洗脱液于一个 25 mL 的棕色容量瓶(5.14)中,并用异丙醇(5.6)定容,作为样品提取液[或者收集全部洗脱液于一支 15 mL 的试管(5.15)中,然后置于 50 ℃的氮气吹干仪(6.6)的水浴中,氮气吹干溶剂后,用异丙醇溶解残留物,转移入 25 mL 棕色容量瓶,再用异丙醇定容为样品提取液]。样品提取液用碟形过滤器(6.3)过滤后进行液相色谱测定。

8.2 高效液相色谱测定

8.2.1 高效液相色谱参考条件

高效液相色谱检测的参考条件如下:

a) 色谱柱:Venusil XBP C_{18} 柱(长 250 mm,内径 4.6 mm,填料粒径 5 μm)及其配套保护柱(也可使用其他品牌等效的 C_{18} 液相色谱柱);
b) 进样量:20 μL;
c) 流动相:甲醇+水(5.13);
d) 流速:1 mL/min;
e) 柱温:30 ℃;
f) 紫外检测器波长:287 nm。

8.2.2 样品测定

用微量进样器(6.5)分别吸取等体积的各个芝麻素和芝麻林素标准工作溶液(5.13)以及样品提取液(8.1.2)进行分析,测定峰面积,以各个标准工作液的芝麻素或芝麻林素的浓度为横坐标,对应的芝麻素或芝麻林素的峰面积为纵坐标,分别绘制芝麻素和芝麻林素的标准工作曲线,并求得样品提取液相应的芝麻素或芝麻林素的浓度(c)。

芝麻素和芝麻林素的标准品及样品测定的色谱图见附录 B。

9 结果计算

芝麻素和芝麻林素的含量分别按式(1)进行计算：

$$X = \frac{c \times V}{m \times 1\,000} \quad \cdots\cdots (1)$$

式中：

X ——样品中芝麻素或芝麻林素的含量，单位为毫克每克(mg/g)；

c ——通过标准工作曲线获得的样品提取液中的芝麻素或芝麻林素的浓度，单位为毫克每升(mg/L)；

V ——样品提取液的定容体积，单位为毫升(mL)；

m ——样品的称样量，单位为克(g)。

计算结果保留至小数点后两位。

10 精密度

根据 GB/T 6379.1—2004 和 GB/T 6379.2—2004 的相关要求，芝麻素和芝麻林素的检测精密度以实验室间的比对实验的统计分析结果表示，详见表 1 和表 2。

表 1 芝麻素的检测精密度

项目	样品 1	样品 2	样品 3
参加比对的实验室的数量	10	10	10
可接受结果的实验室的数量	8	10	10
获得可靠检测结果的数量	38	48	48
平均值/(mg/g)	4.88	3.35	1.14
重复性标准偏差(S_r)/(mg/g)	0.18	0.13	0.05
重复性变异系数/%	3.65	3.89	4.78
重复性限($2.8\times S_r$)/(mg/g)	0.50	0.36	0.15
再现性标准偏差(S_R)/(mg/g)	0.23	0.16	0.07
再现性变异系数/%	4.65	4.80	5.82
再现性限($2.8\times S_R$)/(mg/g)	0.64	0.45	0.19

表 2 芝麻林素的检测精密度

项目	样品 1	样品 2	样品 3
参加比对的实验室的数量	10	10	10
可接受结果的实验室的数量	9	9	9
获得可靠检测结果的数量	43	45	45
平均值/(mg/g)	3.32	1.49	0.59
重复性标准偏差(S_r)/(mg/g)	0.08	0.06	0.02
重复性变异系数/%	2.45	4.18	4.16

表 2（续）

项目	样品 1	样品 2	样品 3
重复性限（$2.8\times S_r$）/（mg/g）	0.23	0.17	0.07
再现性标准偏差（S_R）/（mg/g）	0.10	0.08	0.03
再现性变异系数/%	3.01	5.11	5.07
再现性限（$2.8\times S_R$）/（mg/g）	0.28	0.21	0.08

附　录　A
（资料性附录）
芝麻素和芝麻林素的分子结构图

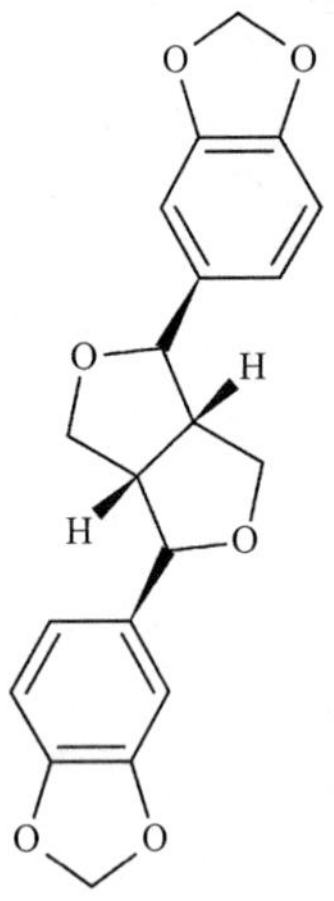

a）　芝麻素

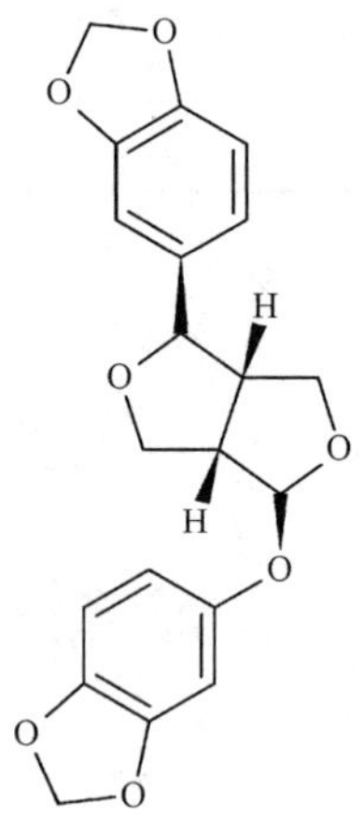

b）　芝麻林素

图 A.1　芝麻素和芝麻林素的分子结构图

附 录 B
（资料性附录）
芝麻素和芝麻林素的液相色谱图

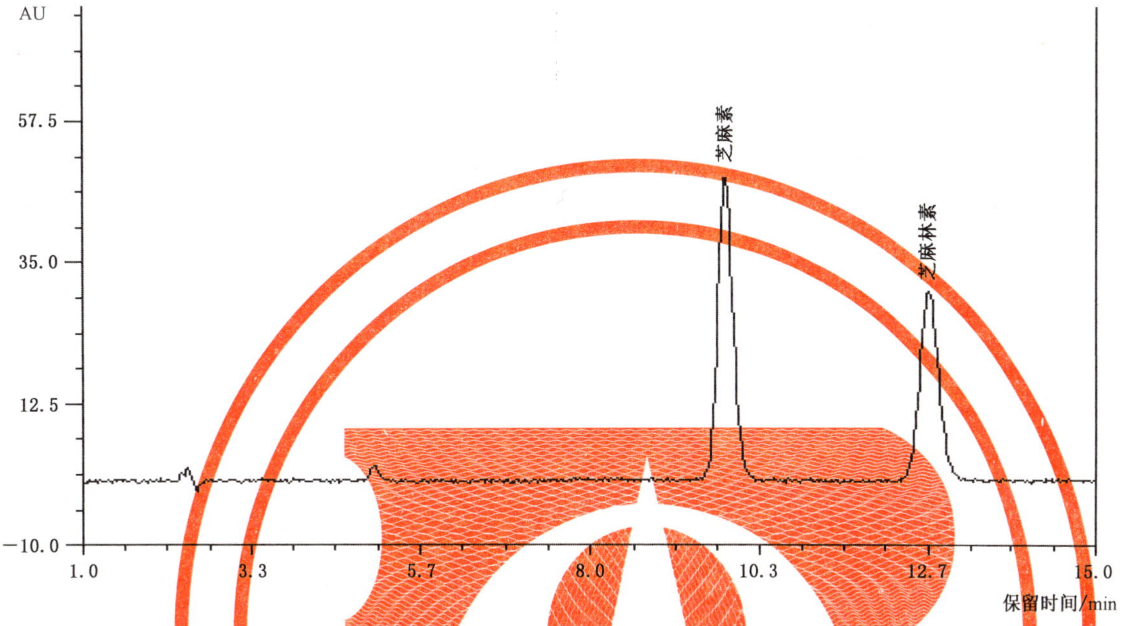

图 B.1 芝麻素和芝麻林素标准色谱图

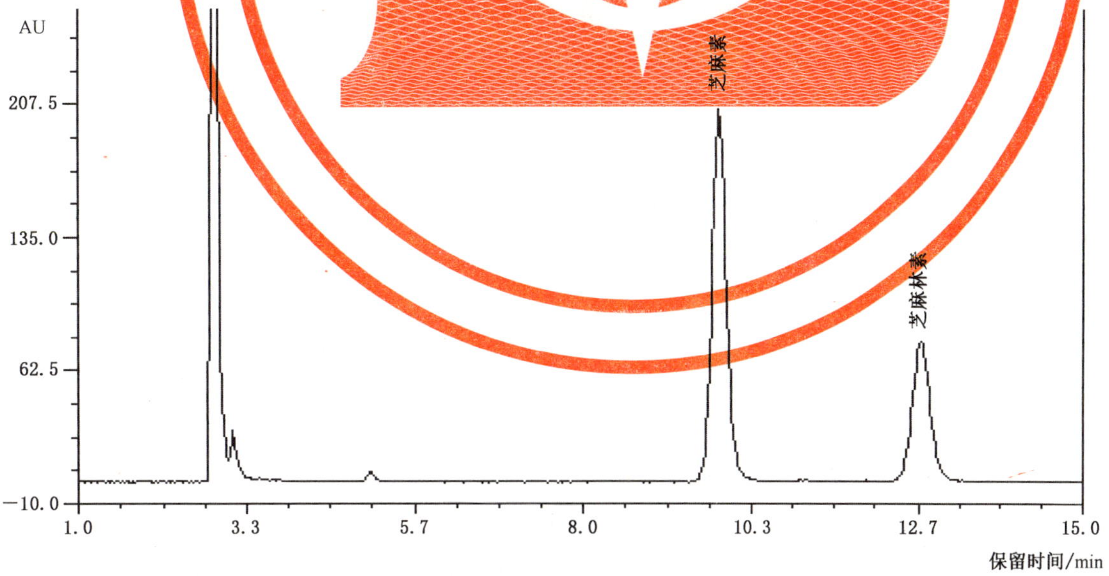

图 B.2 样品提取液中芝麻素和芝麻林素色谱图

ICS 83.160.10
G 41

中华人民共和国国家标准

GB/T 31580—2015

电动自行车轮辋系列

Series of electric bicycle rims

2015-05-15 发布

2016-02-01 实施

中华人民共和国国家质量监督检验检疫总局
中国国家标准化管理委员会 发布

前　言

本标准按照 GB/T 1.1—2009 给出的规则起草。

本标准由中国石油和化学工业联合会提出。

请注意本文件的某些内容可能涉及专利。本文件的发布机构不承担识别这些专利的责任。

本标准由全国轮胎轮辋标准化技术委员会(SAC/TC 19)归口。

本标准起草单位:杭州中策橡胶有限公司、广州橡胶工业制品研究所有限公司、浙江新大洋机电集团有限公司、江苏美乐车圈有限公司、上海盛协自行车技术服务有限公司。

本标准主要起草人:沈同祝、陈秋发、王继荣、陈明中、王朝阳、余世光、王改锋。

电动自行车轮辋系列

1 范围

本标准规定了电动自行车轮辋轮廓的尺寸与公差，并给出了轮胎与轮辋配合部分的轮辋轮廓曲线及其主要尺寸。

本标准适用于 GB/T 31548 所包含各种系列电动自行车轮胎的轮辋。

2 规范性引用文件

下列文件对于本文件的应用是必不可少的。凡是注日期的引用文件，仅注日期的版本适用于本文件。凡是不注日期的引用文件，其最新版本(包括所有的修改单)适用于本文件。

GB/T 2933 充气轮胎用车轮和轮辋的术语、规格代号和标志

GB/T 6326 轮胎术语及其定义

GB/T 31546 电动自行车轮胎

GB/T 31548 电动自行车轮胎系列

3 术语和定义

GB/T 2933 和 GB/T 6326 界定的术语和定义适用于本文件。

4 符号

下列符号适用于本文件：

a：轮辋标定宽度；

β：胎圈座角度；

D：轮辋标定直径；

D_1：轮辋测量直径；

D_2：轮辋外直径；

d：气门嘴孔直径；

g：轮缘高度；

H：轮辋槽深度；

H_1：槽底深度(轮辋底部以上无障碍装轮胎的最小深度)；

l_1：槽底宽度(轮辋带尺以上的槽宽)；

p：胎圈座宽度；

r_1：轮缘接合半径；

r_2：轮缘半径；

r_3：胎圈座圆角半径；

r_4：槽顶圆角半径；

r_5：轮辋槽底圆角半径。

5 分类和命名

按轮辋的类型以及结构分类名称如下：

——直边轮辋(Straight side rims,简称 SS 型)；

——钩直边轮辋(Crotchet type rims,简称 CT 型)；

——钩边轮辋(Hooked bead rims,简称 HB 型)。

6 轮辋轮廓尺寸和规格标志

6.1 通则

轮辋尺寸的检测方法参见附录 A。

对于无内胎轮胎适用的轮辋,应在轮辋规格名称后标示“适于无内胎”(或“TUBELESS TIRE APPLICABLE”)。

轮辋名义宽度代号 34 及以上的轮辋,使用时应征询配套厂商,其轮廓尺寸参见附录 B。本标准所列规格以外的轮辋,可按照本标准的主要原则,由供需双方商定。

6.2 直边轮辋(SS 型)

6.2.1 SS 型轮辋适用于硬胎圈直边轮胎。测量轮辋宽度和允许使用轮辋宽度应符合 GB/T 31546 和 GB/T 31548 的规定。

6.2.2 SS 型轮辋轮廓曲线见图 1,尺寸与公差见表 1、表 2。

单位为毫米

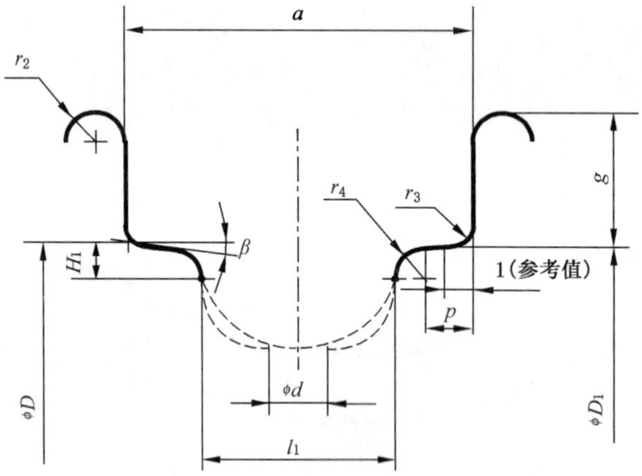

图 1 直边轮辋(SS 型)轮廓

6.2.3 直边轮辋规格名称的标志示例：

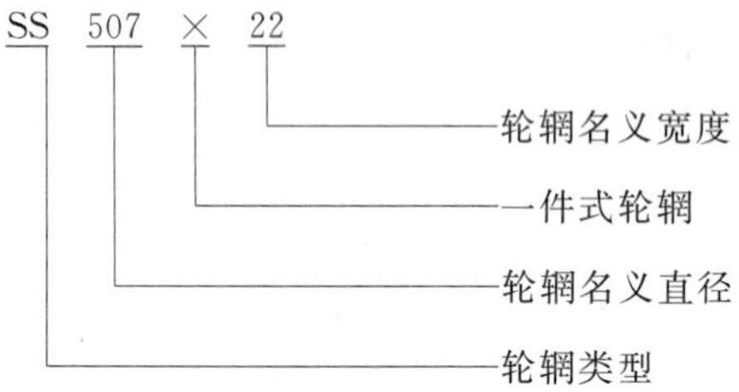

表 1　直边轮辋(SS 型)轮廓尺寸

轮辋名义宽度	$a\pm1$/mm	$g\pm0.5$/mm	$p_{(min)}$/mm	$H_1{}^{a,b}{}_{(min)}$/mm	$l_{1(min)}^{b}$/mm	$r_{2(min)}$/mm	$r_{3(max)}$/mm	$r_{4(min)}$/mm	$\beta^{c}\pm5$/(°)
20	20	6.5	2	2	11	1.8	1	1.5	10
22	22	6.5	2.2	3	11	1.8	1	2	10
24	24	7	3	3	11	2	1	2.5	10
27	27	7.5	3.5	3.5	14	2.5	1	2.5	10
30.5	30.5	8	4.5	3.5	14	2.5	1	2.5	10

[a] 对于轮辋名义直径小于或等于 400 mm 的轮辋，按 1 mm 增加深度 H_1。

[b] 与尺寸 l_1 的连接点尺寸 H_1 的定义：在轮辋底部(带有轮辋固定垫带以利于轮胎的安装)和辐条线头以上的非阻碍空间。轮辋的实际槽深由轮辋制造厂选择以达到该目的。

[c] 用于轮辋名义直径小于或等于 400 mm 的滚压轮辋，$\beta=15°\pm10°$。

表 2　轮辋标定直径与轮辋测量直径(SS 型和 CT 型)

轮辋名义直径	轮辋标定直径 D/mm	测量轮辋直径[a] D_1/mm	适于安装的轮胎外直径(系列)代号[b]/in
203	203.2	202.85	12½
251	250.8	250.45	14
305	304.7	304.35	16
355	355.0	354.65	18
406	405.6	405.25	20
457	457.0	456.65	22
507	507.3	506.95	24
559	558.8	558.45	26

[a] 在测量胎圈座圆周(π×测量轮辋直径)上的公差±1.5 mm。

[b] 参见 GB/T 31548。

6.3　钩直边轮辋(CT 型)

6.3.1　CT 型轮辋适用于硬胎圈钩直边轮胎。测量轮辋宽度和允许使用轮辋宽度应符合 GB/T 31546 和 GB/T 31548 的规定。

6.3.2　CT 型轮辋轮廓曲线见图 2、图 3，尺寸与公差见表 2、表 3。

单位为毫米

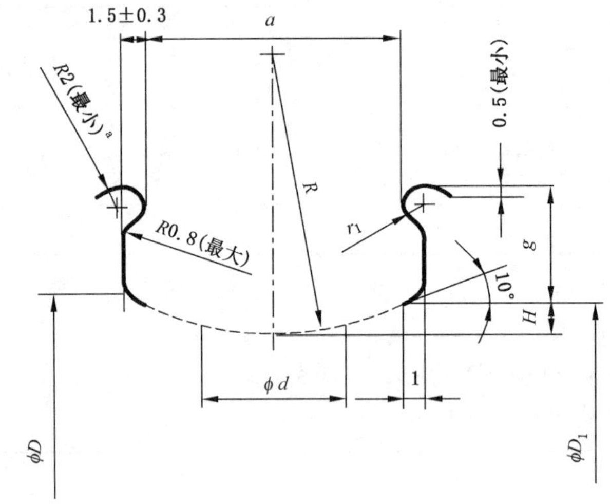

a 取 $R2$(最小)以保证轮缘具有不损伤轮胎的光滑表面。

图 2　钩直边轮辋(CT 型)轮廓——任选 1

单位为毫米

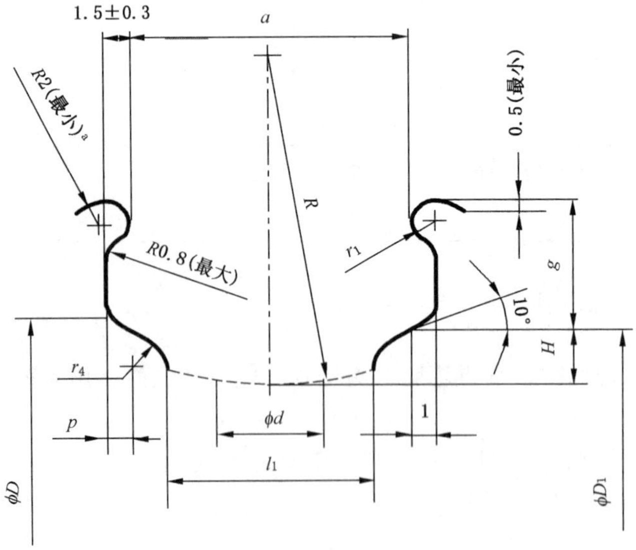

a 取 $R2$(最小)以保证轮缘具有不损伤轮胎的光滑表面。

图 3　钩直边轮辋(CT 型)轮廓——任选 2

表 3 钩直边轮辋(CT 型)轮廓尺寸

单位为毫米

<table>
<tr><th>轮辋名义宽度代号[a]</th><th>a ±0.5</th><th>g ±0.5</th><th>$H^{b}_{(min)}$</th><th>$I_{1(min)}$</th><th>$p_{(min)}$</th><th>r_1 ±0.25</th><th>$r_{4(min)}$</th></tr>
<tr><td>21C</td><td>21</td><td>6.5</td><td>2.5</td><td rowspan="2">11</td><td rowspan="4">3</td><td rowspan="4">1.1</td><td>2</td></tr>
<tr><td>23C</td><td>23</td><td rowspan="3">7.5</td><td rowspan="3">4.5</td><td rowspan="3">2.5</td></tr>
<tr><td>25C</td><td>25</td><td rowspan="2">14</td></tr>
<tr><td>27C</td><td>27</td></tr>
<tr><td colspan="8">[a] C 表示钩直边轮辋类型,前面的数字是该轮辋名义宽度。
[b] 尺寸 H 和 R 定义:为使轮胎与轮辋配合良好,在轮辋底部与辐条线头以上的最小非阻碍空间。</td></tr>
</table>

6.3.3 钩直边轮辋规格名称的标志示例:

599 × 25 C
- 25 C —— 轮辋名义宽度代号
- × —— 件式轮辋
- 599 —— 轮辋名义直径

6.4 钩边轮辋(HB 型)

6.4.1 HB 型轮辋适用于钩边轮胎。测量轮辋宽度和允许使用轮辋宽度应符合 GB/T 31546 和 GB/T 31548的规定。

6.4.2 HB 型轮辋轮廓曲线见图 4,尺寸与公差见表 4、表 5。

单位为毫米

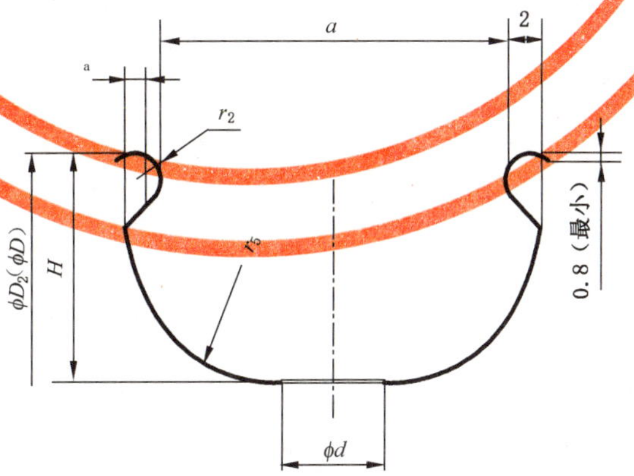

[a] 选择开口方式时,缝隙不超过 1 mm。

图 4 钩边轮辋(HB 型)轮廓

表 4　钩边轮辋(HB 型)轮廓尺寸

单位为毫米

轮辋名义宽度	$a\pm1$	$H_{(\min)}$	$r_2\pm0.5$	$r_{5(\min)}$
20	20	13	2	30
25	25	14	2	50
27	27	15	2	70

表 5　钩边轮辋(HB 型)标定直径和周长

轮辋名义直径代号[a]	轮辋标定直径 D/mm	轮辋标定周长 $\pi D\pm2.5$/mm	适于安装的轮胎外直径(系列)代号[b]/in
HB 219	219.0	688.0	12
HB 270	269.9	847.9	14
HB 321	320.7	1 007.5	16
HB 372	371.5	1 167.1	18
HB 422	422.3	1 326.7	20
HB 473	473.1	1 486.3	22
HB 524	523.9	1 645.9	24
HB 575	574.7	1 805.5	26

[a] HB 表示钩边轮辋,HB 后面的数字是该轮辋名义直径。

[b] 见 GB/T 31548。

6.4.3　钩边轮辋规格名称的标志示例:

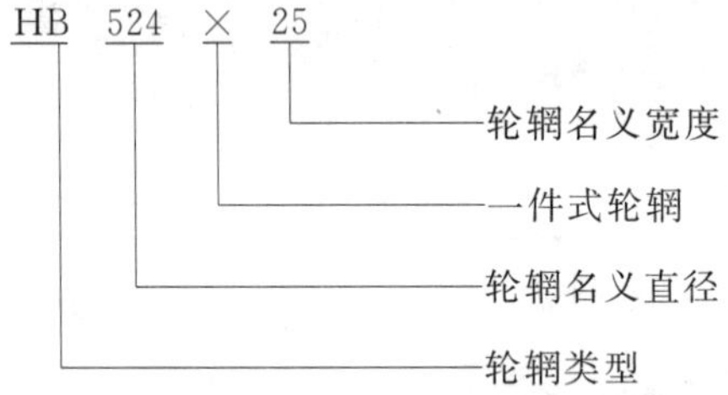

7　轮辋气门嘴孔和轮辋垫带

7.1　电动自行车轮辋的气门嘴座应位于轮辋底部的中心。轮辋气门嘴孔的直径依据所使用的气门嘴类型选用 $\phi8.5^{+0.3}_{0}$ mm,如特殊需要应征询配套厂商。

7.2　电动自行车轮辋底座用于保护内外胎的垫带,其宽度和厚度应以使用过程完全覆盖辐条头部和辐条孔为准,且应适合横向稳定的装配要求。

附 录 A
（资料性附录）
检测轮辋尺寸的方法

A.1 范围

本附录提供了直边轮辋(SS 型)、钩直边轮辋(CT 型)和钩边轮辋(HB 型)尺寸的检测方法。

A.2 检测准备

轮辋的所有测量应在准备安装轮胎的轮辋上进行，轮辋应放在平坦的工作台面上。为准确测量，量具与带尺通常应与轮辋边缘成垂直地放在两边胎圈座上。

A.3 主要检测尺寸

待检测的主要轮辋尺寸如图 A.1、图 A.2 和图 A.3 所示。

单位为毫米

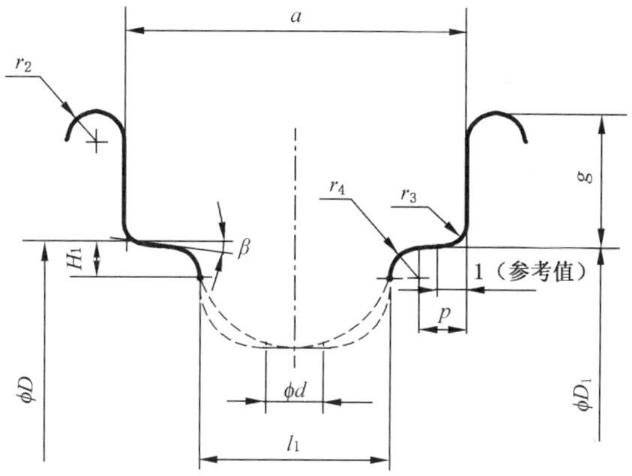

图 A.1 直边轮辋

单位为毫米

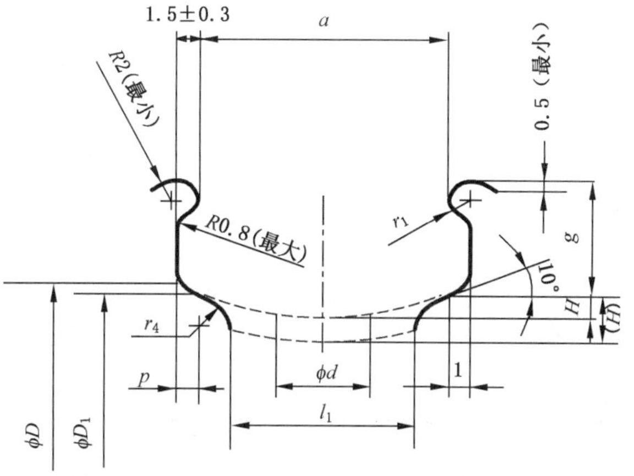

注：H、(H)表示任选其一。

图 A.2 钩直边轮辋

单位为毫米

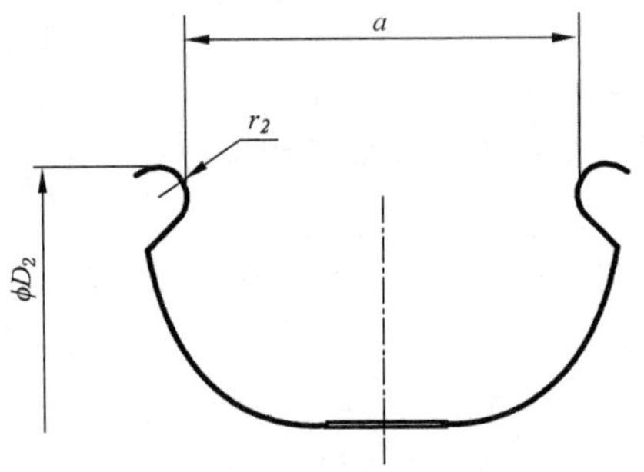

图 A.3 钩边轮辋

A.4 检测标定直径和胎圈座周长的方法

A.4.1 第一种方法

第一种方法仅用于直边轮辋(SS 型)。

围绕标准水平周长的轮辋检测与该模芯周长相关。

如图 A.4 所示:使用一条经过细选的带尺以适用于该轮辋的测量。带尺应用弹簧钢制造并与轮辋两边胎圈均等接触;带尺应平坦,并注明其轮辋宽度代号与名义轮辋直径。该带尺还应在一适当的模芯上与某一个平坦面上进行检查:带尺的直端应接触到刻痕标记的另一端。见表 A.1 与图 A.4～图 A.6。

检测的参考温度应为 20 ℃。

建议检测工作除有经验的轮辋检验员外,宜有两人进行操作:一人固定带尺位置,施加不大于 50 N 的拉力于带尺的端部,另一人读取测量数值。

表 A.1 轮辋与带尺宽度

单位为毫米

轮辋名义宽度	带尺宽度 $W_{-0.1}^{0}$
20	18
22	20
24	22
27	25
30.5	28.5

单位为毫米

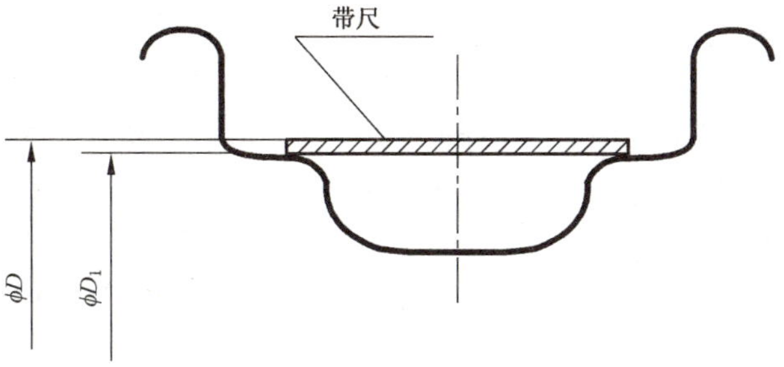

图 A.4 轮辋直径测量

单位为毫米

图 A.5 带尺尺寸

单位为毫米

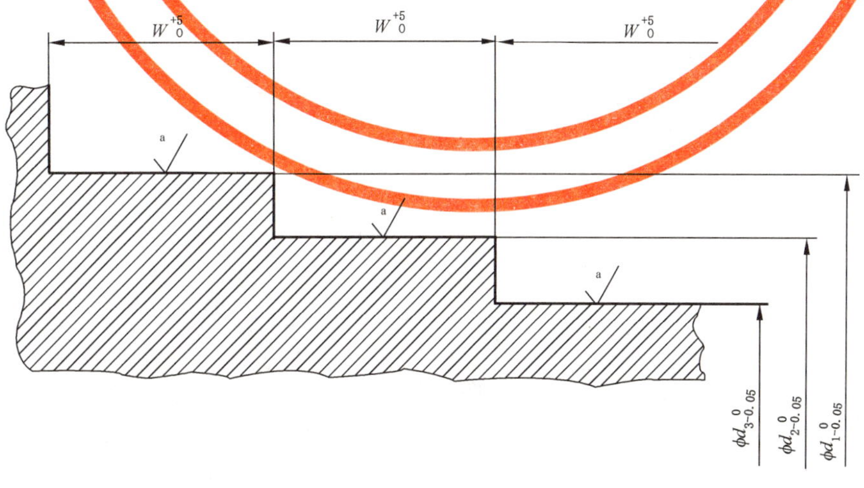

[a] 可人为判断的表面粗糙值。

图 A.6 带尺模芯

A.4.2 第二种方法

第二种方法可用于直边(SS 型)与钩直边(CT 型)轮辋。

通过使用不可延长的钢带尺(宽 10 mm、厚 0.3 mm,最小刻度为 0.5 mm)测量两边轮缘上面部位的圆周,应小心地接触轮辋,记录两个外周长的测量值 U_{0A} 与 U_{0B}。

使用合适的游标尺(参看图 A.7 和图 A.9),在圆周上等距离取至少 4 个点,测量两边轮缘的高度,应小心使用符合标准的凸位(对电动自行车轮辋为 1 mm)。计算两个轮缘高度的平均值 G_A 与 G_B。

按式(A.1)和式(A.2)计算测量周长 U_{1A} 与 U_{1B}:

$$U_{1A} = U_{0A} - 2\pi G_A \quad \cdots\cdots (A.1)$$

$$U_{1B} = U_{0B} - 2\pi G_B \quad \cdots\cdots (A.2)$$

用表 2 所列 D_1 值与 π 的乘积来比较两个周长。

注意:轮辋两个外周长 U_{0A} 与 U_{0B} 之间相差超过 2 mm 时,应合理地应用游标卡尺并插入厚度为 δ 的垫片,以应对其圆周差别(见图 A.8)。δ 的取值见式(A.3):

$$\delta = \frac{|U_{0A} - U_{0B}|}{2\pi} \quad \cdots\cdots (A.3)$$

在较短一侧的轮缘顶部与游标尺之间,垫片应能放得进去,如图 A.8 所示。

单位为毫米

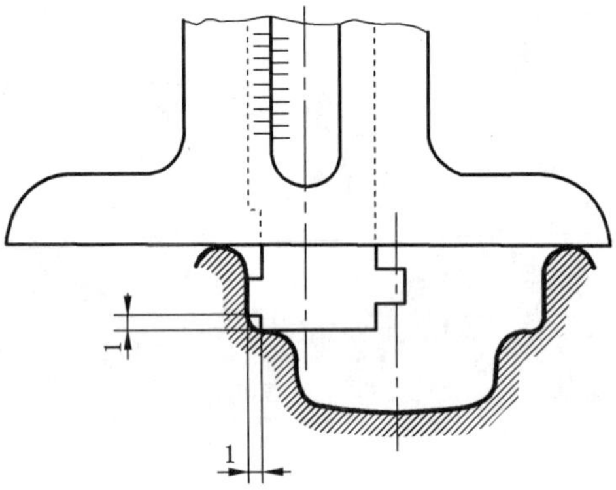

图 A.7 游标卡尺 1/20 mm 刻度

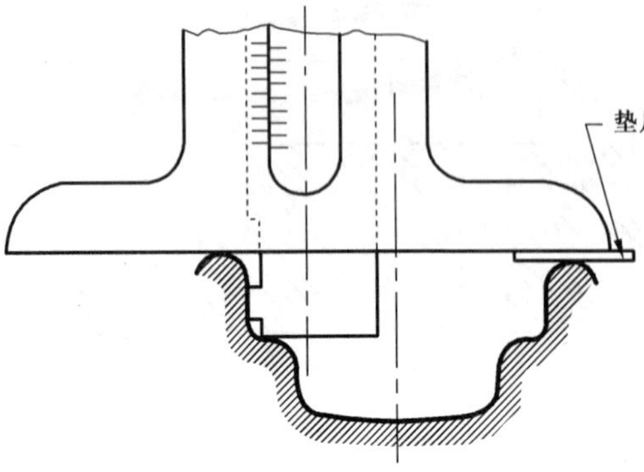

图 A.8 使用带有垫片的游标卡尺

单位为毫米

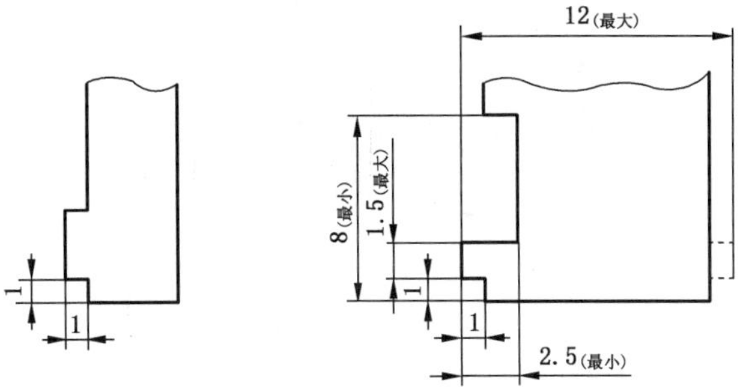

a) 用于直边轮辋　　b) 用于钩直边轮辋

图 A.9　使用游标卡尺检测轮缘高度 g 的细节

A.5　测量轮辋带尺以上的槽宽

见图 A.10 和图 A.11。

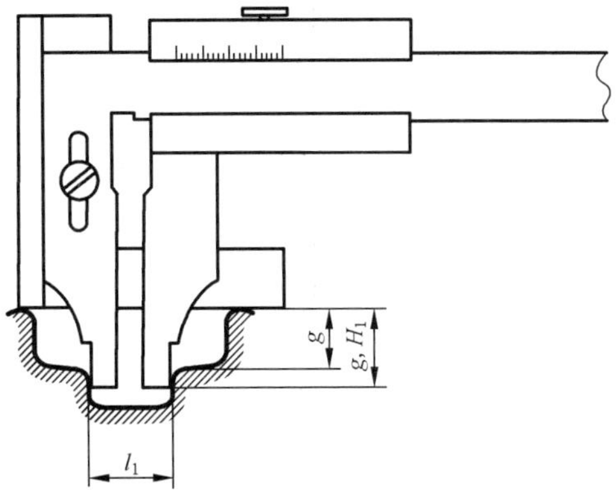

图 A.10　轮辋带尺以上槽宽 l_1 的测量原理

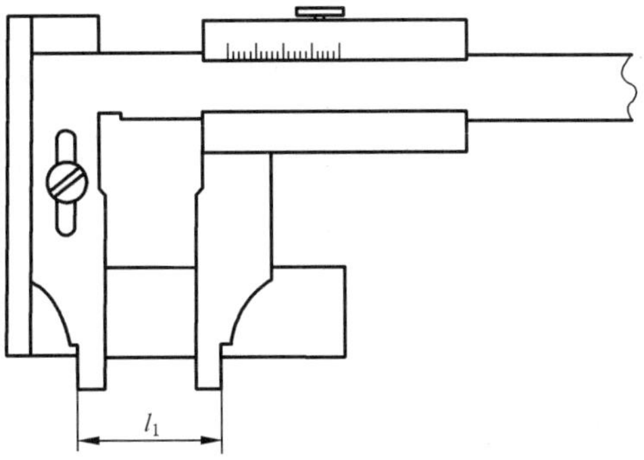

图 A.11　用游标卡尺测量尺寸 l_1

A.6　测量胎圈座角度 $\boldsymbol{\beta}$

见图 A.12 和图 A.13。

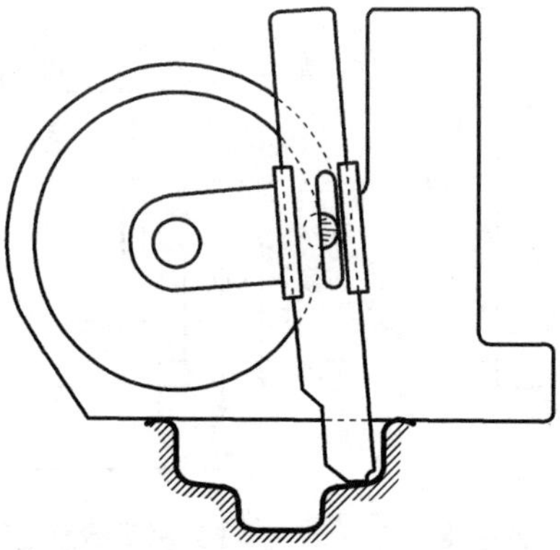

图 A.12　胎圈座角度 **β** 的测量原理

单位为毫米

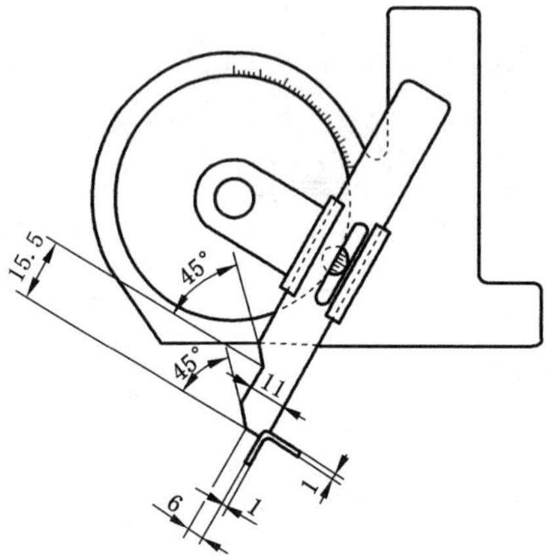

图 A.13　测量 **β** 的工具

A.7　测量其他轮辋尺寸

胎圈座的轮辋标定宽度 a 应采用图 A.14 所示的游标卡尺进行测量。

单位为毫米

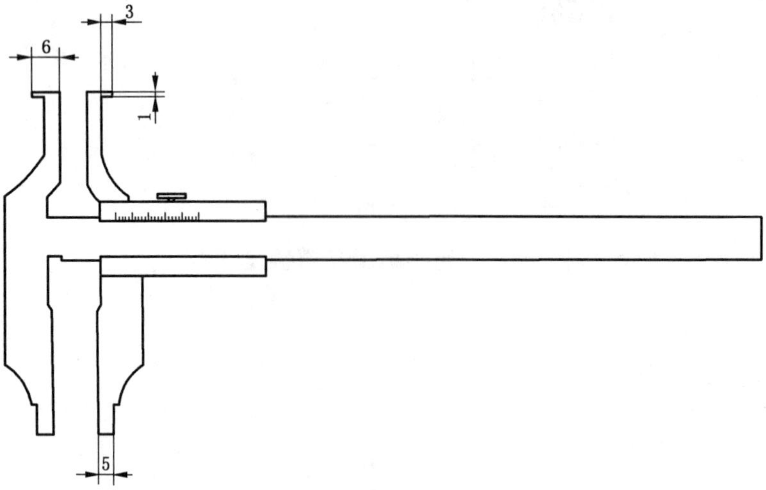

图 A.14　测量轮辋宽度的游标卡尺

附　录　B
（资料性附录）
名义宽度代号 34 及以上的轮辋轮廓

表 B.1　轮辋名义宽度代号 34C 及以上的轮辋（CT 型）轮廓尺寸　　单位为毫米

轮辋名义宽度代号[a]	$a\pm0.5$	$g\pm0.5$	$H^{b}{}_{(min)}$	$l_{1(min)}$	$p_{(min)}$	$r_1\pm0.25$	$r_{4(min)}$
34C	34	9	4.5	16	3.5	1.1	3.5
38.5C	38.5						
43C	43						

注：轮辋轮廓见图 2 和图 3。

[a] C 表示钩直边轮辋类型，前面的数字是该轮辋名义宽度。

[b] 尺寸 H 和 R 定义：为使轮胎与轮辋配合良好，在轮辋底部与辐条线头以上的最小非阻碍空间。

单位为毫米

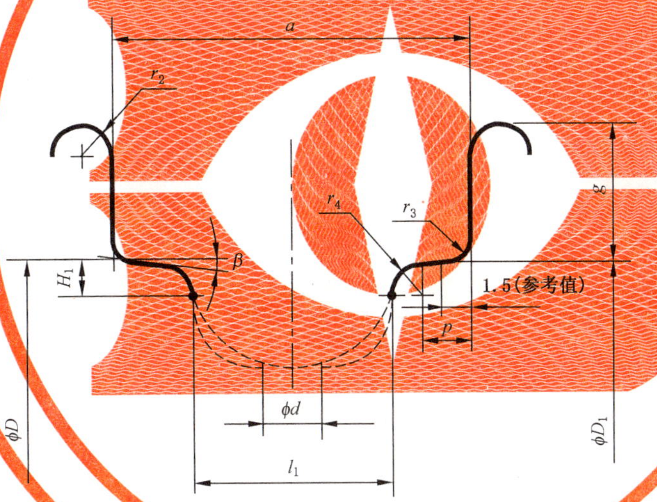

图 B.1　轮辋名义宽度代号 34 及以上的轮辋（SS 型）轮廓

表 B.2　轮辋名义宽度代号 34 及以上的轮辋（SS 型）轮廓尺寸

轮辋名义宽度	$a\pm1$/mm	$g\pm0.5$/mm	$p_{(min)}$/mm	$H_1{}^{a,b}{}_{(min)}$/mm	$l_1{}^{b}{}_{(min)}$/mm	$r_{2(min)}$/mm	$r_{3(max)}$/mm	$r_{4(min)}$/mm	$\beta^{c}\pm3$/(°)
34	34	10	4.5	4.5	16	4.5	1.5	3	7
38.5	38.5	10.5	5	5	16	7.0	1.5	3.5	7
43	43	10.5	8	5.5	18	7.0	1.5	4	7

[a] 对于轮辋名义直径小于或等于 400 mm 的轮辋，按 1 mm 增加深度 H_1。

[b] 与尺寸 l_1 的连接点尺寸 H_1 的定义：在轮辋底部（带有轮辋固定垫带以利于轮胎的安装）和辐条线头以上的非阻碍空间。轮辋的实际槽深由轮辋制造厂选择以达到该目的。

[c] 用于轮辋名义直径小于或等于 400 mm 的滚压轮辋，$\beta=15°\pm10°$。

参 考 文 献

[1] GB 17761—1999 电动自行车通用技术条件
[2] GB/T 23657—2009 力车轮辋系列
[3] ETRTO standards manual

ICS 65.020.30
B 43

中华人民共和国国家标准

GB/T 31581—2015

牛性控冷冻精液生产技术规程

Code of pratice on production of bovine frozen sexed-semen

2015-05-15 发布　　2015-10-01 实施

中华人民共和国国家质量监督检验检疫总局
中国国家标准化管理委员会　发布

前　言

本标准按照GB/T 1.1—2009给出的规则起草。

请注意本文件的某些内容可能涉及专利。本文件的发布机构不承担识别这些专利的责任。

本标准由中华人民共和国农业部提出。

本标准由全国畜牧业标准化技术委员会(SAC/TC 274)归口。

本标准起草单位:农业部牛冷冻精液质量监督检验测试中心(北京)、内蒙古赛科星繁育生物技术股份有限公司、北京奶牛中心、中国农业大学、全国畜牧总站、农业部牛冷冻精液质量监督检验测试中心(南京)。

本标准主要起草人:张晓霞、李喜和、周文忠、刘海良、孙飞舟、张胜利、陆汉希、杨清峰、武玉波、钱松晋、张海涛、刘玉、赵鹏、王建国、胡树香、张勇、胡志刚。

牛性控冷冻精液生产技术规程

1 范围

本标准规定了牛性控冷冻精液生产的器械清洗和消毒、稀释液配制、采精、精液处理、精子分离、冷冻、解冻、检验、包装、贮存及运输。

本标准适用于采用流式细胞分离技术生产牛性控冷冻精液。

2 规范性引用文件

下列文件对于本文件的应用是必不可少的。凡是注日期的引用文件,仅注日期的版本适用于本文件。凡是不注日期的引用文件,其最新版本(包括所有的修改单)适用于本文件。

GB 4143 牛冷冻精液

GB/T 5458 液氮生物容器

GB/T 31582 牛性控冷冻精液

NY/T 1234 牛冷冻精液生产技术规程

3 术语和定义

下列术语和定义适用于本文件。

3.1

精子分离 sperm sorting

根据 X 精子和 Y 精子 DNA 含量的差异,利用流式细胞分离方法将 X 精子和 Y 精子分离开。

3.2

性控冷冻精液 frozen sexed-semen

分离后富含 X 精子或 Y 精子、经超低温冷冻后在液氮中长期保存的精液。

4 采精用品清洗和消毒

按照 NY/T 1234 的规定执行。

5 溶液配制与灭菌

5.1 溶液配制

5.1.1 稀释液

稀释液配制见附录 A 中 A.1。

5.1.2 分离机缓冲液 Tris-sheath

分离机缓冲液 Tris-sheath 的配制见 A.2。

5.1.3 荧光染色液和食品红染色液

荧光染色液和食品红染色液配制见A.3。

5.1.4 精子染色液

精子染色液的配制见A.4。

5.1.5 精子收集液

精子收集液配制见A.5。

5.2 溶液灭菌

溶液在使用前进行高压蒸汽灭菌(120 kPa,15 min),对于不能高压灭菌的溶液使用0.22 μm过滤器进行过滤除菌。

6 主要仪器设备

流式细胞仪、精液分装机、细管印字机、程序冷冻仪、荧光显微镜、离心机、精子密度仪。

7 采精

按照NY/T 1234的规定执行。

8 精液处理

精液处理方法按照NY/T 1234的规定执行,精液分离前应添加抗生素并在18 ℃～20 ℃的环境下保存,储存时间不超过16 h。

9 精子分离

9.1 分离环境

精子分离实验室应保持洁净,室温控制在18 ℃～25 ℃,无振动源。

9.2 分离前处理

根据所采原精密度,按比例进行染色。

示例:对4亿个精子进行染色,用染色原液稀释到2亿个/mL,加入15μL～30 μL Hochest 33342荧光染色液放入5 mL分离专用试管,混匀后放入34 ℃水浴,加盖避光温育45 min。再加入2 mL 含4%卵黄的食品红染色液,最后制成精子分离样品。

9.3 分离

按照分离机操作规程分离。

10 分离精液冷冻

10.1 稀释平衡

分离后的精液在4 ℃±1 ℃条件下平衡90 min后同温1 750g离心5 min，去除上清液。然后用20%卵黄Tris-A液稀释收集后的分离精液，使精子密度≥2 000万个/mL。之后添加等量的含12%甘油的Tris-B液，平衡20 min。用1∶1的Tris-A液、Tris-B液将最终精子密度调整为≥1 000万个/mL。

10.2 分装

平衡后的精液在4 ℃±1 ℃条件下灌装、封口、印字，在细管上打印生产单位代号、品种、牛号、生产日期或批号(见附录B)、性控标记等信息。

10.3 冷冻、包装

在4 ℃±1 ℃条件下将分装后的细管按照棉塞同一方向码放在冷冻架上，然后移入冷冻仪中，冷冻的初冻温度调节至−90 ℃，控制降温过程，在20 min到达−120 ℃后投入液氮中。冷冻结束后进行包装，包装应在−140 ℃以下进行。保存性控冷冻精液的液氮生物容器应符合GB/T 5458的规定。

11 入库前检查

性控冷冻精液产品的质量应由专职的质量检验员负责检测，每批性控冷冻精液入库前应进行常规检验，方法见GB/T 31582。检验合格后方可入库。

12 贮存、运输

按照NY/T 1234的规定执行。

附 录 A
(规范性附录)
牛性控冷冻精液生产相关溶液配制

A.1 溶液配制

试剂纯度应达到分析纯。

A.1.1 Tris-A 工作液

取 Trizma Base 35.32 g、柠檬酸 17.21 g、*D*-果糖 12.65 g 溶于 750 mL 双蒸水,搅拌 30 min,再加入双蒸水至 1 000 mL。溶液 pH 调到 6.8,然后用 0.22 μm 的过滤器过滤除菌,5 ℃±1 ℃保存,有效期 14 d。

A.1.2 20%卵黄 Tris-A 液

取 Tris-A 工作液 199 mL,添加 51 mL 卵黄液,搅拌 15 min,5 ℃±1 ℃静置 12 h,去除沉淀,吸出表层卵脂后,在 18 500*g* 的条件下离心。然后用 0.22 μm 的过滤器过滤除菌,加入抗生素,5 ℃±1 ℃保存,有效期 7 d。

A.1.3 Tris-B 工作液

取 Trizma Base 35.746 g、柠檬酸 19.980 g、*D*-果糖 14.712 g 溶于 750 mL 双蒸水,搅拌 30 min,再加入双蒸水至 1 000 mL。溶液 pH 调到 6.8,然后用 0.22 μm 的过滤器过滤除菌,5 ℃±1 ℃保存,有效期 14 d。

A.1.4 12%甘油 Tris-B 液

先用 Tris-B 工作液配制 23%(体积分数)卵黄液,搅拌 15 min 后置 5 ℃±1 ℃条件下 12 h 析出沉淀。静置后吸出表层卵脂,并在 18 500*g* 的条件下进一步离心沉淀。然后用 0.22 μm 的过滤器过滤除菌。再加入甘油使甘油终浓度达到 12%(体积分数)。溶液 pH 调到 6.8,加入抗生素,在 5 ℃±1 ℃保存,有效期 7 d。

A.2 分离机缓冲液 Tris-sheath 配制

配制 20 L Tris-sheath 工作液:取 Trizma Base 477.6 g、柠檬酸 232.6 g、*D*-果糖 171.0 g 溶于 3.0 L 双蒸水中搅拌 30 min,并加盐酸把 pH 调到 6.8,然后添加抗生素用 0.22 μm 的过滤器过滤灭菌,再加双蒸水至 20.0 L 容量,调节 pH 至 6.8,渗透压 290 mOsm± 10 mOsm。在 5 ℃±1 ℃保存,有效期 14 d。

A.3 荧光染色液和食品红染色液配制

A.3.1 0.5%荧光染色液

将 10 mg 荧光染料 Hochest 33342 定容于 2 mL 双蒸水中,在 5 ℃±1 ℃条件下避光保存,有效期 90 d。

A.3.2 5%食品红染色液

将 0.5 g 食品红染料定溶于 10 mL 双蒸水中，0.22 μm 过滤除菌，在 5 ℃±1 ℃条件下避光保存。有效期为 90 d。

A.4 精子染色液配制

A.4.1 精子染色原液

100 mL 精子染色原液：依次称取 HEPES 0.925 g、氯化镁（$MgCl_2 \cdot 6H_2O$）0.008 g、氯化钠（NaCl）0.551 8 g、氯化钾（KCl）0.022 4 g、磷酸氢二钠（Na_2HPO_4）0.004 g、碳酸氢钠（$NaHCO_3$）0.084 g、丙酮酸钠 0.022 g、葡萄糖 0.09 g、乳酸钠 0.361 mL、BSA 0.3 g，溶于 100 mL 双蒸水中，调整 pH 至 7.4，加入 0.25 mL庆大霉素（10 mg/ mL），0.22 μm 过滤灭菌后，在 5 ℃±1 ℃保存，有效期为7 d～10 d。

A.4.2 含 4%卵黄的食品红染色液

A.4.1 中 100 mL 精子染色原液，加入 0.261 mL 食品红染色液，形成食品红染色液。取 96 mL 食品红染色液添加 4 mL 卵黄，搅拌后在 5 ℃条件下静置 12 h。去除卵黄颗粒沉淀，18 500g 离心30 min，调整 pH 至 5.5，然后加入 0.25 mL 庆大霉素（10 mg/mL），经过 0.22 μm 过滤灭菌，在 5 ℃±1 ℃保存，使用期限为 14 d。

A.5 精子收集液配制

取 20%卵黄 Tris-A 液 100 mL，加入 16 mL 双蒸水，充分摇匀。5 ℃±1 ℃保存，有效期 7 d。

附　录　B
（规范性附录）
细管性控冷冻精液标记方法

细管性控冷冻精液标记由 20 个字符、5 个部分组成，每部分之间空开 2 个字符位置，排列顺序如下：

第一部分	第二部分	第三部分	第四部分	第五部分
生产单位代号	品种代号	公牛注册号	生产日期	性控标记
三个字符	二个字符	五个字符	六个字符	四个字符

第一部分公牛站代号以农业部公布的公牛站代号为准(参照 NY/T 1234 标准执行)；第二部分品种代号以 GB 4143 为依据；第三部分公牛号取该牛身份证号码的后五位数；第四部分冻精生产日期六位数按年、月、日次序排列，年、月、日各占二位数；第五部分性控标记：性控或 XK，X 为雌性，Y 为雄性。每部分之间间隔 2 个字符位置。标记的字迹应清晰易认。

示例：

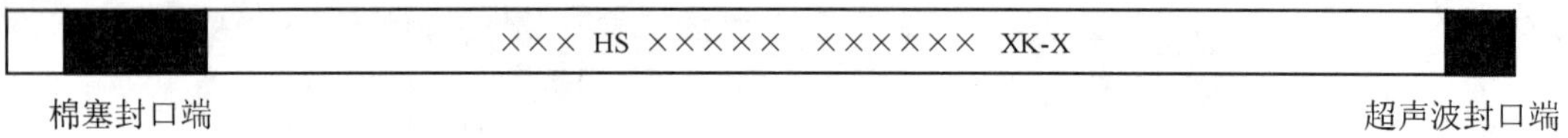

×××为生产单位代号，HS 为荷斯坦公牛的品种代号，×××××为该公牛身份证号码的后五位数，××××××为 20××年××月××日的生产日期，XK-X 代表性控 X 精子。

ICS 65.020.30
B 43

中华人民共和国国家标准

GB/T 31582—2015

牛性控冷冻精液

Bovine frozen sexed-semen

2015-05-15 发布　　2015-10-01 实施

中华人民共和国国家质量监督检验检疫总局
中国国家标准化管理委员会　发布

前　言

本标准按照 GB/T 1.1—2009 给出的规则起草。

本标准由中华人民共和国农业部提出。

本标准由全国畜牧业标准化技术委员会(SAC/TC 274)归口。

本标准起草单位:农业部牛冷冻精液质量监督检验测试中心(北京)、内蒙古赛科星繁育生物技术股份有限公司、北京奶牛中心、中国农业大学、全国畜牧总站、农业部牛冷冻精液质量监督检验测试中心(南京)。

本标准主要起草人:张晓霞、李喜和、周文忠、刘海良、孙飞舟、张胜利、张海涛、刘玉、赵小丽、赵鹏、陆汉希、王建国、胡树香、施亮、张勇、钱松晋。

牛性控冷冻精液

1 范围

本标准规定了牛性控冷冻精液技术要求、抽样、试验方法、判定规则和标识、包装。

本标准适用于采用流式细胞分离技术生产牛性控冷冻精液。

2 规范性引用文件

下列文件对于本文件的应用是必不可少的。凡是注日期的引用文件,仅注日期的版本适用于本文件。凡是不注日期的引用文件,其最新版本(包括所有的修改单)适用于本文件。

GB/T 2828.2—2008 计数抽样检验程序 第2部分:按极限质量(LQ)检索的孤立批检验抽样方案

GB/T 2828.11—2008 计数抽样检验程序 第11部分:小总体声称质量水平的评定程序

GB 4143 牛冷冻精液

GB/T 5458 液氮生物容器

3 术语和定义

下列术语和定义适用于本文件。

3.1

性控冷冻精液 frozen sexed-semen

分离后富含X精子或Y精子、经超低温冷冻后在液氮中长期保存的精液。

3.2

精子分离准确率 X or Y ratio of sexed-semen

X精子或Y精子占分离后精子总数的百分率。

4 要求

4.1 种公牛

经审定或鉴定的公牛,体质健康,无遗传病,不允许有《中华人民共和国动物防疫法》中所明确的二类疫病中的任何一种。

4.2 新鲜精液

色泽乳白色或淡黄色,精子活力≥65%,精子密度≥4×10^{8}个/mL,精子畸形率≤15%。

4.3 每剂量解冻后精液

4.3.1 外观

细管无裂痕,两端封口严密。

4.3.2 剂型、剂量

细管冷冻精液：微型，剂量≥0.18 mL。

4.3.3 精子活力

≥35%（即≥0.35）。

4.3.4 前进运动精子数

≥80 万个。

4.3.5 分离准确率

≥85%。

4.3.6 精子畸形率

≤15%。

4.3.7 细菌菌落数

≤800 个。

5 抽样

5.1 抽样检验方案

5.1.1 生产方抽样检验

按照 GB/T 2828.2—2008 中第 4 章，采用极限质量 LQ=20，模式 A 一次抽样方案，确定抽样公牛样本量。

5.1.2 质量监督抽样检验

按照 GB/T 2828.11—2008 中第 6 章，该群体公牛为一核查总体，采用 DQL=10，选用第Ⅰ检验水平的抽样方案；查 GB/T 2828.11—2008 中表 B.2，确定抽样公牛的样本量。

5.1.3 复检和仲裁抽样检验

复检可根据原抽样方案确定，仲裁应按照 5.1.2 规定的方案进行抽样检验，按照 7.4.2 规定的方案进行评定。

5.2 抽样方法

随机抽样。

6 试验方法

6.1 外观

用目测法，其结果应符合 4.3.1 的规定。

6.2 剂量

检验按附录 A 中 A.2 规定的方法，其结果应符合 4.3.2 的规定。

6.3 精子分离准确率

检验按 A.3 规定的方法，其结果应符合 4.3.5 的规定。

6.4 解冻后精液质量

精子活力、前进运动精子数、精子畸形率及细菌菌落数的检验按照 A.4～A.8 规定的方法，其结果应分别符合 4.3.3、4.3.4、4.3.6、4.3.7 的规定。

7 检验

7.1 检验分类

7.1.1 常规检验

对冷冻精液的单项目检验是型式检验的一部分，主要是在生产批入库前和销出库时的检验。

7.1.2 型式检验

对冷冻精液全部项目检验，评定产品质量是否全面符合标准也是在生产方抽样检验、仲裁和质量监督抽样检验时选定项的检验。

7.2 检验项目

7.2.1 常规检验

按照 4.3.1 和 4.3.3 的规定。

7.2.2 型式检验

按照 4.3.1～4.3.7 的规定。

7.3 结果判定

7.3.1 常规检验

样品中任何一项目检验未达到 4.3.1 和 4.3.3 的规定要求，则判为不合格。

7.3.2 型式检验

样品中任何一项目检验未达到 4.3.1～4.3.7 的规定要求，则判为不合格。

7.4 抽样检验对群体质量水平的评定

7.4.1 生产方抽样检验

生产方抽样检验按照 GB/T 2828.2—2008 中第 4 章的规定，通过对样本检验，若样本中不合格品数等于或小于接收数 Ac，则接收该批(合格)，否则不接收该批(不合格)。

7.4.2 质量监督抽样检验

按照 GB/T 2828.11—2008 中规定，在样本中 d（不合格品数）$\leqslant L$（不合格品限定数），即抽检样本符合要求，核查通过；当 $d > L$，即抽检样本不符合要求，核查总体不合格。

8 标识、包装

8.1 标识

8.1.1 品种

种公牛的品种以代号表示，具体遵照 GB 4143 的规定。

8.1.2 内容

应在细管壁和包装袋上印制以下内容，印制标识要清楚，并按以下顺序排列：

a） 生产单位代号；

b） 公牛品种；

c） 公牛注册号；

d） 生产日期或批次；

e） 分离精子标记：X 或 Y。

8.2 包装

牛性控冷冻精液细管用塑料管包装，每个包装不得超过 25 剂。

附 录 A
（规范性附录）
牛性控冷冻精液质量检验方法

A.1 抽样

A.1.1 样品的收集

抽样：从贮存冷冻精液的液氮容器中按规定随机抽取样品。

送样：将抽取的样品送至质量检测机构。

A.1.2 抽样方案

A.1.2.1 生产方抽样检验

按5.1.1确定样本数。

A.1.2.2 质量监督抽样检验

按5.1.2确定样本数。

A.1.2.3 抽样方法

按牛号顺序排列，由抽样人员现场按样本头数随机确定各样品公牛。

A.1.2.4 全部取样

对已投产的每头公牛取样。

A.1.3 取样方法

确定取样公牛，从贮存冷冻精液的液氮容器中随机抽取大于15剂的性控冷冻精液。

A.1.4 样品的保存

存放性控冷冻精液的液氮容器质量应符合GB/T 5458的规定，使用前经过清洗后加入液氮，样品浸在液氮中。取放样品时在空气中暴露时间不得超过10 s。由专人保管样品，样品不允许脱离液氮，抽样登记单与样品随行。样品包装、标记应保持原样。

A.2 剂量检测

A.2.1 主要器材

小试管、剪刀、刻度吸管。

A.2.2 检测方法

取2剂细管性控冷冻精液自然解冻后剪去超声波封口端，把精液推入一小试管内，用1.0 mL刻度吸管准确吸取精液，并读取总精液量。

A.2.3 计算

样品的剂量值为2剂性控冷冻精液总剂量的平均值，按式(A.1)计算：

$$V=\frac{n}{2} \qquad \cdots\cdots(A.1)$$

式中：

V ——剂量值，单位为毫升(mL)；

n ——样品总剂量值，单位为毫升(mL)。

A.3 X精子或Y精子分离准确率的检测

A.3.1 机器检测方法

A.3.1.1 主要器材

流式细胞仪或精子纯度检测仪、循环恒温水浴锅、超声波发生器、5 mL试管、移液器、0.22 μm过滤器、50 μm过滤器。

A.3.1.2 主要试剂及配制方法

主要试剂及配制方法如下：

a) 荧光染料Hochest 33342(0.05%)：将10 mg荧光染料Hochest 33342定容于20 mL双蒸水中，在5 ℃条件下避光保存，有效期90 d；

b) Tris-sheath工作液(pH 8.0)：取Tris 4.776 g，柠檬酸2.326 g、*D*-果糖1.710 g溶于120 mL双蒸水中搅拌至完全溶解，用4 mol/L的NaOH将pH值调到8.0，用双蒸水定容至200 mL。该液用0.22 μm的过滤器过滤灭菌后添加国产青霉素2万单位、国产链霉素1万单位，置5 ℃冰箱保存，有效期14 d。该液渗透压290 mOsm±10 mOsm。

注：以上化学试剂纯度均为分析纯。

A.3.1.3 检测方法

在5 mL试管里，先加20 μL荧光染料Hochest 33342(0.05%)，再加1 mL Tris-sheath工作液(pH 8.0)充分混匀，最后将解冻后精液加入管内，精液体积范围30 μL～100 μL。混匀后放入34 ℃水浴锅水浴20 min。取出染好的精液，用超声波发生器断去精子尾部后，用50 μm过滤器过滤到5 mL试管中。处理好的精液放置避光处。

开启流式细胞仪，作好仪器图像定位。将处理好的精液放入加样器，按照流式细胞仪精子纯度检测操作流程，检测上述染色样品。重复以上操作3次，取其平均值。

染色后样品应在4 h内检测完毕。

3次检测数据误差值大于5%时，应重新操作。

A.3.1.4 计算

X精子的分离准确率按式(A.2)计算：

$$A=\frac{A_1+A_2+A_3}{3} \qquad \cdots\cdots(A.2)$$

式中：

A ——X精子性控平均分离准确率，%；

A_1 ——X精子性控第1次检测分离准确率，%；

A_2 ——X精子性控第2次检测分离准确率，%；

A_3 ——X精子性控第3次检测分离准确率，%。

A.3.2 精子特异性DNA探针检测方法

A.3.2.1 主要器材

荧光显微镜、培养箱、干燥箱、干浴器、移液器。

A.3.2.2 主要试剂及配制方法

主要试剂及配制方法如下：

a) PBS：取袋装PBS干粉用1 000 mL双蒸水稀释，室温保存；
b) Y精子特异性DNA探针，−20 ℃保存；
c) 10%胃蛋白酶：称0.1 g胃蛋白酶加1mL双蒸水（提前预热到37 ℃），25 μL分装，−20 ℃保存；
d) 0.005%胃蛋白酶：25 μL的10%胃蛋白酶加入49.5 mL双蒸水以及0.5 mL 1.0 mol/L的盐酸，37 ℃水浴；
e) Solution A：称取0.121 g Tris碱和0.9 g NaCl溶于100 mL双蒸水，充分混匀，4 ℃保存备用；
f) Solution B：称取0.385 6 g DTT溶于1 mL精子洗涤液，充分吸打混匀，−20 ℃保存备用；
g) Solution C：称取1 g SDS和1.9 g四硼酸钠溶于100 mL双蒸水中，反复颠倒混匀，室温保存备用；
h) 20×SSC：称取87.6 g NaCl，44.1 g柠檬酸钠，溶于500 mL双蒸水中（用盐酸将pH调到7.0），高压灭菌，4 ℃保存备用；
i) 2×SSC溶液（pH 7.0）：在一个量筒里量出100 mL的20×SSC溶液，与约880 mL的双蒸水混合，用1 mol/L的HCl溶液将pH调到7.0，用双蒸水将溶液定容到1 L，高压灭菌，室温下存储。如果有任何可见的沉淀，就要丢弃溶液；
j) 0.4×SSC溶液（pH 7.0）：20 mL的20×SSC溶液与约970 mL双蒸水混合，用1 mol/L的HCl溶液使pH下降到7.0，用双蒸水使液体量达到1 L，用1 mol/L的HCl将pH调到7.0，用双蒸水将溶液定容到1 L，高压灭菌，室温下存储，如果有任何可见的沉淀，就要丢弃溶液；
k) 0.4×SSC溶液，pH 7.0/0.3% NP-40：50 mL的0.4×SSC（pH 7.0）加上150 μL的NP-40，均匀混合；
l) 2×SSC溶液，pH 7.0/0.1% NP-40：50 mL的2×SSC（pH 7.0）加上50 μL的NP-40，均匀混合；
m) 1 mol/L甘氨酸（pH 8.5）：7.05 g甘氨酸加入100 mL双蒸水，室温保存；
n) 甲醛固定液：依次取12.5 mL 10%中性甲醛，37 mL PBS，2.5 mL 1 mol/L $MgCl_2$，混合均匀。室温保存；
o) DAPI。

注：以上化学试剂纯度均为分析纯。

A.3.2.3 检测方法

取一剂细管牛性控冷冻精液置37 ℃水浴解冻，推入1.5 mL试管中，精子用溶液A离心洗涤后将

其浓度调至 2.5×10^{8}/mL，依次使用溶液 B、溶液 C、无水乙醇处理精子使其解凝聚，然后滴片、烘干。烘干后的片子在冰箱中放置过夜，隔天取出片子晾干后，首先在 2×SSC(pH 7.0)孵育，然后用胃蛋白酶溶液消化，消化后的片子用 1×PBS 冲洗，甲醛固定，最后用 70%、85%、100%乙醇处理。将处理好的精子玻片上滴上精子特异性 DNA 探针封片，杂交过夜。隔天在 0.4×SSC 溶液(0.3% NP-40)溶液中除去封片胶，在 2×SSC(0.1% NP-40)溶液中除去盖玻片，最后依次使用 0.4×SSC 溶液(pH 7.0)、2×SSC 溶液(pH 7.0)溶液洗片，片子风干后滴上 DAPI 在显微镜下计数。统计具有蓝色荧光的总精子数和绿色杂交点的 Y 精子数。每次检测 2 张带有精子样品的载玻片，每张载玻片计数 200 个左右的精子，最后计算出总数。

A.3.2.4 计算

X 精子的分离准确率按式(A.3)计算：

$$A=\left(1-\frac{Y}{T}\right)\times 100 \qquad \cdots\cdots\cdots\cdots(\text{A.3})$$

式中：

A ——X 精子性控分离准确率，%；

Y ——Y 精子数，单位为个；

T ——总精子数，单位为个。

A.4 精子活力的检测

A.4.1 主要仪器和器材

相差显微镜、电视显微系统、计算机、恒温水浴箱、5.0 mL 试管、载玻片或精液性状板、盖玻片、显微镜恒温装置、移液器。

A.4.2 检测方法

2 剂细管性控冷冻精液分别直接置于 37 ℃水浴中解冻，取解冻后混合精液约 20 μL 置于载玻片上，加盖玻片后立即在 200 倍～400 倍相差显微镜或电视显微系统上观察活力，载物台温度保持 38 ℃，每个样品观察 3 个视野。

A.4.3 计算

精子活力是 3 个视野精子活力评价值的平均数，按式(A.4)计算：

$$M=\frac{n_1+n_2+n_3}{3} \qquad \cdots\cdots\cdots\cdots(\text{A.4})$$

式中：

M ——精子活力，%；

n_1 ——第一视野活力评价值，%；

n_2 ——第二视野活力评价值，%；

n_3 ——第三视野活力评价值，%。

A.5 每剂量中精子总数检测

A.5.1 主要器材

血球计数板、血色素管、1 mL 刻度吸管、小试管、计数器、移液器、显微镜或电视显微系统。

A.5.2 检测方法

准确吸取 20 μL 解冻后精液，注入盛有 0.98 mL 的 3.0% 氯化钠溶液的试管内，混匀，使之成为 50 倍稀释的稀释精液。将备好的血球计数板用血盖片将计数室盖好，用移液器吸取稀释精液于血盖片边缘，使精液自行流入计数室，均匀充满，在显微镜下或电视显微系统上观察计数。

A.5.3 计算

每剂量中精子总数按式(A.5)计算：

$$S = Q \times 104 \times 50 \times V \qquad \cdots\cdots\cdots\cdots(A.5)$$

式中：

S ——每剂量中精子总数，单位为个；

Q ——计数室 25 个中方格的总精子数，单位为个；

V ——剂量值，单位为毫升(mL)。

每样品观察上下两个计数室，取平均值，如两个计数室计数结果误差超过 5%，则应重检。

A.6 每剂量中呈前进运动精子数

每剂量中呈前进运动精子数按式(A.6)计算：

$$C = S \times M \qquad \cdots\cdots\cdots\cdots(A.6)$$

式中：

C ——每剂量中前进运动精子数，单位为个；

S ——每剂量中精子总数，单位为个；

M ——精子活力，%。

A.7 精子畸形率的检测

A.7.1 主要器材

显微镜、载玻片、血球分类计数器、染色板、吸管。

A.7.2 主要试剂及配制

A.7.2.1 磷酸盐缓冲液

取磷酸二氢钠($NaH_2PO_4 \cdot 2H_2O$) 0.55 g、磷酸氢二钠($Na_2HPO_4 \cdot 12H_2O$)2.25 g，双蒸馏水定容至 100 mL。

A.7.2.2 中性福尔马林固定液

取磷酸二氢钠($NaH_2PO_4 \cdot 2H_2O$)0.55 g、磷酸氢二钠($Na_2HPO_4 \cdot 12H_2O$)2.25 g，用 0.89% 氯化钠约 50.0 mL 溶解后加入 8.0 mL 40% 甲醛 HCHO(使用前经碳酸镁中和过滤)，再加 0.89% 氯化钠溶液定容至 100.0 mL。

A.7.2.3 姬姆萨原液

分别用量筒量取甘油[$C_3H_5(OH)_3$] 66.0 mL、甲醇(CH_3OH) 66.0 mL。将姬姆萨染料 1.0 g 放入研钵中加少量甘油充分研磨至无颗粒为止，然后将甘油全部加入并置 60 ℃恒温箱中，溶解 4 h 后，再加入甲醇充分溶解，过滤后贮于棕色瓶中待用，贮存时间越久染色效果越好。

A.7.2.4 姬姆萨染液

取姬姆萨原液(A.7.2.3)2.0 mL，加磷酸盐缓冲液 3.0 mL 及蒸馏水 5.0 mL。现配现用。

以上所用化学试剂纯度应达到分析纯。

A.7.3 制片染色、镜检、计算

A.7.3.1 抹片

取解冻后精液 1 滴，滴于载玻片一端，用另一边缘光滑的载玻片与有样品的载玻片成 35°夹角，将样品均匀地拖布于载玻片上，自然风干(约 5 min)，每样品制作 2 个抹片。

A.7.3.2 固定

在已风干的抹片上滴 1.0 mL～2.0 mL 中性福尔马林，固定 15 min 后用清水缓缓冲去固定液，吹干或自然风干。

A.7.3.3 染色

将固定好后的抹片反扣在带有平槽的有机玻璃面上，把姬姆萨染液滴于槽和抹片之间。让其充满平槽并使抹片接触染液，染色 1.5 h 后用清水缓缓冲去染液，晾干待检。

A.7.3.4 镜检

将制备好的抹片在显微镜(400 倍～600 倍)下观察，每个抹片观察 200 个以上的精子(分左、右 2 个区)，取 2 片的平均值，2 片的变异系数不得大于 20%，若超过应重新制片。

A.7.3.5 计算

精子畸形率按式(A.7)计算：

$$A=\frac{A_1}{S}\times 100 \qquad \cdots\cdots(A.7)$$

式中：

A ——精子畸形率，%；

A_1 ——畸形精子数，单位为个；

S ——精子总数，单位为个。

A.8 细菌菌落数的检测

A.8.1 主要器材

培养箱、超净化工作台、天平、高压蒸汽灭菌锅、恒温水浴锅、培养皿。

A.8.2 培养基的配制

普通琼脂的制作：取牛肉浸膏 5.0 g、蛋白胨 10.0 g、磷酸氢二钾($K_2HPO_4\cdot 3H_2O$)1.0 g 、氯化钠($NaCl$)5.0 g，用蒸馏水 1 000 mL 溶解后加琼脂粉 20 g 加温融解。调整 pH 至 7.4～7.6，并用脱脂棉过滤，分装于三角烧瓶中经高压灭菌(0.1 MPa，20 min)。

也可使用营养琼脂培养基。

A.8.3 检测方法

将每份样品制作灭菌平皿 2 个并标注样品号。取 2 剂细管性控冷冻精液在 37 ℃水浴中解冻，细管用酒精棉球消毒后分别注于 2 个灭菌平皿内；在无菌条件下，把 50 ℃～52 ℃的培养基倒入平皿内，每平皿 15 mL，并水平晃动平皿使精液混合均匀，待琼脂凝固后倒置平皿，同时作空白对照平皿，置 37 ℃恒温箱内培养 48 h 取出，统计出每个平皿内细菌菌落数。

A.8.4 计算

样品的细菌菌落数为 2 个平皿中统计菌落数的平均值，按式(A.8)计算：

$$B=\frac{n_1+n_2}{2} \qquad \cdots\cdots\cdots\cdots(\text{A.8})$$

式中：

B ——细菌菌落数，单位为个；

n_1 ——第 1 个平皿菌落数，单位为个；

n_2 ——第 2 个平皿菌落数，单位为个。

ICS 71.100.99
G 74

中华人民共和国国家标准

GB/T 31583—2015

脱氧保护型硫磺回收催化剂物理性能试验方法

Test method of physical properties for deoxidizing protection type sulfur recovery catalyst

2015-06-02 发布 2016-01-01 实施

中华人民共和国国家质量监督检验检疫总局
中国国家标准化管理委员会 发布

前　　言

本标准按照GB/T 1.1—2009给出的规则起草。

本标准由中国石油和化学工业联合会提出。

本标准由全国化学标准化技术委员会(SAC/TC 63)归口。

本标准起草单位:南化集团研究院、山东迅达化工集团有限公司、山东齐鲁科力化工研究院有限公司。

本标准主要起草人:邱爱玲、胡文宾、田力、燕京、陈延浩。

脱氧保护型硫磺回收催化剂物理性能试验方法

1 范围

本标准规定了脱氧保护型硫磺回收催化剂的堆积密度、颗粒点抗压碎力、磨耗率以及比表面积、孔体积、平均孔直径的测定方法。

本标准适用于含硫化氢酸性气为原料的克劳斯硫磺回收工艺中，以氧化铝为主要活性组分的具有脱氧保护功能的硫磺回收催化剂。

2 规范性引用文件

下列文件对于本文件的应用是必不可少的。凡是注日期的引用文件，仅注日期的版本适用于本文件。凡是不注日期的引用文件，其最新版本(包括所有的修改单)适用于本文件。

GB/T 6003.1 试验筛 技术要求和检验 第1部分：金属丝编织网试验筛

GB/T 6678 化工产品采样总则

HG/T 2782 化肥催化剂颗粒抗压碎力的测定

HG/T 2976 化肥催化剂磨耗率的测定

HG/T 4680 化肥催化剂堆积密度的测定

3 堆积密度的测定

按 HG/T 4680 的规定，其中待测试样应在(120±5)℃的温度下，分散干燥 2 h。

4 颗粒点抗压碎力的测定

按 HG/T 2782 的规定，其中智能颗粒强度试验机的量程为 0 N～500 N，试样测定颗粒数为 40 颗。

5 磨耗率的测定

按 HG/T 2976 的规定，其中磨后筛上物称重前，应在(120±5)℃的温度下干燥 2 h。

6 比表面积、孔体积、平均孔直径的测定

6.1 原理

放入气体中的试样，其表面(包括外部和内部通孔的表面)在低温下发生物理吸附。当吸附达到平衡时，测量平衡吸附压力和吸附的气体量，根据 BET 方程式由吸附等温线求出试样单分子层饱和吸附量，从而计算出试样的比表面积；根据 Kelvin 方程式由脱附等温线可计算出试样的孔直径。

6.2 仪器、设备及材料

6.2.1 物理吸附仪：能在液氮温度下，进行氮气吸附。

6.2.2 脱气装置：能在温度 300 ℃、真空度小于等于 1.3 Pa 的条件下对样品进行脱气。

6.2.3 分析天平：精确至 0.000 1 g。

6.2.4 烘箱。

6.2.5 杜瓦瓶。

6.2.6 液氮：101.3 kPa 下的沸点为 −196 ℃。

6.2.7 氮气(或氦气)：高纯。

6.3 采样

6.3.1 实验室样品

按 GB/T 6678 中的规定取得。

6.3.2 试样

取适量实验室样品，用孔径为 ϕ3.0 mm 的试验筛(符合 GB/T 6003.1 中 R40/3 系列)筛去粉尘和碎粒，置于烘箱中，105 ℃干燥 2 h，取出放在干燥器中冷却至室温。待用。

6.4 试验步骤

警告——本标准所涉及的试验用液氮可致皮肤冻伤，使用与转移时应配带防冻护具。液氮在常压下汽化会产生过量的氮气，可使空气中氧分压下降，引起缺氧窒息，使用时应配有排风设备等预防措施。

6.4.1 样品管的称量

将干净的空样品管接到脱气装置的脱气口，经抽真空后，回充氮气至常压。从脱气口取下样品管，加胶塞密封称量，精确至 0.000 1 g，其质量记为 m_1。

6.4.2 样品管的装填

称取约 0.2 g 催化剂试样(见 6.3.2)，精确至 0.000 1 g，用镊子或漏斗等不污染样品管的工具将其放入到样品管(见 6.4.1)的底部。

6.4.3 仪器的开启

依次开启脱气装置真空泵、脱气装置主机、物理吸附仪真空油泵、物理吸附仪主机的电源，并打开物理吸附仪操作软件。

6.4.4 样品脱气

将样品管(见 6.4.2)接到脱气装置的脱气口，套好加热套。打开脱气开关，保持 1.3 Pa 或以下的真空度，同时升温至 300 ℃，恒温保持 3 h。待样品管温度降至室温后，打开样品管口处的氮气阀或氦气阀，回充氮气或氦气，25 s～30 s 后，将样品管从脱气口移开，胶塞密封，称重，质量记为 m_2。

6.4.5 样品吸脱附与分析

向杜瓦瓶中注入适量的液氮，将称量好的经过脱气、内含样品的样品管(见 6.4.4)连接到物理吸附仪上，使其位于盛有液氮的杜瓦瓶的上方，关好防护罩。

在电脑控制界面输入测试条件，在操作界面分别填入 m_1、m_2，点击开始，仪器进行自动分析。

6.4.6 关机

测试完毕后，先关闭气源，再依次关闭软件、电脑、仪器。

6.5 结果计算

经仪器分析后，会直接得到催化剂样品的比表面积、孔体积和平均孔直径的数值。若仪器不能直接给出平均孔直径的数值，应根据孔体积和比表面的数值，由式(1)计算而得。

平均孔直径 D，单位为纳米(nm)，按式(1)计算：

$$D=\frac{4V}{A}\times 1\,000 \quad\cdots\cdots(1)$$

式中：

V ——催化剂孔体积的数值，单位为立方厘米每克(cm^3/g)；

A ——催化剂比表面积的数值，单位为平方米每克(m^2/g)。

取两次连续测定结果的算术平均值作为测定结果，连续测定结果的相对偏差应不大于 5%。

ICS 71.100.99
G 75

中华人民共和国国家标准

GB/T 31584—2015

平板式烟气脱硝催化剂

Plate-type $DeNO_x$ catalysts

2015-06-02 发布　　　　2016-01-01 实施

中华人民共和国国家质量监督检验检疫总局
中国国家标准化管理委员会　发布

前　言

本标准按照 GB/T 1.1—2009 给出的规则起草。

本标准由中国石油和化学工业联合会提出。

本标准由全国化学标准化技术委员会(SAC/TC 63)归口。

本标准起草单位:大唐南京环保科技有限责任公司、国电环境保护研究院、西安热工研究院有限公司、浙江德创环保科技股份有限公司、南化集团研究院。

本标准主要起草人:江晓明、徐旭升、李倩、王虎、李小海、朱林、孔凡海、赵博、李浙飞、董晓真。

平板式烟气脱硝催化剂

1 范围

本标准规定了平板式烟气脱硝催化剂的术语和定义、产品规格、要求、试验方法、检验规则、标志、包装、运输和储存、产品随行文件。

本标准适用于钒钛系氨选择性催化还原平板式烟气脱硝催化剂。

2 规范性引用文件

下列文件对于本文件的应用是必不可少的。凡是注日期的引用文件，仅注日期的版本适用于本文件。凡是不注日期的引用文件，其最新版本(包括所有的修改单)适用于本文件。

GB/T 191 包装储存图示标志

GB/T 19587 气体吸附 BET 法测定固态物质比表面积

GB/T 21650.1 压汞法和气体吸附法测定固体材料孔径分布和孔隙度 第1部分:压汞法

GB/T 31590 烟气脱硝催化剂化学成分分析方法

3 术语和定义

下列术语和定义适用于本文件。

3.1

平板式脱硝催化剂 plate-type catalysts

以金属网为基材，在其表面涂覆活性物质经焙烧而成的脱硝催化剂。

3.2

氨选择性催化还原法 NH_3 selective catalytic reduction

在催化剂作用下，氨还原剂与氮氧化物反应，生成氮气和水的脱硝方法。

3.3

单板 plate

金属网表面均匀涂覆活性组分，按照一定的规格褶皱并剪切而成的催化剂板，是平板式催化剂的基本组成部分。

3.4

单元 element

由一定数量的催化剂单板在金属盒内组装而成。

3.5

模块 module

由一定数量的催化剂单元在模块框内组装而成。

3.6

节距 pitch

催化剂单元内相邻两单板中心层之间的距离。

3.7

几何比表面积　geometrical specific surface area

烟气流通催化剂通道的总表面积与催化剂体积的比值。

3.8

开孔率　opening ratio

烟气流通催化剂通道的截面积与催化剂总截面积的比值。

3.9

耐磨强度　abrasion resistance

当平板式催化剂受到外力摩擦时，其表面活性物质涂层能抵抗摩擦力而不形成碎屑或粉末的能力。

3.10

比表面积　specific surface area

单位质量催化剂的表面和内孔的总表面积。

3.11

孔容　pore volume

单位质量催化剂的内孔总容积。

3.12

脱硝效率　denitrification efficiency

烟气通过催化剂后脱除的 NO_x 量与原烟气中所含 NO_x 量的百分比。

3.13

面速度　area velocity

烟气流量与催化剂的总几何表面积(催化剂体积与几何比表面积的乘积)之比。

3.14

氨氮摩尔比　NH_3/NO_x molar ratio

烟气中氨物质的量与氮氧化物物质的量之比。

3.15

活性　activity

脱硝催化剂在还原剂与氮氧化物反应的过程中所起到的催化作用的能力。

3.16

SO_2/SO_3 转化率　SO_2/SO_3 conversion rate

烟气中的二氧化硫(SO_2)在催化反应过程中被氧化成三氧化硫(SO_3)的体积浓度百分比。

4　产品规格

平板式烟气脱硝催化剂产品的规格按节距进行划分，有 6.1 mm 节距、6.3 mm 节距、6.5 mm 节距等。

5　要求

5.1　外观

催化剂单元金属壳体应无明显划痕和凹陷损伤；模块顶部应设有防止大颗粒物与催化剂直接接触的防尘格栅，模块焊接处应无气孔、弧坑、漏焊、虚焊和夹渣等缺陷；外包装完好无破损。

5.2 几何性能

平板式烟气脱硝催化剂主要由单板、单元和模块组成，示意图分别见图1、图2、图3，其几何性能应符合表1的规定。

单元在模块框内的单层布置方式为4×2，层数可以布置为1～3层。

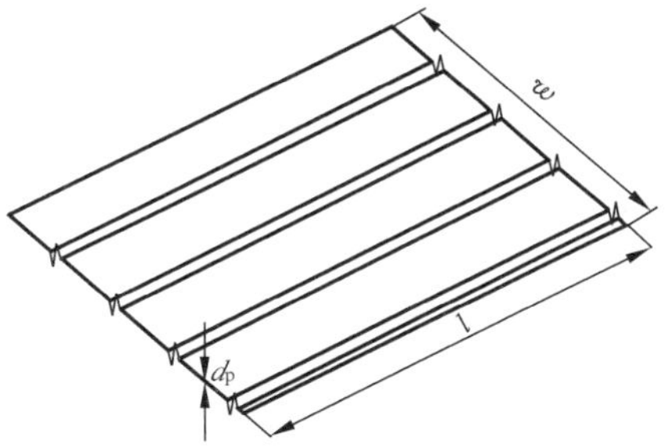

图1 平板式烟气脱硝催化剂单板示意图

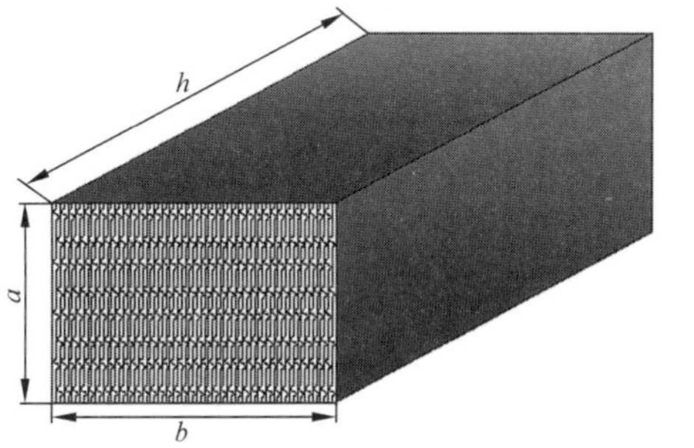

图2 平板式烟气脱硝催化剂单元示意图

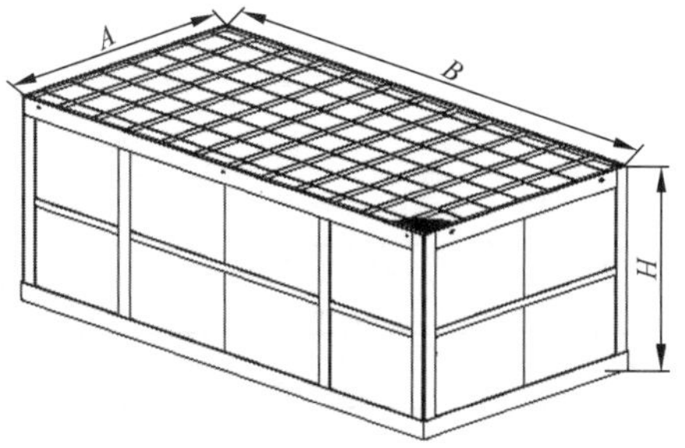

图3 平板式烟气脱硝催化剂模块示意图

表1 几何性能要求

项 目		指 标	允许偏差
单板	长度(l)/mm	450～660	±3
	宽度(w)/mm	456	±3
	厚度(d_p)/mm	0.6～0.9	±0.1
单元	截面边长($a=b$)/mm	464	±2
	高度(h)/mm	462～672	±2
模块	宽度(A)/mm	954	±3
	长度(B)/mm	1 882	±3
	高度(H)/mm	712～2 036	±3
几何比表面积/(m^2/m^3)		261～350	—
开孔率/%		85～90	—

5.3 理化性能

理化性能应符合表2的规定。

表2 理化性能要求

项 目	指 标	允许偏差
耐磨强度/(mg/100 r)	≤130	—
比表面积/(m^2/g)	≥60	—
孔容/(mL/g)	≥0.25	—
二氧化钛(TiO_2)的质量分数/%	≥75	—
五氧化二钒(V_2O_5)的质量分数/%	≤0.5	±0.08
	>0.5～1.0	±0.10
	>1.0～2.0	±0.15
	>2.0	±0.30

5.4 反应性能

反应性能应符合表3的规定。

表3 反应性能要求

项 目	指 标
活性/(m/h)	≥35
SO_2/SO_3 转化率/%	≤1.0

6 试验方法

6.1 外观

目视法测定。

6.2 几何性能的测定

6.2.1 单板、单元、模块尺寸的测定

用卷尺(最大允许误差为±1 mm)和游标卡尺(最大允许误差为±0.01 mm)测量。单板厚度的检测结果精确到0.01 mm,取同一单板不同位置的三次测量结果的算术平均值作为测量结果,三次测量结果的相对偏差应不大于4%。其他外观尺寸的测定结果精确至1 mm。

6.2.2 几何比表面积、开孔率的测定

催化剂几何比表面积和开孔率根据催化剂单板、单元尺寸,计算而得。

催化剂几何比表面积 A_p,数值以平方米每立方米(m^2/m^3)表示,按式(1)计算:

$$A_p = \frac{S_c}{V} = \frac{2nl(b_{gs} - xb_k)}{V} \times 10^{-6} \quad \cdots\cdots(1)$$

式中:

S_c ——烟气流经催化剂单元的总表面积的数值,单位为平方米(m^2);

V ——催化剂单元体积的数值,单位为立方米(m^3);

2 ——单板表面数;

n ——单元中单板数的数值;

l ——单板长度的数值,单位为毫米(mm);

b_{gs} ——折弯前的单板宽度的数值,单位为毫米(mm);

x ——相邻单板间接触面的数量;

b_k ——相邻单板间的接触宽度(示意图见图4)的数值,单位为毫米(mm)。

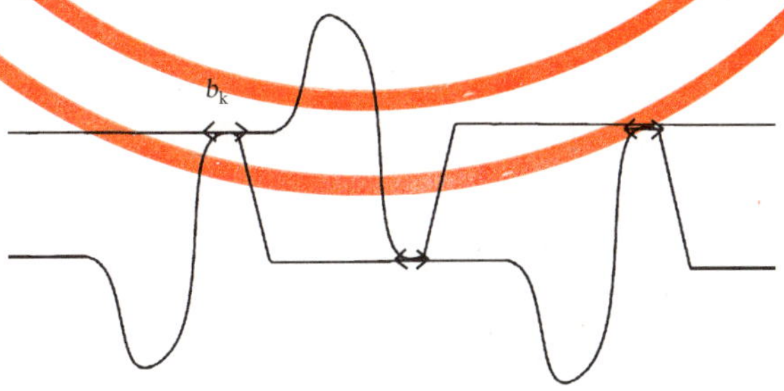

图4 相邻单板间的接触宽度示意图

平板式烟气脱硝催化剂的开孔率 ε,按式(2)计算:

$$\varepsilon = \left(1 - \frac{nd_p b_{gs}}{ab}\right) \times 100\% \quad \cdots\cdots(2)$$

式中:

n ——单元中单板数的数值;

d_p ——单板厚度,单位为毫米(mm);

b_{gs} ——折弯前的单板宽度的数值,单位为毫米(mm);

a ——单元截面边长的数值,单位为毫米(mm);

b ——单元截面边长的数值,单位为毫米(mm)。

6.3 理化性能的测定

6.3.1 耐磨强度的测定

6.3.1.1 仪器和材料

6.3.1.1.1 旋转式磨耗测试仪。

6.3.1.1.2 卷尺:精确至 1 mm。

6.3.1.1.3 电子天平:精确至 0.000 1 g。

6.3.1.1.4 干燥箱(干燥器)。

6.3.1.1.5 切割机。

6.3.1.1.6 锥钻:钻头直径 8 mm。

6.3.1.2 试样的制备

用切割机截取长度和宽度均为 90 mm(不包含褶皱部分)且表面平整的试样,用锥钻在试样中心钻孔。将钻孔后的试样放入烘箱中,60 ℃干燥 30 min,取出放入干燥器中冷却 30 min,密闭称重。待用。

6.3.1.3 测定步骤

在温度为 10 ℃~30 ℃、相对湿度为 15%~75%的环境条件下,将试样固定在磨耗测试仪中,吸尘管与试样之间的距离为 6 mm±0.5 mm,吸尘管管口内径为 7.5 mm±0.5 mm。测试时采用硬度为 90 HA±5 HA 的橡胶磨轮,宽度为 13 mm±1 mm;单个磨轮的附加砝码质量为 750 g(单个磨轮的附加砝码及砝码臂总质量为 1.0 kg),磨轮转速为 60 r/min、转数为 300 r。

研磨结束后,将试样再次放入烘箱中,60 ℃干燥 30 min,然后置于干燥器中冷却 30 min,密闭称重。

6.3.1.4 结果计算

催化剂的耐磨强度 ζ_p,数值以毫克每 100 转(mg/100 r)表示,按式(3)计算:

$$\zeta_p = \frac{2(m_1 - m_2)}{n} \times 100 \qquad \cdots\cdots(3)$$

式中:

m_1——测试前试样质量的数值,单位为毫克(mg);

m_2——测试后试样质量的数值,单位为毫克(mg);

n ——磨轮的转数(n=300 r)。

6.3.2 比表面积的测定

按 GB/T 19587 中的容量法进行测试,其中从催化剂表面上截取的试样为 0.800 0 g~1.200 0 g(不含基材),在 300 ℃真空脱气至少 30 min。

6.3.3 孔容的测定

按 GB/T 21650.1 的规定,其中催化剂试样从表面截取,不含基材。

6.3.4 TiO_2 和 V_2O_5 质量分数的测定

按 GB/T 31590 的规定,其中催化剂试样从表面截取,不含基材。

6.4 反应性能的测定

警告——本标准所涉及的试验用烟气(含 O_2、NH_3、SO_2、N_2、NO)对人体健康和安全具有中毒、易燃、易爆危害,必须严防系统漏气,现场严禁有明火,并且应配有必要的灭火器材和排风设备等预防设施。

6.4.1 试验装置

催化剂反应性能试验装置示意图见图 5。

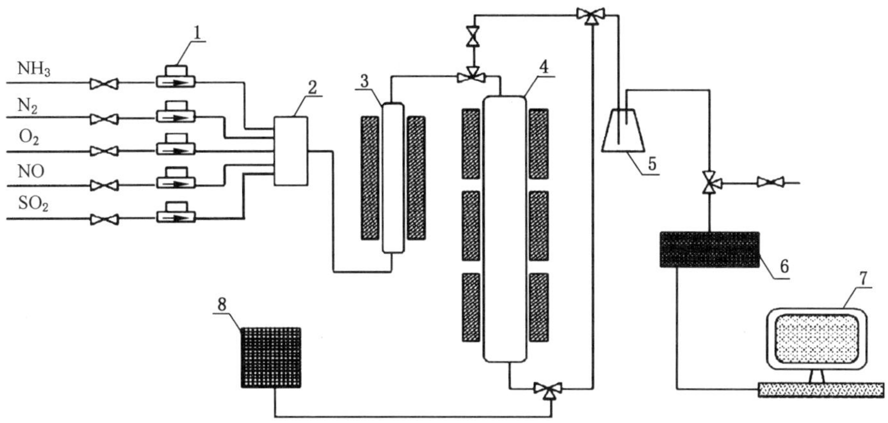

说明:

1——质量流量计;

2——气体混合器;

3——预热炉;

4——反应器;

5——NH_3 吸收瓶;

6——烟气分析仪;

7——数据处理系统;

8——尾气吸收系统。

图 5 脱硝催化剂反应性能试验装置示意图

6.4.2 测试步骤

6.4.2.1 烟气

试验烟气可采用配气法、燃烧法或其他方法产生。

烟气参数见表 4,其成分分析方法参见附录 A。

表4 测试烟气条件

项　目	设定值	允许偏差
空速/h^{-1}	13 333	±3(相对值)
烟气温度/℃	380	±3(绝对值)
SO_2 浓度/(mg/m^3)	1 429	±1(相对值)
NO 浓度/(mg/m^3)	402	±1(相对值)
O_2 浓度/%	5	±0.2(绝对值)
氨氮摩尔比	1	0/+0.1(绝对值)
H_2O 含量/%	15	±1(相对值)

6.4.2.2 试样的制备及装填

单个试样按宽度 60 mm～150 mm、长度 500 mm 进行裁切。将裁切好的试样在装置内按照单层进行装载，待用。

6.4.2.3 系统试漏

向系统内缓慢通入氮气，在压力不低于 0.1 MPa 条件下，稳压 10 min 后，用涂刷中性发泡剂的方法，检测所有密封点，如有泄露应进行处理。试漏合格后，应及时缓慢泄压。

6.4.2.4 老化

在不通入 NH_3 和 NO 的情况下，调节其他烟气条件满足表 4 要求，保持至少 12 h。然后每隔 1 h，测定反应器出口烟气中 SO_2 和 SO_3 的体积分数。当连续 4 次测试数据不存在同一种趋势且相对偏差小于 10%时，老化结束。

6.4.2.5 测试

6.4.2.5.1 活性测定

老化完成后，按表 4 中的试验要求通入全部气体，稳定并保持 1 h。然后每隔 1 h 测定一次反应器进出口 NO_x 浓度，当连续 4 次测定结果不存在同一种趋势且测定结果相对偏差不大于 3%时，NO_x 浓度测试完毕，取连续 4 次测定结果的算术平均值作为测定结果。

6.4.2.5.2 SO_2/SO_3 转化率的测定

活性测定完成后，切断 NH_3 供应，其他烟气条件保持不变，稳定并保持 1 h。然后每隔 1.0 h 测定一次反应器进出口 SO_3 体积分数和进口 SO_2 体积分数。当连续 4 次测定结果不存在同一种趋势且相邻两次测定结果相对偏差不大于 10%时，SO_2/SO_3 转化率测试完毕。取连续 4 次测定结果的算术平均值作为测定结果。

6.4.3 结果计算

6.4.3.1 脱硝效率

催化剂的脱硝效率 η，按式(4)计算：

$$\eta=\frac{C_1-C_2}{C_1}\times 100\% \quad \cdots\cdots(4)$$

式中：

C_1——反应器入口 NO_x 浓度(标态，干基)的数值，单位为毫克每立方米(mg/m^3)；

C_2——反应器出口 NO_x 浓度(标态，干基)的数值，单位为毫克每立方米(mg/m^3)。

6.4.3.2 活性

当氨氮摩尔比等于1时，催化剂的活性 K，以米每小时(m/h)表示，按式(5)计算：

$$K=-AV\times\ln(1-\eta) \quad \cdots\cdots(5)$$

式中：

AV ——面速度的数值，单位为米每小时(m/h)；

η ——催化剂的脱硝效率的数值，以百分数表示。

6.4.3.3 SO_2/SO_3 转化率

催化剂的 SO_2/SO_3 转化率 E，按式(6)计算：

$$E=\frac{\varphi_1-\varphi_2}{\varphi_3}\times 100\% \quad \cdots\cdots(6)$$

式中：

φ_1——反应器出口 SO_3 体积分数(标态，干基)的数值，单位为微升每升($\mu L/L$)；

φ_2——反应器进口 SO_3 体积分数(标态，干基)的数值，单位为微升每升($\mu L/L$)；

φ_3——反应器进口 SO_2 体积分数(标态，干基)的数值，单位为微升每升($\mu L/L$)。

7 检验规则

7.1 检验分类

产品检验分为出厂检验和型式检验。

7.2 出厂检验

7.2.1 检验项目

每批产品出厂前应由检验部门进行检验。出厂检验项目及频次见表5。

表5 检验项目及频次

检验项目	检验频次
外观	全检
单板、单元、模块尺寸	3个/检验批次
几何比表面积、开孔率	1个/检验批次
耐磨强度	3个/检验批次
比表面积、孔容	1个/检验批次
TiO_2、V_2O_5 质量分数	3个/检验批次

7.2.2 抽样与判定规则

7.2.2.1 抽样规则

平板式脱硝催化剂每个项目作为一个交货批次，以不大于150 m^3 催化剂作为一个检验批次。抽样样品应标记好项目名称、抽样日期、抽样人等。

7.2.2.2 判定规则

检验不合格的项目应加倍抽样复检，复检结果合格，则该批次产品合格；否则该批次产品不合格。

7.3 型式检验

型式检验的检验项目包括第5章要求的全部项目，反应性能检验频次为2个/交货批次，其他项目检验频次见表5。抽样与判定规则按7.2.2规定进行。正常情况下，每半年进行一次型式检验，有下列情况之一也应进行型式检验：

a） 新产品定型鉴定前；

b） 催化剂在设计、工艺、材料、配方上有较大改变时；

c） 长期停产后恢复生产时；

d） 国家质量监督机构提出进行型式检验要求时；

e） 用户提出进行型式检验要求时。

8 标志、包装、运输和储存

8.1 标志

催化剂模块应在明显位置装有固定标志，标明产品名称、型号、制造厂全称、出厂编码等。

8.2 包装

8.2.1 产品包装应标有符合GB/T 191的标识。

8.2.2 外包装应标有收货单位名称和地址，并标有生产厂家名称。

8.2.3 外包装应有“小心轻放”“防潮”等标志。

8.3 运输

运输过程中，应避免受到雨雪或其他液体直接淋袭与机械损伤。

8.4 储存

产品应存放在干燥通风、无腐蚀性气体的室内。

9 产品随行文件

产品出厂应提供下列随行文件：

a） 产品合格证；

b） 产品运行维护手册；

c） 发货清单。

附 录 A
（资料性附录）
烟气成分分析方法

脱硝催化剂反应性能试验装置的烟气成分分析方法及参考标准见表 A.1。

表 A.1 烟气成分分析方法及参考标准

序号	烟气成分	推荐的检测方法	参考标准
1	NO/NO_2	非分散红外吸收法 盐酸萘乙二胺分光光度法	HJ 692 HJ/T 43
2	O_2	磁力机械式氧分析仪法	JJG 662
3	SO_2	非分散红外吸收法 碘量法 离子色谱法	HJ 629 HJ/T 56 GB/T 14642
4	SO_3	高氯酸钡-钍试剂法 离子色谱法	GB/T 21508 GB/T 14642
5	NH_3	氨气敏电极法 次氯酸钠-水杨酸分光光度法 离子色谱法	GB/T 14669 HJ 534 GB/T 15454
6	H_2O	冷凝法 重量法	GB/T 16157

ICS 71.100.99
G 74

中华人民共和国国家标准

GB/T 31585—2015

煤制气中氧硫氰化物净化催化剂活性试验方法

Test method of activity for oxygen and sulphur and cyanide removal purification catalyst from coal gas

2015-06-02 发布　　2016-01-01 实施

中华人民共和国国家质量监督检验检疫总局
中国国家标准化管理委员会　发布

前　言

本标准按照 GB/T 1.1—2009 给出的规则起草。

本标准由中国石油和化学工业联合会提出。

本标准由全国化学标准化技术委员会(SAC/TC 63)归口。

本标准起草单位:华烁科技股份有限公司、福州大学化肥催化剂国家工程研究中心、南化集团研究院。

本标准主要起草人:肖安陆、钱胜涛、江莉龙、邱爱玲、刘华伟、张清建、魏华、孔渝华。

煤制气中氧硫氰化物净化催化剂活性试验方法

1 范围

本标准规定了煤制气中氧硫氰化物净化催化剂的活性试验方法。

本标准适用于焦炉煤气及IGCC煤制气等煤制工业原料气中同时用于耐硫脱氧、氢氰酸转化、氧硫化碳和二硫化碳水解转化的净化催化剂。

2 规范性引用文件

下列文件对于本文件的应用是必不可少的。凡是注日期的引用文件，仅注日期的版本适用于本文件。凡是不注日期的引用文件，其最新版本(包括所有的修改单)适用于本文件。

GB/T 6003.1 试验筛 技术要求和检验 第1部分:金属丝编织网试验筛

GB/T 6678 化工产品采样总则

3 原理

原料气中的氧气、氧硫化碳、二硫化碳、氢氰酸在催化剂的作用下，分别发生化学反应，其化学反应方程式如下：

$$O_2+2H_2 \rightleftharpoons 2H_2O$$

$$COS+H_2O \rightleftharpoons H_2S+CO_2$$

$$CS_2+2H_2O \rightleftharpoons 2H_2S+CO_2$$

$$HCN+2H_2O \rightleftharpoons NH_3+HCOOH$$

用控氧仪分析反应前后气体中氧的体积分数，计算出氧的转化率；用微量硫分析仪分析反应前后气体中氧硫化碳和二硫化碳的体积分数，计算出氧硫化碳和二硫化碳转化率；用氢氰酸检测管分析反应前后气体中氢氰酸的体积分数，计算出氢氰酸的转化率，以此表征催化剂活性。

4 试验装置

4.1 流程

煤制气中氧硫氰化物净化催化剂活性试验装置示意图见图1。

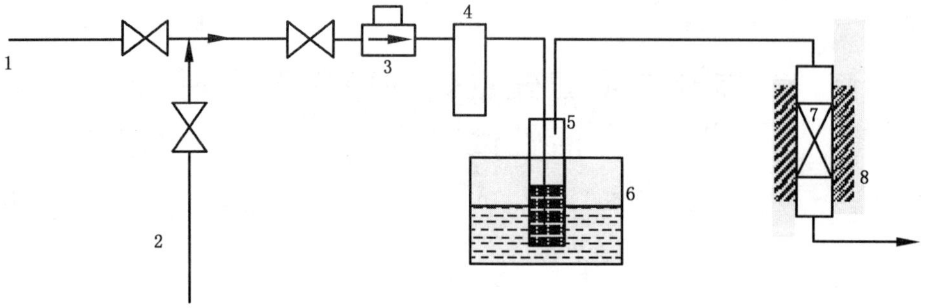

说明：
1——原料气；
2——硫化气；
3——质量流量计；
4——缓冲罐；
5——水饱和器；
6——恒温水浴；
7——反应管；
8——加热炉。

图 1 煤制气中氧硫氰化物净化催化剂活性试验装置示意图

4.2 主要性能

煤制气中氧硫氰化物净化催化剂活性试验装置主要性能设计参数见表 1。

表 1 活性试验装置主要性能设计参数

项　　目		性能参数
反应管规格(不锈钢)/mm		$\phi 8\times 1$
反应器等温区长度[a]/mm	≥	75
最高使用压力/MPa		2.0
最高使用温度/℃		600
平行性(极差值)/%	≤	1
复现性(极差值)/%	≤	2
[a] 反应器等温区长度的测定按附录 A 的规定。		

4.3 校验

正常情况下，检验装置的平行性、复现性每年用参考样或保留样至少测定一次，其测定方法按第 6 章和第 7 章的规定。

5 采样

5.1 实验室样品

按 GB/T 6678 中的规定取得。

5.2 试样

将实验室样品混合均匀，用四分法取约 20 g，置于瓷研钵内破碎研细，再用四分法取约 10 g，用孔径为 0.45 mm 和 0.90 mm 的试验筛（符合 GB/T 6003.1 中 R 40/3 系列）筛分。取粒度为 0.45 mm～0.90 mm 的试样，置于烘箱中（120±5）℃干燥 2 h，取出放在干燥器中冷却至室温，按附录 B 的规定测定其堆积密度。

5.3 试料

根据试样的堆积密度，称取 1.0 mL 对应质量的试样，精确至 0.01 g，待用。

6 试验步骤

警告——本标准所涉及的试验用原料气和尾气（含 CO、HCN、COS、H_2S、CS_2 等）对人体健康和安全具有中毒、易燃、易爆危害，应严防系统漏气，现场严禁有明火，并且应配有必要的灭火器材和排风设备等预防设施。

6.1 原料气

原料气（以体积分数计）由氢气（30%）、二氧化碳（8%）、一氧化碳（5%）、硫化氢（0.001%～0.100%）、氧气（0.1%～0.4%）、氧硫化碳（0.01%～0.10%）、二硫化碳（0.01%～0.10%）、氢氰酸（0.001%～0.050%），其余为氮气组成。

6.2 硫化气

硫化气（以体积分数计）由硫化氢（1%）、氢气（5%～10%），其余为氮气组成。

6.3 试料的装填

在反应器的反应管底部的筛板上垫一层干净细钢网，将处理好的粒度为 0.45 mm～0.9 mm 的石英砂装入反应管内，并敲实，填至测定等温区时所确定的位置。再在石英砂上加一层细钢网，将催化剂试料（见 5.3）分次小心倒入反应管内，轻轻敲打管壁，使催化剂床层装填紧密，并测量其催化剂床层装填高度，然后加一层细钢网，用石英砂装填至距反应管入口截面 10 mm 左右的位置。

6.4 系统试漏

将反应管接入系统。打开氮气总阀，向系统内通入氮气，并稳定在 0.8 MPa，关闭系统进出口阀门，如在 0.5 h 内压力下降小于 0.05 MPa，则视为系统密封。试漏符合要求后打开系统出口阀排气，使系统降至常压。将测温热电偶插入热电偶套管内，使其热端位于反应管外壁、催化剂床层内 5 mm 处。

6.5 升温硫化

向反应器内通入氮气，按表 2 的条件进行升温；在反应器温度升至 200 ℃时，切换为硫化气，开始硫化；400 ℃时，分析反应器进出口 H_2S 体积分数，直至进出口 H_2S 含量平衡，硫化结束。

表 2 升温硫化条件

<table>
<tr><th>反应器温度范围/℃</th><th>升温速率/(℃/h)</th><th>所需时间/h</th><th>空速/h^{-1}</th><th>系统压力</th></tr>
<tr><td>室温至 200</td><td>100</td><td>2</td><td rowspan="3">500</td><td rowspan="6">常压</td></tr>
<tr><td>200</td><td>0</td><td>1</td></tr>
<tr><td>200～300</td><td>100</td><td>1</td></tr>
<tr><td>300</td><td>0</td><td>2.5</td><td rowspan="3">1 000</td></tr>
<tr><td>300～400</td><td>100</td><td>1</td></tr>
<tr><td>400</td><td>0</td><td>4</td></tr>
</table>

6.6 活性的测定

硫化结束后，切断硫化气，系统改通原料气，控制并调节其系统压力为常压、活性测定温度为(200±1)℃、空速为(3 000±20)h^{-1}(气体相关的流量校正见附录 C)、水汽饱和器温度控制在(30±1)℃，稳定 2 h 后，开始用控氧仪分析反应前后气体中氧的体积分数，计算出其脱氧率；用微量硫分析仪(FPD 检测器)分析反应前后气体中氧硫化碳和二硫化碳的体积分数，计算出其氧硫化碳和二硫化碳转化率；用氢氰酸检测管分析反应前后气体中氢氰酸的体积分数，计算出其氢氰酸脱除率。然后每隔 0.5 h 测定一次，当连续三次测定数值的绝对差值不大于 2%，则可结束试验。

7 结果计算

活性以氧(或氧硫化碳、二硫化碳、氢氰酸)的转化率 E 计，按式(1)计算：

$$E=\frac{\varphi_1-\varphi_2}{\varphi_1}\times 100\% \qquad \cdots\cdots(1)$$

式中：

φ_1——原料气中氧(或氧硫化碳、二硫化碳、氢氰酸)的体积分数的数值，以 10^{-6} 表示；

φ_2——尾气中氧(或氧硫化碳、二硫化碳、氢氰酸)的体积分数的数值，以 10^{-6} 表示。

取三次连续测定结果的算术平均值作为测定结果，三次测定结果的绝对差值应不大于 2.0%。

附　录　A
（规范性附录）
反应器等温区长度的测定

A.1　装填

在反应器底部垫两层细不锈钢丝网，装入 0.45 mm～0.9 mm 的石英砂，至距反应器入口截面 10 mm 左右的位置，并敲实。将反应器联接到多功能净化催化剂性能试验装置中，试压试漏至合格，向反应管外壁热电偶套管内插入热电偶。

A.2　测定步骤

向反应器内通入原料气并升温，将温度、压力、空速及原料气体积比控制在催化剂活性试验的条件下，待条件稳定 2 h 后开始测定等温区。具体按下列步骤进行：

a） 将热电偶插入反应器热电偶套管内的适当位置，记下热电偶插入反应器套管内的长度和相应的温度(即原点处的温度)。将热电偶沿反应器电偶套管向外拉，每拉出 10 mm，等 2 min～3 min，记录稳定后的温度，直至温度相差 2 ℃以上为止。随后再将热电偶向套管内插入，方法同上，直到热电偶插到原点位置为测定一次。按上述步骤再重复测定一次，取两次测定的共同区间为该温度下等温区。

b） 将反应器温度升温至 400 ℃恒温，待条件稳定 2 h 后，按 a)的步骤测定 400 ℃下的等温区。

c） 取 200 ℃和 400 ℃的共同区间作为该反应器的等温区，该区间长度即为反应器等温区长度，单位为 mm，等温区内的温度差值应≤1 ℃，等温区长度应≥75 mm。

若所测量温度显示不出等温区，需将反应器拆下，调整电炉丝的疏密位置，然后重测等温度区。

A.3　等温区的确定

根据测得等温度区的长度，确定反应器内不锈钢筛板的固定位置和催化剂试料装填高度，计算出热电偶插入的长度。

附 录 B
（规范性附录）
催化剂堆积密度的测定

B.1 试样的堆积

将适量的试样(见5.2)分成若干份,依次加入10 mL量筒内;每加一次,均需将量筒上下振动若干次,直至试样在量筒内的位置不变为振实,反复操作,直至振实的试样量为10 mL。

B.2 试样的称量

称量振实的10 mL试样(见B.1)的质量,精确至0.1 g。

B.3 堆积密度的计算

催化剂堆积密度 ρ,单位为克每毫升(g/mL),按式(B.1)计算:

$$\rho=\frac{m_2-m_1}{V} \qquad \cdots\cdots(B.1)$$

式中:

m_2——10 mL量筒和10 mL试样的质量的数值,单位为克(g);

m_1——10 mL量筒的质量的数值,单位为克(g);

V ——试样的体积的数值,单位为毫升(mL)。

计算结果保留3位有效数字。

取平行测定结果的算术平均值作为测定结果,平行测定结果的相对误差应不大于2.0%。

附　录　C
（规范性附录）
转子流量计流量的校正

C.1　校正装置

湿式气体流量计比对法流量校正装置示意图见图C.1。

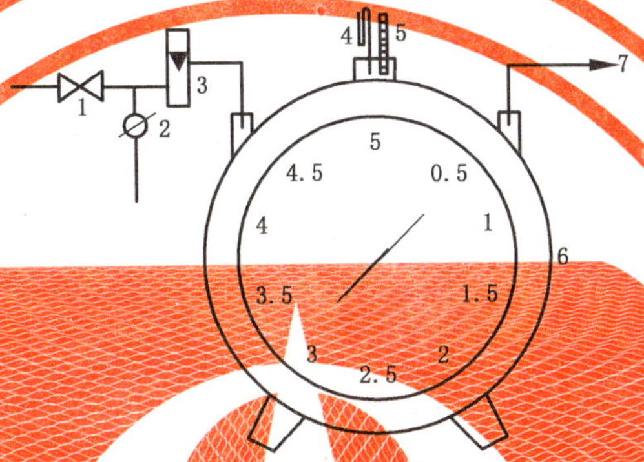

说明：

1——原料气进气阀；
2——气量调节考克；
3——转子流量计；
4——水压差计；
5——温度计；
6——湿式气体流量计；
7——放空。

图C.1　湿式气体流量计比对法流量校正装置示意图

首先调节好湿式气体流量计的水平，再拧开水位溢流孔的螺帽，向湿式气体流量计内加入蒸馏水，当水由溢流孔漫出时，停止加水，待溢流孔不漫水时，拧紧溢流孔螺帽。

C.2　校正步骤

打开进气阀，气体经转子流量计进入湿式气体流量计，用考克调节气体流量的大小。记下湿式气体流量计的起始，同时启动秒表计时，当湿式气体流量计计量一定量气体体积时，按下秒表，记下时间和湿式气体流量计的终止读数，并计算气体的体积流量。调节气体流量大小，重复测定，直至气体体积流量合格为止，确定转子流量计内浮子上端面的刻度位置。

C.3　结果计算

原料气的体积流量Q，单位为毫升每分(mL/min)，按式(C.1)计算：

$$Q = \frac{Sv V_{cat} p_0 T}{60 p T_0} \qquad \text{(C.1)}$$

式中：

Sv ——原料气空速的数值，单位为每小时(h^{-1})；

V_{cat}——催化剂试料体积的数值，单位为毫升(mL)；

p_0 ——标准状态下的大气压的数值，单位为帕斯卡(Pa)(p_0=101 325)；

T ——测定时室温的热力学温度的数值，单位为开尔文(K)；

p ——测定时的大气压的数值，单位为帕斯卡(Pa)；

T_0 ——标准状态下的热力学温度的数值，单位为开尔文(K)(T_0=273)。

ICS 87.040
G 50

中华人民共和国国家标准

GB/T 31586.1—2015/ISO 16276-1:2007

防护涂料体系对钢结构的防腐蚀保护　涂层附着力/内聚力(破坏强度)的评定和验收准则　第1部分:拉开法试验

Corrosion protection of steel structures by protective paint systems—Assessment of, and acceptance criteria for, the adhesion/cohesion (fracture strength) of a coating—Part 1: Pull-off testing

(ISO 16276-1:2007, IDT)

2015-06-02 发布　　2016-01-01 实施

中华人民共和国国家质量监督检验检疫总局
中国国家标准化管理委员会　发布

前　言

GB/T 31586《防护涂料体系对钢结构的防腐蚀保护　涂层附着力/内聚力(破坏强度)的评定和验收准则》分为两个部分:

——第1部分:拉开法试验;

——第2部分:划格试验和划叉试验。

本部分为GB/T 31586的第1部分。

本部分按照GB/T 1.1—2009给出的规则起草。

本部分使用翻译法等同采用国际标准ISO 16276-1:2007《防护涂料体系对钢结构的防腐蚀保护　涂层附着力/内聚力(破坏强度)的评定和验收准则　第1部分:拉开法试验》。

与本部分中规范性引用的国际文件有一致性对应关系的我国文件如下:

——GB/T 5210—2006　色漆和清漆　拉开法附着力试验(ISO 4624:2002,IDT);

——GB/T 30790.7—2014　色漆和清漆　防护涂料体系对钢结构的防腐蚀防护　第7部分:涂装的实施和管理(ISO 12944-7:1998,MOD);

——GB/T 30790.8—2014　色漆和清漆　防护涂料体系对钢结构的防腐蚀防护　第8部分:新建和维护技术规格书的制定(ISO 12944-8:1998,MOD)。

本部分由中国石油和化学工业联合会提出。

本部分由全国涂料和颜料标准化技术委员会(SAC/TC 5)归口。

本部分起草单位:中海油常州涂料化工研究院有限公司、南京市产品质量监督检验院、广州合成材料研究院有限公司、中航百慕新材料技术工程股份有限公司、浙江鱼童新材料股份有限公司、浙江天女集团制漆有限公司、上海金力泰化工股份有限公司、东莞市镁安镁业科技有限公司。

本部分主要起草人:彭菊芳、梁峙、李欣、季军宏、杨振波、梁新方、姚珄铭、杭莱莱、杨洁丹。

防护涂料体系对钢结构的防腐蚀保护 涂层附着力/内聚力(破坏强度)的评定和验收准则 第1部分:拉开法试验

1 范围

GB/T 31586的本部分规定了厚度不低于10 mm的钢底材上任意厚度的防护漆涂层拉开强度的评定方法。标准中给出的步骤是基于使用不同类型的拉开法测试设备,采用这些不同类型设备得到的测试结果没有可比性。

注1:厚度低于10 mm的基材,如果采用夹层技术加固(见ISO 4624)或者通过其本身的结构加固(如I形横梁或衬板),也可采用本方法测试。否则,应采用厚度不低于10 mm且与结构相同的方法涂装的试板进行测试,或者使用GB/T 31586.2中规定的方法进行测试。

本部分仅在已规定涂层的破坏强度值使用的测试设备类型和设备制造商的情况下才适用。通常,这些信息应包括在合同文件中。

注2:只有在满足有关环境条件的要求时,得到的涂层的拉开强度值才有意义。

本部分也规定了适用的设备、定义了检查区域、抽样方案和接受/拒绝准则。

本部分没有给出不同防护漆涂层的任何拉开强度值。

2 规范性引用文件

下列文件对于本文件的应用是必不可少的。凡是注日期的引用文件,仅注日期的版本适用于本文件。凡是不注日期的引用文件,其最新版本(包括所有的修改单)适用于本文件。

ISO 4624 色漆和清漆 拉开法附着力试验(Paints and varnishes—Pull-off test for adhesion)

ISO 12944-7 色漆和清漆 防护涂料体系对钢结构的防腐蚀防护 第7部分:涂装的实施和管理(Paints and varnishes—Corrosion protection of steel structures by protective paint systems—Part 7: Execution and supervision of paint work)

ISO 12944-8 色漆和清漆 防护涂料体系对钢结构的防腐蚀防护 第8部分:新建和维护技术规格书的制定(Paints and varnishes—Corrosion protection of steel structures by protective paint systems—Part 8: Development of specifications for new work and maintenance)

ISO 19840 色漆和清漆 防护涂料体系对钢结构的防腐蚀保护 粗糙面上干膜厚度的测量和验收准则(Paints and varnishes—Corrosion protection of steel structures by protective paint systems—Measurement of, and acceptance criteria for, the thickness of dry films on rough surfaces)

3 术语和定义

下列术语和定义适用于本文件。

3.1

破坏强度 fracture strength

超过粘接力所需要的力,包括:

——涂层之间或涂层与基材之间(附着力);和/或

——单一涂层内部(内聚力)。

3.2

附着力　adhesion

固体表面和其他材料之间的界面由于分子间作用力而产生的粘结现象。

注：不应将附着力和内聚力混淆。

[ISO 4618:2006]

3.3

内聚力　cohesion

将漆膜粘合成一个完整的整体所需要的力。

注：不应将内聚力和附着力混淆。

[ISO 4618:2006]

3.4

单道涂层　coat

经一次施涂所得到的涂料的连续涂膜。

[ISO 4618:2006]

3.5

涂层　coating

通过一次或多次施涂将涂料涂覆到基材上形成的连续涂膜。

[ISO 4618:2006]

3.6

检查区域　inspection area

采用抽样方案的指定区域，可以是整个结构或者选择的结构的某一部分。

4　原理

将试柱用合适的胶黏剂固定在涂层上，施加一定的力将涂层拉开。可用设备测量所施加的力。

5　仪器和材料

5.1　拉伸/拉开试验装置，符合 6.1.6 规定的要求。装置的制造商和型号应规定或经有关方商定。

5.2　试柱，由不锈钢或铝合金制成，具有合适的直径（通常为 20 mm），厚度足够以确保试验过程中不变形，并且和试验装置能配套使用。建议试柱的长度不低于其半径。试柱的端面应加工成与其长轴垂直。

5.3　胶黏剂，用于粘接试柱和防护涂料体系。例如，可以采用双组分环氧胶或单组分氰基丙烯酸酯胶黏剂（见 ISO 4624）。应小心操作以免胶黏剂可能损坏涂层或渗透进入涂层。

5.4　环形切割装置，其内径不应超过试柱直径 2 mm 以上。

6　步骤

6.1　总则

6.1.1　由于拉开法试验是破坏性的试验方法，当在已涂装的结构上使用该方法时，必须在测试后进行一些修补工作。

注：为了避免损坏已涂装的结构，可用试板进行测试（见 6.4.2）。

6.1.2　所描述的每种方法的测试结果受试验条件不同方面的影响。下面描述了对所有方法都通用的某些影响因素。

6.1.3 试柱的形状可以不同,并且可以以不同方式施加拉力,如液压、气压或压缩弹簧装置。

6.1.4 使用的测量设备应经过校准。如果需要校准证书,应检查其是不是现行有效,并且是与所用的仪器有关,即具有相同的序列号。

注:由仪器生产商或经授权的组织机构对仪器进行调节和校准。

6.1.5 测试前,应根据涂料生产商的建议对刚涂覆的涂层进行干燥/固化。

如果没有涂料生产商的建议,则在测试前,将涂层放在通风良好、底材温度超过 15 ℃、相对湿度低于 80%的条件下干燥/固化至少 10 d。

注 1:涂层的放置时间会影响测试结果。新施工的涂层与施工了 2~3 个月的涂层相比,拉开强度可能要低些。涂层干燥/固化过程中的温湿度和通风条件也可能影响测得的拉开强度值。

注 2:如果涂层暴露于高湿环境或水中,它会吸收水分,从而会降低拉开强度值。干燥后,拉开强度值又会有一定幅度的增加,除非涂层开始降解破坏或底材出现腐蚀。

6.1.6 拉开试柱施加的拉力的速率也会影响得到的拉开强度值。因此,施加的拉伸应力应垂直于已涂漆底材的平面,并应以不超过 1 MPa/s 的速度稳步增加,使破坏过程在 90 s 内完成。不满足这一要求的测试设备不适合使用。

不规律地或不均匀地施加拉力可能导致涂层过早出现破坏而给出错误的结果。

注:手工操作的设备不一定能使施加的拉力均匀增加。

6.1.7 如果试柱是那种中间带孔的类型,为了获得最佳结果,除去中间孔部位的任何胶黏剂非常重要。

6.1.8 如果涂装的结构是采用高强度的钢建造的,应小心不要损坏钢结构表面。钢结构表面的损坏可能会引起腐蚀作用而导致结构的损坏。

6.2 对涂漆结构进行的现场测试

在测试前,新涂装的防护漆涂层应按 6.1.5 的规定进行干燥/固化。

应监控和报告测试前 24 h 内的下列条件(只要说明估计的测试条件就已足够):

——气候条件,即空气温度和相对湿度;

——涂漆结构的表面温度;

——表面状况(潮湿/干燥)。

应测量和报告测试时的下列条件:

——空气温度;

——相对湿度;

——涂漆结构的表面温度。

如果表面是潮湿的,应使其干燥,并在试验报告中记录干燥的情况(见 6.1.5 的注 2)。

6.3 准备

使用前检查测试设备是否处于良好的工作状态。

测量拉力增加的速率以确保满足要求。

在测试前,清洁试柱和防护漆涂层的表面。清洁过程应包括彻底去除油脂。

为降低粘结破坏的可能性,可以打磨试柱表面(如采用喷射清理的方法)和防护漆涂层的表面(例如,用细砂纸打磨)。如果采取了这些打磨措施,随后应对表面进行清洁。

在试柱一端的整个表面薄薄地、均匀地涂上足够的胶黏剂以确保其与涂层良好地粘结。避免使用过多的胶黏剂。如果胶黏剂没涂均匀,可能会导致施加的拉力没有垂直于涂层表面。

遵循胶黏剂的使用说明书,以确保正确使用胶黏剂。

采用5.4规定的切割装置沿试柱的一周切割养护后的涂层直至底材，使涂层的测试部位和其他部位分开。

6.4 测试

6.4.1 总则

对于本部分，一次测量可以理解为测定单一的一个破坏强度值。

拉开法测试可以按两种方式进行：

——直接在结构上测试涂层；

——用与结构上的涂层以同样方式同时制备的试板进行测试。

只有经过规定或经相关方商定后，才能采用试板进行测试。

6.4.2 现场使用的试板

钢板的尺寸至少应为100 mm×100 mm×10 mm。

注1：为了获得所要求的厚度，可将试板粘合在一起而形成厚度不低于10 mm的复合试板。也可使用ISO 4624中描述的夹层式技术。

试板应采用与结构相同的方式进行表面处理、涂装并在相同的条件下固化/干燥，并能追溯到结构上的某一位置。试板状态调节有两种方法可供选择，分别如以下a)和b)所述。条件的任何改变应与涂料生产商一起商定，方法的选择应经各有关方商定：

a) 在测试前，已涂漆的试板在现场保存一天，然后移至标准环境条件[温度(23±2)℃、相对湿度(50±5)%]下再存放至少10 d；

b) 测试前，已涂漆试板在现场保存至少10 d。现场的大气条件应符合涂料生产商建议的要求。试板在现场保存10 d结束后，移至标准环境条件[温度(23±2)℃、相对湿度(50±5)%]下再存放至少16 h。

如果在规定的时间周期内，现场的大气条件不能满足试验要求，向涂料体系生产商寻求建议。如果涂料体系生产商不能提供建议，可能的解决办法是将试板从现场取走，并按a)规定的方法储存。在那种情况下，不需要考虑大气条件。

注2：两种选择之间的差别在于涂层干燥/固化过程的大气环境条件不同。方法a)能够评定表面处理、涂层及其施工的质量。方法b)包含了大气条件对干燥/固化过程的影响。

6.4.3 抽样方案

6.4.3.1 总则

抽样方案规定了在检查区域需要进行测量的次数。

6.4.3.2 检查区域

通常在项目技术规格书(见ISO 12944-7和ISO 12944-8)中规定检查区域。除非结构被分成几个不同的检查区域，否则为了测量目的，整个结构可作为一个检查区域考虑。

注：建议将那些不容易获得规定的拉开强度值的区域(例如：不容易进入进行涂装作业的区域)分别作为不同的检查区域处理。

6.4.3.3 最少测量次数

为了评定防护漆涂层的拉开强度，在某个检查区域随机进行的最少测量次数在表1中给出。对于本部分,给出的测量次数被认为能代表某个检测区域。测量也应覆盖那些不容易获得规定拉开强度值的区域[例如:不容易进入进行涂装作业的区域(见 6.4.3.2 的注)]。

当采用试板时,试板的数量应与检查区域所对应的测量次数相同。

表 1　检查区域内进行有效测量的最低次数

检查区域/m^2	有效测量次数
≤1 000	每满 250 m^2 的面积或剩下不足 250 m^2 的面积各进行 3 次测量
>1 000	12 次测量,另外面积每增加 1 000 m^2 且增加不足 1 000 m^2,则各增加 1 次测量[a]
[a] 建议分成更小的检查区域。	

6.5　结果解释

目视检查拉开的断面以确定破坏的类别,按以下规定评定破坏类型:

A　基材的内聚破坏;

A/B　第 1 道涂层(底漆)与基材间的附着破坏;

B　第 1 道涂层的内聚破坏;

B/C　第 1 道涂层和第 2 道涂层间的附着破坏;

C　第 2 道涂层的内聚力破坏;

C/*m*　多涂层体系中第 2 道涂层和第 *m* 道涂层间的附着破坏;

m　多涂层体系中第 *m* 道涂层的内聚破坏;

m/*n*　多涂层体系中第 *m* 道涂层和第 *n* 道涂层间的附着破坏;

n/—　多涂层体系中第 *n* 道涂层和面漆间的附着破坏;

—　面漆的内聚破坏;

—/Y　面漆和胶黏剂之间的粘结破坏;

Y　胶黏剂的内聚破坏;

Y/Z　胶黏剂和试柱间的粘结破坏。

图 1 显示了试柱、胶黏剂、面漆、中间涂层、底漆和基材之间的界面。

如果测量结果超过规定的值,不管破坏类型如何,测试是有效的。

除非规格书中另有规定,一旦测试过程中测量值超过规定值,没有必要再继续进行试验直至出现破坏。

如果破坏强度值低于规定值,应按以下要求确定试验的有效性:

——如果试柱端面超过 20%的面积出现[(Y/Z)和/或(Y)和/或(—/Y)]的破坏类型,试验无效,应重新进行测量;

——除非另外商定,有效测量要求按 ISO 4624 规定进行状态调节[(23+2)℃和(50+5)%的相对湿度下至少 16 h]后进行。如果不能满足所要求的条件,应按 ISO 4624 规定进行实验室测试以确认测试结果。

对于确认的内聚破坏或附着破坏,相关的破坏面积应大于或等于试柱端面面积的 80%。

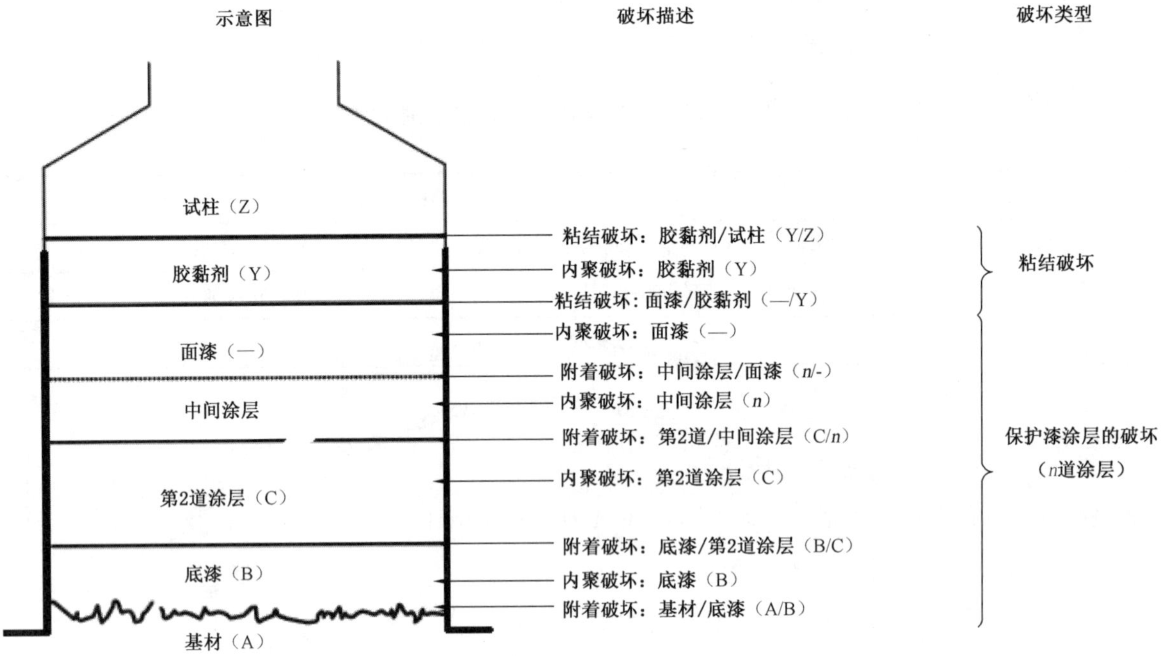

图 1 破坏类型的描述

7 结果表示

测试结果应按 6.5 规定报告成单个破坏模式，同时指出内聚破坏或附着破坏的百分数。如果能满足规定的状态调节要求，拉开强度值应以 MPa 表示，或者如果合适，也可以以超过规定值的测量次数表示。

8 验收准则

同时满足以下准则时检查区域可以接受：

a) 对于基材与底漆之间的附着破坏（A/B），破坏强度值应等于或大于规定值；

b) 当在某单个检查区域进行了 10 次或更多次的测量时，在规定值 20%～60%的破坏强度值不应超过十分之一；

c) 测得的破坏强度值的三分之二应等于或大于规定值，同时余下三分之一的值应等于或大于规定值的 60%。

9 试验报告

试验报告应包括以下信息：

a) 识别待测防护漆涂层所必需的全部细节，包括但不限于：涂料体系的批号、涂层厚度（例如：按 ISO 19840 测量）、干燥/固化的条件和时间、包括在测试前 24 h 内的条件（见 6.2)；

b) 注明本部分编号；

c) 识别所用拉开强度测试仪所必须的全部信息，以及证明设备适合测试的所有相关的设备确认数据；
d) 识别基材所必需的全部信息；
e) 描述基材表面处理所必需的全部信息；
f) 所用的胶黏剂以及干燥/固化的时间和条件，包括环境温度；
g) 识别检查区域所必需的全部信息；
h) 对每个检查区域是否满足验收准则要求的说明；
i) 测试结果，按第 7 章规定表示(如果适用，包括破坏部位和试柱端面的图片文件)；
j) 测试时的环境温度、相对湿度和已涂漆结构的表面温度(见 6.2)；
k) 测试日期；
l) 检查人员的姓名。

参 考 文 献

[1] ISO 4618:2006 Paints and varnishes—Terms and definitions

[2] ISO 12944-1 Paints and varnishes—Corrosion protection of steel structures by protective paint systems—Part 1: General introduction

[3] ISO 12944-2 Paints and varnishes—Corrosion protection of steel structures by protective paint systems—Part 2: Classification of environments

[4] ISO 12944-3 Paints and varnishes—Corrosion protection of steel structures by protective paint systems—Part 3: Design considerations

[5] ISO 12944-4 Paints and varnishes—Corrosion protection of steel structures by protective paint systems—Part 4: Types of surface and surface preparation

[6] ISO 12944-5 Paints and varnishes—Corrosion protection of steel structures by protective paint systems—Part 5: Protective paint systems

[7] ISO 12944-6 Paints and varnishes—Corrosion protection of steel structures by protective paint systems—Part 6: Laboratory performance test methods

ICS 87.040
G 50

中华人民共和国国家标准

GB/T 31586.2—2015/ISO 16276-2:2007

防护涂料体系对钢结构的防腐蚀保护 涂层附着力/内聚力(破坏强度)的评定和验收准则 第2部分:划格试验和划叉试验

Corrosion protection of steel structures by protective paint systems—Assessment of, and acceptance criteria for, the adhesion/cohesion (fracture strength) of a coating—Part 2: Cross-cut testing and ×-cut testing

(ISO 16276-2:2007, IDT)

2015-07-03 发布 2016-02-01 实施

中华人民共和国国家质量监督检验检疫总局
中国国家标准化管理委员会 发布

前　言

GB/T 31586《防护涂料体系对钢结构的防腐蚀保护　涂层附着力/内聚力(破坏强度)的评定和验收准则》分为两个部分:

——第1部分:拉开法试验;

——第2部分:划格试验和划叉试验。

本部分为GB/T 31586的第2部分。

本部分按照GB/T 1.1—2009给出的规则起草。

本部分使用翻译法等同采用国际标准ISO 16276-2:2007《防护涂料体系对钢结构的防腐蚀保护　涂层附着力/内聚力(破坏强度)的评定和验收准则　第2部分:划格试验和划叉试验》。

与本部分中规范性引用的国际文件有一致性对应关系的我国文件如下:

——GB/T 30790.7—2014　色漆和清漆　防护涂料体系对钢结构的防腐蚀保护　第7部分:涂装的实施和管理(ISO 12944-7:1998,MOD);

——GB/T 30790.8—2014　色漆和清漆　防护涂料体系对钢结构的防腐蚀保护　第8部分:新建和维护技术规格书的制定(ISO 12944-8:1998,MOD)。

本部分由中国石油和化学工业联合会提出。

本部分由全国涂料和颜料标准化技术委员会(SAC/TC 5)归口。

本部分起草单位:中海油常州涂料化工研究院有限公司、广州合成材料研究院有限公司、南京金源钢涂有限公司、中航百慕新材料技术工程股份有限公司、浙江鱼童新材料股份有限公司、东莞市大兴化工有限公司。

本部分主要起草人:季军宏、彭菊芳、李欣、金维平、杨振波、梁新方、周晓峰。

防护涂料体系对钢结构的防腐蚀保护 涂层附着力/内聚力(破坏强度)的评定和验收准则 第2部分:划格试验和划叉试验

1 范围

GB/T 31586的本部分规定了以直角网格图形(划格)或以×形(划叉)切割涂层并穿透至基材来评定涂层体系抗性等级的试验方法。

本部分仅在规定了划格方法或划叉方法以及合适的等级表中等级的情况下才适用。

注:涂层的特殊性会使划格或划叉试验的结果评定变得困难。

本部分也规定了适用的设备、定义了检查区域、抽样方案和接受/拒绝准则。

本部分没有规定特定涂层体系的等级。

2 规范性引用文件

下列文件对于本文件的应用是必不可少的。凡是注日期的引用文件,仅注日期的版本适用于本文件。凡是不注日期的引用文件,其最新版本(包括所有的修改单)适用于本文件。

ISO 2409:2006 色漆和清漆 划格试验(paints and varnishes—Cross-cut test)

ISO 12944-7 色漆和清漆 防护涂料体系对钢结构的防腐蚀保护 第7部分:涂装的实施和管理(Paints and varnishes—Corrosion protection of steel structures by protective paint systems—Part:7 Execution and supervision of paint work)

ISO 12944-8 色漆和清漆 防护涂料体系对钢结构的防腐蚀保护 第8部分:新建和维护技术规格书的制定(Paints and varnishes—Corrosion protection of steel structures by protective paint systems—Part:8 Development of specifications for new work and maintenance)

ISO 19840 色漆和清漆 防护涂料体系对钢结构的防腐蚀保护 粗糙面上干膜厚度的测量和验收准则(Paints and varnishes—Corrosion protection of steel structures by protective paint systems—Measurement of,and acceptance criteria for,the thickness of dry films on rough surfaces)

ASTM D3359:2002 用胶带试验测定附着力的试验方法标准(Standard test methods for measuring adhesion by tape test)

3 术语和定义

下列术语和定义适用于本文件。

3.1

破坏强度 fracture strength

超过粘结力所需要的力:

——涂层之间或涂层与基材之间(附着力);和/或

——单一涂层内部(内聚力)。

注:本部分没有规定破坏强度的测试方法(见ISO 16276-1)。

3.2

附着力　adhesion

固体表面和其他材料之间的界面由于分子间作用力而产生的粘结现象。

注：不应将附着力和内聚力混淆。

[ISO 4618:2006]

3.3

内聚力　cohesion

将漆膜粘合成一个完整的整体所需要的力。

注：不应将内聚力和附着力混淆。

[ISO 4618:2006]

3.4

单道涂层　coat

经一次施涂所得到的涂料的连续涂膜。

[ISO 4618:2006]

3.5

涂层　coating

通过一次或多次施涂将涂料涂覆到基材上形成的连续涂膜。

[ISO 4618:2006]

3.6

检查区域　inspection area

采用抽样方案的指定区域，可以是整个结构或者选择的结构的某一部分。

4　原理

4.1　总则

既可以采用划格试验，也可以采用划叉试验来评定涂层体系抵抗因切割引起的附着和内聚破坏，对于每一种方法，均采用0～5的等级来进行定性评定，分别对应于最小至最大程度的破坏(见ISO 2409:2006和附录A)。

划格试验适用于厚度最大为250 μm的涂层，划叉试验不受厚度的限制。

对于硬涂层，可能不适合使用划格试验，此时应采用划叉试验。

对于含有片状颜料的涂层，采用划格试验或划叉试验评定均会给人误导，应向涂料生产商咨询建议。

对于划格试验，先准备矩阵形切口，这些切口需要切割并穿透涂层而形成，然后检查并评定所产生的破坏情况。划格试验应按ISO 2409:2006中的规定进行。可以采用单刃切割工具和能获得准确间距的导向装置或模板进行切割，也可采用具有准确刀刃数量和间距的多刃切割工具进行切割。

对于划叉试验，按一定角度进行两次切割形成一个“×”形切口。施加一定的力(如大拇指的压力)将胶带贴在切口上，然后按规定的角度撕下。划叉试验应按ASTM D3359:2002中方法A的规定进行，并使用本部分的附录A进行评级。

注1：附录A中的等级次序与ASTM D3359:2002中发布的等级次序相反。

注2：划叉也被称为圣安德鲁的十字架形切割。

4.2　划格方法的原理

划格方法要求矩阵形切口穿透涂层至底材并形成相同大小的网格。根据需评定的涂层厚度，确定切割的间隔和网格的大小。在胶带上施加一定的力以除去经切割后粘结力差的网格内涂层，并根据观察到的破坏程度进行试验结果的评级。详细的细节见 ISO 2409:2006。

4.3 划叉方法的原理

划叉方法要求使用锐利的刀具切割并穿透涂层形成"×"形切口。在胶带上施加一定的力以除去粘结力差的涂层，并根据观察到的破坏程度进行试验结果的评级。等级表见附录 A。

5 仪器和材料

5.1 划格试验

试验所需的仪器和材料，详见 ISO 2409:2006。

5.2 划叉试验

5.2.1 模板，能得到直边的工具。

5.2.2 单刃切割工具，符合 ISO 2409:2006 的要求。

5.2.3 透明压敏胶带，符合 ISO 2409:2006 的要求。

6 步骤

6.1 总则

由于划格和划叉试验都是破坏性的试验方法，当在已涂漆的结构上使用这些方法时，应在测试后进行一些修补工作。

注 1：为了避免损坏已涂装的结构，可使用试板进行测试(见 6.3)。

划格和划叉试验的结果受试验条件的不同方面的影响。

现场条件应与涂料体系生产商的建议相一致。

如果在规定的时间周期内，现场的大气条件不能满足试验的要求，应向涂料体系生产商寻求建议。

注 2：涂层的放置时间会影响测试结果。对新施工的涂层与施工 2 个月或 3 个月后的涂层进行测试会得到不同的试验等级。涂层干燥/固化过程中的温湿度和通风条件也可能影响测得的试验等级。

如果涂装的结构是采用高强度的钢建造的，应小心不要损坏钢结构表面。钢结构表面的损坏可能会引起腐蚀作用而导致结构的损坏。

6.2 对涂漆结构进行的现场试验

测试前，应根据涂料生产商的建议对刚涂覆的涂层进行干燥/固化。

如果没有涂料生产商的建议，则在测试前，将涂层放在通风良好、底材温度确保超过 15 ℃、相对湿度低于 80%的条件下干燥/固化至少 10 d。

应监控并报告测试前 24 h 内的下列条件(只要说明估计的条件就已足够)：

——气候条件，如空气温度和相对湿度；

——涂漆结构的表面温度；

——表面状况(潮湿/干燥)。

应检测并报告测试时的下列条件：

——空气温度；

——相对湿度；

——涂漆结构的表面温度。

如果表面是潮湿的,应使其干燥,并在试验报告中记录干燥的情况。

注:如果涂层暴露在高湿度环境或水中,将会吸收水分,从而会降低其附着力等级。干燥后,附着力等级会有一定程度的提高,除非涂层已经开始降解或底材腐蚀已经发生。

6.3 现场使用的试板

试板应采用与结构相同的方式进行表面处理、涂装并在相同的条件下固化/干燥,并能追溯到结构上的某一位置。试板状态调节有两种方法可供选择,如以下 a)和 b)所述。条件的任何改变应与涂料生产商一起商定,方法的选择应经各有关方商定:

a) 测试前,已涂漆的试板在现场保存一天,然后转移至标准环境条件[温度(23±2)℃、相对湿度(50±5)%]下再存放至少 10 d;

b) 测试前,已涂漆的试板在现场保存至少 10 d。现场的大气条件应符合涂料生产商建议的要求。试板在现场保存 10 d 结束后,移至标准环境条件[温度(23±2)℃、相对湿度(50±5)%]下再存放至少 16 h。

如果在规定的时间周期内,现场的大气条件不能满足试验要求,向涂料体系生产商寻求建议。如果涂料体系生产商不能提供建议,可能的解决办法是将试板从现场取走,并按 a)规定的方法储存。在那种情况下,不需要考虑大气条件。

注:两种选择之间的差别在于涂层干燥/固化时的大气条件不同。方法 a)能够评定表面处理、涂层及其施工的质量。方法 b)包含了大气条件对干燥/固化过程的影响。

6.4 划格试验

按 ISO 2409:2006 的规定进行试验。

划格试验适用的涂层厚度最大为 250 μm。

6.5 划叉试验

使用单刃切割工具(见 5.2.2)进行穿透涂层的"×"形切割。每道切割线约 40 mm 长。两道切割线间的交叉角度应在 30°～45°。施加一定的力将约 75 mm 长的压敏胶带(见 5.2.3)贴在切口上,并在 5 min内撕下。按附录 A 给出的信息进行检查,并进行等级评定。

划叉试验不受任何厚度的限制。

6.6 测试

6.6.1 总则

划格和划叉试验可以按两种方式进行:

——直接在结构上测试涂层;

——用与结构上的涂层以同样方式同时制备的试板进行测试。

只有经过规定或经相关方商定后,才能采用试板进行测试。

6.6.2 抽样方案

抽样方案规定了在检查区域内需要进行测量的次数。

6.6.3 检查区域

通常在项目技术规格书(见 ISO 12944-7 和 ISO 12944-8)中规定检查区域。除非结构被分成几个不同的检查区域,否则为了测量目的,整个结构可作为一个检查区域考虑。

注:建议将那些不容易获得规定的等级的区域(例如:不容易进入进行涂装作业的区域)分别作为不同的检查区域处理。

6.6.4 最少测量次数

为了评定整个涂层体系,表1中给出了在检查区域内随机进行的最少测量次数。对于本部分,给出的测量次数被认为能代表某个检查区域。测量也应覆盖到那些规定的等级很难获得的区域(例如:不容易进入进行涂装作业的区域)(见6.6.3的注)。

当采用试板时,试板的数量应与检查区域所对应的测量次数相同。

表1 检查区域内进行有效测量的最低次数

检查区域/m^2	有效测量次数
≤1 000	每满200 m^2 的面积或剩下不足200 m^2 的各进行1次测量
>1 000	5次测量,另外面积每增加1 000 m^2 且增加不足1 000 m^2,则各增加1次测量[a]
[a] 建议分成更小的检查区域。	

6.7 结果解释

通过与ISO 2409:2006第8章中划格试验的等级表和附录A中划叉试验的等级表进行比较后评定试验结果。

7 结果表示

报告每次试验结果的等级。

如果再次试验时(见第8章),报告初次试验的等级和再次试验的结果。

8 验收准则

同时满足下列两个合适的准则时检查区域可以接受:

——如果测量次数小于5次,每次试验的评定等级应等于或好于技术规格书中规定的等级;

——如果测量次数为5次或更多次,80%测量次数的试验的评定等级应等于或好于技术规格书中规定的等级;剩余20%测量次数的每次试验,只有规定的等级加一的评定等级才是可以接受的。

对于每1 000 m^2 面积或不足1 000 m^2 面积的,给出不合格结果的试验仅一次时应重做,且只能重做一次。

9 试验报告

试验报告应至少包括以下信息:

a) 识别待测防护漆涂层所必需的全部信息,包括但不限于:涂料体系的批号、涂层厚度(如按ISO 19840的测量值)、干燥/固化的时间和条件、包含在测试前24 h内的条件(见6.2);

b) 注明本部分编号;

c) 识别基材所必需的全部信息;

d) 描述基材表面处理所必需的全部信息;

e) 采用的试验方法(划格或划叉);
f) 识别检查区域所必需的全部信息;
g) 对每个检查区域是否满足验收准则要求的说明;
h) 测试结果,按第7章规定表示(如果适用,包括显示测试区域的图片文件);
i) 测试时的环境温度、相对湿度和已涂漆结构的表面温度(见6.2);
j) 每次测试的日期和时间;
k) 检查人员的姓名。

附 录 A
（规范性附录）
划叉试验结果的等级

 0级 没有涂层的剥落或分离	 1级 沿切割线或交叉点有少量涂层的剥落或分离
 2级 涂层沿着切割线的任一边有锯齿状脱落，最高达1.5 mm宽	 3级 涂层在大部分切割线处有锯齿状脱落，在任一边的脱落最高达3.0 mm宽
 4级 胶带下大部分的“×型切割”区域有涂层脱落	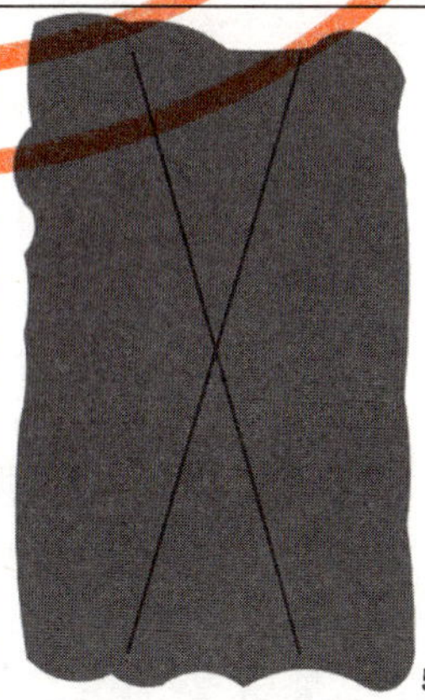 5级 在“×型切割”区域外有涂层脱落

注：本附录中的等级次序与 ASTM D3359:2002 中发布的等级次序相反。

参 考 文 献

[1] ISO 4618:2006 Paints and varnishes—Terms and definitions

[2] ISO 12944-1 Paints and varnishes—Corrosion protection of steel structures by protective paint systems—Part 1: General introduction

[3] ISO 12944-2 Paints and varnishes—Corrosion protection of steel structures by protective paint systems—Part 2: Classification of environments

[4] ISO 12944-3 Paints and varnishes—Corrosion protection of steel structures by protective paint systems—Part 3: Design considerations

[5] ISO 12944-4 Paints and varnishes—Corrosion protection of steel structures by protective paint systems—Part 4: Types of surface and surface preparation

[6] ISO 12944-5 Paints and varnishes—Corrosion protection of steel structures by protective paint systems—Part 4: Types of surface and surface preparation

[7] ISO 12944-6 Paints and varnishes—Corrosion protection of steel structures by protective paint systems—Part 6: Laboratory performance test methods

[8] ISO 16276-1 Corrosion protection of steel structures by protective paint systems—Assessment of, and acceptance criteria for, adhesion/cohesion (fracture strength) of a coating—Part 1: Pull-off testing

ICS 71.100.99
G 75

中华人民共和国国家标准

GB/T 31587—2015

蜂窝式烟气脱硝催化剂

Honeycomb-type DeNOx catalysts

2015-06-02 发布　　2015-12-01 实施

中华人民共和国国家质量监督检验检疫总局
中国国家标准化管理委员会　发布

前　言

本标准按照 GB/T 1.1—2009 给出的规则起草。

本标准由中国石油和化学工业联合会提出。

本标准由全国化学标准化技术委员会(SAC/TC 63)归口。

本标准起草单位：重庆远达催化剂制造有限公司、南化集团研究院、江苏龙源催化剂有限公司、成都东方凯特瑞环保催化剂有限责任公司、西安热工研究院有限公司、浙江德创环保科技股份有限公司、西安元创化工科技股份有限公司。

本标准主要起草人：黄锐、周林、艾生炳、汪德志、白伟、解晓斌、孔凡海、牛磊、赵博、卢继跃。

蜂窝式烟气脱硝催化剂

1 范围

本标准规定了蜂窝式烟气脱硝催化剂的术语和定义、产品规格、要求、试验方法、检验规则、标志、包装、运输和储存、产品随行文件。

本标准适用于钒钛系氨选择性催化还原蜂窝式烟气脱硝催化剂。

2 规范性引用文件

下列文件对于本文件的应用是必不可少的。凡是注日期的引用文件，仅注日期的版本适用于本文件。凡是不注日期的引用文件，其最新版本(包括所有的修改单)适用于本文件。

GB/T 191 包装储运图示标志

GB/T 19587 气体吸附 BET 法测定固态物质比表面积

GB/T 21650.1 压汞法和气体吸附法测定固体材料孔径分布和孔隙度 第1部分:压汞法

GB/T 31590—2015 烟气脱硝催化剂化学成分分析方法

3 术语和定义

下列术语和定义适用于本文件。

3.1

蜂窝式脱硝催化剂 honeycomb-type catalyst

整体挤压成型，端面为蜂窝状，经焙烧而成的脱硝催化剂。

3.2

氨选择性催化还原法 NH_3 selective catalytic reduction

在催化剂作用下，氨还原剂与氮氧化物反应，生成氮气和水的脱硝方法。

3.3

单元 log

截面尺寸为 150 mm×150 mm 的蜂窝式催化剂单体。

3.4

模块 module

由一定数量的催化剂单元在模块框内组装而成。

3.5

开孔率 opening ratio

烟气流通催化剂通道的截面积与催化剂总截面积的比值。

3.6

磨损率 abrasion ratio

催化剂经磨损前后质量损失的百分比，与所使用磨损剂质量的比值。

3.7

缺口 chip

催化剂单元端面及外壁上出现的开口，具体见图1。

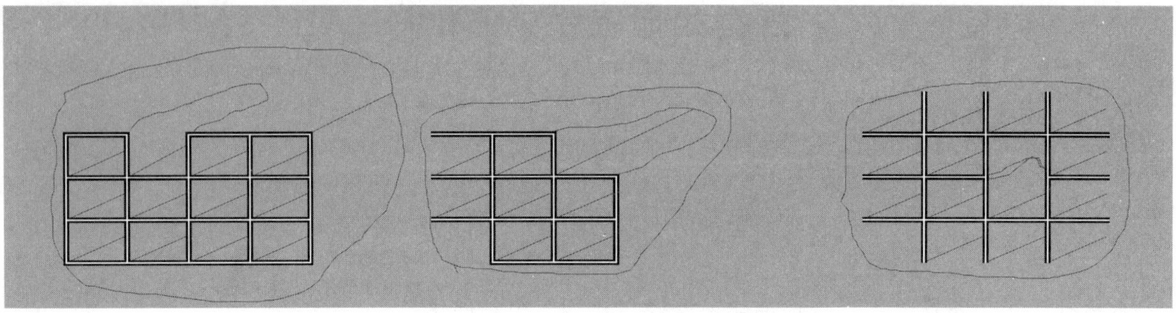

图1 缺口

3.8

孔变形 distorted cell

构成催化剂孔道的壁出现变形,偏离了水平线或垂直线。

3.9

轴向抗压强度 axial compressive strength

沿催化剂孔道方向单位面积所能承受的最大压力。

3.10

径向抗压强度 transverse compressive strength

与催化剂孔道垂直方向单位面积所能承受的最大压力。

3.11

比表面积 special surface area

单位质量催化剂的表面和内孔的总表面积。

3.12

孔容 pore volume

单位质量催化剂的内孔的总容积。

3.13

几何比表面积 geometric specific surface area

烟气通过催化剂通道的总表面积与催化剂体积的比值。

3.14

脱硝效率 denitrification efficiency

烟气通过催化剂后脱除的 NO_x 量与原烟气中所含 NO_x 量的百分比。

3.15

氨逃逸 ammonia slip

反应器出口烟气中氨的质量与烟气体积之比。

3.16

面速度 area velocity

烟气流量与催化剂的总几何表面积(催化剂体积与几何比表面积的乘积)之比。

3.17

氨氮摩尔比 NH_3/NO_x molar ratio

烟气中氨物质的量与氮氧化物物质的量之比。

3.18

活性　activity

脱硝催化剂在还原剂与氮氧化物反应的过程中所起到的催化作用的能力。

3.19

SO_2/SO_3 转化率　SO_2/SO_3 conversion rate

烟气中的二氧化硫(SO_2)在催化反应过程中被氧化成三氧化硫(SO_3)的体积浓度百分比。

4　产品规格

蜂窝式烟气脱硝催化剂产品的规格按单元截面上均匀排布的方形孔道数划分，有18孔(18孔×18孔)、22孔(22孔×22孔)、35孔(35孔×35孔)等。

5　要求

5.1　外观

5.1.1　单元

产品单元外观应符合表1的规定。

表1　单元外观要求

缺陷名称	要求	
	25孔及以内	25孔以上
端面缺口	每处最大深度不超出25 mm，宽度不超出2个孔；有缺陷孔壁不超过3个	每处最大深度不超出25 mm，不超过总孔数的2%
端面裂缝	宽度不超出0.8 mm，最多允许8条；不允许出现贯穿性的裂缝	宽度不超出0.8 mm，不允许出现贯穿性的裂缝
外壁缺口	每处宽度不超出2个孔，长度不超出催化剂单元总长度的一半，有缺陷孔壁不超出4个	最多8个孔道，长度不超出催化剂单元总长度的一半
外壁裂缝	宽度不超出0.8 mm，长度不超出催化剂单元总长度的一半，最多允许2条	宽度不超出0.8 mm，每一面不得超过1条非贯穿性裂缝，或仅有一条贯穿性裂缝
孔变形	超过1/3孔塌陷的孔扭曲不超过5个孔	超过1/3孔塌陷的孔扭曲不超过总孔数的4%
内部横裂	不允许出现内部裂纹导致的表面径向凹陷	不允许出现内部裂纹导致的表面径向凹陷

5.1.2　模块

模块应符合表2的规定。

表 2 模块要求

项目名称	要　求
组装方式	宜采用 6×12 的单元排列方式组装
焊接	应无气孔、弧坑、漏焊、虚焊和夹渣等缺陷
取样模块	应设置包含取样单元的模块，且便于提取
滤网	模块单元迎风面应安装防灰滤网

5.2 单元变形

单元变形应符合表 3 的规定。

表 3 变形要求

单位为毫米

单元位置	尺寸范围	变形值
宽度方向	≤150	2
长度方向	<500	4
	500～1 000	5
	>1 000	6

5.3 几何性能

5.3.1 单元几何性能

单元几何性能应符合表 4 的规定。

表 4 单元几何性能要求

项　目	指　标	允许偏差
长度/mm	100～1 350	±3
截面边长/mm	150	−2/+4
内壁厚/mm	0.50～1.00	±0.10
	>1.00	±0.15
外壁厚/mm	<0.80	±0.15
	0.80～1.50	±0.20
	>1.50	±0.25

5.3.2 模块几何性能

模块几何性能应满足表 5 的规定。

表 5　模块几何性能要求

项　目	指　标	允许偏差
长度/mm	1 901～1 930	±5
宽度/mm	950～980	±3

5.4　理化性能

理化性能应满足表 6 的规定。

表 6　理化性能要求

项　目		指　标	允许偏差
抗压强度/MPa	轴向抗压强度	≥2.0	—
	径向抗压强度	≥0.4	—
磨损率/(%/kg)	硬化端磨损率	≤0.10	—
	非硬化端磨损率	≤0.15	—
比表面积/(m^2/g)		≥40	—
孔容/(mL/g)		≥0.25	—
二氧化钛(TiO_2)的质量分数/%		≥75	—
五氧化二钒(V_2O_5)的质量分数/%		≤0.50	±0.08
		0.5～1.0	±0.10
		1.0～2.0	±0.15
		>2.0	±0.30

注 1："—"表示该项目无此要求。

注 2：磨损率指标适用于 25 孔以内的产品。

5.5　反应性能

反应性能包含活性和 SO_2/SO_3 转化率，应满足表 7 的规定。

表 7　反应性能要求

规格	活性/(m/h)				SO_2/SO_3 转化率/%
	0.1%<$w(V_2O_5)$≤0.3%	0.3%<$w(V_2O_5)$≤0.6%	0.6%<$w(V_2O_5)$≤1.0%	$w(V_2O_5)$>1.0%	
15 孔	≥24	≥26	≥28	≥30	≤1.0
16 孔	≥25	≥28	≥30	≥32	
18 孔	≥26	≥34	≥37	≥39	
20 孔	≥27	≥36	≥38	≥40	
21 孔	≥27	≥37	≥38	≥40	
22 孔	≥27	≥37	≥38	≥40	

注：反应性能指标适用于 22 孔及以内的产品。

6 试验方法

6.1 外观

6.1.1 单元

单元外观质量采用目视法测定。裂缝宽度采用塞尺测量,精确至 0.1 mm;裂纹长度和缺口深度采用刻度尺测量,精确至 1 mm。

6.1.2 模块

模块外观质量采用目视法测定。模块几何尺寸用刻度尺测量,精确至 1 mm。

6.2 单元变形的测定

6.2.1 设备和材料

6.2.1.1 水平平台:平面度精度大于或等于 0 级。
6.2.1.2 钢直尺或钢条:长度不低于 200 mm。
6.2.1.3 塞规或塞尺:量程不低于 10 mm、精度不低于 0.1 mm。
6.2.1.4 催化剂单元体试样:原始状态、单元表面整洁。

6.2.2 宽度方向变形的测定

将催化剂单元放在平台上,观察宽度方向变形最大的表面。将钢直尺或钢条放在单元宽度方向变形最大的部位。用塞尺或塞规测量单元表面与钢直尺或钢条之间的距离。测量宽度方向各面变形值,其中最大值即为该单元宽度方向变形值。宽度测量示意图见图 2。

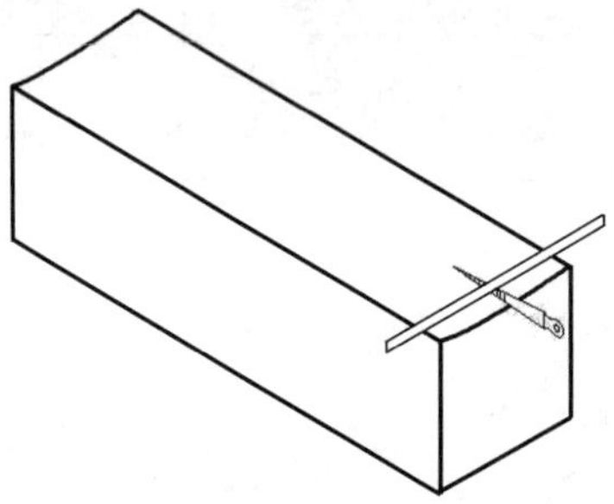

图 2 宽度方向变形测量示意图

6.2.3 长度方向变形的测定

将催化剂单元的 1、2 点(3、4 点)按在平台上并固定,用塞规读取第 3、4 点(1、2 点)和工作平台的间隙(h),如图 3 所示。测量 4 个点与工作平台的最大间隙 h。

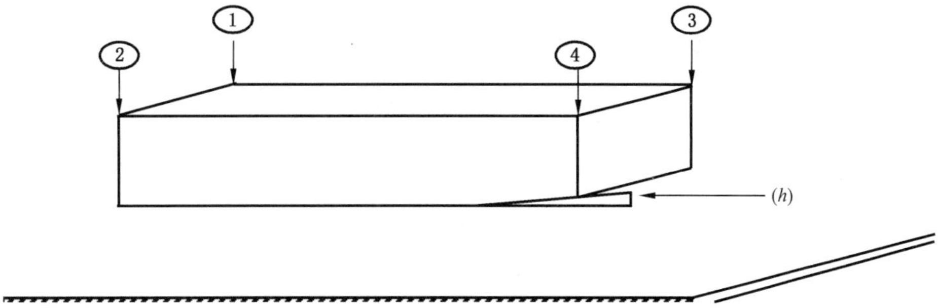

图3　长度方向变形测量示意图

6.2.4　结果计算

催化剂单元变形 X,数值以毫米(mm)表示,按式(1)计算:

$$X=\frac{h}{2} \qquad \cdots\cdots(1)$$

式中:

h——测定的最大间隙的数值,单位为毫米(mm)。

6.3　几何性能的测定

6.3.1　单元尺寸的测定

用卷尺测量单元体的长度(l),精确至1.0 mm;用游标卡尺测量单元体的横截面尺寸(a、b)、内壁厚(bw)、外壁厚(bow)和孔径(da,db),精确至0.01 mm。孔径 d 为 a、b 方向的孔径 da、db 的算术平均值。

测量点的位置应分散且分布均匀,孔径测量点的数量应不少于10个,取其算术平均值作为测定结果。

单元体示意图见图4。

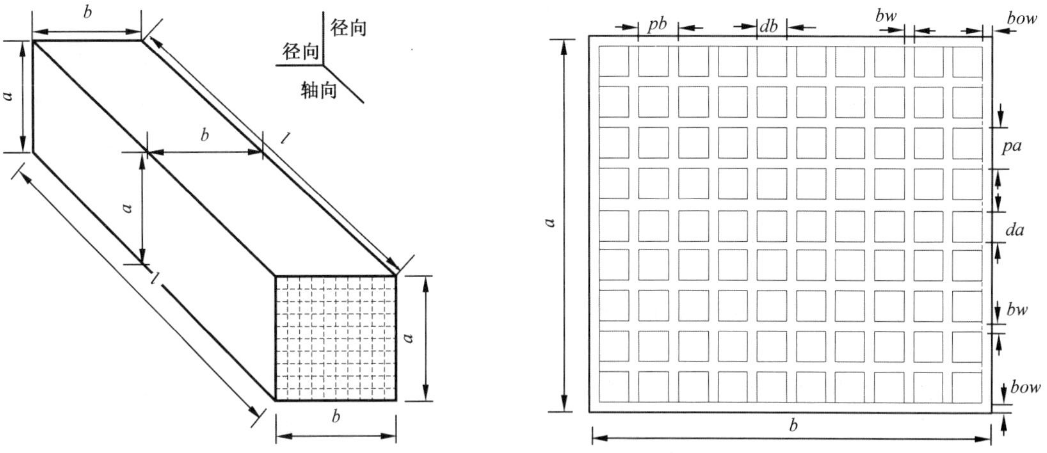

a)　催化剂单元体外形示意图　　b)　催化剂单元体截面示意图

图4　催化剂单元体示意图

6.3.2 模块尺寸的测定

模块尺寸采用卷尺测量,测量结果精确至 1 mm。

6.3.3 单元几何比表面积、开孔率的计算

催化剂单元几何比表面积 A_p,数值以平方米每立方米(m^2/m^3)表示,按式(2)计算:

$$A_p = \frac{4dn^2 \times 1\,000}{ab} \qquad \cdots\cdots(2)$$

式中:

d ——催化剂孔径的数值,单位为毫米(mm);

n ——催化剂单元体端面上一排孔的数量;

a、b ——单元横截面长和度,一般取 150 mm。

催化剂单元的开孔率 ε,按式(3)计算:

$$\varepsilon = \frac{d^2 n^2}{ab} \times 100\% \qquad \cdots\cdots(3)$$

式中:

d ——催化剂孔径的数值,单位为毫米(mm);

n ——催化剂单元体端面上一排孔的数量;

a、b ——单元横截面宽度,一般取 150 mm。

6.4 理化性能的测定

6.4.1 抗压强度的测定

6.4.1.1 设备和材料

6.4.1.1.1 压力试验机:量程不大于 1 125 kN,示值误差不大于±2%。

6.4.1.1.2 游标卡尺:量程为 0 mm~200 mm,精确至 0.01 mm。

6.4.1.1.3 衬垫片:厚度为 6 mm 的高岭棉或陶瓷纤维纸。

6.4.1.2 试样的制备

在催化剂单元体的未经硬化部位,截取 6 个长度为 150 mm±2 mm 的试样。试样应保持结构完整且无裂纹,切割面应平整光滑并与催化剂孔壁垂直。测量试样受压面 4 个不同位置的高度以检验受压面的平行度,任何两个测量点的高度之差应不大于平均高度的 2%。将试样装入塑料袋中折叠封好。待用。

6.4.1.3 测定步骤

将两片高岭棉或陶瓷纤维纸分别放在试样受力面的顶部和底部,再将试样置于压力试验机两块压板的中心位置(试样应被试验机压板全部覆盖)。开启压力试验机并以 1 125 N/s 的加压速率连续均匀施加压力,直至试样完全破碎或压力试验机完全停止。轴向和径向各测试 3 个试样,取 3 次测定结果的平均值作为测定结果。

6.4.1.4 结果计算

催化剂的轴向和径向抗压强度 P,数值以兆帕(MPa)表示,按式(4)计算:

$$P = \frac{F}{LW} \qquad \cdots\cdots(4)$$

式中：

F ——最大压力示值的数值，单位为牛顿(N)；

L ——试样底部(或顶部)长度的数值，单位为毫米(mm)；

W ——试样底部(或顶部)宽度的数值，单位为毫米(mm)。

6.4.2 磨损率的测定

6.4.2.1 试样制备

截取长度和宽度均为 60 mm～70 mm、高度为 100 mm±2 mm 的试样两块(应保持孔型完整，22 孔采用 10×10 孔规格)。将试样置于烘箱中，105 ℃±2 ℃干燥 2 h 后取出，自然冷却至室温，称重，精确至 0.01 g。待用。

6.4.2.2 测试装置

催化剂的磨损率的测试装置由风机、风量调节机构、自动给料机、样品仓和磨损剂收集系统、除尘系统等组成。测试样品和对比样品可采用串联或并联方式，其中样品仓串联布置方法为仲裁方法。测试装置流程示意图见图 5、图 6。

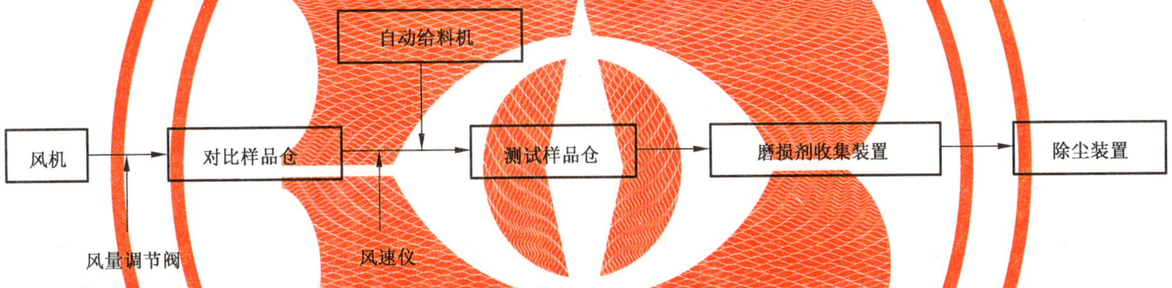

图 5 样品仓串联布置的磨损率测试装置流程示意图

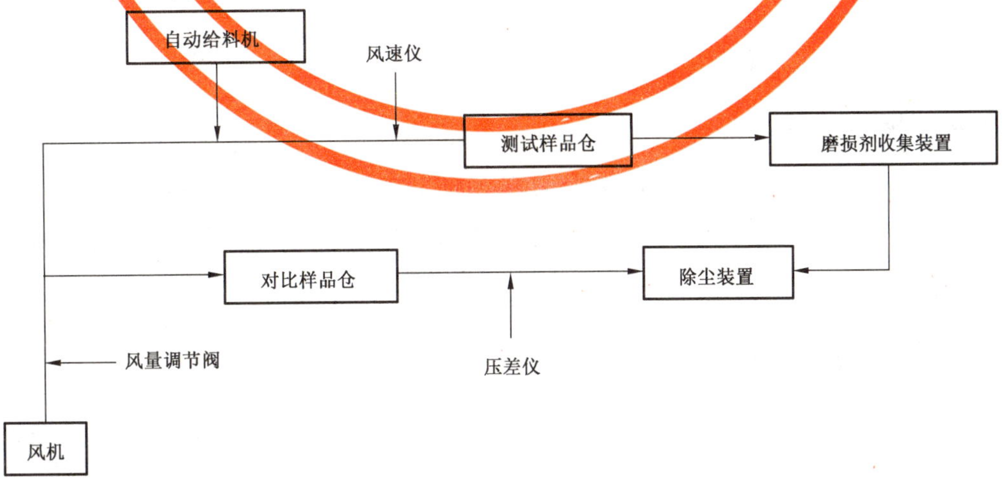

图 6 样品仓并联布置的磨损率测试装置流程示意图

6.4.2.3 测定步骤

将试样用海绵或高岭棉包裹后，置于样品仓中(若样品经过硬化处理，应将硬化端作为迎风面)。保持样品外壁与仓壁之间应完全密封，使空气和磨损剂完全从试样的通道中流过。控制并调节催化剂通道内风速为 14.5 m/s±0.5 m/s(标准状态)，进入样品仓前的风管直径为 ϕ65 mm，磨损剂(干燥的粒径为 0.300 mm～0.425 mm 的高硬度石英砂)浓度为 50 g/m^3±5 g/m^3，2 h 后停止。取出试样，置于烘箱中，105 ℃±2 ℃干燥 2 h，取出并自然冷却至室温后，称重，精确至 0.01 g。

6.4.2.4 结果计算

催化剂的磨损率 ζ_h，数值以百分数每千克(%/kg)表示，按式(5)计算：

$$\zeta_h = \frac{\left(1 - \frac{m_2}{m_1} \times \frac{m_3}{m_4}\right) \times 100}{m} \qquad \cdots\cdots(5)$$

式中：

m_2——测试后试样质量的数值，单位为克(g)；

m_1——测试前试样质量的数值，单位为克(g)；

m_3——测试前对比样质量的数值，单位为克(g)；

m_4——测试后对比样质量的数值，单位为克(g)；

m ——磨损剂质量的数值，单位为千克(kg)。

6.4.3 比表面积的测定

按 GB/T 19587 中的多点 BET 法进行测试，其中从催化剂表面上截取的试样不低于 0.300 0 g。

6.4.4 孔容的测定

按 GB/T 21650.1 的规定。

6.4.5 二氧化钛(TiO_2)、五氧化二钒(V_2O_5)质量分数的测定

按 GB/T 31590—2015 的规定。

6.5 反应性能的测定

警告——本标准所涉及的试验用烟气(含 NH_3、SO_2、NO 等)对人体健康和安全具有中毒、易燃、易爆危害，必须严防系统漏气，现场严禁有明火，并且应配有必要的灭火器材和排风设备等预防设施。

6.5.1 试验装置

催化剂反应性能试验装置示意图见图 7。

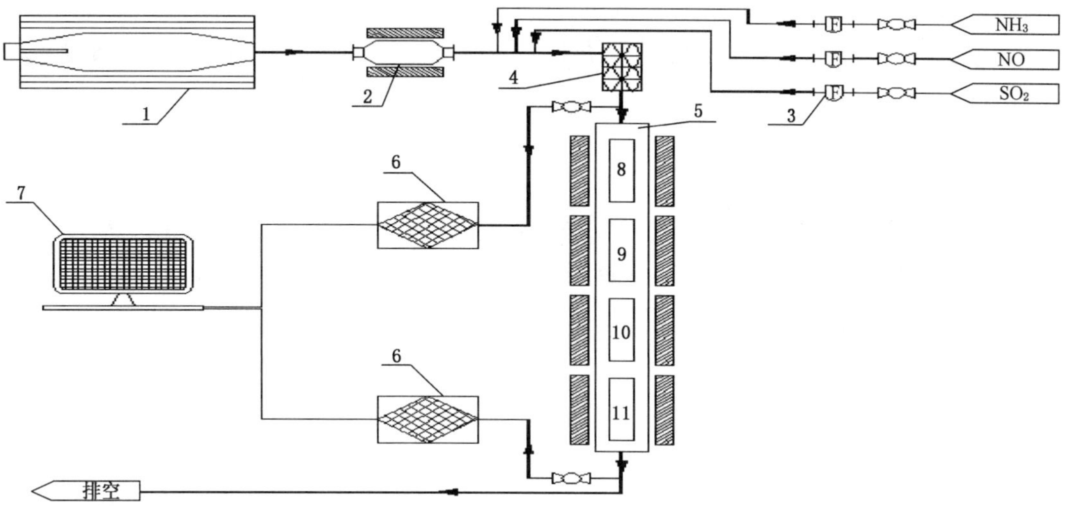

说明：

1 ——烟气发生器；

2 ——气体加热器；

3 ——质量流量计；

4 ——气体混合气；

5 ——反应器；

6 ——烟气分析仪；

7 ——计算机；

8,9,10,11——催化剂单元。

图7 催化剂反应性能试验装置示意图

6.5.2 测试步骤

6.5.2.1 烟气

烟气参数见表8,其成分分析方法参见附录A。

表8 测试烟气条件

名 称	指 标	偏差范围
烟气流量/(m^3/h)(标准状态,湿基)	150	±5
烟气温度/℃	380	±3
SO_2 浓度/(μL/L)(标准状态,干基)	500	±10
NO 浓度/(μL/L)(标准状态,干基)	300	±6
O_2 浓度/%(标准状态,干基)	4	±0.2%
氨氮摩尔比	1.0～1.1	—
H_2O 含量/%	10	±10%(相对值)

6.5.2.2 **试样的制备及装填**

截取长度为500 mm(截面尺寸为150 mm×150 mm)无明显物理损伤的单元作为待测试样,将催化剂样品两端缠绕耐高温陶瓷纤维棉后,装入反应器,并将催化剂两端空隙处用陶瓷纤维棉密封严实,待用。

6.5.2.3 **系统试漏**

向系统内缓慢通入空气,在压力不低于0.1 MPa条件下,保持10 min后,用涂刷中性发泡剂等方法检查所有密封点,如有泄漏应进行处理。试漏合格后,打开排气,使系统降至常压。

6.5.2.4 **老化**

在不通入NH_3和NO的情况下,调节其他烟气条件满足表8要求,并保持30 h。然后每隔1 h,测定反应器进出口烟气中SO_2和SO_3的体积分数。当连续4次测试数据不存在同一种趋势且相对偏差小于10%时,老化结束。

6.5.2.5 **测试**

6.5.2.5.1 **活性测定**

老化完成后,按表8中的试验要求通入全部气体,稳定并保持1 h。然后每隔1 h测定一次进出口NO_x的体积分数和出口氨逃逸体积分数。当连续4次测定结果不存在同一种趋势且测定结果相对偏差不大于3%时,活性测试完毕。

6.5.2.5.2 **SO_2/SO_3 转化率测定**

活性测定完成后,切断NH_3供应,其他烟气条件保持不变,稳定并保持1 h。然后每隔1.0 h~1.5 h测定一次进出口SO_3体积分数和入口SO_2体积分数。当连续4次测定结果不存在同一种趋势且两次测定结果相对偏差不大于10%时,SO_2/SO_3转化率测试完毕。取连续4次测定结果的算术平均值作为测定结果。

6.5.3 **结果计算**

6.5.3.1 **脱硝效率**

催化剂的脱硝效率η,按式(6)计算:

$$\eta=\frac{C_1-C_2}{C_1}\times100\% \qquad \cdots\cdots(6)$$

式中:

C_1——反应器入口NO_x体积分数(标准状态,干基)的数值,单位为微升每升(μL/L);

C_2——反应器出口NO_x体积分数(标准状态,干基)的数值,单位为微升每升(μL/L)。

6.5.3.2 **氨氮摩尔比**

氨氮摩尔比MR,按式(7)计算:

$$MR=\eta+\frac{C'_{NH_3}}{C'_{NO}} \qquad \cdots\cdots(7)$$

式中：

η ——催化剂单元体的脱硝效率，%；

C'_{NH_3}——实测的氨逃逸体积分数，单位为微升每升(μL/L)；

C'_{NO}——实测入口 NO_x 体积分数，单位为微升每升(μL/L)。

6.5.3.3 面速度

面速度 AV，按式(8)计算：

$$AV=\frac{Q}{VA_p} \qquad (8)$$

式中：

Q ——标准状态下烟气流量，单位为立方米每小时(m^3/h)；

V ——催化剂体积的数值，单位为立方米(m^3)；

A_p——催化剂几何比表面积的数值，单位为平方米每立方米(m^2/m^3)。

6.5.3.4 活性

活性 K，按式(9)计算：

$$K=-AV\cdot\ln(1-\eta) \qquad (9)$$

式中：

AV——面速度的数值，单位为米每小时(m/h)；

η ——催化剂的脱硝效率的数值，以百分数表示。

6.5.3.5 SO_2/SO_3 转换率

催化剂单元体的 SO_2/SO_3 转换率 E，按式(10)计算：

$$E=\frac{\varphi_1-\varphi_2}{\varphi_3}\times 100\% \qquad (10)$$

式中：

φ_1——反应器出口 SO_3 体积分数(标准状态，干基)的数值，单位为微升每升(μL/L)；

φ_2——反应器入口 SO_3 体积分数(标准状态，干基)的数值，单位为微升每升(μL/L)；

φ_3——反应器入口 SO_2 体积分数(标准状态，干基)的数值，单位为微升每升(μL/L)。

7 检验规则

7.1 检验分类

产品检验分出厂检验和型式检验。

7.2 出厂检验

出厂检验按每个项目作为一个交货批，检验项目及抽样频次见表9。

表 9　各项目的检测频次

检查/测试项目	检验频次
单元和模块外观	全检
单元几何尺寸及变形	≥2 根催化剂单元/50 m^3
抗压强度	1 次/50 m^3
磨损率	2 次/300 m^3
比表面积、孔容	2 次/300 m^3
二氧化钛、五氧化二钒含量	2 次/300 m^3
模块外形尺寸	1 次/10 个

7.3　型式检验

7.3.1　检验项目

型式检验包括第 5 章要求的全部项目。

7.3.2　检验条件

有下列条件之一时，应进行型式检验：

a)　新产品或者产品转厂生产的试制定型鉴定；
b)　正式生产后，如结构、材料、工艺有较大改变，可能影响产品性能时；
c)　长期停产后恢复生产时；
d)　正常生产每半年一次；
e)　出厂检验结果与上次型式检验有较大差异时；
f)　国家质量监督机构提出进行型式检验要求时；
g)　用户提出进行型式检验的要求时。

7.4　判定规则

检验不合格的项目应加倍抽样复检，复检结果合格，则该批次产品合格；否则该批次产品不合格。

8　标志、包装、运输和储存

8.1　标志

催化剂模块应在明显位置装有固定标志，宜标明制造厂名或商标、烟气流向、项目名称、模块编号、模块重量等。

8.2　包装

催化剂模块应采用钢结构外框，并有符合 GB/T 191 规定的易碎、防雨和允许叠放层数的标志。

8.3　运输

模块在运输过程中应保持水平状态，并采取防雨措施；在运输和装卸过程中，应避免机械冲击。

8.4 储存

催化剂模块应室内存放，并采取防水措施；储存的地面应平整，模块应水平放置。

9 产品随行文件

脱硝催化剂出厂应附有随行文件，包括催化剂模块外形图，催化剂模块安装组装图，检验报告，产品合格证，产品说明书。产品说明书应至少包含以下内容：

a) 安全防护：包含人员安全、搬运卸载防护、应急处理等；

b) 模块的装卸、运输、存储；

c) 模块安装：包括模块的翻转、起吊、安装、密封等；

d) SCR 脱硝催化剂的运行与维护。

附 录 A
（资料性附录）
烟气成分分析方法

脱硝催化剂反应性能测试装置的烟气成分分析方法及参考标准见表A.1。

表A.1 烟气成分分析方法及参考标准

序号	烟气成分	推荐的检测方法	参考标准
1	$NO/NO_2/N_2O$	化学发光法 盐酸萘乙二胺分光光度法 非分散红外吸收法	ISO 7996 HJ/T 43 HJ 692
2	O_2	磁力机械式氧分析仪法 气体中微量氧的测量—电化学法	JJG 662 GB/T 6285
3	SO_2	碘量法 离子色谱法 紫外荧光法	HJ/T 56 GB/T 14642 ISO 10498
4	SO_3	离子色谱法 高氯酸钡—钍试剂法	GB/T 14642 GB/T 21508
5	NH_3	氨气敏电极法 次氯酸钠—水杨酸分光光度法 离子色谱法 凯氏定氮法	GB/T 14669 HJ 534 GB/T 15454 ISO 5663
6	H_2O	冷凝法 重量法	GB/T 16157

ICS 87.040
G 50

中华人民共和国国家标准

GB/T 31588.1—2015/ISO 11997-1:2005

色漆和清漆　耐循环腐蚀环境的测定 第1部分:湿(盐雾)/干燥/湿气

Paints and varnishes—Determination of resistance to cyclic corrosion conditions—Part 1: Wet(salt fog)/dry/humidity

(ISO 11997-1:2005,IDT)

2015-06-02 发布　　2016-01-01 实施

中华人民共和国国家质量监督检验检疫总局
中国国家标准化管理委员会　发布

前　言

GB/T 31588《色漆和清漆　耐循环腐蚀环境的测定》分为下列几个部分：

——第1部分：湿(盐雾)/干燥/湿气；

——第2部分：湿(盐雾)/干燥/湿气/紫外光。

本部分为GB/T 31588的第1部分。

本部分按照GB/T 1.1—2009给出的规则起草。

本部分使用翻译法等同采用国际标准ISO 11997-1:2005《色漆和清漆　耐循环腐蚀环境的测定　第1部分：湿(盐雾)/干燥/湿气》。

与本部分中规范性引用的国际文件有一致性对应关系的我国文件如下：

——GB/T 3186—2006　色漆、清漆和色漆与清漆用原材料　取样(ISO 15528:2000,IDT)；

——GB/T 6682—2008　分析实验室用水　规格和试验方法(ISO 3696:1987,MOD)；

——GB/T 9271—2008　色漆和清漆　标准试板(ISO 1514:2004,MOD)；

——GB/T 9278—2008　涂料试样状态调节和试验的温湿度(ISO 3270:1984,IDT)；

——GB/T 13452.2—2008　色漆和清漆　漆膜厚度的测定(ISO 2808:2007,IDT)；

——GB/T 20777—2006　色漆和清漆　试样的检查和制备(ISO 1513:1992,IDT)。

本部分由中国石油和化学工业联合会提出。

本部分由全国涂料和颜料标准化技术委员会(SAC/TC 5)归口。

本部分起草单位：中海油常州涂料化工研究院有限公司、广州标格达实验室仪器用品有限公司、广州合成材料研究院有限公司、中航百幕新材料技术工程股份有限公司、浙江圣力邦漆业有限公司、上海金力泰化工股份有限公司、东莞市大兴化工有限公司、上海简户仪器设备有限公司。

本部分主要起草人：曹晓东、王崇武、文璟、曾灵华、徐宪、杭莱莱、周晓峰、谢长花。

色漆和清漆　耐循环腐蚀环境的测定
第1部分:湿(盐雾)/干燥/湿气

1　范围

GB/T 31588 的本部分规定了一种采用指定溶液来测定涂层耐湿(盐雾)/干燥/湿气环境的四种指定循环中的任一循环的试验方法。

2　引用标准

下列文件对于本文件的应用是必不可少的。凡是注日期的引用文件,仅注日期的版本适用于本文件。凡是不注日期的引用文件,其最新版本(包括所有的修改单)适用于本文件。

ISO 1513　色漆和清漆　试样的检查和制备(Paints and varnishes—Examination and preparation of samples for testing)

ISO 1514　色漆和清漆　标准试板(Paints and varnishes—Standard panels for testing)

ISO 2808　色漆和清漆　漆膜厚度的测定(Paints and varnishes—Determination of film thickness)

ISO 3270　色漆、清漆及其原材料　试样状态调节和试验的温湿度(Paints and varnishes and their raw materials—Temperatures and humidities for conditioning and testing)

ISO 3696　分析实验室用水　规格和使用方法(Water for analytical laboratory use—Specification and test methods)

ISO 4628-1　色漆和清漆　涂层老化的评价　缺陷的数量和大小以及外观均匀变化程度的标识　第1部分:通则及评级方法(Paints and varnishes—Evaluation of degradation of coatings—Designation of quantity and size of defects, and of intensity of uniform changes in appearance—Part 1: General principles and rating schemes)

ISO 4628-2　色漆和清漆　涂层老化的评价　缺陷的数量和大小以及外观均匀变化程度的标识　第2部分:起泡程度的评定(Paints and varnishes—Evaluation of degradation of coatings—Designation of quantity and size of defects, and of intensity of uniform changes in appearance—Part 2: Assessment of degree of blistering)

ISO 4628-3　色漆和清漆　涂层老化的评价　缺陷的数量和大小以及外观均匀变化程度的标识　第3部分:生锈程度的评定(Paints and varnishes—Evaluation of degradation of coatings—Designation of quantity and size of defects, and of intensity of uniform changes in appearance—Part 3: Assessment of degree of rusting)

ISO 4628-4　色漆和清漆　涂层老化的评价　缺陷的数量和大小以及外观均匀变化程度的标识　第4部分:开裂程度的评定(Paints and varnishes—Evaluation of degradation of coatings—Designation of quantity and size of defects, and of intensity of uniform changes in appearance—Part 4: Assessment of degree of cracking)

ISO 4628-5　色漆和清漆　涂层老化的评价　缺陷的数量和大小以及外观均匀变化程度的标识　第5部分:剥落程度的评定(Paints and varnishes—Evaluation of degradation of coatings—Designation of quantity and size of defects, and of intensity of uniform changes in appearance—Part 5: Assessment of degree of flaking)

ISO 15528 色漆、清漆和色漆与清漆用原材料 取样(Paints,varnishes and raw materials for paints and varnishes—Sampling)

3 原理

涂漆试板曝露于周期性变化的湿(盐雾)/干燥/湿气试验循环中,然后按有关方事先商定的准则对曝露结果进行评定,这些准则通常带有主观性。

4 需要的补充信息

对于任何特定的应用而言,本部分规定的试验方法需通过补充信息来加以完善。这些补充信息列在附录 A 中。

5 盐雾试验溶液

将在附录 C、附录 D、附录 E 及附录 F 中规定的盐溶于符合 ISO 3696 规定的纯度至少为 2 级的水中,来制备所需浓度的盐雾试验溶液。

盐应是分析纯的且是白色的,组成符合表 1 中给出的纯度要求。

表 1 盐的纯度

杂质	杂质的最高质量分数 %	测定方法
总量	0.5	按干盐的百分比计算
碘化物	0.1	按干盐的百分比计算
铜	0.001	用分光光度法或其他具有相同精度的方法测量
镍	0.001	用分光光度法或其他具有相同精度的方法测量

如果溶液的 pH 值不在所需的范围内(见附录 C、附录 D、附录 E 和附录 F),则应检查在盐或水或两者中是否存在杂质。pH 值的测定应在 25 ℃下用电位计测定,经电位计校准的能读到 0.3 pH 单位或更小单位值的 pH 试纸也可用于日常检查。通过加入合适浓度的 HCl 或 $NaHCO_3$(两者均应符合表 1 的纯度要求)或分析纯的 NaOH 来进行必要的(pH)调整。

注:需注意的是喷雾后溶液中的 CO_2 含量的减少或从周围空气中溶入 CO_2 都可能导致溶液 pH 的变化。这样的变化可通过降低溶液中的 CO_2 的含量来避免,如将溶液放入试验箱内前先加热至高于 35 ℃或用刚煮沸后的水配制盐溶液。

溶液加入试验箱的容器中之前要先过滤,以去掉任何可能会堵塞喷雾装置孔口的固体物质。

6 仪器

6.1 试验箱体

耐喷雾溶液腐蚀的材料制成或用其衬里,顶盖需能防止积聚的液滴落在试样上。箱体容积应不小于 0.4 m^3 以确保喷雾的均匀分布。

箱体的尺寸和形状应保证盐雾沉降率控制在附录C、附录D、附录E和附录F中所规定的范围内。

注：容积大于2 m^3 的箱体难于操作，除非在设计和构造上给予仔细的考虑。

在箱体的设计和构造时需考虑的因素可参见附录B。

如果箱体已经做过喷雾试验，或采用不同于本试验规定的溶液做过其他试验，在试验前应充分清洗干净。

6.2 热空气鼓风机

使箱体及箱体内含物维持在规定的温度范围内并达到所需的升温速率（见附录C、附录D、附录E和附录F），温度由恒温控制元件控制，它设在箱体内，离箱壁至少100 mm。

6.3 盐溶液喷雾装置

由一个干净的可控制压力的压缩空气供给系统，一个装喷雾用溶液的贮槽，一个或多个由耐盐溶液腐蚀的材料制成的喷雾器组成。压缩空气供应器至每个喷雾器之间应通过过滤器，以除去所有微量的油分和固体微粒，应根据雾化喷嘴的类型维持合适的压力并调整至使箱内盐雾的回收速率和回收的盐雾浓度保持在规定的范围内（见附录C、附录D、附录E和附录F）。

盛放试验溶液的贮槽由能耐盐水腐蚀的材料制成，并设有能给喷雾器提供恒定流量溶液的装置。

喷雾器由惰性材料制成，如玻璃或塑料。

注：挡板可用以防止盐雾直接冲击试板，使用可调节挡板有助于箱内喷雾均匀。

6.4 干燥空气供给器

相对湿度为20%～30%的干燥空气用于循环A和循环D（见附录C和附录F）及相对湿度（50±20）%的空气用于循环B和循环C（见附录D和附录E）。空气应先通过过滤器，以除去所有的油分和固体颗粒。在干燥期开始后气体流速应足够，以确保循环A和循环D在规定的干燥时间后，以及循环B和循环C为45 min后，试板上没有水滴。试板不应用在箱壁内的加热器加热干燥。

注：通常做法是箱体内应有排气口，排至室外大气环境中。

6.5 收集装置

收集装置至少有两个，由化学惰性材料制成（见注）。收集装置应置于箱内放置试板的地方。一个靠近喷雾器，另一个远离喷雾器。其位置要求收集到的只是盐雾，而不是从试样或箱内其他部件滴下的液体。如果使用两个或两个以上的喷雾器，则收集器的数量最少应是喷雾器数量的两倍。

注：适宜的收集装置是能将漏斗颈插入带刻度量筒中的直径为100 mm的漏斗，其收集面积约为80 cm^2。

6.6 试板架

由玻璃、塑料或合适的有涂层的木材之类的惰性非金属材料制成。如果试板需要悬挂，则所用材料应用合成纤维、棉线或其他惰性绝缘材料制成，禁止采用金属材料。所有试板架应置于箱内同一水平面上，以防止液滴从高的试板架上或试板上滴落到位于其下面的其他试板上。

6.7 控制设备

能提供附录C、附录D、附录E和附录F中规定的湿（盐雾）/干燥/湿气循环次数及温度等。

7 取样

按ISO 15528规定，取待检样品（或复合涂层体系中的每一种产品）中有代表性的样品。

按 ISO 1513 规定检查和制备每一个试样。

8 试板

8.1 材料和尺寸

除非另有规定或商定，试板应是符合 ISO 1514 要求的打磨过的钢板，其最小尺寸 100 mm×70 mm×0.3 mm。

8.2 试板处理和涂装

除另有规定，按 ISO 1514 规定处理每一块试板，然后用待测产品或体系按规定的方法涂装。

除另有规定，试板的背面及边缘应用待测产品或体系封背、封边。

如试板背面和边缘的涂层与待测产品不同，则应具有比待测产品更好的耐腐蚀性。

8.3 干燥及状态调节

在规定的条件下干燥(或烘干)及状态调节(如适用)每一块涂漆试板至规定的时间。除非另有规定，然后将其在符合 ISO 3270 要求的温度下，有自由流动的空气而无直射日光的环境中状态调节至少 16 h，然后尽可能快地投入试验。

8.4 涂膜厚度测定

采用 ISO 2808 中规定的一种非破坏性方法测定涂层的膜厚，用微米表示。

8.5 试板划痕的制备

除非另有规定，按如下方法作直线划痕，划痕透过涂层至底材，宽度至少为 0.2 mm。

制备划痕时使用一种单刃切割工具。划痕应有向上渐宽的横截面，露出的金属底材宽度为 0.2 mm～1.0 mm，清除划痕附近任何疏松的碎屑。

切割工具不允许使用刀片。

对铝板来说，应使两条划痕相互垂直而不交叉。一条划痕应与铝板轧制方向平行，而另一条与之垂直。

除非另外商定，所有的划痕之间及划痕与试验样板的每一条边之间相距应至少为 20 mm。

两条划痕平行也是可以的，除非另外商定，划痕与试板的长边平行。

仔细地制备划痕以使试验结果一致。

9 试板曝露的方法

试验箱中试板的放置应使其不直接对着由喷雾器喷出的盐雾流。

每一块试板应面向上且与垂直面成(20±5)°夹角摆放。

曝露于试验箱中的每块试板的放置角度是很重要的。

有时需要曝露各种不同形状的涂漆零件。进行这种试验时，特别重要的是这些涂漆的不同形状的零部件应按他们正常使用情况下的角度来曝露。在满足此限度的同时，零件的放置应使其对气流的干扰减至最低。此外，如果涂漆零件的形状干扰了气流的总流向，则不能在同一时间内试验其他试板和零件。

试板放置的方向不同产生的涂层破坏程度可能是不同的，在解释试验结果时应给予适当的考虑。

排列试板时应使试板之间或试板与箱体之间不相互接触，这样使受试表面仅曝露于可自由沉降的喷雾中。

建议每天变换试板的位置以确保箱内位置的影响不会干扰破坏过程。

10 操作条件

设定箱体使之仅在所需的喷雾循环运行，测定盐雾沉降速率。对每个面积为 80 cm^2 的水平收集装置(见 6.5)来说，在最小周期为 24 h 测得的盐雾溶液的平均回收速率应按附录中规定(见附录 C、附录 D、附录 E 或附录 F)。由于在干燥循环阶段，水会从收集器中挥发，所以平均回收速率是一种更精确的测定沉降率的方法。

回收的溶液浓度，应符合相应附录(见附录 C、附录 D、附录 E 或附录 F)的要求。

除另有规定，设定箱体使在所需的喷雾循环(见附录 C、附录 D、附录 E 或附录 F)运行至规定时间。

喷雾过的试验溶液不应重复使用。

11 程序

除非另外商定，应进行两次平行测定。

按第 10 章规定设定箱体的操作条件并使在允许的范围内波动。

按第 9 章规定在试验箱(见 6.1)中放置试板。

推荐在每组试板中放一块涂有已知其耐久性的涂料的参照样板，并且平行测定的样板应在箱内的不同位置曝露。

关上喷雾箱顶盖，并使试验溶液开始流动并通过喷雾器。在规定的试验周期内，连续进行循环试验，除了日常检查(见第 12 章)、试板重排或取出，喷雾器检查，贮槽中的溶液检查及补充，做必要的记录方可短暂中断。

12 试板的检查

根据有关方事先商定的准则，对试板进行定期检查。

应尽可能快速检查试板，小心不要破坏待测表面。在任何一个 24 h 的周期内箱体关机的时间不应超过 30 min。在干燥阶段检查试板。由于某些原因如果不能做到这一点，关掉试验箱但不要让样板变干，然后尽快启动试验箱。

在规定的试验周期结束后，从箱中取出试板，用清洁的水冲洗试板以除去表面上残留的盐溶液，立即按照 ISO 4628-1～ISO 4628-5 检查试板表面的损坏现象。

如果需要，将试板置于 ISO 3270 中规定的标准条件下放置规定时间，而后再检查试板表面的损坏情况。

如果需要检查底材的腐蚀情况，除非另有规定，用非腐蚀性脱漆剂脱除漆膜[见附录 A 中 g)]。

13 精密度

由于评定的主观性(见第 3 章)，精密度概念不适用于本部分。精密度取决于许多因素，包括：

——评定方法(例如：ISO 4628-1～ISO 4628-5)；

——试板的处理；

——涂层厚度；

——试板的干燥及状态调节；

——划痕的制备。

14 试验报告

试验报告应至少包括以下内容：

a) 识别受试产品所需的全部细节；

b) 注明参照本部分；

c) 所用的循环；

d) 参照附录A中提及的补充信息条文；

e) 参照用于补充上述d)中信息的国际标准或国家标准，产品规格或其他文件；

f) 试验周期；

g) 划痕工具；

h) 划痕的长度、横截面尺寸及每道划痕的方位；

i) 试板位置是否有变化(见第9章)；

j) 按规定的要求表示的试验结果(见第12章)；

k) 与规定的试验方法的任何差异；

l) 在实验中观察到的任何异常现象；

m) 实验日期。

附 录 A
（规范性附录）
需要的补充信息

应适当提供下列补充信息以使本测定能进行。所需信息最好应经有关各方同意，可以部分或全部地来自与受试样品有关的国际标准或国家标准或其他文件：

a） 所使用的底材的材料、尺寸及其表面处理方法（见8.1和8.2）；

b） 试验涂料施涂至底材上的方法（见8.2）；

c） 试验前试板干燥（或烘烤）和状态调节（如需要）的时间和条件；

d） 干涂层厚度，单位为微米（μm），按ISO 2808用来测量干涂层厚度的方法，是单一涂层还是复合涂层体系（见8.4）；

e） 曝露前是否划痕，如有划痕，划痕工具的类型、每条划痕的深度及宽度、划痕位置以及其他所需信息（见8.5）；

f） 试验持续时间（见第10章）；

g） 在评定涂层耐湿（盐雾）/干燥/湿气时，如何检查试验涂层，评定时将考虑哪些性能；

h） 将使用的循环。

附　录　B
（资料性附录）
试验箱在设计和制造时应考虑的因素

箱体在设计和制造时应考虑下列因素：

a) 所需喷雾器和挡板的数量和位置应能产生均匀的喷雾分布，满足附录 C、附录 D、附录 E 或附录 F 规定的限度；

b) 如 6.5 要求的用于检查喷雾的收集装置的数量；

c) 加热、绝缘和温度控制装置应能使试验箱内放置试板的所有位置上温度均匀；

d) 顶盖的设计（如辅助顶盖）应能防止液滴落到试板上（见 6.1）。

附 录 C
（规范性附录）
循 环 A

C.1 盐雾试验溶液

按第5章规定准备盐雾试验溶液。将氯化钠溶于水中，浓度为(50±10)g/L。溶液的pH值应在6.0～7.0范围内。

C.2 循环

设置箱体完成以下循环(见表C.1)。

表C.1 循环A

步骤	时间/h	温度/℃	条件	备注
1	2	35±2	盐雾	—
2	4	60±2	干燥:20%～30%相对湿度	—
3	2	50±2	湿气:95%及以上的相对湿度	—
4	返回步骤1			从步骤1到步骤3,整个循环需8 h
过渡时间	转到另一条件后达到该条件规定的温度、相对湿度所允许的时间			从盐雾到干燥:30 min内; 从干燥到湿气:15 min内; 从湿气到盐雾:30 min内; 盐雾的影响本质上是瞬时的; 干空气流的详细说明见6.4
注:设定点和操作波动范围可以用相互独立的方式列出或以下列格式列出:设定点数值±操作波动范围数值。设定点是传感器在使用者程序设定的操作控制点上使用时的目标条件。操作波动范围是在控制点时对指定设定点的偏移,由平衡操作时从校准传感器上读出,但不包括测量的不确定度。在操作控制点上,操作波动不应超过平衡时列出的值。当某个标准要求采用特定设定点时,使用者设定该确定的数值。规定的操作波动范围并不意味着使用者可以设定高于或低于规定的设定点的数值。				

C.3 盐雾沉降速率

在24 h的周期内收集盐雾时,盐雾的沉降速率应为1 mL/h～2 mL/h(见第10章)。

C.4 持续时间

除非另有规定,重复试验循环可以是30个循环(240 h)、60个循环(480 h)、90个循环(720 h)或180个循环(1 440 h)。

附　录　D
（规范性附录）
循　环　B

D.1　盐雾试验溶液

按第5章规定制备盐雾试验溶液。将氯化钠溶于水中，得到的浓度为(50±10)g/L。溶液的pH值应在6.0～7.0范围内。

D.2　循环

设置箱体完成以下循环(见表D.1)：

表D.1　循环B

步骤	时间/h	温度/℃	条件	备注
1	24	35±2	盐雾	—
2	8	40±2	100%相对湿度	水冷凝在试板上
3	16	23±2	(50±20)%相对湿度	—
4	8	40±2	100%相对湿度	水冷凝在试板上
5	16	23±2	(50±20)%相对湿度	—
6	8	40±2	100%相对湿度	水冷凝在试板上
7	16	23±2	(50±20)%相对湿度	—
8	8	40±2	100%相对湿度	水冷凝在试板上
9	16	23±2	(50±20)%相对湿度	—
10	48	23±2	(50±20)%相对湿度	—
11	返回步骤1			从步骤1到步骤10，整个循环需7天

注：设定点和操作波动范围可以用相互独立的方式列出或以下列格式列出：设定点数值±操作波动范围数值。设定点是传感器在使用者程序设定的操作控制点上使用时的目标条件。操作波动范围是在控制点时对指定设定点的偏移，由平衡操作时从校准传感器上读出，但不包括测量的不确定度。在操作控制点上，操作波动不应超过平衡时列出的值。当某个标准要求采用特定设定点时，使用者设定该确定的数值。规定的操作波动范围并不意味着使用者可以设定高于或低于规定的设定点的数值。

D.3　盐雾沉降速率

在24 h的周期内收集盐雾时，盐雾的沉降速率应为1 mL/h～2 mL/h(见第10章)。

D.4　持续时间

除非另有规定，重复试验循环至840 h。

附 录 E
（规范性附录）
循 环 C

E.1 盐雾试验溶液

按第5章规定制备盐雾试验溶液。将氯化钠、硫酸铵溶于水中，得到的浓度分别为(0.31±0.01)g/L和(4.1±0.01)g/L。溶液的pH值应在6.0～7.0范围内。

E.2 循环

设置箱体完成以下循环(见表E.1)：

表 E.1 循环 C

步骤	时间/min	温度/℃	条件	备注
1	210	30±2	盐雾	—
2	210	40±2	干燥	干燥空气吹扫(见6.4)
3	1 470	40±2	(75±15)%相对湿度	到达该环境条件的方法之一是交替干燥和湿气循环至合适时间周期来保持相对湿度在规定的限度内
4	102	30±2	干燥	干燥空气吹扫(见6.4)
5	210	30±2	盐雾	—
6	378	30±2	95%～100%相对湿度	水冷凝在试板上
7	180	35±2	干燥	干燥空气吹扫(见6.4)
8	120	25±2	干燥	—
9	返回步骤1			从步骤1到步骤8，整个循环需48 h

注：设定点和操作波动范围可以用相互独立的方式列出或以下列格式列出：设定点数值±操作波动范围数值。设定点是传感器在使用者程序设定的操作控制点上使用时的目标条件。操作波动范围是在控制点时对指定设定点的偏移，由平衡操作时从校准传感器上读出，但不包括测量的不确定度。在操作控制点上，操作波动不应超过平衡时列出的值。当某个标准要求采用特定设定点时，使用者设定该确定的数值。规定的操作波动范围并不意味着使用者可以设定高于或低于规定的设定点的数值。

E.3 盐雾沉降速率

在 24 h 的周期内收集盐雾时,盐雾的沉降速率应为 2 mL/h～4 mL/h(见第 10 章)。

E.4 持续时间

除非另有规定,重复试验循环至 1 000 h。

附　录　F
（规范性附录）
循　环　D

F.1　盐雾试验溶液

按第5章规定制备盐雾试验溶液。将氯化钠溶于水中，得到的浓度为(50±10)g/L。溶液的pH值应在6.0～7.0范围内。

F.2　循环

设置参数以完成以下循环(见表F.1)：

表F.1　循环D

步骤	时间/h	温度/℃	条件	备注
1	0.5	30±2	盐雾	—
2	1.5	30±2	湿气：(95±3)% 相对湿度	—
3	2	50±2	热干燥	—
4	2	30±2	温热干燥	—
5	返回步骤1			从步骤1到步骤4，共需6 h
过渡 时间	转到另一条件后达到该条件规定的温度、相对湿度所允许的时间			从盐雾到湿气：10 min内； 从湿气到热干燥：15 min内； 从热干燥到温热干燥：30 min内； 从温热干燥到盐雾：瞬时
注：设定点和操作波动范围可以用相互独立的方式列出或以下列格式列出：设定点数值±操作波动范围数值。设定点是传感器在使用者程序设定的操作控制点上使用时的目标条件。操作波动范围是在控制点时对指定设定点的偏移，由平衡操作时从校准传感器上读出，但不包括测量的不确定度。在操作控制点上，操作波动不应超过平衡时列出的值。当某个标准要求采用特定设定点时，使用者设定该确定的数值。规定的操作波动范围并不意味着使用者可以设定高于或低于规定的设定点的数值。				

F.3　盐雾沉降速率

在24 h的周期内收集盐雾时，盐雾的沉降速率应为1 mL/h～2 mL/h(见第10章)。

F.4　持续时间

除非另有商定，重复试验循环共28个循环(168 h)。